동아출판이 만든 진짜 기출예상문제집

특급기출

중간고사

중학 수학 **2-2**

Structure 구성과 특징

단원별 개념 정리

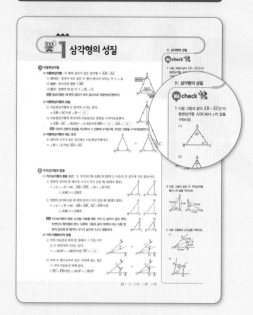

중단원별 핵심 개념을 정리하였습니다.

| 개념 Check |

개념과 1 : 1 맞춤 문제로 개념 학습을 마무리
할 수 있습니다.

기출 유형

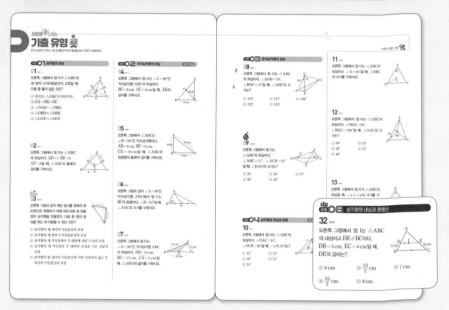

전국 1000여 개 학교 시험 문제를 분석하여 출제율 높은 문제만 선별해 구성하였습니다.

시험에 자주 나오는 빈출 유형과 난이도가 조금 높지만 중요한 **up 유형** 까지 학습해 실력을
올려 보세요.

기출 서술형

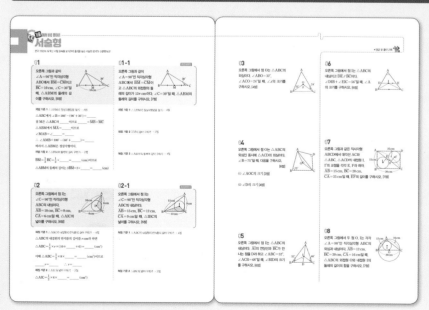

전국 1000여 개 학교 시험 문제 중 출제율 높은 서술
형 문제만 선별해 구성하였습니다.

틀리기 쉽거나 자주 나오는 서술형 문제는 쌍둥이
문항으로 한번 더 학습할 수 있습니다.

"전국 1000여 개 최신 기출문제를 분석해
학교 **시험** 적중률 100%에 도전합니다."

모의고사 형식의 중단원별 학교 시험 대비 문제

학교 선생님들이 직접 출제한 모의고사 형식의
시험 대비 문제로 실전 감각을 키울 수 있도록
하였습니다.

교과서 속 특이 문제

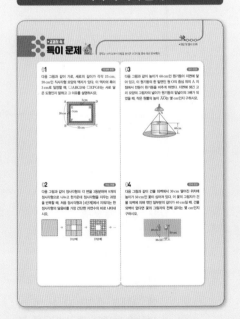

중학교 수학 교과서 10종을 완벽 분석하여 발
췌한 창의·융합 문제로 구성하였습니다.

부록

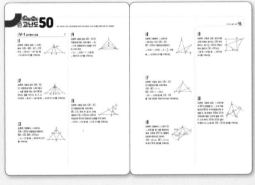

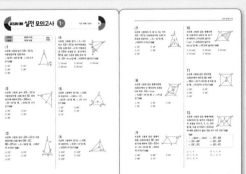

기출에서 pick한 고난도 50

전국 1000여 개 학교 시험 문제에서
자주 나오는 고난도 기출문제를 선
별하여 학교 시험 만점에 대비할 수
있도록 구성하였습니다.

실전 모의고사 5회

실제 학교 시험 범위에 맞춘 예상
문제를 풀어 보면서 실력을 점검할
수 있도록 하였습니다.

📍 **특별한 부록**
동아출판 홈페이지
(www.bookdonga.com)에서 실전
모의고사 5회를 다운 받아 사용하
세요.

나의 오답 Note

오답 Note를 만들면...

실력을 향상하기 위해선 자신이 틀린 문제를 분석하여 다음에는 틀리지 않도록 해야 합니다. 오답노트를 만들면 내가 어려워하는 문제와 취약한 부분을 쉽게 파악할 수 있어요. 자신이 틀린 문제의 유형을 알고, 원인을 파악하여 보완해 나간다면 어느 틈에 벌써 실력이 몰라보게 향상되어 있을 거예요.

오답 Note 한글 파일은 동아출판 홈페이지 (www.bookdonga.com)에서 다운 받을 수 있습니다.

★ 다음 오답 Note 작성의 5단계에 따라 〈나의 오답 Note〉를 만들어 보세요. ★

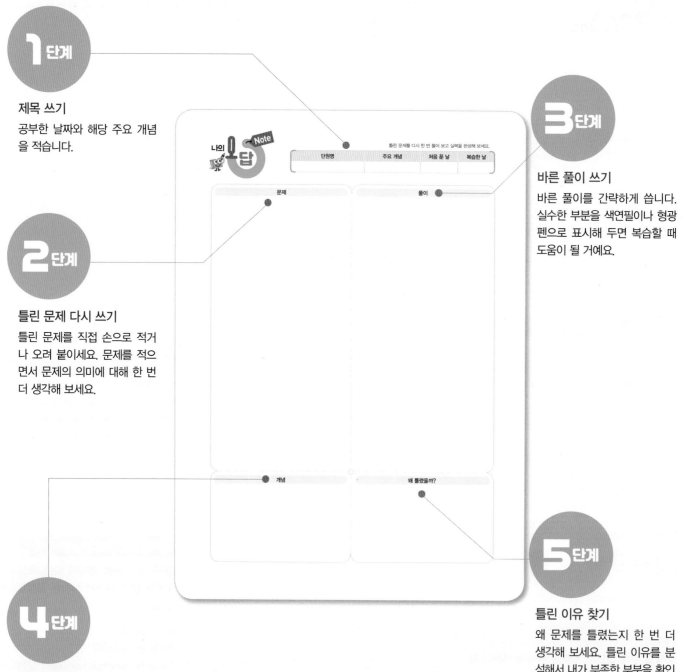

1단계

제목 쓰기
공부한 날짜와 해당 주요 개념을 적습니다.

2단계

틀린 문제 다시 쓰기
틀린 문제를 직접 손으로 적거나 오려 붙이세요. 문제를 적으면서 문제의 의미에 대해 한 번 더 생각해 보세요.

3단계

바른 풀이 쓰기
바른 풀이를 간략하게 씁니다. 실수한 부분을 색연필이나 형광펜으로 표시해 두면 복습할 때 도움이 될 거예요.

5단계

틀린 이유 찾기
왜 문제를 틀렸는지 한 번 더 생각해 보세요. 틀린 이유를 분석해서 내가 부족한 부분을 확인하고 다시 틀리지 않도록 해요.

4단계

개념 확인하기
문제와 관련된 주요 개념을 정리하고 복습합니다.

나의 오답 Note

단원명	주요 개념	처음 푼 날	복습한 날

문제

풀이

개념

왜 틀렸을까?

| 단원명 | 주요 개념 | 처음 푼 날 | 복습한 날 |

문제

풀이

Contents 차례

1 삼각형의 성질

② 삼각형의 외심과 내심

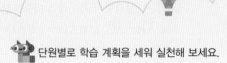 단원별로 학습 계획을 세워 실천해 보세요.

학습 날짜	월 일	월 일	월 일	월 일
학습 계획				
학습 실행도	0 　　　　 100	0 　　　　 100	0 　　　　 100	0 　　　　 100
자기 반성				

삼각형의 성질

① 이등변삼각형

(1) **이등변삼각형** : 두 변의 길이가 같은 삼각형 → $\overline{AB}=\overline{AC}$

① 꼭지각 : 길이가 서로 같은 두 변이 만나서 이루는 각 → ∠A

② 밑변 : 꼭지각의 대변 → $\overline{BC}$

③ 밑각 : 밑변의 양 끝 각 → ∠B, ∠C

참고 정삼각형은 세 변의 길이가 모두 같으므로 이등변삼각형이다.

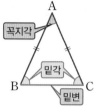

(2) **이등변삼각형의 성질**

① 이등변삼각형의 두 밑각의 크기는 같다.

→ $\overline{AB}=\overline{AC}$이면 ∠B= (1)

② 이등변삼각형의 꼭지각의 이등분선은 밑변을 수직이등분한다.

→ $\overline{AB}=\overline{AC}$, ∠BAD=∠CAD이면 $\overline{BD}=$ (2) , $\overline{AD}⊥$ (3)

참고 직선이 선분의 중점을 지나면서 그 선분에 수직일 때, 직선은 선분을 수직이등분한다고 한다.

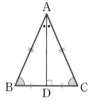

(3) **이등변삼각형이 되는 조건**

두 내각의 크기가 같은 삼각형은 이등변삼각형이다.

→ ∠B=∠C이면 $\overline{AB}=\overline{AC}$

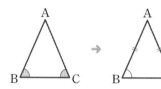

② 직각삼각형의 합동

(1) **직각삼각형의 합동 조건** : 두 직각삼각형 ABC와 DEF는 다음의 각 경우에 서로 합동이다.

① 빗변의 길이와 한 예각의 크기가 각각 같을 때 (RHA 합동)

→ ∠C=∠F=90°, $\overline{AB}=\overline{DE}$, ∠B=∠E이면

△ABC≡△DEF

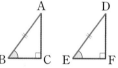

② 빗변의 길이와 다른 한 변의 길이가 각각 같을 때 (RHS 합동)

→ ∠C=∠F=90°, $\overline{AB}=\overline{DE}$, $\overline{AC}=\overline{DF}$이면

△ABC≡△DEF

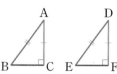

주의 직각삼각형의 합동 조건을 이용할 때는 반드시 길이가 같은 변이 빗변인지 확인해야 한다. 오른쪽 그림과 같이 빗변이 아닌 다른 한 변의 길이와 한 예각의 크기가 같으면 ASA 합동이다.

(2) **각의 이등분선의 성질**

① 각의 이등분선 위의 한 점에서 그 각을 이루는 두 변까지의 거리는 같다.

→ ∠AOP=∠BOP이면 $\overline{PC}=$ (4)

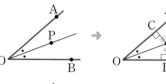

② 각의 두 변으로부터 같은 거리에 있는 점은 그 각의 이등분선 위에 있다.

→ $\overline{PC}=\overline{PD}$이면 ∠AOP=∠BOP

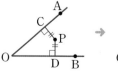

답 (1) ∠C (2) $\overline{CD}$ (3) $\overline{BC}$ (4) $\overline{PD}$

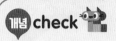

개념 check

1 다음 그림과 같이 $\overline{AB}=\overline{AC}$인 이등변삼각형 ABC에서 x의 값을 구하시오.

(1)

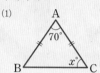

(2)

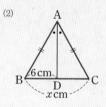

2 다음 그림과 같은 △ABC에서 x의 값을 구하시오.

3 다음 그림과 같은 두 직각삼각형에서 x의 값을 구하시오.

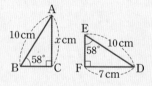

4 다음 그림에서 x의 값을 구하시오.

(1)

(2)

시험에 꼭 나오는

기출 유형

전국 1000여 개 학교 시험 문제를 분석하여 출제율 높은 문제만 선별했어요!

● 정답 및 풀이 5쪽

유형 01 이등변삼각형의 성질 [최다 빈출]

01

다음은 '이등변삼각형의 두 밑각의 크기는 같다.'를 설명하는 과정이다. (개)~(매)에 알맞은 것으로 옳지 않은 것은?

$\overline{AB}=\overline{AC}$인 이등변삼각형 ABC에서 ∠A의 이등분선과 밑변 BC의 교점을 D라 하면
△ABD와 △ACD에서
$\overline{AB}=$ (개) , ∠BAD= (나) ,
(다) 는 공통
이므로 △ABD≡△ACD ((라) 합동)
∴ ∠B= (매)

① (개) $\overline{AC}$　　② (나) ∠CAD　　③ (다) $\overline{AD}$
④ (라) ASA　　⑤ (매) ∠C

02

오른쪽 그림과 같이 $\overline{BA}=\overline{BC}$인 이등변삼각형 ABC에서 ∠ABD=126°일 때, ∠x의 크기를 구하시오.

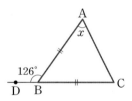

03

오른쪽 그림과 같이 $\overline{AB}=\overline{AC}$인 이등변삼각형 ABC에서 $\overline{BC}=\overline{BD}$이고 ∠C=63°일 때, ∠ABD의 크기를 구하시오.

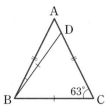

04

오른쪽 그림과 같이 $\overline{AB}=\overline{AC}$인 이등변삼각형 ABC에서 ∠B와 ∠C의 이등분선의 교점을 D라 하자. ∠A=84°일 때, ∠BDC의 크기는?

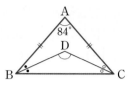

① 130°　　② 132°　　③ 134°
④ 136°　　⑤ 138°

05

오른쪽 그림과 같이 $\overline{AB}=\overline{AC}$인 이등변삼각형 ABC에서 $\overline{DB}=\overline{DE}$, $\overline{CE}=\overline{CF}$이고 ∠A=80°일 때, ∠DEF의 크기는?

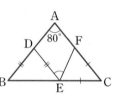

① 60°　　② 62°　　③ 65°
④ 68°　　⑤ 70°

06

오른쪽 그림과 같이 $\overline{AB}=\overline{AC}$인 이등변삼각형 ABC에서 ∠A의 이등분선과 $\overline{BC}$의 교점을 M이라 하자. 다음 중 $\overline{AM}$이 $\overline{BC}$를 수직이등분함을 설명하는 데 이용되지 않는 것은?

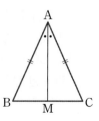

① $\overline{AB}=\overline{AC}$　　② $\overline{AM}$은 공통
③ $\overline{AM}=\overline{BC}$　　④ △ABM≡△ACM
⑤ ∠BAM=∠CAM

07 ●●●

오른쪽 그림과 같이 $\overline{AB}=\overline{AC}$인 이등변삼각형 ABC에서 ∠A의 이등분선과 $\overline{BC}$의 교점을 D라 하자. $\overline{BD}=8\ cm$, ∠C=50°일 때, $x+y$의 값은?

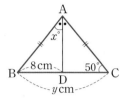

① 52   ② 56   ③ 58
④ 60   ⑤ 64

08 ●●●

오른쪽 그림과 같이 $\overline{AB}=\overline{AC}$인 이등변삼각형 ABC에서 ∠A의 이등분선과 $\overline{BC}$의 교점을 D라 하자. $\overline{AD}=4\ cm$이고 △ABC의 넓이가 $12\ cm^2$일 때, $\overline{BD}$의 길이를 구하시오.

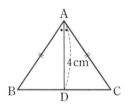

09 ●●●

오른쪽 그림과 같이 $\overline{AB}=\overline{AC}$인 이등변삼각형 ABC에서 ∠A의 이등분선과 $\overline{BC}$의 교점을 D라 하자. $\overline{AD}$ 위의 한 점 E에 대하여 다음 중 옳지 않은 것은?

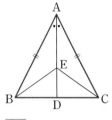

① $\overline{BD}=\overline{CD}$ ② $\overline{AE}=\overline{BE}$
③ ∠EDB=90°   ④ ∠EBD=∠ECD
⑤ △EBD≡△ECD

10 ●●●

오른쪽 그림과 같이 $\overline{AB}=\overline{AC}$인 이등변삼각형 모양의 종이 ABC를 꼭짓점 A가 꼭짓점 B에 오도록 접었다. ∠EBC=30°일 때, ∠A의 크기는?

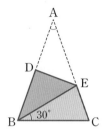

① 30°   ② 32°
③ 35°   ④ 38°
⑤ 40°

유형 **02** 이등변삼각형의 성질을 이용하여 각의 크기 구하기   최다 빈출

11 ●●●

오른쪽 그림과 같은 △ABC에서 $\overline{AD}=\overline{BD}=\overline{CD}$이고 ∠B=35°일 때, ∠DAC의 크기는?

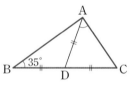

① 40°   ② 45°   ③ 50°
④ 55°   ⑤ 60°

12 ●●●

오른쪽 그림에서 $\overline{AB}=\overline{AC}=\overline{CD}$이고 ∠B=40°일 때, ∠$x$의 크기는?

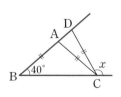

① 105°   ② 110°
③ 115°   ④ 120°
⑤ 125°

13 ●●●

오른쪽 그림과 같이 $\overline{AB}=\overline{AC}$인 이등변 삼각형 ABC에서 $\overline{AD}=\overline{BD}=\overline{BC}$일 때, ∠C의 크기를 구하시오.

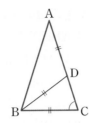

14 ●●●

오른쪽 그림과 같은 △ABC 에서 $\overline{AC}=\overline{AD}=\overline{ED}=\overline{EB}$ 이고 ∠BAC=80°일 때, ∠B의 크기를 구하시오.

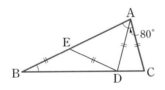

15 ●●

오른쪽 그림과 같이 $\overline{AB}=\overline{AC}$인 이등변삼각형 ABC에서 ∠B의 이등분선과 ∠C의 외각의 이등분 선의 교점을 D라 하자. ∠A=40° 일 때, ∠D의 크기를 구하시오.

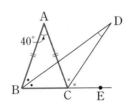

16 ●●●

오른쪽 그림에서 △ABC와 △DBC는 각각 $\overline{AB}=\overline{AC}$, $\overline{CB}=\overline{CD}$인 이등변삼각형이다. ∠ACD=∠DCE이고 ∠A=76°일 때, ∠D의 크기 는?

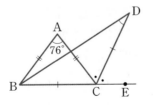

① 26°　　② 28°　　③ 30°
④ 32°　　⑤ 34°

17 ●●●

오른쪽 그림과 같은 직사각형 ABCD에서 $\overline{BE}=\overline{DE}$이고 ∠BDE=∠CDE일 때, ∠DEC 의 크기를 구하시오.

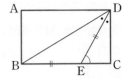

유형 **03** 이등변삼각형이 되는 조건

18 ●●●

오른쪽 그림과 같이 ∠B=∠C인 △ABC에서 ∠A의 이등분선이 $\overline{BC}$와 만나는 점을 D라 하자. $\overline{CD}=4$ cm일 때, $x+y$의 값을 구하 시오.

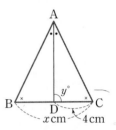

19 ●●●

다음은 오른쪽 그림과 같이 $\overline{AB}=\overline{AC}$인 이등변삼각형 ABC에 서 ∠B와 ∠C의 이등분선의 교점을 D라 할 때, $\overline{DB}=\overline{DC}$임을 설명하는 과정이다. ㈎~㈐에 알맞은 것으로 옳지 않은 것은?

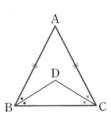

△ABC에서 $\overline{AB}=\overline{AC}$이므로
∠ABC= ㈎

∠DBC=$\frac{1}{2}$ ㈏ =$\frac{1}{2}$∠ACB= ㈐

따라서 △DBC에서 ∠DBC= ㈐ 이므로
△DBC는 $\overline{DB}=$ ㈑ 인 ㈒ 삼각형이다.

① ㈎ ∠ACB　　② ㈏ ∠ABC　　③ ㈐ ∠DCA
④ ㈑ $\overline{DC}$　　⑤ ㈒ 이등변

20 ●●

오른쪽 그림과 같이 ∠C=90°인 직각삼각형 ABC에서 $\overline{DB}=\overline{DC}$이고 $\overline{AC}=7$ cm, ∠B=30°일 때, $\overline{AB}$의 길이는?

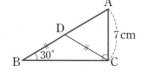

① 10 cm   ② 11 cm   ③ 12 cm
④ 13 cm   ⑤ 14 cm

21 ●●

오른쪽 그림과 같이 $\overline{AB}=\overline{AC}$인 이등변 삼각형 ABC에서 ∠B의 이등분선과 $\overline{AC}$의 교점을 D라 하자. ∠A=36°일 때, 다음 중 옳지 <u>않은</u> 것은?

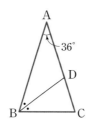

① ∠ABD=∠A
② ∠C=∠BDC
③ $\overline{AD}=\overline{BD}=\overline{CD}$
④ △ABD는 이등변삼각형이다.
⑤ △BCD는 이등변삼각형이다.

22 ●●

오른쪽 그림에서 ∠B=35°, ∠DAC=70°, ∠EDC=110°이고 $\overline{AB}=10$ cm일 때, $\overline{DC}$의 길이는?

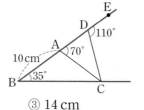

① 10 cm   ② 12 cm   ③ 14 cm
④ 16 cm   ⑤ 18 cm

23 ●●

오른쪽 그림과 같이 ∠B=∠C인 △ABC의 $\overline{BC}$ 위의 점 P에서 $\overline{AB}$, $\overline{AC}$에 내린 수선의 발을 각각 D, E라 하자. $\overline{AB}=8$ cm이고 △ABC의 넓이가 44 cm²일 때, $\overline{PD}+\overline{PE}$의 길이를 구하시오.

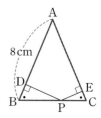

유형 04 종이접기

24 ●●

오른쪽 그림과 같이 직사각형 모양의 종이를 접었다. ∠CAD=65°이고 $\overline{AB}=6$ cm, $\overline{AC}=5$ cm일 때, $x+y$의 값은?

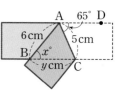

① 55   ② 56   ③ 65
④ 70   ⑤ 71

25 ●●

오른쪽 그림과 같이 직사각형 모양의 종이를 접었을 때, 다음 중 옳지 <u>않은</u> 것은?

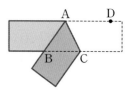

① ∠BAC=∠DAC
② ∠DAC=∠BCA
③ ∠BAC=∠BCA
④ $\overline{AB}=\overline{AC}$
⑤ $\overline{AB}=\overline{BC}$

26

오른쪽 그림과 같이 폭이 6 cm
로 일정한 종이를 접었다.
$\overline{AB}=9$ cm일 때, △ABC의
넓이를 구하시오.

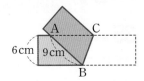

유형 05 직각삼각형의 합동 조건

27 ●●●

다음은 '빗변의 길이와 한 예각의 크기가 각각 같은 두 직각
삼각형은 합동이다.'를 설명하는 과정이다. (가)~(라)에 알맞은
것을 구하시오.

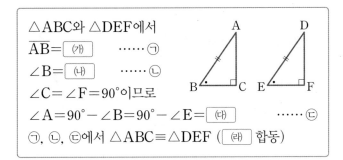

△ABC와 △DEF에서
$\overline{AB}=$ (가) ……… ㉠
∠B= (나) ……… ㉡
∠C=∠F=90°이므로
∠A=90°−∠B=90°−∠E= (다) ……… ㉢
㉠, ㉡, ㉢에서 △ABC≡△DEF ((라) 합동)

28 ●●●

다음 보기의 직각삼각형 중에서 합동인 것끼리 바르게 짝 지
으시오.

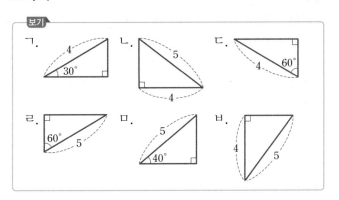

29 ●●●

다음 중 오른쪽 그림과 같이
∠C=∠F=90°인 두 직각삼각
형 ABC와 DEF가 합동이 되
기 위한 조건이 아닌 것은?

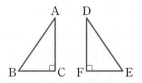

① $\overline{AB}=\overline{DE}$, $\overline{AC}=\overline{DF}$
② $\overline{AB}=\overline{DE}$, ∠B=∠E
③ ∠A=∠D, ∠B=∠E
④ $\overline{AC}=\overline{DF}$, $\overline{BC}=\overline{EF}$
⑤ $\overline{BC}=\overline{EF}$, ∠A=∠D

유형 06 직각삼각형의 합동 조건의 응용 - RHA 합동   최다 빈출

30 ●●●

오른쪽 그림과 같이 선분
AB의 양 끝 점 A, B에서
$\overline{AB}$의 중점 M을 지나는 직
선 l에 내린 수선의 발을 각
각 C, D라 하자. $\overline{BD}=7$ cm, ∠AMC=25°일 때, $y-x$
의 값을 구하시오.

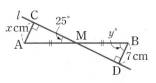

31 ●●●

오른쪽 그림과 같이 ∠A=90°이
고 $\overline{AB}=\overline{AC}$인 직각이등변삼각
형 ABC의 두 꼭짓점 B, C에서
꼭짓점 A를 지나는 직선 l에 내린
수선의 발을 각각 D, E라 하자. $\overline{BD}=6$ cm, $\overline{CE}=2$ cm일
때, $\overline{DE}$의 길이를 구하시오.

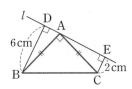

32 ••••

오른쪽 그림과 같이 ∠BAC＝90°
이고 $\overline{AB}=\overline{AC}$인 직각이등변삼각
형 ABC의 두 꼭짓점 B, C에서 꼭
짓점 A를 지나는 직선에 내린 수
선의 발을 각각 D, E라 할 때, 다
음 중 옳지 <u>않은</u> 것은?

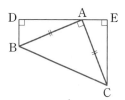

① $\overline{DA}=\overline{EC}$　　　　② $\overline{BC}=\overline{DE}$

③ △ADB≡△CEA　　④ ∠DAB＝∠ECA

⑤ ∠ABD＝∠CAE

33 ••••

오른쪽 그림과 같은 △ABC에서
점 M은 $\overline{BC}$의 중점이고, 두 꼭짓
점 B, C에서 $\overline{AM}$의 연장선과
$\overline{AM}$에 내린 수선의 발을 각각 D,
E라 하자. $\overline{AM}=12$ cm,
$\overline{EM}=3$ cm, $\overline{CE}=6$ cm일 때,
△ABD의 넓이를 구하시오.

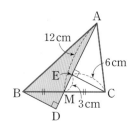

34 ••••

오른쪽 그림과 같이 ∠A＝90°이
고 $\overline{AB}=\overline{AC}$인 직각이등변삼각
형 ABC의 두 꼭짓점 B, C에서
꼭짓점 A를 지나는 직선 l에 내
린 수선의 발을 각각 D, E라 하
자. $\overline{BD}=3$ cm, $\overline{CE}=8$ cm일
때, $\overline{DE}$의 길이는?

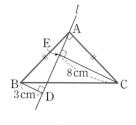

① 4 cm　　　② $\dfrac{9}{2}$ cm　　　③ 5 cm

④ $\dfrac{11}{2}$ cm　　　⑤ 6 cm

35 ••••

오른쪽 그림과 같이 ∠B＝90°인
직각삼각형 ABC에서 $\overline{AB}=\overline{AE}$
이고 $\overline{AC}\perp\overline{DE}$이다. $\overline{BD}=5$ cm,
∠BAD＝23°일 때, $x+y$의 값을
구하시오.

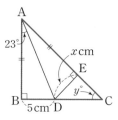

36 ••••

오른쪽 그림과 같이 ∠C＝90°인
직각삼각형 ABC에서 $\overline{AD}=\overline{AC}$
이고 $\overline{AB}\perp\overline{ED}$이다. ∠B＝40°일
때, ∠AEC의 크기는?

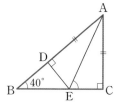

① 60°　　　　② 62°

③ 65°　　　　④ 68°

⑤ 70°

37 ••••

오른쪽 그림과 같은 △ABC에
서 $\overline{AC}$의 중점을 M이라 하고,
점 M에서 $\overline{AB}$, $\overline{BC}$에 내린 수선
의 발을 각각 D, E라 하자.
$\overline{MD}=\overline{ME}$이고 ∠C＝32°일 때,
∠B의 크기는?

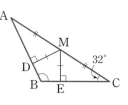

① 116°　　　② 121°　　　③ 126°

④ 131°　　　⑤ 134°

38 •••

오른쪽 그림과 같은 △ABC에서 $\overline{BC}$의 중점을 M이라 하고 점 M에서 $\overline{AB}$, $\overline{AC}$에 내린 수선의 발을 각각 D, E라 하자. $\overline{MD}=\overline{ME}$이고 ∠A=54°일 때, ∠C의 크기를 구하시오.

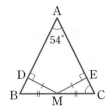

39 •••

오른쪽 그림과 같이 ∠C=90°인 직각삼각형 ABC에서 $\overline{AD}=\overline{AC}$이고 $\overline{AB}\perp\overline{ED}$이다. $\overline{AB}=15$ cm, $\overline{BC}=12$ cm, $\overline{AC}=9$ cm일 때, △DBE의 둘레의 길이를 구하시오.

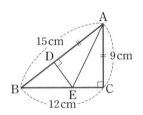

유형 08 각의 이등분선의 성질

40 •••

오른쪽 그림에서 $\overline{PA}=\overline{PB}$, ∠PAO=∠PBO=90°이고 ∠APB=120°일 때, ∠x의 크기는?

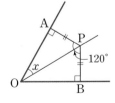

① 25° ② 30°
③ 35° ④ 40°
⑤ 45°

41 •••

오른쪽 그림에서 $\overline{PA}=\overline{PB}$, ∠PAO=∠PBO=90°일 때, 다음 중 옳지 않은 것은?

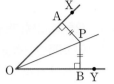

① $\overline{AO}=\overline{BO}$

② ∠APO=∠BPO

③ ∠AOP=$\frac{1}{2}$∠AOB

④ ∠AOB=$\frac{1}{2}$∠APB

⑤ △AOP≡△BOP

42 •••

오른쪽 그림과 같이 ∠B=90°인 직각삼각형 ABC에서 ∠A의 이등분선이 $\overline{BC}$와 만나는 점을 D라 하자. $\overline{AB}=6$ cm, $\overline{AC}=10$ cm이고 △ABD의 넓이가 9 cm²일 때, △ADC의 넓이를 구하시오.

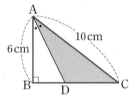

43 •••

오른쪽 그림과 같이 ∠C=90°이고 $\overline{AC}=\overline{BC}$인 직각이등변삼각형 ABC에서 ∠B의 이등분선과 $\overline{AC}$의 교점을 D, 점 D에서 $\overline{AB}$에 내린 수선의 발을 E라 하자. $\overline{DC}=8$ cm일 때, △AED의 넓이를 구하시오.

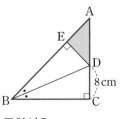

01

오른쪽 그림과 같이 $\overline{AB}=\overline{AC}$ 인 이등변삼각형 ABC에서 ∠B의 이등분선과 ∠C의 외각의 이등분선의 교점을 D라 하자. ∠A=36°일 때, ∠x의 크기를 구하시오. [6점]

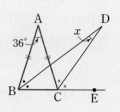

채점 기준 1 ∠DBC의 크기 구하기 … 2점

△ABC에서

$\angle ABC = \angle ACB = \dfrac{1}{2} \times (180° - \underline{\quad\quad}) = \underline{\quad\quad}$

$\therefore \angle DBC = \dfrac{1}{2} \angle ABC = \dfrac{1}{2} \times \underline{\quad\quad} = \underline{\quad\quad}$

채점 기준 2 ∠DCE의 크기 구하기 … 2점

$\angle DCE = \dfrac{1}{2} \angle ACE = \dfrac{1}{2} \times (180° - \underline{\quad\quad}) = \underline{\quad\quad}$

채점 기준 3 ∠x의 크기 구하기 … 2점

△DBC에서

$\angle x = \angle DCE - \angle DBC = \underline{\quad\quad} - \underline{\quad\quad} = \underline{\quad\quad}$

01-1

조건 바꾸기

오른쪽 그림과 같이 $\overline{AB}=\overline{AC}$인 이등변삼각형 ABC에서 ∠ABD=∠DBC, $\angle ACD = \dfrac{1}{3} \angle ACE$이다.

∠A=48°일 때, ∠x의 크기를 구하시오. [6점]

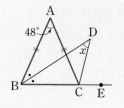

채점 기준 1 ∠DBC의 크기 구하기 … 2점

채점 기준 2 ∠DCE의 크기 구하기 … 2점

채점 기준 3 ∠x의 크기 구하기 … 2점

02

오른쪽 그림과 같이 ∠A=90°이고 $\overline{AB}=\overline{AC}$인 직각이등변삼각형 ABC의 두 꼭짓점 B, C에서 꼭짓점 A를 지나는 직선 l에 내린 수선의 발을 각각 D, E라 하자. $\overline{BD}=5$ cm, $\overline{CE}=3$ cm일 때, $\overline{DE}$의 길이를 구하시오. [6점]

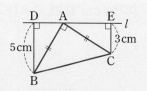

채점 기준 1 합동인 두 삼각형 찾기 … 3점

△ADB와 △CEA에서

$\angle ADB = \underline{\quad\quad} = 90°$, $\overline{AB} = \underline{\quad\quad}$,

$\angle ABD = 90° - \angle BAD = \underline{\quad\quad}$

이므로 △ADB ≡ $\underline{\quad\quad}$ (RHA 합동)

채점 기준 2 $\overline{DE}$의 길이 구하기 … 3점

$\overline{DA} = \underline{\quad\quad} = \underline{\quad\quad}$ cm, $\overline{AE} = \underline{\quad\quad} = \underline{\quad\quad}$ cm

이므로 $\overline{DE} = \overline{DA} + \overline{AE} = 3 + \underline{\quad\quad} = \underline{\quad\quad}$ (cm)

02-1

조건 바꾸기

오른쪽 그림과 같이 ∠A=90°이고 $\overline{AB}=\overline{AC}$인 직각이등변삼각형 ABC의 두 꼭짓점 B, C에서 꼭짓점 A를 지나는 직선 l에 내린 수선의 발을 각각 D, E라 하자. $\overline{BD}=6$ cm, $\overline{CE}=4$ cm일 때, 사각형 DBCE의 넓이를 구하시오. [7점]

채점 기준 1 합동인 두 삼각형 찾기 … 3점

채점 기준 2 사각형 DBCE의 넓이 구하기 … 4점

03

오른쪽 그림과 같은 △ABC에서 $\overline{AC}=\overline{DC}=\overline{DB}$이고 ∠ACE=114°일 때, ∠$x$의 크기를 구하시오. [6점]

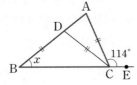

04

오른쪽 그림과 같이 $\overline{AB}=\overline{AC}$인 이등변삼각형 ABC에서 ∠B의 이등분선과 $\overline{AC}$의 교점을 D라 하자. $\overline{BC}=6\ cm$, ∠C=72°일 때, $\overline{AD}$의 길이를 구하시오. [6점]

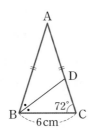

05

오른쪽 그림과 같이 선분 AB의 양 끝 점 A, B에서 $\overline{AB}$의 중점 M을 지나는 직선 l에 내린 수선의 발을 각각 C, D라 하자.
$\overline{DB}=10\ cm$, ∠A=50°일 때, 다음 물음에 답하시오. [6점]

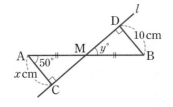

(1) 합동인 두 삼각형을 찾아 기호를 사용하여 나타내고 합동 조건을 말하시오. [3점]

(2) x, y의 값을 각각 구하시오. [3점]

06

오른쪽 그림과 같이 ∠B=90°인 두 직각삼각형 ABC와 EBD에서 $\overline{AC}=\overline{DE}$, $\overline{AB}=\overline{DB}$이다.
∠A=25°일 때, ∠EFC의 크기를 구하시오. [6점]

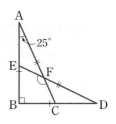

07

오른쪽 그림에서 △ABC는 ∠C=90°이고 $\overline{AC}=\overline{BC}$인 직각이등변삼각형이다. $\overline{AC}=\overline{AD}$, $\overline{AB}⊥\overline{ED}$이고 $\overline{EC}=4\ cm$일 때, △DBE의 넓이를 구하시오. [7점]

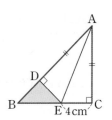

08

오른쪽 그림과 같이 ∠C=90°인 직각삼각형 ABC에서 ∠A의 이등분선이 $\overline{BC}$와 만나는 점을 D라 하자. $\overline{AB}=15\ cm$, $\overline{BC}=12\ cm$, $\overline{AC}=9\ cm$일 때, $\overline{BD}$의 길이를 구하시오. [7점]

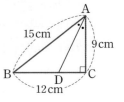

01

오른쪽 그림과 같이 $\overline{AB}=\overline{AC}$인 이등변삼각형 ABC에서 $\angle A=30°$일 때, $2x-y$의 값은? [3점]

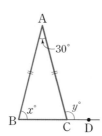

① 25 ② 30
③ 35 ④ 40
⑤ 45

02

오른쪽 그림과 같이 $\overline{AB}=\overline{AC}$인 이등변삼각형 ABC에서 $\angle A$의 이등분선과 $\overline{BC}$의 교점을 D라 하자. $\overline{AD}=7$ cm, $\overline{BD}=5$ cm일 때, $\triangle ABC$의 넓이는? [3점]

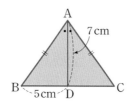

① 35 cm² ② 40 cm² ③ 45 cm²
④ 50 cm² ⑤ 55 cm²

03

오른쪽 그림과 같이 $\overline{AB}=\overline{AC}$인 이등변삼각형 ABC에서 $\angle BAC=50°$이고 $\overline{AD}/\!/\overline{BC}$이다. 이때 $\overline{BA}$의 연장선 위의 점 E에 대하여 $\angle EAD$의 크기는? [3점]

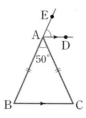

① 60° ② 65° ③ 70°
④ 75° ⑤ 80°

04

오른쪽 그림과 같이 $\overline{AB}=\overline{AC}$인 이등변삼각형 ABC에서 $\angle x$의 크기는? [4점]

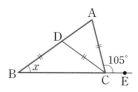

① 20° ② 25°
③ 30° ④ 35°
⑤ 40°

05

오른쪽 그림과 같은 $\triangle ABC$에서 $\overline{AC}=\overline{DC}=\overline{DB}$이고 $\angle ACE=105°$일 때, $\angle x$의 크기는? [4점]

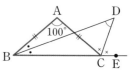

① 28° ② 30° ③ 35°
④ 42° ⑤ 48°

06

오른쪽 그림과 같이 $\overline{AB}=\overline{AC}$인 이등변삼각형 ABC에서 $\angle B$의 이등분선과 $\angle C$의 외각의 이등분선의 교점을 D라 하자. $\angle A=100°$일 때, $\angle D$의 크기는? [4점]

① 40° ② 45° ③ 50°
④ 55° ⑤ 60°

07

오른쪽 그림에서 △ABC와 △DBC는 각각 $\overline{AB}=\overline{AC}$, $\overline{CB}=\overline{CD}$인 이등변삼각형이다.
∠ACD=∠DCE=52°일 때, ∠x의 크기는? [4점]

① 44°　　② 46°　　③ 48°

④ 50°　　⑤ 52°

08

오른쪽 그림과 같이 ∠B=∠C인 △ABC에서 x의 값은? [3점]

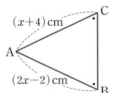

① 2　　② 4

③ 6　　④ 8

⑤ 10

09

오른쪽 그림과 같이 $\overline{AB}=\overline{AC}$인 이등변삼각형 ABC에서 $\overline{BE}$와 $\overline{CD}$의 교점을 F라 하자. $\overline{AD}=\overline{AE}$일 때, 다음 중 옳지 않은 것은? [4점]

① $\overline{DB}=\overline{EC}$

② $\overline{BE}=\overline{BC}$

③ ∠BDC=∠CEB

④ △DBC≡△ECB

⑤ △FBC는 이등변삼각형이다.

10

오른쪽 그림과 같이 직사각형 모양의 종이를 접었다.
$\overline{EG}=4$ cm, $\overline{FG}=5$ cm일 때, $\overline{FE}$의 길이는? [4점]

① 3 cm　　② 4 cm　　③ 5 cm

④ 6 cm　　⑤ 7 cm

11

다음 중 오른쪽 그림과 같이 ∠B=∠B′=90°인 두 직각삼각형 ABC와 A′B′C′이 RHS 합동이 되기 위한 조건은? [3점]

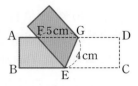

① $\overline{AB}=\overline{A'B'}$, $\overline{BC}=\overline{B'C'}$

② $\overline{AB}=\overline{A'B'}$, $\overline{AC}=\overline{A'C'}$

③ $\overline{BC}=\overline{B'C'}$, ∠A=∠A′

④ $\overline{AC}=\overline{A'C'}$, ∠A=∠A′

⑤ $\overline{AC}=\overline{A'C'}$, ∠C=∠C′

12

오른쪽 그림과 같은 △ABC에서 점 M은 $\overline{BC}$의 중점이고, 두 꼭짓점 B, C에서 $\overline{AM}$의 연장선과 $\overline{AM}$에 내린 수선의 발을 각각 D, E라 하자. $\overline{AM}=7$ cm, $\overline{EM}=2$ cm, $\overline{CE}=5$ cm일 때, △ABD의 넓이는? [4점]

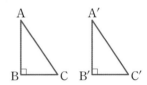

① 22 cm² 　　② $\dfrac{45}{2}$ cm² 　　③ 23 cm²

④ $\dfrac{47}{2}$ cm² 　　⑤ 24 cm²

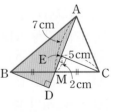

13

오른쪽 그림과 같이
∠A＝90°이고 $\overline{AB}=\overline{AC}$
인 직각이등변삼각형 ABC
의 두 꼭짓점 B, C에서 꼭짓
점 A를 지나는 직선 l에 내린 수선의 발을 각각 D, E라
하자. $\overline{DB}=7$ cm, $\overline{EC}=5$ cm일 때, 다음 보기에서 옳
은 것을 모두 고른 것은? [5점]

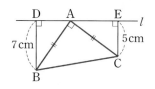

> **보기**
> ㄱ. $\overline{DE}=12$ cm   ㄴ. △ABC＝36 cm²
> ㄷ. 사각형 DBCE의 넓이는 72 cm²이다.

① ㄱ   ② ㄱ, ㄴ   ③ ㄱ, ㄷ
④ ㄴ, ㄷ   ⑤ ㄱ, ㄴ, ㄷ

14

오른쪽 그림과 같은 △ABC
에서 $\overline{AC}$의 중점을 M이라
하고, 점 M에서 $\overline{AB}$, $\overline{BC}$에
내린 수선의 발을 각각 D, E
라 하자. $\overline{MD}=\overline{ME}$이고 ∠A＝26°일 때, ∠B의 크기
는? [4점]

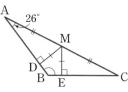

① 112°   ② 116°   ③ 120°
④ 124°   ⑤ 128°

15

오른쪽 그림과 같이 ∠C＝90°
인 직각삼각형 ABC에서
$\overline{AD}=\overline{AC}$이고 $\overline{AB}\perp\overline{ED}$이다.
$\overline{AB}=10$ cm, $\overline{BC}=8$ cm,
$\overline{AC}=6$ cm일 때, △DBE의
넓이는? [5점]

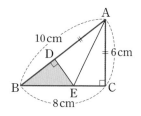

① 4 cm²   ② $\dfrac{14}{3}$ cm²   ③ 5 cm²

④ 6 cm²   ⑤ $\dfrac{20}{3}$ cm²

16

오른쪽 그림과 같이 ∠XOY의 이
등분선 위의 한 점 P에서 $\overrightarrow{OX}$,
$\overrightarrow{OY}$에 내린 수선의 발을 각각 A,
B라 할 때, 다음 중 $\overline{PA}=\overline{PB}$임을
설명하는 데 이용되는 조건이 <u>아닌</u>
것은? [4점]

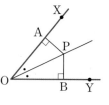

① $\overline{OP}$는 공통   ② $\overline{AO}=\overline{BO}$
③ ∠PAO＝∠PBO   ④ ∠AOP＝∠BOP
⑤ △AOP≡△BOP

17

오른쪽 그림에서 $\overline{PA}=\overline{PB}$,
∠PAO＝∠PBO＝90°이고
∠AOB＝56°일 때, ∠OPB의
크기는? [4점]

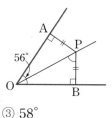

① 54°   ② 56°   ③ 58°
④ 60°   ⑤ 62°

18

오른쪽 그림과 같이 ∠C＝90°인 직
각삼각형 ABC에서 ∠B의 이등분
선과 $\overline{AC}$의 교점을 D라 하고, 점 D
에서 $\overline{AB}$에 내린 수선의 발을 E라
하자. $\overline{AB}=13$ cm, $\overline{BC}=5$ cm,
$\overline{AC}=12$ cm일 때, △AED의 둘레
의 길이는? [5점]

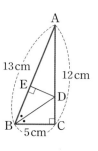

① 16 cm   ② 17 cm   ③ 18 cm
④ 19 cm   ⑤ 20 cm

19

오른쪽 그림과 같이 $\overline{AB}=\overline{BC}$인 이등변삼각형 ABC에서 $\overline{AB}=\overline{AD}$이고 ∠BAD$=32°$일 때, ∠ADC$+$∠C의 크기를 구하시오. [4점]

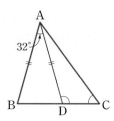

20

오른쪽 그림에서 $\overline{BD}=\overline{DE}=\overline{EA}=\overline{AC}$이고 ∠B$=24°$일 때, ∠$x$의 크기를 구하시오. [6점]

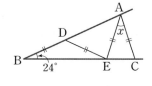

21

오른쪽 그림과 같은 사각형 ABCD에서 $\overline{AD}\;/\!/\;\overline{BC}$이고 $\overline{DC}$의 중점 P에 대하여 $\overline{PH}\perp\overline{BC}$이다. $\overline{AD}=4\,cm$, $\overline{BC}=8\,cm$, $\overline{PH}=3\,cm$일 때, △ABP의 넓이를 구하시오. [7점]

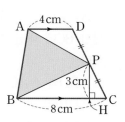

22

오른쪽 그림과 같은 △ABC에서 $\overline{BC}$의 중점을 M이라 하고 점 M에서 $\overline{AB}$, $\overline{AC}$에 내린 수선의 발을 각각 D, E라 하자. $\overline{MD}=\overline{ME}$이고 ∠A$=62°$일 때, ∠EMC의 크기를 구하시오. [7점]

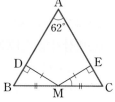

23

오른쪽 그림과 같이 ∠C$=90°$인 직각삼각형 ABC에서 ∠A의 이등분선이 $\overline{BC}$와 만나는 점을 D라 하자. $\overline{AB}=12\,cm$, $\overline{DC}=4\,cm$일 때, △ABD의 넓이를 구하시오. [6점]

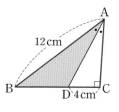

01

오른쪽 그림과 같이 $\overline{BA}=\overline{BC}$인 이등변삼각형 ABC에서 $\angle B=48°$일 때, $\angle DAC$의 크기는? [3점]

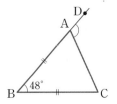

① 114° ② 115°

③ 116° ④ 117°

⑤ 118°

02

오른쪽 그림과 같은 $\triangle ABC$에서 $\overline{AD}=\overline{AE}$, $\overline{BC}=\overline{BE}$이고 $\angle A=26°$, $\angle B=38°$일 때, $\angle x$의 크기는? [4점]

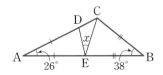

① 28° ② 30° ③ 32°

④ 34° ⑤ 36°

03

오른쪽 그림과 같이 $\overline{AB}=\overline{AC}$인 이등변삼각형 모양의 종이 ABC를 꼭짓점 A가 꼭짓점 B에 오도록 접었다. $\angle A=34°$일 때, $\angle EBC$의 크기는?

[4점]

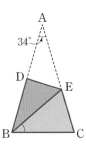

① 34° ② 36°

③ 39° ④ 42°

⑤ 45°

04

오른쪽 그림과 같이 $\overline{AB}=\overline{AC}$인 이등변삼각형 ABC에서 $\overline{AD}=\overline{DC}=\overline{DE}$이고 $\angle A=40°$일 때, $\angle x$의 크기는? [4점]

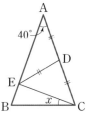

① 16° ② 18°

③ 20° ④ 22°

⑤ 24°

05

오른쪽 그림에서 $\overline{BA}=\overline{BC}$, $\overline{AC}=\overline{CD}$이고 $\angle ADE=150°$일 때, $\angle FAD$의 크기는? [4점]

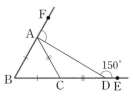

① 85° ② 87° ③ 90°

④ 92° ⑤ 95°

06

다음은 '두 내각의 크기가 같은 삼각형은 이등변삼각형이다.'를 설명하는 과정이다. (개)~(매)에 알맞은 것으로 옳지 <u>않은</u> 것은? [3점]

$\angle B=\angle C$인 $\triangle ABC$의 꼭짓점 A에서 $\overline{BC}$에 내린 수선의 발을 D라 하면
$\triangle ABD$와 $\triangle ACD$에서
$\angle ADB=\boxed{(개)}$, $\boxed{(나)}$는 공통
$\angle BAD=90°-\angle B=90°-\angle C=\boxed{(다)}$
이므로 $\triangle ABD \equiv \triangle ACD$ ($\boxed{(라)}$ 합동)
따라서 $\boxed{(매)}$이므로 $\triangle ABC$는 이등변삼각형이다.

① (개) $\angle ADC$ ② (나) $\overline{AD}$ ③ (다) $\angle CAD$

④ (라) SAS ⑤ (매) $\overline{AB}=\overline{AC}$

07

다음 중 이등변삼각형이 **아닌** 것은? [3점]

①   8 8
②   60° 100°
③   70° 40°
④   60° 60°
⑤   45°

08

오른쪽 그림과 같이 ∠B=∠C인 △ABC에서 ∠A의 이등분선과 $\overline{BC}$의 교점을 D라 하자. $\overline{BC}=10$ cm일 때, $x+y$의 값은? [3점]

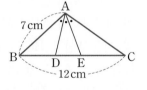

① 90
② 95
③ 100
④ 105
⑤ 110

09

오른쪽 그림과 같은 △ABC에서 ∠A의 삼등분선과 $\overline{BC}$의 교점을 각각 D, E라 하자. $\angle C=\frac{1}{3}\angle BAC$이고 $\overline{AB}=7$ cm, $\overline{BC}=12$ cm일 때, $\overline{AE}$의 길이는? [5점]

① $\frac{7}{2}$ cm
② 4 cm
③ $\frac{9}{2}$ cm
④ 5 cm
⑤ $\frac{11}{2}$ cm

10

오른쪽 그림과 같이 폭이 5 cm로 일정한 종이를 접었다. $\overline{AB}=8$ cm일 때, △ABC의 넓이는? [4점]

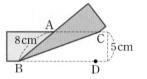

① 15 cm² ② 16 cm² ③ 18 cm²
④ 20 cm² ⑤ 24 cm²

11

오른쪽 그림과 같이 ∠C=∠F=90°인 두 직각삼각형 ABC와 DEF에서 ∠B의 크기는? [3점]

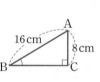

① 20° ② 25° ③ 30°
④ 35° ⑤ 40°

12

오른쪽 그림과 같이 ∠A=90°이고 $\overline{AB}=\overline{AC}$인 직각이등변삼각형 ABC의 두 꼭짓점 B, C에서 꼭짓점 A를 지나는 직선 l에 내린 수선의 발을 각각 D, E라 하자. $\overline{DE}=11$ cm, $\overline{EC}=7$ cm일 때, $\overline{DB}$의 길이는? [4점]

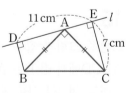

① 4 cm ② $\frac{13}{3}$ cm ③ $\frac{14}{3}$ cm
④ 5 cm ⑤ $\frac{16}{3}$ cm

13

오른쪽 그림과 같이 ∠A=90°
이고 $\overline{AB}=\overline{AC}$인 직각이등변
삼각형 ABC의 두 꼭짓점 B,
C에서 꼭짓점 A를 지나는 직
선 l에 내린 수선의 발을 각각
D, E라 하자. $\overline{BD}=10$ cm, $\overline{CE}=14$ cm일 때, $\overline{DE}$의
길이는? [4점]

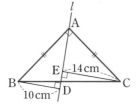

① 3 cm   ② 4 cm   ③ 5 cm
④ 6 cm   ⑤ 7 cm

14

오른쪽 그림과 같이 ∠B=90°
인 직각삼각형 ABC에서
$\overline{AB}=\overline{AE}$, $\overline{AC}\perp\overline{DE}$이다.
∠ADE=58°일 때, ∠C의
크기는? [4점]

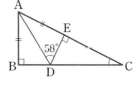

① 24°   ② 26°   ③ 28°
④ 30°   ⑤ 32°

15

오른쪽 그림과 같은 정사각형
ABCD에서 점 E는 $\overline{AB}$ 위의
점이고 점 F는 $\overline{BC}$의 연장선
위의 점이다. $\overline{DE}=\overline{DF}$이고
∠ADE=28°일 때, ∠DGE
의 크기는? [5점]

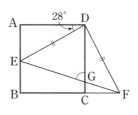

① 69°   ② 70°   ③ 71°
④ 72°   ⑤ 73°

16

오른쪽 그림과 같이 ∠AOB의
이등분선 위의 한 점 P에서
$\overrightarrow{OA}$, $\overrightarrow{OB}$에 내린 수선의 발을 각
각 Q, R라 할 때, 다음 중 옳지
않은 것은? [4점]

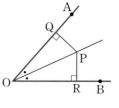

① $\overline{OQ}=\overline{OR}$ ② $\overline{PQ}=\overline{PR}$
③ $\overline{OA}=\overline{OB}$ ④ ∠OPQ=∠OPR
⑤ △POQ≡△POR

17

오른쪽 그림과 같이 ∠B=90°이
고 $\overline{AB}=\overline{BC}$인 직각이등변삼각형
ABC에서 ∠A의 이등분선과
$\overline{BC}$의 교점을 D라 하고 점 D에서
$\overline{AC}$에 내린 수선의 발을 E라 하
자. $\overline{BD}=6$ cm일 때, △EDC의
넓이는? [4점]

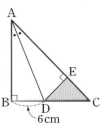

① 10 cm²   ② 12 cm²   ③ 14 cm²
④ 16 cm²   ⑤ 18 cm²

18

오른쪽 그림과 같이 ∠C=90°
인 직각삼각형 ABC에서 ∠A
의 이등분선과 $\overline{BC}$의 교점을
D라 하자. $\overline{AB}=20$ cm,
$\overline{AC}=12$ cm, $\overline{DC}=6$ cm일
때, $\overline{BD}$의 길이는? [5점]

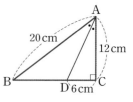

① $\frac{17}{2}$ cm   ② 9 cm   ③ $\frac{19}{2}$ cm
④ 10 cm   ⑤ $\frac{21}{2}$ cm

19

오른쪽 그림과 같은 △ABC에서 $\overline{AB}=\overline{BD}$, $\overline{AD}=\overline{CD}$이고 ∠EAC=87°일 때, ∠ABC의 크기를 구하시오. [6점]

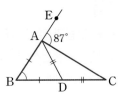

20

오른쪽 그림과 같이 $\overline{AB}=\overline{AC}$ 인 이등변삼각형 ABC에서 $\overline{AB}$의 중점 M을 지나고 $\overline{BC}$에 수직인 직선이 $\overline{BC}$와 만나는 점을 D, $\overline{CA}$의 연장선과 만나는 점을 E라 하자. $\overline{AC}=12\,cm$일 때, $\overline{AE}$의 길이를 구하시오. [7점]

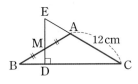

21

아래 그림과 같이 ∠C＝∠F＝90°인 두 직각삼각형을 보고, 다음 물음에 답하시오. [4점]

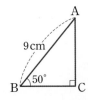 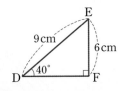

(1) ∠E의 크기를 구하시오. [1점]

(2) 두 직각삼각형이 합동임을 기호를 사용하여 나타내고 합동 조건을 말하시오. [2점]

(3) $\overline{BC}$의 길이를 구하시오. [1점]

22

오른쪽 그림과 같은 △ABC에서 $\overline{BC}$ 위의 한 점 D에 대하여 점 D에서 $\overline{AB}$, $\overline{AC}$에 내린 수선의 발을 각각 E, F라 하자. $\overline{DE}=\overline{DF}$이고 ∠ADF=75°일 때, ∠BAC의 크기를 구하시오. [6점]

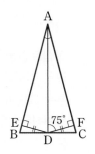

23

오른쪽 그림과 같이 ∠A＝90°이고 $\overline{AB}=\overline{AC}$인 직각이등변삼각형 ABC에서 ∠B의 이등분선이 $\overline{AC}$와 만나는 점을 D라 하자. $\overline{BC}=8\,cm$일 때, $\overline{AB}+\overline{AD}$의 길이를 구하시오. [7점]

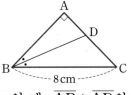

중학교 수학 교과서 10종을 분석한 교과서별 출제 예상 문제예요!

01 천재 변형

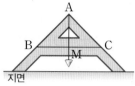

이집트인들은 피라미드와 같은 건축물을 지을 때, 오른쪽 그림과 같이 추, 줄, 이등변삼각형을 이용한 도구를 만들어 사용하였다고 한다. 이 도구는 $\overline{AB}=\overline{AC}$인 이등변삼각형 ABC 모양에서 점 A에 줄을 매달아 고정한 다음 줄의 끝에 추를 매달아 지면에 세운 것으로 도구에는 $\overline{BC}$의 중점인 M이 표시되어 있다. 다음 물음에 답하시오.

(1) 추를 매단 줄이 점 M을 지날 때, $\overline{AM}$과 $\overline{BC}$가 이루는 각의 크기를 구하시오.

(2) 추를 매단 줄이 점 M을 지날 때, $\overline{BC}$와 지면이 서로 평행한 이유를 설명하시오.

02 미래엔 변형

건축학에서는 지붕, 다리 등을 견고하게 지탱하기 위하여 다음 그림과 같이 이등변삼각형 모양의 구조물을 사용한다. 이등변삼각형 모양의 구조물은 좌우의 모양이 같아 균일하게 힘을 지탱할 수 있다. 다음 구조물에서 $\overline{AD}=\overline{AE}=\overline{AF}=\overline{AG}$, $\overline{BD}=\overline{DE}=\overline{EF}=\overline{FG}=\overline{GC}$일 때, $\angle x$의 크기를 구하시오.

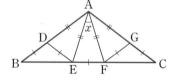

03 비상 변형

다음 그림과 같이 $\overline{AB}=\overline{AC}$인 이등변삼각형 ABC에서 $\angle B$의 이등분선과 $\angle C$의 외각의 이등분선의 교점을 D라 하자. 이때 $\angle x+\angle y+\angle z$의 크기를 구하시오.

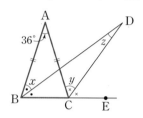

04 신사고 변형

다음 그림은 강의 폭을 구하기 위하여 측정한 것을 나타낸 것이다. C 지점은 강의 폭 $\overline{AB}$의 연장선 위에 있고, 네 지점 B, D, E, F는 한 직선 위에 있다.
$\angle DBC=80°$, $\angle DAB=30°$, $\angle EAB=40°$, $\angle FAB=50°$일 때, 길이가 강의 폭 $\overline{AB}$의 길이와 같은 선분을 구하시오.

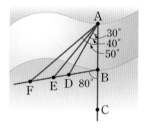

① 삼각형의 성질

② 삼각형의 외심과 내심

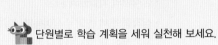

단원별로 학습 계획을 세워 실천해 보세요.

학습 날짜	월 일	월 일	월 일	월 일
학습 계획				
학습 실행도	0 ☐☐☐☐☐ 100	0 ☐☐☐☐☐ 100	0 ☐☐☐☐☐ 100	0 ☐☐☐☐☐ 100
자기 반성				

2 삼각형의 외심과 내심

❶ 삼각형의 외심

(1) 외접원과 외심

△ABC의 세 꼭짓점이 모두 원 O 위에 있을 때, 원 O는 △ABC에 외접한다고 한다. 이때 원 O를 △ABC의 외접원이라 하고, 외접원의 중심 O를 △ABC의 ☐(1) 이라 한다.

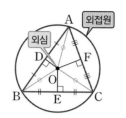

(2) 삼각형의 외심의 성질

① 삼각형의 세 변의 수직이등분선은 한 점(외심)에서 만난다.

② 삼각형의 외심에서 세 ☐(2) 에 이르는 거리는 모두 같다.

→ $\overline{OA}=\overline{OB}=\overline{OC}=$ (외접원의 반지름의 길이)

참고 다음은 모두 삼각형의 외심이다.

- 삼각형의 외접원의 중심
- 삼각형의 세 변의 수직이등분선의 교점
- 삼각형의 세 꼭짓점에서 같은 거리에 있는 점

(3) 삼각형의 외심의 위치

① 예각삼각형

→ 삼각형의 내부

② 직각삼각형

→ ☐(3) 의 중점

③ 둔각삼각형

→ 삼각형의 외부

참고 (1) 이등변삼각형에서 꼭지각의 이등분선은 밑변을 수직이등분하므로 이등변삼각형의 외심은 꼭지각의 이등분선 위에 있다.

(2) 직각삼각형의 외심은 빗변의 중점이므로

$$(\text{외접원의 반지름의 길이})=\frac{1}{2}\times(\text{빗변의 길이})$$

❷ 삼각형의 외심의 응용

점 O가 △ABC의 외심일 때

(1)

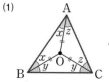 →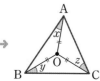

$$\angle x+\angle y+\angle z=90°$$

(2)

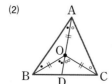 →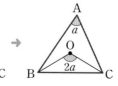

$$\angle BOC=2\angle A$$

답 (1) 외심 (2) 꼭짓점 (3) 빗변

개념 check

1 아래 그림에서 점 O가 △ABC의 외심일 때, 다음 중 옳은 것에 ○표, 옳지 않은 것에 ×표를 하시오.

(1) $\overline{OA}=\overline{OC}$ ( )

(2) $\overline{BD}=\overline{BE}$ ( )

(3) $\angle OCE=\angle OCF$ ( )

(4) $\triangle OAD \equiv \triangle OBD$ ( )

2 다음 그림에서 점 O가 △ABC의 외심일 때, x의 값을 구하시오.

(1)

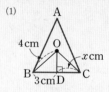

(2)

3 다음 그림에서 점 O가 △ABC의 외심일 때, $\angle x$의 크기를 구하시오.

(1)

(2)

3 삼각형의 내심

(1) 접선과 접점

원과 직선이 한 점에서 만날 때, 이 직선은 원에 접한다고 한다. 이때 이 직선을 원의 [(4)]이라 하고, 접선이 원과 만나는 점을 접점이라 한다.

참고 원의 접선은 그 접점을 지나는 반지름과 항상 수직이다.

(2) 내접원과 내심

원 I가 △ABC의 세 변에 모두 접할 때, 원 I는 △ABC에 내접한다고 한다. 이때 원 I를 △ABC의 내접원이라 하고, 내접원의 중심 I를 △ABC의 내심이라 한다.

(3) 삼각형의 내심의 성질

① 삼각형의 세 내각의 이등분선은 한 점(내심)에서 만난다.

② 삼각형의 내심에서 세 [(5)]에 이르는 거리는 모두 같다.

→ $\overline{ID}=\overline{IE}=\overline{IF}$=(내접원의 반지름의 길이)

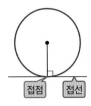

참고 (1) 이등변삼각형의 외심과 내심은 모두 꼭지각의 이등분선 위에 있다.
(2) 정삼각형의 외심과 내심은 일치한다.

4 삼각형의 내심의 응용

점 I가 △ABC의 내심일 때

(1) 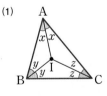 →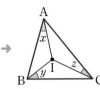

$$\angle x+\angle y+\angle z=90°$$

(2) 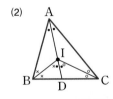 →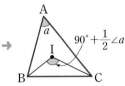

$$\angle BIC=90°+\frac{1}{2}\angle A$$

5 삼각형의 내심과 내접원

점 I가 △ABC의 내심이고 내접원의 반지름의 길이가 r일 때

(1) $\triangle ABC=\frac{1}{2}r(\overline{AB}+\overline{BC}+\overline{CA})$

참고 $\triangle ABC=\triangle IAB+\triangle IBC+\triangle ICA$

$=\frac{1}{2}r\overline{AB}+\frac{1}{2}r\overline{BC}+\frac{1}{2}r\overline{CA}=\frac{1}{2}r(\overline{AB}+\overline{BC}+\overline{CA})$

(2) $\overline{AD}=\overline{AF}$, $\overline{BD}=\overline{BE}$, $\overline{CE}=\overline{CF}$

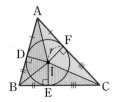

답 (4) 접선 (5) 변

4 아래 그림에서 점 I가 △ABC의 내심일 때, 다음 중 옳은 것에 ○표, 옳지 않은 것에 ×표를 하시오.

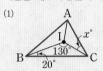

(1) $\overline{IA}=\overline{IB}$ ( )

(2) $\overline{IE}=\overline{IF}$ ( )

(3) $\angle IAF=\angle ICF$ ( )

(4) $\triangle IBD\equiv\triangle IBE$ ( )

5 다음 그림에서 점 I가 △ABC의 내심일 때, x의 값을 구하시오.

(1)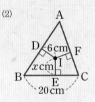

(2)

6 다음 그림에서 점 I가 △ABC의 내심일 때, $\angle x$의 크기를 구하시오.

(1)

(2)
A
58°
B 58°... C

7 다음 그림에서 점 I가 △ABC의 내심일 때, △ABC의 내접원의 반지름의 길이를 구하시오.

유형 01 삼각형의 외심

01
오른쪽 그림에서 점 O가 △ABC의 세 변의 수직이등분선의 교점일 때, 다음 중 옳지 않은 것은?

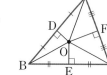

① 점 O는 △ABC의 외심이다.
② $\overline{OA}=\overline{OB}=\overline{OC}$
③ ∠OAD=∠OBD
④ △OBD≡△OBE
⑤ △OAF≡△OCF

02
오른쪽 그림에서 점 O는 △ABC의 외심이다. $\overline{AD}=7$, $\overline{BE}=8$, $\overline{AF}=6$일 때, △ABC의 둘레의 길이를 구하시오.

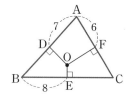

New 03
오른쪽 그림과 같이 깨진 접시를 원래의 원 모양으로 복원하기 위해 테두리에 세 점을 잡아 삼각형을 만들었다. 다음 중 원의 중심을 찾는 데 이용할 수 있는 것은?

① 삼각형의 세 내각의 이등분선의 교점
② 삼각형의 세 변의 수직이등분선의 교점
③ 삼각형의 세 꼭짓점에서 각 대변에 내린 수선의 교점
④ 삼각형의 세 꼭짓점과 각 대변의 중점을 이은 선분의 교점
⑤ 삼각형의 한 내각의 이등분선과 이와 이웃하지 않는 두 외각의 이등분선의 교점

유형 02 직각삼각형의 외심　　최다 빈출

04
오른쪽 그림에서 점 O는 ∠C=90°인 직각삼각형 ABC의 외심이다. $\overline{BC}=8\,cm$, $\overline{OC}=6\,cm$일 때, $\overline{AB}$의 길이를 구하시오.

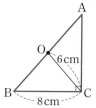

05
오른쪽 그림에서 △ABC는 ∠B=90°인 직각삼각형이다. $\overline{AB}=6\,cm$, $\overline{BC}=8\,cm$, $\overline{CA}=10\,cm$일 때, △ABC의 외접원의 둘레의 길이를 구하시오.

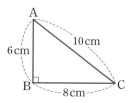

06
오른쪽 그림과 같이 ∠A=90°인 직각삼각형 ABC에서 점 O는 $\overline{BC}$의 중점이다. ∠B=62°일 때, ∠AOC의 크기를 구하시오.

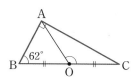

07
오른쪽 그림에서 점 O는 ∠A=90°인 직각삼각형 ABC의 외심이다. $\overline{AB}=12\,cm$, $\overline{BC}=13\,cm$, $\overline{CA}=5\,cm$일 때, △ABO의 넓이를 구하시오.

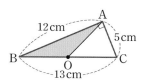

유형 03 둔각삼각형의 외심

08 ●●

오른쪽 그림에서 점 O는 △ABC
의 외심이다. ∠AOB=26°,
∠BOC=74°일 때, ∠ABC의 크
기는?

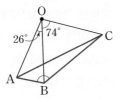

① 125°　　② 127°　　③ 130°
④ 132°　　⑤ 135°

09 ●●

오른쪽 그림에서 점 O는
△ABC의 외심이다.
∠ABC=17°, ∠ACB=52°
일 때, ∠BAO의 크기는?

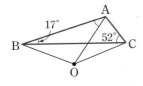

① 35°　　② 36°　　③ 37°
④ 38°　　⑤ 39°

유형 04 삼각형의 외심의 응용　　최다 빈출

10 ●●

오른쪽 그림에서 점 O는 △ABC의
외심이다. ∠OAC=45°,
∠OCB=30°일 때, ∠x의 크기는?

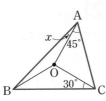

① 12°　　② 15°
③ 18°　　④ 21°
⑤ 24°

11 ●●

오른쪽 그림에서 점 O는 △ABC의
외심이다. ∠A=65°일 때, ∠OBC
의 크기를 구하시오.

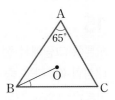

12 ●●

오른쪽 그림에서 점 O는 △ABC의
외심이다. ∠OBA=20°,
∠BOC=100°일 때, ∠OAC의 크
기는?

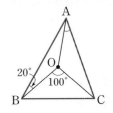

① 20°　　② 25°
③ 30°　　④ 35°
⑤ 40°

13 ●●

오른쪽 그림에서 점 O가 △ABC의
외심일 때, ∠x+∠y의 크기를 구
하시오.

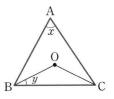

14 ●●

오른쪽 그림에서 점 O는 △ABC의
외심이다.
∠AOB : ∠BOC : ∠COA
=2 : 3 : 4
일 때, ∠BAC의 크기를 구하시오.

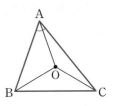

유형 **05** 삼각형의 내심

15

오른쪽 그림에서 점 I가 △ABC의
내심일 때, 다음 중 옳은 것을 모두
고르면? (정답 2개)

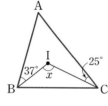

① $\overline{BE}=\overline{CE}$
② $\overline{IA}=\overline{IB}=\overline{IC}$
③ $\angle IBE=\angle ICE$
④ $\angle AID=\angle AIF$
⑤ $\triangle IBD\equiv\triangle IBE$

16

오른쪽 그림에서 점 I는 △ABC의
내심이다. $\angle ABI=37°$,
$\angle ACI=25°$일 때, $\angle x$의 크기는?

① 110°   ② 114°
③ 118°   ④ 122°
⑤ 126°

17

오른쪽 그림에서 점 I는 $\overline{AB}=\overline{AC}$인
이등변삼각형 ABC의 내심이고 점
I'은 △IBC의 내심이다. $\angle A=52°$
일 때, $\angle I'BC$의 크기는?

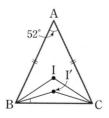

① 13°   ② 14°
③ 15°   ④ 16°
⑤ 17°

유형 **06** 삼각형의 내심의 응용

18

오른쪽 그림에서 점 I는 △ABC의
내심이다. $\angle IBC=30°$,
$\angle ACI=25°$일 때, $\angle x-\angle y$의
크기를 구하시오.

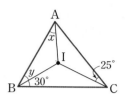

19

오른쪽 그림에서 점 I는 △ABC
의 내심이다. $\angle A=70°$,
$\angle ACI=30°$일 때, $\angle IBC$의 크
기를 구하시오.

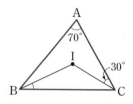

20

오른쪽 그림에서 점 I는 △ABC의
내심이다. $\angle IBC=30°$,
$\angle ACB=56°$일 때, $\angle x+\angle y$의
크기는?

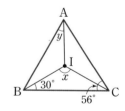

① 122°   ② 134°
③ 144°   ④ 154°
⑤ 162°

21

오른쪽 그림에서 점 I는 △ABC의
내심이다. $\angle C=60°$일 때,
$\angle x+\angle y$의 크기를 구하시오.

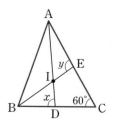

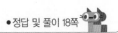

22 ●●

오른쪽 그림에서 점 I는 △ABC의 내심이다. ∠BIC＝115°일 때, ∠x 의 크기를 구하시오.

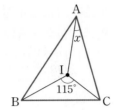

23 ●●

오른쪽 그림에서 점 I는 △ABC의 내심이다.
∠AIB : ∠BIC : ∠AIC＝5 : 4 : 6 일 때, ∠ABC의 크기는?

① 94°　　　② 100°

③ 108°　　④ 112°

⑤ 115°

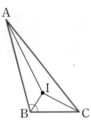

24 ●●●

오른쪽 그림에서 점 I는 △ABC의 내심이고, 점 I′은 △IBC의 내심이다.
∠A＝56°일 때, ∠BI′C의 크기는?

① 145°　　　② 146°

③ 147°　　　④ 148°

⑤ 149°

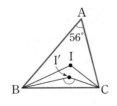

25 ●●

오른쪽 그림에서 점 I는 △ABC의 내심이다. $\overline{AB}$＝13 cm, $\overline{BC}$＝15 cm, $\overline{CA}$＝14 cm이고 △ABC의 넓이가 84 cm²일 때, △ABC의 내접원의 반지름의 길이 는?

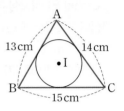

① 3 cm　　② $\dfrac{7}{2}$ cm　　③ 4 cm

④ $\dfrac{9}{2}$ cm　　⑤ 5 cm

26 ●●

오른쪽 그림에서 점 I는 △ABC의 내심이다. 내접원의 반지름의 길이 가 5 cm이고 △ABC의 넓이가 135 cm²일 때, △ABC의 둘레의 길이는?

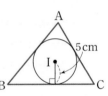

① 50 cm　　② 54 cm　　③ 58 cm

④ 62 cm　　⑤ 66 cm

27 ●●

오른쪽 그림에서 점 I는 ∠A＝90°인 직각삼각형 ABC 의 내심이다. $\overline{AB}$＝8 cm, $\overline{BC}$＝17 cm, $\overline{CA}$＝15 cm일 때, △ABC의 내접원의 넓이는?

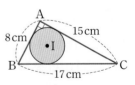

① 9π cm²　　② 16π cm²　　③ 25π cm²

④ 36π cm²　　⑤ 49π cm²

28 ●●●

오른쪽 그림에서 점 I는
∠C=90°인 직각삼각형 ABC의
내심이다. $\overline{AB}=5$ cm,
$\overline{BC}=4$ cm, $\overline{CA}=3$ cm일 때,
△ABI의 넓이를 구하시오.

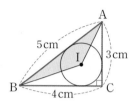

29 ●●

오른쪽 그림에서 점 I는 △ABC
의 내심이고 세 점 D, E, F는 각
각 내접원과 세 변 AB, BC, CA
의 접점이다. $\overline{AB}=6$ cm,
$\overline{AC}=5$ cm, $\overline{AD}=2$ cm일 때,
$\overline{BC}$의 길이는?

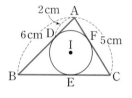

① 6 cm   ② 7 cm   ③ 8 cm
④ 9 cm   ⑤ 10 cm

30 ●●

오른쪽 그림에서 점 I는 △ABC
의 내심이고 세 점 D, E, F는 각각
내접원과 세 변 AB, BC, CA의
접점이다. $\overline{AB}=8$ cm,
$\overline{BC}=9$ cm, $\overline{CA}=11$ cm일 때,
$\overline{AD}$의 길이를 구하시오.

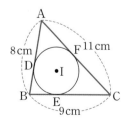

31 ●●●

오른쪽 그림에서 점 I는 ∠B=90°
인 직각삼각형 ABC의 내심이고 내
접원 I의 반지름의 길이는 2 cm이다.
$\overline{AC}=10$ cm, $\overline{BC}=8$ cm일 때,
$\overline{AB}$의 길이는?

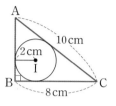

① 5 cm   ② $\dfrac{11}{2}$ cm   ③ 6 cm

④ $\dfrac{13}{2}$ cm   ⑤ 7 cm

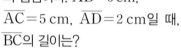
유형 08   삼각형의 내심과 평행선

32 ●●

오른쪽 그림에서 점 I는 △ABC
의 내심이고 $\overline{DE}$ // $\overline{BC}$이다.
$\overline{DB}=3$ cm, $\overline{EC}=4$ cm일 때,
$\overline{DE}$의 길이는?

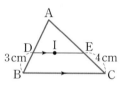

① 6 cm   ② $\dfrac{13}{2}$ cm   ③ 7 cm

④ $\dfrac{15}{2}$ cm   ⑤ 8 cm

33 ●●

오른쪽 그림에서 점 I는
△ABC의 내심이고
$\overline{DE}$ // $\overline{BC}$이다. $\overline{AB}=5$ cm,
$\overline{BC}=9$ cm, $\overline{CA}=7$ cm일 때,
△ADE의 둘레의 길이를 구하시오.

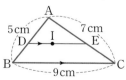

● 정답 및 풀이 19쪽

34 ●●●

오른쪽 그림에서 점 I는 △ABC의 내심이고 $\overline{DE} /\!/ \overline{BC}$이다. $\overline{DB}=4\,cm$, $\overline{BC}=15\,cm$, $\overline{EC}=5\,cm$이고 사각형 DBCE의 넓이가 $36\,cm^2$일 때, △ABC의 내접원의 반지름의 길이를 구하시오.

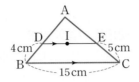

유형 09 삼각형의 외심과 내심 최다 빈출

35 ●●●

다음 중 삼각형의 외심과 내심에 대한 설명으로 옳지 않은 것은?

① 삼각형의 외심은 세 변의 수직이등분선의 교점이다.
② 삼각형의 외심에서 세 꼭짓점에 이르는 거리는 같다.
③ 삼각형의 내심에서 세 변에 이르는 거리는 같다.
④ 직각삼각형의 내심은 빗변의 중점이다.
⑤ 정삼각형은 외심과 내심이 일치한다.

36 ●●●

오른쪽 그림에서 두 점 O, I는 각각 △ABC의 외심과 내심이다. ∠BOC=100°일 때, ∠BIC의 크기를 구하시오.

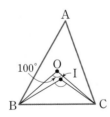

37 ●●●

오른쪽 그림과 같이 △ABC의 외심 O와 내심 I가 일치할 때, ∠x의 크기를 구하시오.

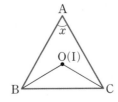

38 ●●●

오른쪽 그림에서 두 점 O, I는 각각 $\overline{AB}=\overline{AC}$인 이등변삼각형 ABC의 외심과 내심이다. ∠A=44°일 때, ∠OBI의 크기는?

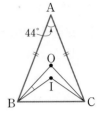

① 10°   ② 11°
③ 12°   ④ 13°
⑤ 14°

39 ●●●

오른쪽 그림에서 두 점 O, I는 각각 ∠B=90°인 직각삼각형 ABC의 외심과 내심이다. $\overline{AB}=3\,cm$, $\overline{BC}=4\,cm$, $\overline{CA}=5\,cm$일 때, △ABC의 외접원 O와 내접원 I의 반지름의 길이의 차는?

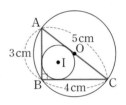

① 1.5 cm   ② 2 cm   ③ 2.5 cm
④ 3 cm   ⑤ 3.5 cm

40 ●●●

오른쪽 그림에서 두 원 O, I는 각각 ∠C=90°인 직각삼각형 ABC의 외접원과 내접원이고 세 점 D, E, F는 각각 내접원 I와 세 변 AB, BC, CA의 접점이다. 두 원 O, I의 반지름의 길이가 각각 3 cm, 1 cm일 때, △ABC의 넓이를 구하시오.

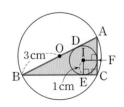

01

오른쪽 그림과 같이 ∠A=90°인 직각삼각형 ABC에서 $\overline{BM}=\overline{CM}$이고 $\overline{BC}=10\,\text{cm}$, ∠C=30°일 때, △ABM의 둘레의 길이를 구하시오. [6점]

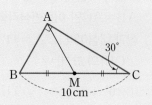

채점 기준 1 △ABM이 정삼각형임을 알기 … 4점

△ABC에서 ∠B=180°−(90°+30°)=_____

점 M은 △ABC의 _____이므로 _____=$\overline{MB}$=$\overline{MC}$

△ABM에서 $\overline{MA}$=_____이므로

∠MAB=∠_____=_____

∴ ∠AMB=180°−(60°+_____)=_____

따라서 △ABM은 정삼각형이다.

채점 기준 2 △ABM의 둘레의 길이 구하기 … 2점

$\overline{BM}=\dfrac{1}{2}\overline{BC}=\dfrac{1}{2}\times$_____=_____(cm)이므로

△ABM의 둘레의 길이는 $3\overline{BM}=3\times$_____=_____(cm)

01-1

조건 바꾸기

오른쪽 그림과 같이 ∠A=90°인 직각삼각형 ABC에서 $\overline{BM}=\overline{CM}$이고 △ABC의 외접원의 둘레의 길이가 $12\pi\,\text{cm}$이다. ∠C=30°일 때, △ABM의 둘레의 길이를 구하시오. [7점]

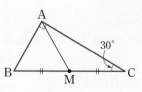

채점 기준 1 △ABM이 정삼각형임을 알기 … 4점

채점 기준 2 $\overline{AM}$의 길이 구하기 … 2점

채점 기준 3 △ABM의 둘레의 길이 구하기 … 1점

02

오른쪽 그림에서 점 I는 ∠C=90°인 직각삼각형 ABC의 내심이다. $\overline{AB}=10\,\text{cm}$, $\overline{BC}=8\,\text{cm}$, $\overline{CA}=6\,\text{cm}$일 때, △AIC의 넓이를 구하시오. [6점]

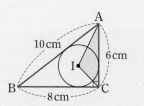

채점 기준 1 △ABC의 내접원의 반지름의 길이 구하기 … 4점

△ABC의 내접원의 반지름의 길이를 r cm라 하면

$\triangle ABC=\dfrac{1}{2}\times r\times(10+$_____$+6)=$_____$(\text{cm}^2)$

이때 $\triangle ABC=\dfrac{1}{2}\times 8\times$_____=_____$(\text{cm}^2)$이므로

_____$r=$_____ ∴ $r=$_____

채점 기준 2 △AIC의 넓이 구하기 … 2점

$\triangle AIC=\dfrac{1}{2}\times 6\times$_____=_____$(\text{cm}^2)$

02-1

숫자 바꾸기

오른쪽 그림에서 점 I는 ∠C=90°인 직각삼각형 ABC의 내심이다. $\overline{AB}=15\,\text{cm}$, $\overline{BC}=12\,\text{cm}$, $\overline{CA}=9\,\text{cm}$일 때, △IBC의 넓이를 구하시오. [6점]

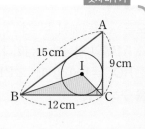

채점 기준 1 △ABC의 내접원의 반지름의 길이 구하기 … 4점

채점 기준 2 △IBC의 넓이 구하기 … 2점

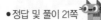

03

오른쪽 그림에서 점 O는 △ABC의 외심이다. ∠ABO=32°, ∠ACO=24°일 때, ∠x의 크기를 구하시오. [4점]

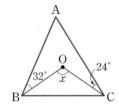

04

오른쪽 그림에서 점 O는 △ABC의 외심인 동시에 △ACD의 외심이다. ∠B=75°일 때, 다음을 구하시오.

[6점]

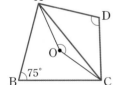

(1) ∠AOC의 크기 [2점]

(2) ∠D의 크기 [4점]

05

오른쪽 그림에서 점 I는 △ABC의 내심이다. $\overline{AI}$의 연장선과 $\overline{BC}$가 만나는 점을 D라 하고 ∠ABC=52°, ∠ACB=68°일 때, ∠BID의 크기를 구하시오. [6점]

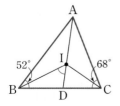

06

오른쪽 그림에서 점 I는 △ABC의 내심이고 $\overline{DE}$ ∥ $\overline{BC}$이다. ∠DIB+∠EIC=56°일 때, ∠A의 크기를 구하시오. [6점]

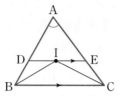

07

오른쪽 그림과 같은 직사각형 ABCD에서 대각선 AC와 △ABC, △ACD의 내접원 I, I'의 교점을 각각 E, F라 하자. $\overline{AB}$=15 cm, $\overline{BC}$=20 cm, $\overline{CA}$=25 cm일 때, $\overline{EF}$의 길이를 구하시오. [7점]

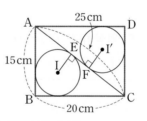

08

오른쪽 그림에서 두 점 O, I는 각각 ∠A=90°인 직각삼각형 ABC의 외심과 내심이다. $\overline{AB}$=12 cm, $\overline{BC}$=20 cm, $\overline{CA}$=16 cm일 때, △ABC의 외접원 O와 내접원 I의 둘레의 길이의 합을 구하시오. [7점]

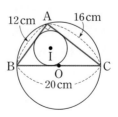

01

오른쪽 그림에서 점 O가 △ABC
의 외심일 때, 다음 중 옳지 않은
것은? [3점]

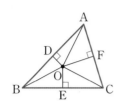

① $\overline{OA}=\overline{OB}$

② $\overline{BE}=\overline{CE}$

③ $\overline{AD}=\overline{AF}$

④ $\angle OAF=\angle OCF$

⑤ $\triangle OBE \equiv \triangle OCE$

02

오른쪽 그림에서 점 O는 △ABC
의 외심이다. $\overline{BC}=6$ cm이고
△OBC의 둘레의 길이가 14 cm
일 때, △ABC의 외접원의 반지
름의 길이는? [4점]

① 3 cm

② $\dfrac{7}{2}$ cm

③ 4 cm

④ $\dfrac{9}{2}$ cm

⑤ 5 cm

03

오른쪽 그림에서 점 O는
∠C=90°인 직각삼각형
ABC의 외심이다.
$\overline{AC}=15$ cm, $\overline{BC}=12$ cm일
때, △OAC의 넓이는? [4점]

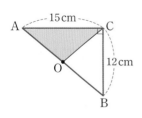

① 45 cm^2

② 48 cm^2

③ 52 cm^2

④ 56 cm^2

⑤ 60 cm^2

04

오른쪽 그림에서 점 O는 △ABC의
외심이다. ∠BOC=106°일 때,
∠A의 크기는? [3점]

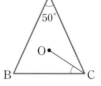

① 50°

② 53°

③ 56°

④ 59°

⑤ 62°

05

오른쪽 그림에서 점 O는 △ABC의
외심이다. ∠A=50°일 때, ∠OCB
의 크기는? [4점]

① 40°

② 42°

③ 44°

④ 46°

⑤ 48°

06

오른쪽 그림에서 점 O는 △ABC
의 외심이다. $\overline{AC}=12$ cm이고
∠B=45°일 때, △AOC의 외
접원의 넓이는? [4점]

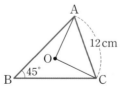

① 25π cm^2

② $\dfrac{121}{4}\pi$ cm^2

③ 36π cm^2

④ $\dfrac{169}{4}\pi$ cm^2

⑤ 49π cm^2

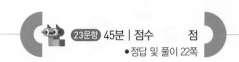
07

오른쪽 그림에서 점 O는 △ABC
의 외심이다.

∠AOB : ∠BOC : ∠COA
=3 : 5 : 7

일 때, ∠ABC의 크기는? [4점]

① 78°　　　② 80°　　　③ 82°

④ 84°　　　⑤ 86°

08

다음 중 삼각형의 내심에 대한 설명으로 옳지 <u>않은</u> 것
은? [3점]

① 삼각형의 내접원의 중심이다.
② 삼각형의 세 내각의 이등분선의 교점이다.
③ 삼각형의 내심은 항상 삼각형의 내부에 있다.
④ 삼각형의 내심에서 세 변에 이르는 거리는 모두 같다.
⑤ 삼각형의 내심에서 세 꼭짓점에 이르는 거리는 모두
　같다.

09

오른쪽 그림에서 점 I는 △ABC
의 내심이다. ∠ABI=30°,
∠ICB=20°일 때, ∠A의 크
기는? [3점]

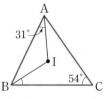

① 60°　　　② 65°　　　③ 70°

④ 75°　　　⑤ 80°

10

오른쪽 그림에서 점 I는
∠B=90°인 직각삼각형 ABC
의 내심이다. 이때 ∠AIC의 크
기는? [3점]

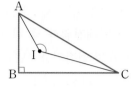

① 130°　　② 135°　　③ 140°

④ 145°　　⑤ 150°

11

오른쪽 그림에서 점 I는 △ABC
의 내심이다. ∠BAI=31°,
∠C=54°일 때, ∠IBC의 크기는?
[4점]

① 30°　　　② 31°　　　③ 32°

④ 33°　　　⑤ 34°

12

오른쪽 그림에서 점 I는
∠A=90°인 직각삼각형
ABC의 내심이다.
$\overline{AB}$=5 cm, $\overline{BC}$=13 cm,

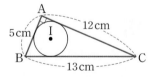

$\overline{CA}$=12 cm일 때, △ABC의 내접원의 반지름의 길이
는? [4점]

① 1 cm　　② $\frac{3}{2}$ cm　　③ 2 cm

④ $\frac{5}{2}$ cm　　⑤ 3 cm

13

오른쪽 그림에서 점 I는 △ABC
의 내심이고 세 점 D, E, F는
각각 내접원과 세 변 AB, BC,
CA의 접점이다. $\overline{AB}=12$ cm,
$\overline{BC}=11$ cm, $\overline{CF}=5$ cm일 때,
$\overline{AC}$의 길이는? [4점]

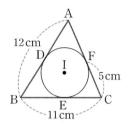

① 8 cm   ② 9 cm   ③ 10 cm
④ 11 cm   ⑤ 12 cm

14

오른쪽 그림에서 점 I는
△ABC의 내심이고 $\overline{DE} \parallel \overline{AC}$
이다. $\overline{AB}=7$ cm,
$\overline{BC}=11$ cm, $\overline{CA}=10$ cm일
때, △DBE의 둘레의 길이는? [4점]

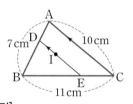

① 18 cm   ② 19 cm   ③ 20 cm
④ 21 cm   ⑤ 22 cm

15

오른쪽 그림에서 점 I는 정삼각형
ABC의 내심이다. $\overline{AB} \parallel \overline{ID}$,
$\overline{AC} \parallel \overline{IE}$이고 $\overline{AB}=5$ cm일 때,
$\overline{DE}$의 길이는? [5점]

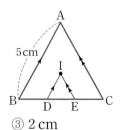

① $\dfrac{3}{2}$ cm   ② $\dfrac{5}{3}$ cm   ③ 2 cm
④ $\dfrac{7}{3}$ cm   ⑤ $\dfrac{5}{2}$ cm

16

오른쪽 그림에서 두 점 O, I는 각각
∠C=90°인 직각삼각형 ABC의
외심과 내심이다. $\overline{AB}=10$ cm,
$\overline{BC}=8$ cm, $\overline{CA}=6$ cm일 때,
△ABC의 외접원과 내접원의 반
지름의 길이의 합은? [4점]

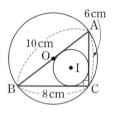

① 6 cm   ② 7 cm   ③ 8 cm
④ 9 cm   ⑤ 10 cm

17

오른쪽 그림에서 두 점 O, I는 각각
$\overline{AB}=\overline{AC}$인 이등변삼각형 ABC의
외심과 내심이다. ∠A=40°일 때,
∠OCI의 크기는? [5점]

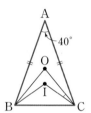

① 10°   ② 15°
③ 20°   ④ 25°
⑤ 30°

18

오른쪽 그림에서 두 점 O, I
는 각각 ∠B=90°인 직각삼
각형 ABC의 외심과 내심이
다. ∠A=70°일 때, $\overline{BO}$와
$\overline{CI}$의 교점 P에 대하여 ∠BPC의 크기는? [5점]

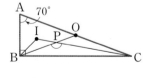

① 140°   ② 145°   ③ 150°
④ 155°   ⑤ 160°

서술형

19

오른쪽 그림과 같이 ∠C=90°인
직각삼각형 ABC의 꼭짓점 C에서
$\overline{AB}$에 내린 수선의 발을 D라 하고
$\overline{AB}$의 중점을 O라 하자.
∠A=50°일 때, ∠OCD의 크기를 구하시오. [6점]

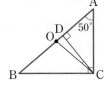

20

오른쪽 그림에서 점 O는
△ABC의 외심이다.
∠ABC=40°, ∠ACB=35°
일 때, 다음을 구하시오. [6점]

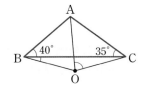

(1) ∠OBC의 크기 [4점]

(2) ∠AOC의 크기 [2점]

21

오른쪽 그림에서 점 I는 △ABC
의 내심이다. ∠B=64°일 때,
∠x+∠y의 크기를 구하시오. [7점]

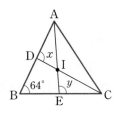

22

오른쪽 그림에서 점 I는 △ABC
의 내심이다. △ABC의 둘레의
길이가 34 cm이고, 넓이가
51 cm²일 때, 내접원 I의 넓이를
구하시오. [4점]

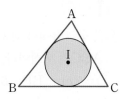

23

오른쪽 그림에서 두 점 O, I는
각각 △ABC의 외심과 내심이
다. ∠BAD=30°, ∠CAE=15°
일 때, ∠ADE의 크기를 구하
시오. [7점]

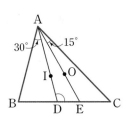

01

오른쪽 그림에서 점 O는
△ABC의 외심이다.
$\overline{BD}=7$ cm, $\overline{BE}=6$ cm,
$\overline{CF}=5$ cm일 때, △ABC의
둘레의 길이는? [3점]

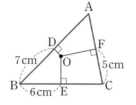

① 25 cm   ② 36 cm   ③ 40 cm

④ 48 cm   ⑤ 50 cm

02

오른쪽 그림에서 점 O는 △ABC의
외심이다. $\overline{BC}\perp\overline{OD}$이고 ∠C=70°,
∠OAC=25°일 때, ∠BOD의 크
기는? [4점]

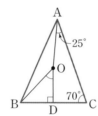

① 45°   ② 50°

③ 55°   ④ 60°

⑤ 65°

03

오른쪽 그림과 같이 ∠A=90°인
직각삼각형 ABC에서 점 M은
$\overline{BC}$의 중점이다. $\overline{AC}=6$ cm,
∠C=60°일 때, $\overline{BC}$의 길이는? [4점]

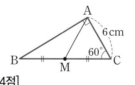

① 9 cm   ② 10 cm   ③ 11 cm

④ 12 cm   ⑤ 13 cm

04

오른쪽 그림에서 점 O는
△ABC의 외심이다.
∠OBA=56°, ∠OCA=24°
일 때, ∠BOC의 크기는? [4점]

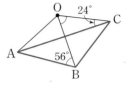

① 50°   ② 52°   ③ 56°

④ 64°   ⑤ 68°

05

오른쪽 그림에서 점 O는 △ABC의
외심이다. ∠OAC=30°,
∠OBC=45°일 때, ∠x의 크기는?

[3점]

① 10°   ② 15°

③ 20°   ④ 25°

⑤ 30°

06

오른쪽 그림에서 점 O는 △ABC
의 외심이다. ∠BOC=110°일 때,
∠x+∠y의 크기는? [4점]

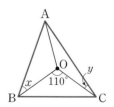

① 45°   ② 50°

③ 55°   ④ 60°

⑤ 65°

07

오른쪽 그림과 같이
∠A=90°인 직각삼각형
ABC에서 $\overline{BM}=\overline{CM}$이다.
점 O는 △ABM의 외심이
고 ∠C=26°일 때, ∠AOB의 크기는? [4점]

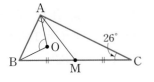

① 102°   ② 104°   ③ 106°
④ 108°   ⑤ 110°

08

오른쪽 그림에서 점 I는 △ABC
의 내심이다. 다음 중 옳지 <u>않은</u>
것은? [3점]

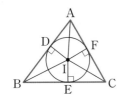

① $\overline{ID}=\overline{IE}=\overline{IF}$
② $\overline{IA}=\overline{IB}=\overline{IC}$
③ ∠IAD=∠IAF
④ ∠DIB=∠EIB
⑤ △ICE≡△ICF

09

오른쪽 그림에서 점 I는 △ABC
의 내심이다. ∠AIB=119°일
때, ∠C의 크기는? [3점]

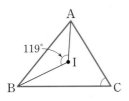

① 55°   ② 56°
③ 57°   ④ 58°
⑤ 59°

10

오른쪽 그림에서 점 I는 △ABC의
내심이다. ∠A=50°, ∠ACI=26°
일 때, ∠x의 크기는? [3점]

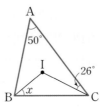

① 30°   ② 33°
③ 36°   ④ 39°
⑤ 42°

11

오른쪽 그림에서 점 I는 △ABC
의 내심이다.
∠BAC : ∠ABC : ∠BCA
=5 : 4 : 3
일 때, ∠IBC의 크기는? [4점]

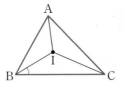

① 28°   ② 29°   ③ 30°
④ 31°   ⑤ 32°

12

오른쪽 그림에서 점 I는 △ABC
의 내심이다. ∠ADB=85°,
∠AEB=80°일 때, ∠C의 크
기는? [5점]

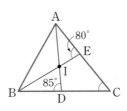

① 35°   ② 40°
③ 45°   ④ 50°
⑤ 55°

13

오른쪽 그림에서 점 I는
∠C=90°인 직각삼각형
ABC의 내심이다.
$\overline{AB}$=20 cm, $\overline{BC}$=16 cm,
$\overline{CA}$=12 cm일 때, △IBC의
넓이는? [4점]

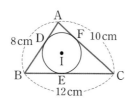

① 32 cm²   ② 36 cm²   ③ 40 cm²

④ 44 cm²   ⑤ 48 cm²

14

오른쪽 그림에서 점 I는
△ABC의 내심이고 세 점 D,
E, F는 각각 내접원과 세 변
AB, BC, CA의 접점이다.
$\overline{AB}$=8 cm, $\overline{BC}$=12 cm,
$\overline{CA}$=10 cm일 때, $\overline{BD}$의 길이는? [4점]

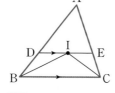

① 4 cm   ② $\frac{9}{2}$ cm   ③ 5 cm

④ $\frac{11}{2}$ cm   ⑤ 6 cm

15

오른쪽 그림에서 점 I는 △ABC
의 내심이고 $\overline{DE} /\!/ \overline{BC}$이다. 다음
중 옳지 <u>않은</u> 것을 모두 고르면?
(정답 2개) [4점]

① $\overline{AD}=\overline{AE}$ ② $\overline{DB}=\overline{DI}$

③ ∠ECI=∠EIC   ④ ∠IBC=∠ICB

⑤ $\overline{DE}=\overline{DB}+\overline{EC}$

16

오른쪽 그림에서 점 O는 △ABC
의 외심이고, 점 I는 △OBC의 내
심이다. ∠BIC=150°일 때, ∠A
의 크기는? [4점]

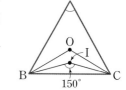

① 50°   ② 55°

③ 60°   ④ 65°

⑤ 70°

17

오른쪽 그림에서 두 원 O, I는 각
각 ∠A=90°인 직각삼각형
ABC의 외접원과 내접원이다.
$\overline{AB}$=9 cm, $\overline{BC}$=15 cm,
$\overline{CA}$=12 cm일 때, 색칠한 부분
의 넓이는? [5점]

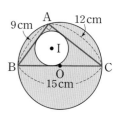

① $\frac{173}{4}\pi$ cm²   ② $\frac{177}{4}\pi$ cm²   ③ $\frac{181}{4}\pi$ cm²

④ $\frac{185}{4}\pi$ cm²   ⑤ $\frac{189}{4}\pi$ cm²

18

오른쪽 그림에서 두 점 O, I는 각각
$\overline{AB}=\overline{AC}$인 이등변삼각형 ABC
의 외심과 내심이다. ∠A=52°일
때, ∠y－∠x의 크기는? [5점]

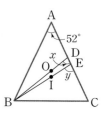

① 6°   ② 7°

③ 8°   ④ 9°

⑤ 10°

서술형

19

오른쪽 그림에서 점 O는 △ABC
의 외심이다. ∠BAO=30°,
∠CAO=35°일 때, ∠B와 ∠C
의 크기를 각각 구하시오. [6점]

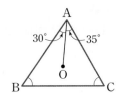

20

오른쪽 그림에서 점 I는 △ABC
의 내심이다. ∠IBC=25°,
∠ACI=35°일 때, ∠BIC의 크
기를 구하시오. [4점]

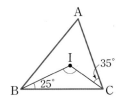

21

오른쪽 그림에서 점 I는
∠C=90°인 직각삼각형 ABC
의 내심이고 세 점 D, E, F는
각각 내접원과 세 변 AB, BC,
CA의 접점이다. 내접원 I의 반지름의 길이는 4 cm이
고 $\overline{AD}$=6 cm, $\overline{BD}$=20 cm일 때, △ABC의 넓이를
구하시오. [7점]

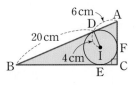

22

오른쪽 그림에서 점 I는
△ABC의 내심이고 $\overline{DE}$∥$\overline{BC}$
이다. $\overline{AB}$=11 cm,
$\overline{AC}$=8 cm, ∠DBI=20°,
∠ECI=30°일 때, 다음을 구하시오. [6점]

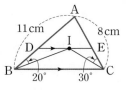

(1) ∠DIB의 크기 [2점]

(2) ∠EIC의 크기 [2점]

(3) △ADE의 둘레의 길이 [2점]

23

오른쪽 그림에서 두 점 O, I는
각각 △ABC의 외심과 내심이
다. ∠B=30°, ∠C=70°일 때,
∠OAI의 크기를 구하시오.

[7점]

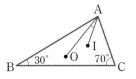

01 동아 변형

다음 그림과 같은 위치에 있는 A, B, C 세 학교에서 새 학기를 맞이하여 학교 대항 보물찾기 대회를 열기로 하였다. 숨겨져 있는 보물을 먼저 찾는 학교가 우승하며, 각 학교 학생들은 자신의 학교에서 출발한다고 할 때, 보물을 어디에 묻는 것이 공평할지 이유와 함께 설명하시오. (단, 세 학교 사이의 도로나 건물은 무시한다.)

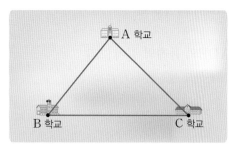

02 비상 변형

다음 그림에서 점 I는 △ABC의 내심이다.
$\angle IAB : \angle IBA = 2 : 3$, $\angle IBC : \angle ICB = 3 : 4$일 때, $\angle AIC$의 크기를 구하시오.

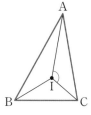

03 천재 변형

다음 그림은 학교 강당에 있는 계단 밑 창고 공간을 나타낸 것이다. 계단 밑 창고 공간에 공 1개를 보관하려고 할 때, 보관할 수 있는 공의 반지름의 최대 길이를 구하시오.
(단, 계단의 폭은 충분히 넓다.)

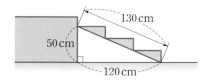

04 신사고 변형

다음 그림에서 두 점 O, I는 각각 △ABC의 외심과 내심이고 점 D는 $\overline{AO}$의 연장선과 $\overline{BC}$의 교점이다.
$\angle BAI = 35°$, $\angle DAC = 30°$일 때, $\angle ADB$의 크기를 구하시오.

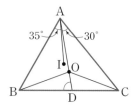

1 평행사변형

② 여러 가지 사각형

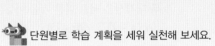
단원별로 학습 계획을 세워 실천해 보세요.

학습 날짜	월 일	월 일	월 일	월 일
학습 계획				
학습 실행도	0 ⬚⬚⬚⬚⬚ 100	0 ⬚⬚⬚⬚⬚ 100	0 ⬚⬚⬚⬚⬚ 100	0 ⬚⬚⬚⬚⬚ 100
자기 반성				

평행사변형

① 평행사변형

(1) **평행사변형** : 두 쌍의 대변이 각각 평행한 사각형
→ $\overline{AB}$ ⑴ $\overline{DC}$, $\overline{AD}$ ⑵ $\overline{BC}$

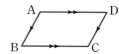

(2) **평행사변형의 성질**

① 두 쌍의 대변의 길이는 각각 같다.
→ $\overline{AB}=\overline{DC}$, $\overline{AD}=\overline{BC}$

② 두 쌍의 대각의 크기는 각각 같다.
→ $\angle A=\angle C$, $\angle B=\angle D$

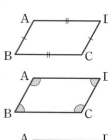

③ 두 대각선은 서로 다른 것을 이등분한다.
→ $\overline{OA}=\overline{OC}$, $\overline{OB}=\overline{OD}$

참고 평행사변형에서 이웃하는 두 내각의 크기의 합은 180°이다.

② 평행사변형이 되는 조건

다음의 어느 한 조건을 만족시키는 사각형은 평행사변형이다.
(1) 두 쌍의 대변이 각각 평행하다.
→ $\overline{AB}/\!/\overline{DC}$, $\overline{AD}/\!/\overline{BC}$
(2) 두 쌍의 대변의 길이가 각각 같다.
→ $\overline{AB}=\overline{DC}$, $\overline{AD}=\overline{BC}$
(3) 두 쌍의 대각의 크기가 각각 같다.
→ $\angle A=\angle C$, $\angle B=\angle D$
(4) 두 대각선이 서로 다른 것을 이등분한다.
→ $\overline{OA}=\overline{OC}$, $\overline{OB}=\overline{OD}$
(5) 한 쌍의 대변이 평행하고 그 길이가 같다.
→ $\overline{AB}/\!/\overline{DC}$, $\overline{AB}=\overline{DC}$ (또는 $\overline{AD}/\!/\overline{BC}$, $\overline{AD}=\overline{BC}$)

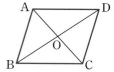

③ 평행사변형과 넓이

(1) 평행사변형의 넓이는 한 대각선에 의하여 이등분된다.
→ $\triangle ABC=$ ⑶ $=\dfrac{1}{2}\square ABCD$
$\left(또는 \triangle ABD=\triangle CDB=\dfrac{1}{2}\square ABCD\right)$

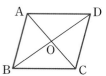

(2) 평행사변형의 넓이는 두 대각선에 의하여 사등분된다.
→ $\triangle ABO=\triangle BCO=\triangle CDO=$ ⑷ $=\dfrac{1}{4}\square ABCD$

(3) 평행사변형 내부의 임의의 한 점 P에 대하여
$\triangle PAB+\triangle PCD=\triangle PDA+$ ⑸ $=\dfrac{1}{2}\square ABCD$

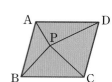

1 다음 그림과 같은 평행사변형 ABCD에서 x, y의 값을 각각 구하시오.
(단, 점 O는 두 대각선의 교점)

(1)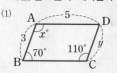

(2)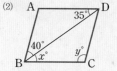

(3)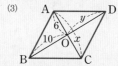

2 다음 중 □ABCD가 평행사변형인 것에는 ○표, 아닌 것에는 ×표를 하시오.
(단, 점 O는 두 대각선의 교점)

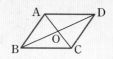

(1) $\overline{AB}=5$, $\overline{BC}=7$, $\overline{DC}=5$, $\overline{AD}=7$ (　　)
(2) $\angle DAB=120°$, $\angle ABC=60°$, $\angle BCD=60°$ (　　)
(3) $\overline{OA}=\overline{OB}=8$, $\overline{OC}=\overline{OD}=6$ (　　)
(4) $\overline{AB}=\overline{DC}=4$, $\overline{AD}/\!/\overline{BC}$ (　　)
(5) $\overline{AD}=\overline{BC}=6$, $\angle BAD=105°$, $\angle ABC=75°$ (　　)

3 다음 그림과 같은 평행사변형 ABCD의 넓이가 $60\,cm^2$일 때, 색칠한 부분의 넓이를 구하시오.
(단, 점 O는 두 대각선의 교점)

(1)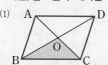

(2)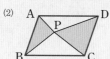

유형 01 평행사변형

01 ●●●

오른쪽 그림과 같은 평행사변형 ABCD에서 두 대각선의 교점을 O라 하자. $\angle ABD=35°$, $\angle ACD=70°$일 때, $\angle AOD$의 크기는?

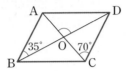

① 95°   ② 100°   ③ 105°
④ 110°   ⑤ 115°

02 ●●●

오른쪽 그림과 같은 평행사변형 ABCD에서 두 대각선의 교점을 O라 하자. $\angle BAC=70°$, $\angle BDC=45°$일 때, $\angle x+\angle y$의 크기는?

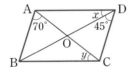

① 60°   ② 65°   ③ 70°
④ 75°   ⑤ 80°

03 ●●●

오른쪽 그림과 같이 평행사변형 ABCD를 대각선 BD를 접는 선으로 하여 △DBC가 △DBE로 옮겨지도록 접었다. 점 Q는 $\overline{BA}$의 연장선과 $\overline{DE}$의 연장선의 교점이고 $\angle BDC=38°$일 때, $\angle AQE$의 크기를 구하시오.

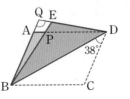

유형 02 평행사변형의 성질

04 ●●●

다음은 '평행사변형의 두 쌍의 대변의 길이는 각각 같다.'를 설명하는 과정이다. ㈎~㈐에 알맞은 것으로 옳지 않은 것은?

평행사변형 ABCD에서 대각선 AC를 그으면
△ABC와 △CDA에서
$\angle ACB=$ ㉮ (엇각), $\angle BAC=$ ㉯ (엇각),
$\overline{AC}$는 공통
이므로 △ABC≡△CDA (㉰ 합동)
∴ $\overline{AB}=$ ㉱ , $\overline{AD}=$ ㉲

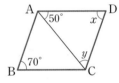

① ㉮ $\angle CAD$ ② ㉯ $\angle DCA$ ③ ㉰ ASA
④ ㉱ $\overline{DC}$ ⑤ ㉲ $\overline{AC}$

05 ●●●

오른쪽 그림과 같은 평행사변형 ABCD에서 $\angle B=70°$, $\angle DAC=50°$일 때, $\angle x-\angle y$의 크기는?

① 10°   ② 15°   ③ 20°
④ 25°   ⑤ 30°

06 ●●●

오른쪽 그림과 같은 평행사변형 ABCD에서 두 대각선의 교점을 O라 하자. $\overline{AC}=14$, $\overline{AD}=12$일 때, $x+y$의 값을 구하시오.

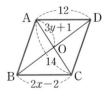

07 ●●○

오른쪽 그림과 같은 평행사변형 ABCD에서 두 대각선의 교점을 O라 할 때, 다음 중 옳지 <u>않은</u> 것은?

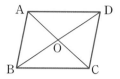

① $\overline{AB}=\overline{DC}$
② $\angle ABO=\angle CDO$
③ $\angle BAD=\angle BCD$
④ $\overline{OA}=\overline{OB}$
⑤ $\triangle ADO \equiv \triangle CBO$

유형 03 평행사변형의 성질의 활용 - 대변 [최다 빈출]

08 ●●○

오른쪽 그림과 같은 평행사변형 ABCD에서 ∠D의 이등분선과 $\overline{AB}$의 연장선이 만나는 점을 E라 하자. $\overline{AD}=16\,cm$, $\overline{DC}=10\,cm$일 때, $\overline{BE}$의 길이는?

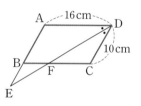

① $\dfrac{9}{2}\,cm$
② $5\,cm$
③ $\dfrac{11}{2}\,cm$
④ $6\,cm$
⑤ $\dfrac{13}{2}\,cm$

09 ●●○

오른쪽 그림과 같은 평행사변형 ABCD에서 ∠A의 이등분선이 $\overline{BC}$와 만나는 점을 E라 하자. $\overline{AB}=6\,cm$, $\overline{EC}=3\,cm$일 때, $\overline{AD}$의 길이를 구하시오.

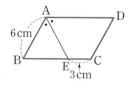

10 ●●○

오른쪽 그림에서 △ABC는 $\overline{AB}=\overline{AC}$인 이등변삼각형이고 □ADEF는 평행사변형이다. $\overline{AD}=6\,cm$, $\overline{DB}=3\,cm$일 때, □ADEF의 둘레의 길이는?

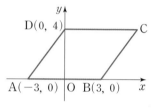

① 18 cm
② 20 cm
③ 22 cm
④ 24 cm
⑤ 26 cm

11 ●●○

오른쪽 그림과 같이 좌표평면 위에 평행사변형 ABCD가 있다. A(−3, 0), B(3, 0), D(0, 4)일 때, 점 C의 좌표를 구하시오.

12 ●●○

오른쪽 그림과 같은 평행사변형 ABCD에서 $\overline{BC}$의 중점을 E라 하고 $\overline{AE}$의 연장선과 $\overline{DC}$의 연장선이 만나는 점을 F라 하자. $\overline{AB}=6\,cm$, $\overline{AD}=11\,cm$일 때, $\overline{DF}$의 길이는?

① 10 cm
② 11 cm
③ 12 cm
④ 13 cm
⑤ 14 cm

13 ●●○

오른쪽 그림과 같은 평행사변형 ABCD에서 $\overline{AE}$, $\overline{DF}$는 각각 ∠A와 ∠D의 이등분선이다. $\overline{AD}=14\,cm$, $\overline{DC}=10\,cm$일 때, $\overline{EF}$의 길이를 구하시오.

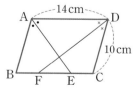

유형 **04** 평행사변형의 성질의 활용 - 대각 최다 빈출

14 •••

오른쪽 그림과 같은 평행사변형 ABCD에서 $\overline{BE}=\overline{DC}$이고 $\angle D=64°$일 때, $\angle AEB$의 크기를 구하시오.

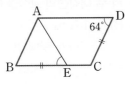

15 •••

오른쪽 그림과 같은 평행사변형 ABCD에서 $\overline{AE}$는 $\angle A$의 이등분선이고 $\angle D=50°$일 때, $\angle AEC$의 크기는?

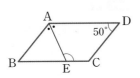

① 110° ② 115° ③ 120°
④ 125° ⑤ 130°

16 •••

오른쪽 그림과 같은 평행사변형 ABCD에서 $\angle A : \angle B=7 : 5$일 때, $\angle C$의 크기는?

① 100° ② 105°
③ 108° ④ 110°
⑤ 115°

17 •••

오른쪽 그림과 같은 평행사변형 ABCD에서 $\angle DAC$의 이등분선이 $\overline{BC}$의 연장선과 만나는 점을 E라 하자. $\angle B=70°$, $\angle E=30°$일 때, $\angle x$의 크기를 구하시오.

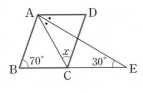

18 •••

오른쪽 그림과 같은 평행사변형 ABCD에서 $\angle B$와 $\angle C$의 이등분선이 만나는 점을 O라 할 때, $\angle BOC$의 크기를 구하시오.

19 •••

오른쪽 그림과 같은 평행사변형 ABCD에서 $\overline{DE}$는 $\angle D$의 이등분선이고 $\overline{DE}\perp\overline{AF}$이다. $\angle B=80°$일 때, $\angle AFB$의 크기는?

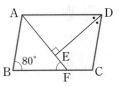

① 45° ② 50° ③ 55°
④ 60° ⑤ 65°

유형 **05** 평행사변형의 성질의 활용 - 대각선

20 •••

오른쪽 그림과 같은 평행사변형 ABCD에서 두 대각선의 교점을 O라 하자. $\overline{AB}=6\,cm$, $\overline{AC}=10\,cm$, $\overline{BD}=12\,cm$일 때, $\triangle OCD$의 둘레의 길이는?

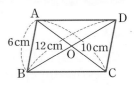

① 17 cm ② 18 cm ③ 19 cm
④ 20 cm ⑤ 21 cm

21 •••

오른쪽 그림과 같은 평행사변형 ABCD에서 두 대각선의 교점 O 를 지나는 직선과 $\overline{AB}$, $\overline{CD}$가 만 나는 점을 각각 P, Q라 할 때, 다 음 중 옳지 <u>않은</u> 것은?

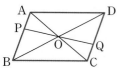

① $\overline{OA}=\overline{OC}$ ② $\angle OAP=\angle OCQ$
③ $\overline{OP}=\overline{OQ}$ ④ $\angle OPB=\angle OQC$
⑤ $\overline{PB}=\overline{QD}$

22 •••

오른쪽 그림과 같은 평행사변형 ABCD의 두 대각선의 교점 O를 지나는 직선이 $\overline{AB}$, $\overline{CD}$와 만나는 점을 각각 P, Q라 하자. $\overline{AB}=8$ cm, $\overline{OQ}=4$ cm, $\overline{QD}=5$ cm, $\angle PQD=90°$일 때, $\triangle APO$의 넓이를 구하 시오.

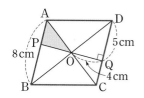

유형 **06** 평행사변형이 되는 조건

23 •••

오른쪽 그림과 같은 □ABCD 가 평행사변형이 되도록 하는 x, y에 대하여 $x+y$의 값은?

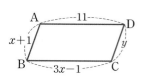

① 8 ② 9 ③ 10
④ 11 ⑤ 12

24 •••

오른쪽 그림과 같은 □ABCD에 서 두 대각선의 교점을 O라 하자. $\overline{BD}=18$ cm, $\overline{OC}=7$ cm일 때, □ABCD가 평행사변형이 되도록 하는 x, y에 대하여 $x-y$의 값을 구하시오.

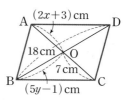

25 •••

다음은 '한 쌍의 대변이 평행하고 그 길이가 같은 사각형은 평행사변형이다.'를 설명하는 과정이다. (개)~(매)에 알맞은 것 으로 옳은 것은?

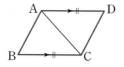

$\overline{AD}/\!\!/\overline{BC}$이고 $\overline{AD}=\overline{BC}$인 □ABCD에서 대각선 AC를 그으면
$\triangle ABC$와 $\triangle CDA$에서
$\overline{BC}=\overline{DA}$, $\overline{AC}$는 공통, $\angle ACB=$ (개) (엇각)
이므로 $\triangle ABC\equiv\triangle CDA$ ((내) 합동)
∴ $\angle BAC=$ (대)
즉, 엇각의 크기가 같으므로 (래)
따라서 □ABCD는 두 쌍의 대변이 각각 (매) 하므로 평행사변형이다.

① (개) $\angle ACD$ ② (내) ASA ③ (대) $\angle DCA$
④ (래) $\overline{AB}=\overline{DC}$ ⑤ (매) 수직

26 •••

오른쪽 그림과 같은 □ABCD에서 $\angle C$의 이등분선과 $\overline{AD}$의 교점을 E 라 하자. $\angle CED=41°$일 때, □ABCD가 평행사변형이 되도록 하는 $\angle B$의 크기를 구하시오.

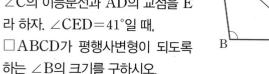

유형 07 평행사변형이 되는 조건 찾기 [최다 빈출]

27

다음 사각형 중 평행사변형이 <u>아닌</u> 것은?

(단, 점 O는 두 대각선의 교점)

① 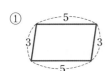 ②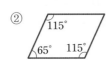

③ 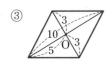 ④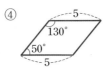

⑤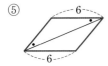

28

다음 중 □ABCD가 평행사변형이 <u>아닌</u> 것은?

(단, 점 O는 두 대각선 AC와 BD의 교점)

① ∠A=110°, ∠B=70°, ∠C=110°
② $\overline{OA}=6$, $\overline{OB}=4$, $\overline{OC}=6$, $\overline{OD}=4$
③ $\overline{AB}\,/\!/\,\overline{DC}$, ∠A=60°, ∠B=120°
④ $\overline{AB}\,/\!/\,\overline{DC}$, $\overline{AB}=6$, $\overline{DC}=6$
⑤ $\overline{AB}=\overline{BC}=8$, $\overline{CD}=\overline{DA}=10$

29

다음 보기에서 □ABCD가 평행사변형인 것을 모두 고르시오.

보기
ㄱ. ∠A=∠C, ∠B=∠D
ㄴ. $\overline{AB}=\overline{DC}$, $\overline{AD}=\overline{BC}$
ㄷ. $\overline{AD}\,/\!/\,\overline{BC}$, ∠A=∠D
ㄹ. $\overline{AB}\,/\!/\,\overline{DC}$, $\overline{AB}=\overline{DC}$
ㅁ. $\overline{AC}=\overline{BD}$, $\overline{AC}\perp\overline{BD}$

30

오른쪽 그림의 □ABCD에서 $\overline{AB}=12$ cm, $\overline{AD}=16$ cm, ∠BAC=65°일 때, 다음 중 □ABCD가 평행사변형이 되기 위한 조건은?

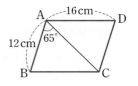

① $\overline{BC}=12$ cm, $\overline{DC}=16$ cm
② $\overline{BC}=16$ cm, ∠B=65°
③ $\overline{BC}=16$ cm, ∠CAD=65°
④ $\overline{DC}=12$ cm, ∠ACD=65°
⑤ $\overline{DC}=12$ cm, ∠ACB=65°

유형 08 새로운 사각형이 되는 조건 찾기

31

다음은 평행사변형 ABCD에서 $\overline{AB}$, $\overline{DC}$의 중점을 각각 E, F라 할 때, □EBFD가 평행사변형임을 설명하는 과정이다. (가)~(마)에 알맞은 것으로 옳지 <u>않은</u> 것은?

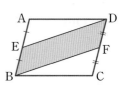

평행사변형 ABCD에서
$\overline{AB}\,/\!/\,\overline{DC}$이므로 EB (가) DF이고
$\overline{AB}=\overline{DC}$이므로 EB (나) DF이다.
즉, 한 쌍의 대변이 (다) 하고 그 (라) 가 같으므로 □EBFD는 (마) 이다.

① (가) //   ② (나) ⊥   ③ (다) 평행
④ (라) 길이   ⑤ (마) 평행사변형

32 ●●●

오른쪽 그림과 같은 평행사변형
ABCD에서 두 대각선의 교점을
O라 하고 $\overline{AO}$, $\overline{BO}$, $\overline{CO}$, $\overline{DO}$의
중점을 각각 P, Q, R, S라 하자. 다
음 중 □PQRS가 평행사변형임을
설명하는 데 이용되는 조건으로 가장 알맞은 것은?

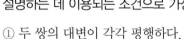

① 두 쌍의 대변이 각각 평행하다.
② 두 쌍의 대변의 길이가 각각 같다.
③ 두 쌍의 대각의 크기가 각각 같다.
④ 두 대각선이 서로 다른 것을 이등분한다.
⑤ 한 쌍의 대변이 평행하고 그 길이가 같다.

33 ●●●

오른쪽 그림과 같은 평행사변형
ABCD에서 두 대각선의 교점을
O라 하고 $\overline{BO}$, $\overline{DO}$의 중점을 각각
E, F라 할 때, 다음 중 옳지 <u>않은</u>
것은?

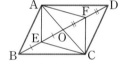

① $\overline{AE}=\overline{AF}$ ② $\overline{AE}=\overline{CF}$
③ $\overline{AF}=\overline{CE}$ ④ ∠OEA=∠OFC
⑤ ∠OEC=∠OFA

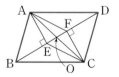

34 ●●

오른쪽 그림과 같은 평행사변형
ABCD에서 두 대각선의 교점을 O
라 하고 두 꼭짓점 A, C에서 대각선
BD에 내린 수선의 발을 각각 E, F
라 할 때, 다음 중 옳지 <u>않은</u> 것은?

① $\overline{AE}=\overline{CF}$ ② $\overline{BE}=\overline{DF}$
③ △ABE≡△CDF   ④ ∠FAO=∠EAO
⑤ □AECF는 평행사변형이다.

35 ●●●

오른쪽 그림과 같은 평행사
변형 ABCD에서 $\overline{AE}$, $\overline{CF}$
는 각각 ∠A와 ∠C의 이등
분선이다. $\overline{AB}=7$ cm,
$\overline{AD}=11$ cm, $\overline{DH}=6$ cm일 때, □AECF의 넓이는?

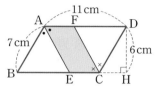

① 16 cm²   ② 18 cm²   ③ 20 cm²
④ 22 cm²   ⑤ 24 cm²

36 ●●●

오른쪽 그림과 같은 평행사변형
ABCD에서 대각선 AC의 중점 O
에 대하여 □OCDE는 평행사변형
이다. $\overline{AB}=8$ cm, $\overline{BC}=12$ cm일
때, $\overline{AF}+\overline{EF}$의 길이를 구하시오.

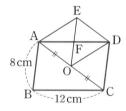

유형 09 평행사변형과 넓이 (1)

37 ●●●

오른쪽 그림과 같은 평행사변형
ABCD에서 두 대각선의 교점을 O
라 하자. △AOB의 넓이가 15 cm²
일 때, □ABCD의 넓이는?

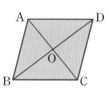

① 56 cm²   ② 58 cm²   ③ 60 cm²
④ 62 cm²   ⑤ 64 cm²

38 ●●○

오른쪽 그림과 같은 평행사변형 ABCD에서 $\overline{AD}$, $\overline{BC}$의 중점을 각각 E, F라 하고, □ABFE, □EFCD의 두 대각선의 교점을 각각 P, Q라 하자. □ABCD의 넓이가 48 cm²일 때, □EPFQ의 넓이를 구하시오.

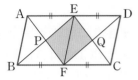

39 ●●○

오른쪽 그림과 같은 평행사변형 ABCD에서 두 대각선의 교점 O 를 지나는 직선이 $\overline{AD}$, $\overline{BC}$와 만나는 점을 각각 E, F라 하자. △AOE와 △BOF의 넓이의 합이 8 cm²일 때, □ABCD 의 넓이는?

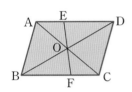

① 32 cm² ② 36 cm² ③ 40 cm²
④ 44 cm² ⑤ 48 cm²

40 ●●○

오른쪽 그림과 같은 평행사변형 ABCD에서 $\overline{BC}=\overline{CE}$, $\overline{DC}=\overline{CF}$ 가 되도록 $\overline{BC}$와 $\overline{DC}$의 연장선 위에 두 점 E, F를 잡았다. △AOD 의 넓이가 10 cm²일 때, □BFED 의 넓이는?

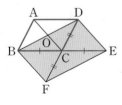

① 60 cm² ② 70 cm² ③ 80 cm²
④ 90 cm² ⑤ 100 cm²

유형 **10** 평행사변형과 넓이 (2)

41 ●●○

오른쪽 그림과 같은 평행사변형 ABCD의 내부의 한 점 P에 대하여 △PAB의 넓이가 15 cm², △PDA의 넓이가 14 cm², △PCD의 넓이가 20 cm²일 때, △PBC의 넓이는?

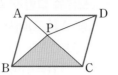

① 13 cm² ② 19 cm² ③ 21 cm²
④ 25 cm² ⑤ 27 cm²

42 ●●○

오른쪽 그림과 같은 평행사변형 ABCD의 내부의 한 점 P에 대하여 △PDA : △PBC=3 : 2이다. □ABCD의 넓이가 140 cm²일 때, △PDA의 넓이는?

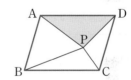

① 28 cm² ② 42 cm² ③ 56 cm²
④ 70 cm² ⑤ 84 cm²

43 ●●○

오른쪽 그림과 같이 밑변의 길이 가 10 cm이고, 높이가 8 cm인 평행사변형 ABCD의 내부의 한 점 P에 대하여 △PAB와 △PCD의 넓이의 합을 구하시오.

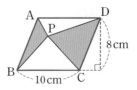

01

오른쪽 그림과 같은 평행사변형 ABCD에서 $\overline{AE}$, $\overline{DF}$는 각각 ∠A와 ∠D의 이등분선이다. $\overline{AB}=6\,cm$, $\overline{AD}=9\,cm$일 때, $\overline{EF}$의 길이를 구하시오. [7점]

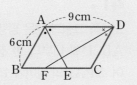

채점 기준 1 $\overline{BE}$의 길이 구하기 ··· 2점

$\overline{AD}/\!/\overline{BC}$이므로 ∠DAE=∠_____ (엇각)

∴ ∠BAE=∠_____

즉, △ABE는 _____=$\overline{BE}$인 이등변삼각형이므로

$\overline{BE}=$_____$=$___ cm

채점 기준 2 $\overline{CF}$의 길이 구하기 ··· 2점

∠ADF=∠_____ (엇각)이므로 ∠CDF=∠_____

즉, △CDF는 _____=$\overline{CF}$인 이등변삼각형이므로

$\overline{CF}=$_____$=$___ cm

채점 기준 3 $\overline{EF}$의 길이 구하기 ··· 3점

$\overline{EF}=\overline{BE}+\overline{CF}-$_____$=$___$+$___$-$___$=$___(cm)

01-1

숫자 바꾸기

오른쪽 그림과 같은 평행사변형 ABCD에서 $\overline{AE}$, $\overline{DF}$는 각각 ∠A와 ∠D의 이등분선이다. $\overline{AB}=9\,cm$, $\overline{AD}=12\,cm$일 때, $\overline{EF}$의 길이를 구하시오. [7점]

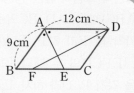

채점 기준 1 $\overline{BE}$의 길이 구하기 ··· 2점

채점 기준 2 $\overline{CF}$의 길이 구하기 ··· 2점

채점 기준 3 $\overline{EF}$의 길이 구하기 ··· 3점

02

오른쪽 그림과 같은 평행사변형 ABCD에서 두 대각선의 교점 O를 지나는 직선이 $\overline{AD}$, $\overline{BC}$와 만나는 점을 각각 E, F라 하자. □ABCD의 넓이가 $20\,cm^2$일 때, 색칠한 부분의 넓이를 구하시오. [6점]

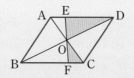

채점 기준 1 △OCF와 합동인 삼각형 찾기 ··· 3점

△OAE와 △OCF에서

∠OAE=∠_____ (엇각), $\overline{OA}=$_____,

∠AOE=∠_____ (맞꼭지각)

이므로 △OAE≡△OCF (_____ 합동)

채점 기준 2 색칠한 부분의 넓이 구하기 ··· 3점

△ODE+△OCF=△ODE+△_____

$=$△_____$=$_____□ABCD

$=$_____$\times 20=$___(cm^2)

02-1

숫자 바꾸기

오른쪽 그림과 같은 평행사변형 ABCD에서 두 대각선의 교점 O를 지나는 직선이 $\overline{AB}$, $\overline{DC}$와 만나는 점을 각각 E, F라 하자. □ABCD의 넓이가 $32\,cm^2$일 때, 색칠한 부분의 넓이를 구하시오. [6점]

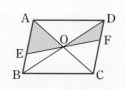

채점 기준 1 △OAE와 합동인 삼각형 찾기 ··· 3점

채점 기준 2 색칠한 부분의 넓이 구하기 ··· 3점

03

오른쪽 그림과 같은 평행사변형 ABCD에서 두 대각선의 교점을 O라 할 때, $x+y$의 값을 구하시오. [4점]

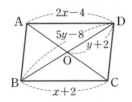

04

오른쪽 그림과 같은 평행사변형 ABCD에서 $\angle A : \angle B = 3 : 2$일 때, 다음을 구하시오. [6점]

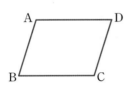

(1) $\angle C$의 크기 [3점]

(2) $\angle D$의 크기 [3점]

05

오른쪽 그림과 같은 평행사변형 ABCD에서 $\overline{AD}$의 중점을 E라 하고 $\overline{BE}$의 연장선과 $\overline{CD}$의 연장선이 만나는 점을 F라 하자. $\overline{AB}=5\,cm$, $\overline{BC}=8\,cm$일 때, $\overline{CF}$의 길이를 구하시오. [6점]

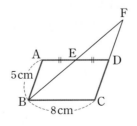

06

오른쪽 그림과 같은 평행사변형 ABCD에서 $\overline{CE}$는 $\angle C$의 이등분선이고 $\overline{BP} \perp \overline{CE}$이다. $\angle D=72°$일 때, $\angle ABP$의 크기를 구하시오. [6점]

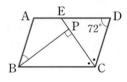

07

오른쪽 그림과 같은 평행사변형 ABCD에서 $\overline{AE}$, $\overline{CF}$는 각각 $\angle A$와 $\angle C$의 이등분선이다. $\overline{AB}=9\,cm$, $\overline{AD}=13\,cm$이고 □ABCD의 넓이가 $65\,cm^2$일 때, □AECF의 넓이를 구하시오. [7점]

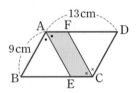

08

오른쪽 그림과 같은 평행사변형 ABCD의 내부의 한 점 P에 대하여 △PAB의 넓이가 $6\,cm^2$, □ABCD의 넓이가 $34\,cm^2$일 때, △PCD의 넓이를 구하시오. [6점]

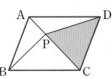

01

오른쪽 그림과 같은 평행사변형 ABCD에서 ∠ADB=30°, ∠BCE=72°일 때, ∠x의 크기는? [3점]

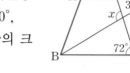

① 86° ② 90° ③ 94°
④ 98° ⑤ 102°

02

오른쪽 그림과 같은 평행사변형 ABCD에서 두 대각선의 교점을 O라 할 때, 다음 중 옳지 않은 것은? [3점]

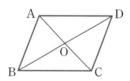

① $\overline{AB}=\overline{DC}$, $\overline{AD}=\overline{BC}$
② $\overline{AD}\,/\!/\,\overline{BC}$, $\overline{AD}=\overline{BC}$
③ $\overline{OA}=\overline{OB}=\overline{OC}=\overline{OD}$
④ ∠BAD=∠BCD, ∠ABC=∠ADC
⑤ ∠ABO=∠CDO, ∠ADO=∠CBO

03

오른쪽 그림과 같은 평행사변형 ABCD에서 □ABCD의 둘레의 길이가 40 cm이고 $\overline{AB}:\overline{BC}=2:3$일 때, $\overline{DC}$의 길이는? [4점]

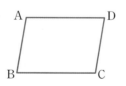

① 7 cm ② 8 cm ③ 9 cm
④ 10 cm ⑤ 11 cm

04

오른쪽 그림과 같은 평행사변형 ABCD에서 $\overline{AE}$, $\overline{DE}$는 각각 ∠A와 ∠D의 이등분선이다. $\overline{AB}=7$ cm일 때, $\overline{BC}$의 길이는? [4점]

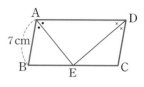

① 10 cm ② $\dfrac{21}{2}$ cm ③ 12 cm
④ $\dfrac{25}{2}$ cm ⑤ 14 cm

05

오른쪽 그림과 같은 평행사변형 ABCD에서 $\overline{AB}=4$ cm, $\overline{AD}=6$ cm이고 ∠B=50°일 때, $x+y$의 값은? [3점]

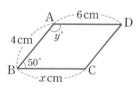

① 118 ② 125 ③ 134
④ 136 ⑤ 144

06

오른쪽 그림과 같은 평행사변형 ABCD의 꼭짓점 A에서 $\overline{BF}$에 내린 수선의 발을 E라 하자. ∠FBC=34°일 때, ∠x의 크기는? [4점]

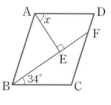

① 54° ② 55° ③ 56°
④ 57° ⑤ 58°

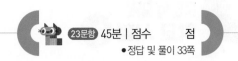

07

오른쪽 그림과 같은 평행사변형 ABCD에서 $\overline{BE}$는 ∠B의 이등분선이다. ∠BEC=65°, ∠D=72°일 때, ∠ECD의 크기는? [4점]

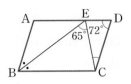

① 29°   ② 30°   ③ 31°

④ 32°   ⑤ 33°

08

오른쪽 그림과 같은 평행사변형 ABCD에서 ∠DAC의 이등분선과 $\overline{BC}$의 연장선의 교점을 E라 하자. ∠B=68°, ∠E=38°일 때, ∠x의 크기는? [4점]

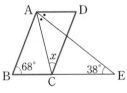

① 35°   ② 36°   ③ 37°

④ 38°   ⑤ 39°

09

오른쪽 그림과 같은 평행사변형 ABCD에서 두 대각선의 교점을 O라 하자. $\overline{AB}$=8 cm, $\overline{AC}$=14 cm, $\overline{BD}$=18 cm일 때, △DOC의 둘레의 길이는? [3점]

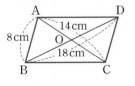

① 20 cm   ② 22 cm   ③ 24 cm

④ 26 cm   ⑤ 28 cm

10

오른쪽 그림과 같은 평행사변형 ABCD에서 두 대각선의 교점을 O라 하자. $\overline{OB}$=$(5x-9)$ cm, $\overline{OD}$=$(x+3)$ cm이고 $\overline{AC}$: $\overline{BD}$=3 : 4일 때, $\overline{AC}$의 길이는? [4점]

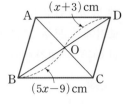

① 9 cm   ② 10 cm   ③ 11 cm

④ 12 cm   ⑤ 13 cm

11

다음은 '두 대각선이 서로 다른 것을 이등분하는 사각형은 평행사변형이다.'를 설명하는 과정이다. ㈎~㈒에 알맞은 것으로 옳지 않은 것은? [3점]

□ABCD에서 두 대각선의 교점을 O라 하면
$\overline{OA}=\overline{OC}$, $\overline{OB}=\overline{OD}$
△OAB와 △OCD에서
$\overline{OA}=\overline{OC}$, ∠AOB=∠COD (㈎), ㈏
이므로 △OAB≡△OCD (㈐ 합동)
즉, ∠OAB=∠OCD (엇각)이므로
㈑   ……㉠
같은 방법으로 하면 △ODA≡△OBC (㈐ 합동)
즉, ∠OAD=∠OCB (엇각)이므로
㈒   ……㉡
㉠, ㉡에서 □ABCD는 두 쌍의 대변이 각각 평행하므로 평행사변형이다.

① ㈎ 맞꼭지각   ② ㈏ $\overline{OB}=\overline{OD}$

③ ㈐ SAS   ④ ㈑ $\overline{AB}=\overline{DC}$

⑤ ㈒ $\overline{AD}$ // $\overline{BC}$

12

오른쪽 그림과 같은 □ABCD가 평행사변형이 되는 것을 다음 보기에서 모두 고른 것은? (단, 점 O는 두 대각선의 교점) [4점]

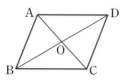

보기
ㄱ. $\overline{AB}=\overline{DC}=6\,cm$, $\overline{AD}=\overline{BC}=3\,cm$
ㄴ. $\angle B=60°$, $\angle C=130°$, $\angle D=60°$
ㄷ. $\overline{AD}=\overline{BC}=4\,cm$, $\angle ADB=\angle DBC$
ㄹ. $\overline{OA}=\overline{OB}=4\,cm$, $\overline{OC}=\overline{OD}=5\,cm$

① ㄱ, ㄴ   ② ㄱ, ㄷ   ③ ㄴ, ㄷ
④ ㄱ, ㄴ, ㄷ   ⑤ ㄱ, ㄷ, ㄹ

13

오른쪽 그림과 같은 평행사변형 ABCD에서 각 변의 중점을 각각 E, F, G, H라 할 때, 다음 중 □EFGH가 평행사변형임을 설명하는 데 이용되는 조건으로 가장 알맞은 것은? [4점]

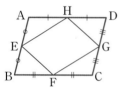

① 두 쌍의 대변이 각각 평행하다.
② 두 쌍의 대각의 크기가 각각 같다.
③ 두 쌍의 대변의 길이가 각각 같다.
④ 두 대각선이 서로 다른 것을 이등분한다.
⑤ 한 쌍의 대변이 평행하고 그 길이가 같다.

14

오른쪽 그림과 같은 평행사변형 ABCD에서 $\overline{AB} \parallel \overline{GH}$, $\overline{AD} \parallel \overline{EF}$일 때, $x+y-z$의 값은? [4점]

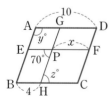

① 38   ② 40   ③ 42
④ 44   ⑤ 46

15

오른쪽 그림과 같은 평행사변형 ABCD의 두 꼭짓점 A, C에서 대각선 BD에 내린 수선의 발을 각각 E, F라 할 때, 다음 중 옳지 않은 것은? [5점]

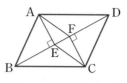

① $\overline{AE} \parallel \overline{FC}$ ② $\overline{AE}=\overline{CF}$
③ $\overline{EF}=\dfrac{1}{2}\overline{BE}$ ④ $\angle EAF=\angle FCE$
⑤ $\triangle ABE \equiv \triangle CDF$

16

오른쪽 그림과 같은 평행사변형 ABCD에서 $\overline{BC}=\overline{CE}$, $\overline{DC}=\overline{CF}$가 되도록 $\overline{BC}$와 $\overline{DC}$의 연장선 위에 각각 두 점 E, F를 잡았다. □ABCD의 넓이가 $9\,cm^2$일 때, □DBFE의 넓이는? [5점]

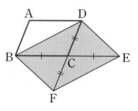

① $\dfrac{35}{2}\,cm^2$ ② $18\,cm^2$ ③ $\dfrac{37}{2}\,cm^2$
④ $19\,cm^2$ ⑤ $\dfrac{39}{2}\,cm^2$

17

오른쪽 그림과 같은 평행사변형 ABCD에서 대각선 BD 위의 한 점 E에 대하여 △ABE와 △AED의 넓이의 비가 2 : 3일 때, □ABCD의 넓이는 △ABE의 넓이의 몇 배인가? [5점]

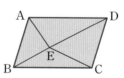

① 3배   ② $\dfrac{7}{2}$배   ③ 4배
④ 5배   ⑤ $\dfrac{11}{2}$배

18

오른쪽 그림과 같은 평행사변형 ABCD의 내부의 한 점 P에 대하여 △PBC의 넓이가 $16\,cm^2$일 때, △PDA의 넓이는? [4점]

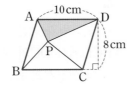

① $20\,cm^2$ ② $24\,cm^2$ ③ $26\,cm^2$

④ $28\,cm^2$ ⑤ $30\,cm^2$

서술형

19

오른쪽 그림과 같은 평행사변형 ABCD에서 두 대각선의 교점을 O라 하자. $\overline{AB}=6\,cm$, $\overline{AD}=8\,cm$, ∠ABC=85°, ∠CAD=50°일 때, 다음 물음에 답하시오. [4점]

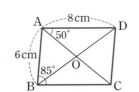

(1) ∠BAC의 크기를 구하시오. [2점]

(2) □ABCD의 둘레의 길이를 구하시오. [2점]

20

오른쪽 그림과 같은 평행사변형 ABCD에서 ∠A의 이등분선이 $\overline{BC}$와 만나는 점을 E, $\overline{DC}$의 연장선과 만나는 점을 F라 하자. $\overline{AB}=8\,cm$, $\overline{EC}=6\,cm$일 때, $x+y$의 값을 구하시오. [7점]

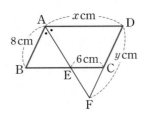

21

오른쪽 그림과 같은 평행사변형 ABCD에서 $\overline{AE}$, $\overline{BF}$는 각각 ∠A와 ∠B의 이등분선이다. ∠AEC=130°일 때, ∠BFD의 크기를 구하시오. [6점]

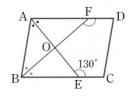

22

오른쪽 그림과 같은 평행사변형 ABCD에서 두 대각선의 교점을 O라 하자. $\overline{BE}=\overline{DF}$이고 ∠ACE=42°, ∠CAE=35°일 때, ∠AFC의 크기를 구하시오. [6점]

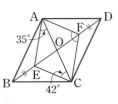

23

오른쪽 그림과 같은 평행사변형 ABCD에서 ∠B의 이등분선과 $\overline{AD}$의 교점을 E라 하자. $\overline{AB}=3\,cm$, $\overline{BC}=5\,cm$, $\overline{AC}=4\,cm$이고 ∠BAC=90°일 때, △ABE의 넓이를 구하시오. [7점]

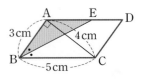

01

오른쪽 그림과 같은 평행사변형 ABCD에서 두 대각선의 교점을 O라 하자. ∠ACD=65°, ∠BDC=40°일 때, ∠x+∠y+∠z의 크기는? [3점]

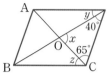

① 130° ② 135° ③ 140°
④ 145° ⑤ 150°

02

오른쪽 그림과 같은 평행사변형 ABCD에서 $\overline{DC}$의 길이는?

[3점]

① 9 cm ② 10 cm
③ 11 cm ④ 12 cm
⑤ 13 cm

03

오른쪽 그림과 같은 평행사변형 ABCD에서 ∠A=120°, ∠ADB=25°일 때, ∠x+∠y의 크기는? [3점]

① 135° ② 140° ③ 145°
④ 150° ⑤ 155°

04

오른쪽 그림과 같은 평행사변형 ABCD에서 $\overline{DC}$의 중점을 M, $\overline{AM}$의 연장선과 $\overline{BC}$의 연장선의 교점을 P라 하자. $\overline{AD}=4$ cm일 때, $\overline{BP}$의 길이는? [4점]

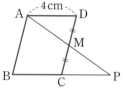

① 8 cm ② 9 cm ③ 10 cm
④ 11 cm ⑤ 12 cm

05

오른쪽 그림에서 △ABC는 $\overline{AB}=\overline{AC}$인 이등변삼각형이고 □ADEF는 평행사변형이다. $\overline{AD}=3$ cm, $\overline{DB}=8$ cm일 때, □ADEF의 둘레의 길이는? [4점]

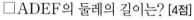

① 18 cm ② 20 cm ③ 22 cm
④ 24 cm ⑤ 26 cm

06

오른쪽 그림과 같은 평행사변형 ABCD에서 $\overline{DC}$의 중점을 E라 하고 꼭짓점 A에서 $\overline{BE}$에 내린 수선의 발을 F라 하자. ∠DAF=62°일 때, ∠DFE의 크기는? [5점]

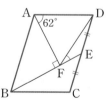

① 28° ② 30° ③ 34°
④ 36° ⑤ 40°

07

오른쪽 그림과 같은 평행사변형 ABCD에서 ∠A, ∠B의 이등분선이 $\overline{BC}$, $\overline{AD}$와 만나는 점을 각각 E, F라 하자. $\overline{AB}=9$ cm, $\overline{BC}=12$ cm일 때, □ECDF의 둘레의 길이는? [4점]

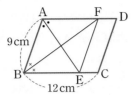

① 16 cm   ② 18 cm   ③ 20 cm

④ 22 cm   ⑤ 24 cm

08

오른쪽 그림과 같은 평행사변형 ABCD에서 $\overline{AP}$는 ∠A의 이등분선이고 $\overline{AP} \perp \overline{BP}$이다. ∠D=82°일 때, ∠PBC의 크기는? [4점]

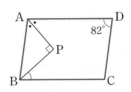

① 40°   ② 41°   ③ 42°

④ 43°   ⑤ 44°

09

오른쪽 그림과 같은 평행사변형 ABCD에서 ∠BEC=102°, ∠ECD=58°이고, ∠A : ∠D=2 : 1일 때, ∠x의 크기는? [4점]

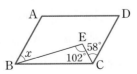

① 44°   ② 48°   ③ 50°

④ 52°   ⑤ 58°

10

오른쪽 그림과 같은 평행사변형 ABCD에서 ∠A의 이등분선이 ∠B의 이등분선과 만나는 점을 P, $\overline{BC}$와 만나는 점을 E라 하자. ∠AEB=55°일 때, ∠x+∠y의 크기는? [4점]

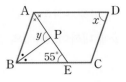

① 120°   ② 130°   ③ 140°

④ 150°   ⑤ 160°

11

오른쪽 그림과 같은 평행사변형 ABCD에서 두 대각선의 교점을 O라 하자. $\overline{AD}=8$ cm이고 △AOD의 둘레의 길이가 18 cm일 때, $\overline{AC}+\overline{BD}$의 길이는? [4점]

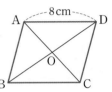

① 16 cm   ② 18 cm   ③ 20 cm

④ 22 cm   ⑤ 24 cm

12

오른쪽 그림과 같은 평행사변형 ABCD에서 두 대각선의 교점 O를 지나는 직선이 $\overline{AB}$, $\overline{DC}$와 만나는 점을 각각 E, F라 하자. $\overline{AB}=10$ cm, $\overline{FC}=8$ cm, $\overline{OD}=7$ cm이고 △BOE의 둘레의 길이가 15 cm일 때, $\overline{OE}$의 길이는? [4점]

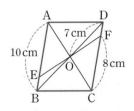

① $\frac{9}{2}$ cm   ② 5 cm   ③ $\frac{11}{2}$ cm

④ 6 cm   ⑤ $\frac{13}{2}$ cm

13

오른쪽 그림과 같은 □ABCD
가 평행사변형이 되도록 하는 x,
y에 대하여 $x+y$의 값은? [3점]

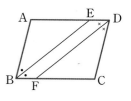

① 65 ② 67
③ 75 ④ 77
⑤ 87

14

다음 중 □ABCD가 평행사변형이 아닌 것은? [3점]
(단, 점 O는 두 대각선의 교점)

① 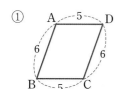 ②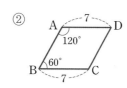

③ 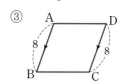 ④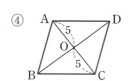

⑤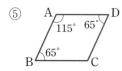

15

오른쪽 그림과 같은 평행사변
형 ABCD에서 $\overline{AE}=\overline{CF}$가
되도록 $\overline{AD}$, $\overline{BC}$ 위에 두 점
E, F를 잡았다. ∠AFB=72°
일 때, ∠AEC의 크기는? [4점]

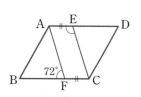

① 106° ② 108° ③ 110°
④ 112° ⑤ 114°

16

오른쪽 그림과 같은 평행사변형
ABCD에서 ∠B와 ∠D의 이
등분선이 $\overline{AD}$, $\overline{BC}$와 만나는 점
을 각각 E, F라 할 때, 다음 중
옳지 않은 것은? [5점]

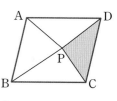

① ∠ABE=∠AEB ② ∠EBF=∠EDF
③ $\overline{BE}=\overline{FC}$ ④ $\overline{EB}\,/\!/\,\overline{DF}$
⑤ $\overline{FC}=\overline{DC}$

17

오른쪽 그림과 같은 평행사변형
ABCD의 내부의 한 점 P에 대
하여 △PAB와 △PCD의 넓이
의 비가 4 : 3이다. □ABCD의
넓이가 56 cm²일 때, △PCD의 넓이는? [4점]

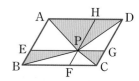

① 12 cm² ② 14 cm² ③ 16 cm²
④ 18 cm² ⑤ 20 cm²

18

오른쪽 그림과 같은 평행사변
형 ABCD에서 내부의 한 점
P를 지나고 $\overline{AB}$, $\overline{BC}$와 각각
평행하도록 $\overline{HF}$, $\overline{EG}$를 그었
다. □ABCD의 넓이가 32 cm²일 때, 색칠한 부분의
넓이는? [5점]

① 12 cm² ② 14 cm² ③ 16 cm²
④ 18 cm² ⑤ 20 cm²

19

오른쪽 그림과 같은 평행사변형 ABCD에서 두 대각선의 교점을 O라 하자. $\overline{AD}=8$, $\overline{BD}=14$, $\angle BCD=100°$일 때, $x-y-z$ 의 값을 구하시오. [4점]

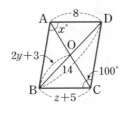

20

오른쪽 그림과 같은 평행사변형 ABCD에서 $\angle A$, $\angle B$의 이등 분선과 $\overline{CD}$의 연장선이 만나는 점을 각각 E, F라 하자. $\overline{AB}=4$ cm, $\overline{BC}=6$ cm일 때, $\overline{EF}$의 길이를 구하시오. [6점]

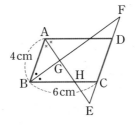

21

오른쪽 그림과 같은 평행사변형 ABCD에서 점 O는 두 대각선 의 교점이고 $\overline{AB}=10$ cm, $\overline{BC}=12$ cm, $\overline{AC}=14$ cm이 다. □EOCD가 평행사변형일 때, △EFD의 둘레의 길이를 구하시오. [6점]

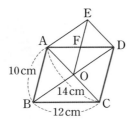

22

오른쪽 그림과 같은 평행사변 형 ABCD의 두 꼭짓점 B, D 에서 대각선 AC에 내린 수선 의 발을 각각 P, Q라 하자. $\angle PBQ=55°$일 때, 다음 물음에 답하시오. [7점]

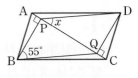

(1) □PBQD가 평행사변형임을 설명하시오. [5점]

(2) $\angle x$의 크기를 구하시오. [2점]

23

오른쪽 그림과 같은 평행사변형 ABCD에서 $\overline{AD}$, $\overline{BC}$의 중점을 각각 M, N이라 하고, $\overline{AN}$과 $\overline{BM}$의 교점을 P, $\overline{MC}$와 $\overline{ND}$의 교점을 Q라 하자. □MPNQ의 넓이가 16 cm^{2}일 때, □ABCD의 넓이를 구하시오. [7점]

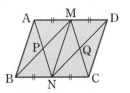

•정답 및 풀이 38쪽

01
동아 변형

다음 그림과 같이 한 눈금의 길이가 1인 모눈종이에 점 D를 추가하여 네 점 A, B, C, D를 꼭짓점으로 하는 평행사변형을 그리려고 한다. 이때 점 D의 위치가 될 수 있는 점이 3개일 때, 이 세 점을 연결하여 만든 삼각형의 넓이를 구하시오.

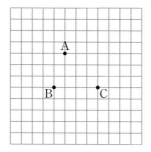

02
미래엔 변형

다음 그림과 같은 평행사변형 ABCD에서 $\overline{AB}=\overline{BE}$, $\overline{EC}=\overline{CF}$일 때, $\angle x$의 크기를 구하시오.

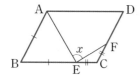

03
천재 변형

다음 그림에서 △PBA, △QBC, △RAC는 △ABC의 세 변을 각각 한 변으로 하는 정삼각형이다. ∠ACB=60°, ∠BAC=75°일 때, ∠PQR의 크기를 구하시오.

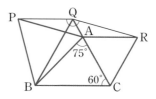

04
신사고 변형

다음 그림과 같은 평행사변형 ABCD에서 $\overline{AD}$, $\overline{BC}$를 삼등분하는 점을 순서대로 E, F, G, H라 하자. □EPGQ의 넓이가 13 cm²일 때, □ABCD의 넓이를 구하시오.

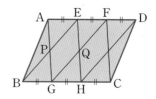

① 평행사변형

② 여러 가지 사각형

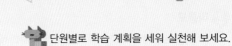

단원별로 학습 계획을 세워 실천해 보세요.

학습 날짜	월 일	월 일	월 일	월 일
학습 계획				
학습 실행도	0 100	0 100	0 100	0 100
자기 반성				

2 여러 가지 사각형

1 직사각형

(1) **직사각형** : 네 내각의 크기가 모두 같은 사각형
→ ∠A=∠B=∠C=∠D= (1)

(2) **직사각형의 성질** : 두 대각선은 길이가 같고 서로 다른 것을 이등분한다.
→ $\overline{AC}$ (2) $\overline{BD}$, $\overline{AO}=\overline{BO}=\overline{CO}=\overline{DO}$

(3) **평행사변형이 직사각형이 되는 조건**
① 한 내각이 직각이다.　　　　② 두 대각선의 길이가 같다.

1 다음 그림과 같은 직사각형 ABCD에서 두 대각선의 교점을 O라 할 때, x, y의 값을 각각 구하시오.

(1)

(2)
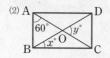

2 마름모

(1) **마름모** : 네 변의 길이가 모두 같은 사각형
→ $\overline{AB}=\overline{BC}=\overline{CD}=\overline{DA}$

(2) **마름모의 성질** : 두 대각선은 서로 다른 것을 수직이등분한다.
→ $\overline{AC}$ (3) $\overline{BD}$, $\overline{AO}=\overline{CO}$, $\overline{BO}=\overline{DO}$

(3) **평행사변형이 마름모가 되는 조건**
① 이웃하는 두 변의 길이가 같다.　② 두 대각선이 서로 수직이다.

2 다음 그림과 같은 마름모 ABCD에서 두 대각선의 교점을 O라 할 때, x, y의 값을 각각 구하시오.

(1)

(2)

3 정사각형

(1) **정사각형** : 네 변의 길이가 모두 같고, 네 내각의 크기가 모두 같은 사각형
→ $\overline{AB}=\overline{BC}=\overline{CD}=\overline{DA}$, ∠A=∠B=∠C=∠D=90°

(2) **정사각형의 성질** : 두 대각선은 길이가 같고 서로 다른 것을 수직이등분한다.
→ $\overline{AC}=\overline{BD}$, $\overline{AO}=\overline{BO}=\overline{CO}=\overline{DO}$, $\overline{AC}$ (4) $\overline{BD}$

(3) **직사각형이 정사각형이 되는 조건**
① 이웃하는 두 변의 길이가 같다.　② 두 대각선이 서로 수직이다.

(4) **마름모가 정사각형이 되는 조건**
① 한 내각이 직각이다.　　　　② 두 대각선의 길이가 같다.

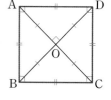

3 다음 그림과 같은 정사각형 ABCD에서 두 대각선의 교점을 O라 할 때, x, y의 값을 각각 구하시오.

(1)

(2)

4 등변사다리꼴

(1) **등변사다리꼴** : 아랫변의 양 끝 각의 크기가 같은 사다리꼴
→ ∠B=∠C

(2) **등변사다리꼴의 성질**
① 평행하지 않은 한 쌍의 대변의 길이가 같다. → $\overline{AB}=\overline{DC}$
② 두 대각선의 길이가 같다. → $\overline{AC}=\overline{BD}$

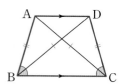

4 다음 그림과 같이 $\overline{AD} \parallel \overline{BC}$인 등변사다리꼴 ABCD에서 두 대각선의 교점을 O라 할 때, x, y의 값을 각각 구하시오.

(1)

(2)

답 (1) 90°　(2) ＝　(3) ⊥　(4) ⊥

5 여러 가지 사각형 사이의 관계

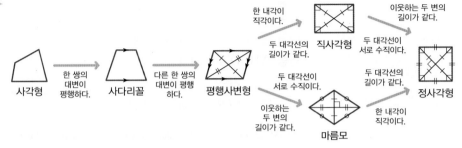

참고 여러 가지 사각형의 대각선의 성질

① 평행사변형 : 서로 다른 것을 이등분한다.

② 직사각형 : 길이가 같고 서로 다른 것을 이등분한다.

③ 마름모 : 서로 다른 것을 수직이등분한다.

④ 정사각형 : 길이가 같고 서로 다른 것을 수직이등분한다.

⑤ 등변사다리꼴 : 길이가 같다.

평행사변형   직사각형   마름모   정사각형   등변사다리꼴

6 평행선과 넓이

(1) 평행선과 삼각형의 넓이

오른쪽 그림에서 두 직선 l과 m이 평행할 때, △ABC와 △DBC는 밑변이 $\overline{BC}$로 같고, 높이가 h로 같으므로 두 삼각형의 넓이는 같다.

→ $l \, / \! / \, m$이면 △ABC= $\boxed{(5)}$

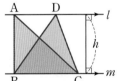

참고 (1) $\overline{AD} \, / \! / \, \overline{BC}$이면 △ABC=△DBC이므로

$$△OAB=△ABC-△OBC=△DBC-△OBC$$
$$=△ODC$$

(2) $\overline{AC} \, / \! / \, \overline{DE}$이면 △ACD=△ACE이므로

$$□ABCD=△ABC+△ACD=△ABC+△ACE$$
$$=△ABE$$

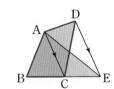

(2) 높이가 같은 두 삼각형의 넓이의 비

높이가 같은 두 삼각형의 넓이의 비는 밑변의 길이의 비와 같다.

→ △ABC : △ACD= $\overline{BC}$: $\boxed{(6)}$

설명 $△ABC : △ACD=\left(\dfrac{1}{2}\times\overline{BC}\times h\right) : \left(\dfrac{1}{2}\times\overline{CD}\times h\right)=\overline{BC} : \overline{CD}$

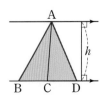

답 (5) △DBC (6) $\overline{CD}$

---

5 오른쪽 그림과 같은 평행사변형 ABCD가 다음 조건을 만족시키면 어떤 사각형이 되는지 말하시오. (단, 점 O는 두 대각선의 교점)

(1) $\overline{AC}=\overline{BD}$ (   )

(2) $\overline{AB}=\overline{AD}$ (   )

(3) $\overline{AC}\perp\overline{BD}$ (   )

(4) $\overline{AC}=\overline{BD}$, $\overline{AC}\perp\overline{BD}$
(   )

6 다음 설명 중 옳은 것에는 ○표, 옳지 않은 것에는 ×표를 하시오.

(1) 직사각형은 평행사변형이다.
(   )

(2) 정사각형은 마름모이다.
(   )

(3) 직사각형은 정사각형이다.
(   )

(4) 사다리꼴은 평행사변형이다.
(   )

7 오른쪽 그림과 같은 $\overline{AD} \, / \! / \, \overline{BC}$인 사다리꼴 ABCD에 대하여 다음을 구하시오.

(1) △ABC와 넓이가 같은 삼각형

(2) △ABD와 넓이가 같은 삼각형

(3) △DOC와 넓이가 같은 삼각형

8 오른쪽 그림과 같이 △ABC의 넓이가 36일 때, 다음을 구하시오.

(1) △ABD와 △ADC의 넓이의 비

(2) △ABD의 넓이

유형 01 직사각형의 뜻과 성질 　[최다 빈출]

01 •••

오른쪽 그림과 같은 직사각형 ABCD에서 두 대각선의 교점을 O라 하자. $\angle ACB = 40°$, $\overline{BD} = 10$ cm일 때, $x+y+z$의 값을 구하시오.

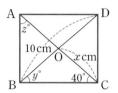

02 •••

오른쪽 그림과 같은 직사각형 ABCD에서 두 대각선의 교점을 O라 할 때, 다음 중 옳은 것을 모두 고르면? (정답 2개)

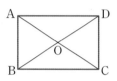

① $\overline{AO} = \overline{DO}$ 　　　② $\overline{AC} \perp \overline{BD}$

③ $\angle BAD = 90°$ 　　　④ $\angle AOB = \angle AOD$

⑤ $\triangle OBC \equiv \triangle DOC$

03 •••

오른쪽 그림과 같은 직사각형 ABCD에서 $\angle BAC$의 이등분선이 $\overline{BC}$와 만나는 점을 E라 하자. $\overline{AE} = \overline{EC}$일 때, $\angle AEC$의 크기를 구하시오.

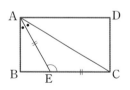

04 •••

오른쪽 그림과 같이 직사각형 모양의 종이 ABCD를 $\overline{EF}$를 접는 선으로 하여 꼭짓점 C가 꼭짓점 A와 겹쳐지도록 접었다. $\angle D'AE = 42°$일 때, $\angle x$의 크기를 구하시오.

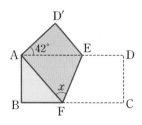

유형 02 평행사변형이 직사각형이 되는 조건

05 •••

다음 중 오른쪽 그림과 같은 평행사변형 ABCD가 직사각형이 되는 조건이 아닌 것은?
(단, 점 O는 두 대각선의 교점)

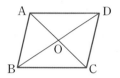

① $\overline{AC} \perp \overline{BD}$ 　　② $\overline{AC} = \overline{BD}$ 　　③ $\overline{AO} = \overline{BO}$

④ $\angle BAD = 90°$ 　⑤ $\angle BAD = \angle ABC$

06 •••

오른쪽 그림과 같은 평행사변형 ABCD에서 한 가지 조건을 추가하여 □ABCD가 직사각형이 되도록 하려고 할 때, 필요한 조건을 다음 보기에서 모두 고르시오. (단, 점 O는 두 대각선의 교점)

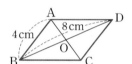

보기
ㄱ. $\overline{AD} = 4$ cm 　　　ㄴ. $\overline{AC} = 8$ cm

ㄷ. $\angle BAD = 90°$ 　　　ㄹ. $\angle AOB = 90°$

07 •••

다음은 '두 대각선의 길이가 같은 평행사변형은 직사각형이다.'를 설명하는 과정이다. (개)~(대)에 알맞은 것을 구하시오.

평행사변형 ABCD에서
$\overline{AC} = \overline{DB}$라 하자.
$\triangle ABC$와 $\triangle DCB$에서
$\overline{AB} = \overline{DC}$, $\overline{AC} = \overline{DB}$, $\overline{BC}$는 공통
이므로 $\triangle ABC \equiv \triangle DCB$ ((개) 합동)
∴ $\angle ABC =$ (나) 　　　　…… ㉠
이때 □ABCD가 평행사변형이므로
$\angle ABC = \angle CDA$, $\angle BCD = \angle DAB$ …… ㉡
㉠, ㉡에서 $\angle DAB = \angle ABC = \angle BCD = \angle CDA$
따라서 □ABCD는 (다) 이다.

유형 03 마름모의 뜻과 성질 　최다 빈출

08 ●●●

오른쪽 그림과 같은 마름모 ABCD에서 두 대각선의 교점을 O라 하자. ∠ABD=40°, $\overline{BC}=10$ cm일 때, $x+y$의 값을 구하시오.

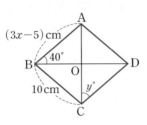

09 ●●●

오른쪽 그림과 같은 마름모 ABCD에서 두 대각선의 교점을 O라 할 때, 다음 중 옳지 <u>않은</u> 것은?

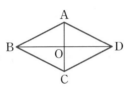

① $\overline{AB}=\overline{AD}$　　　　② $\overline{AO}=\overline{BO}$
③ ∠AOB=90°　　　④ ∠ADO=∠CDO
⑤ ∠OAB=∠OCD

10 ●●●

오른쪽 그림과 같은 마름모 ABCD의 꼭짓점 A에서 $\overline{CD}$에 내린 수선의 발을 E라 하고 $\overline{AE}$와 $\overline{BD}$가 만나는 점을 F라 하자. ∠C=120°일 때, ∠AFB의 크기를 구하시오.

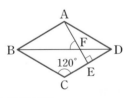

11 ●●●

오른쪽 그림과 같은 마름모 ABCD에서 대각선 BD의 삼등분점을 각각 E, F라 하자. $\overline{AE}=\overline{BE}$일 때, ∠FAD의 크기를 구하시오.

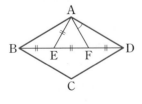

유형 04 평행사변형이 마름모가 되는 조건

12 ●●●

다음 중 오른쪽 그림과 같은 평행사변형 ABCD가 마름모가 되는 조건이 <u>아닌</u> 것은?
(단, 점 O는 두 대각선의 교점)

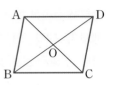

① $\overline{AB}=\overline{BC}$　　　　② $\overline{AC}\perp\overline{BD}$
③ ∠AOD=90°　　　④ ∠BAO=∠BCO
⑤ ∠DAO=∠BCO

13 ●●●

오른쪽 그림과 같은 평행사변형 ABCD에서 두 대각선의 교점을 O라 하자. $\overline{AB}=2x-1$, $\overline{BC}=x+2$, $\overline{CD}=3x-4$일 때, ∠AOB의 크기는?

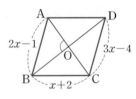

① 70°　　　② 75°　　　③ 80°
④ 85°　　　⑤ 90°

14 ●●●

오른쪽 그림과 같은 평행사변형 ABCD에서 $\overline{AD}=8$ cm이고 ∠OAD=55°, ∠OBC=35°일 때, □ABCD의 둘레의 길이는?
(단, 점 O는 두 대각선의 교점)

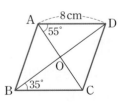

① 32 cm　　　② 36 cm　　　③ 40 cm
④ 42 cm　　　⑤ 48 cm

유형 05 정사각형의 뜻과 성질 <small>최다 빈출</small>

15 ●●●

오른쪽 그림과 같은 정사각형 ABCD에서 두 대각선의 교점을 O라 할 때, 다음 중 옳지 <u>않은</u> 것은?

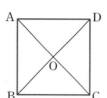

① $\overline{AB}=\overline{AD}$ ② $\overline{OB}=\overline{BC}$
③ $\angle OBC=45°$ ④ $\overline{AC}\perp\overline{BD}$
⑤ $\overline{AO}=\overline{BO}=\overline{CO}=\overline{DO}$

16 ●●●

오른쪽 그림과 같은 정사각형 ABCD에서 대각선 AC 위에 $\angle BPC=69°$가 되도록 점 P를 잡을 때, $\angle ADP$의 크기를 구하시오.

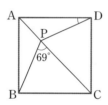

17 ●●●

오른쪽 그림과 같은 정사각형 ABCD에서 $\overline{AD}=\overline{AE}$이고 $\angle ADE=80°$일 때, $\angle x$의 크기는?

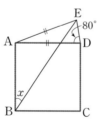

① 25° ② 30°
③ 35° ④ 40°
⑤ 45°

18 ●●●

오른쪽 그림과 같은 정사각형 ABCD에서 $\overline{BE}=\overline{CF}$이고 점 G는 $\overline{AE}$와 $\overline{BF}$의 교점일 때, $\angle AGF$의 크기를 구하시오.

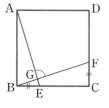

19 ●●●

오른쪽 그림에서 □ABCD와 □OEFG는 모두 한 변의 길이가 6 cm인 정사각형이다. 점 O가 □ABCD의 두 대각선의 교점일 때, □OPCQ의 넓이는?

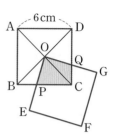

① 9 cm² ② 10 cm²
③ 12 cm² ④ 14 cm²
⑤ 15 cm²

유형 06 정사각형이 되는 조건

20 ●●●

다음 중 오른쪽 그림과 같은 마름모 ABCD가 정사각형이 되는 조건이 <u>아닌</u> 것은?
(단, 점 O는 두 대각선의 교점)

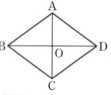

① $\angle ABC=\angle BAD$ ② $\overline{AC}=\overline{BD}$
③ $\overline{AO}=\overline{DO}$ ④ $\angle ABO=45°$
⑤ $\overline{AB}=\overline{AD}$

21 ●●●

오른쪽 그림과 같은 직사각형 ABCD에서 한 가지 조건을 추가하여 □ABCD가 정사각형이 되도록 하려고 할 때, 필요한 조건을 다음 보기에서 모두 고르시오.
(단, 점 O는 두 대각선의 교점)

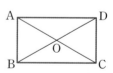

보기
ㄱ. $\overline{AD}=\overline{DC}$ ㄴ. $\overline{AC}=\overline{BD}$ ㄷ. $\overline{AC}\perp\overline{BD}$
ㄹ. $\overline{BO}=\overline{DO}$ ㅁ. $\angle OBA=\angle OBC$

22 ●●●

다음 중 오른쪽 그림과 같은 평행사변형 ABCD가 정사각형이 되는 조건은? (단, 점 O는 두 대각선의 교점)

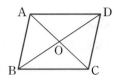

① $\angle ABC=90°$, $\overline{AC}=\overline{BD}$
② $\overline{AB}=\overline{BC}$, $\overline{AC}\perp\overline{BD}$
③ $\overline{AC}=\overline{BD}$, $\angle DOC=45°$
④ $\angle BAO=45°$, $\overline{AC}=\overline{BD}$
⑤ $\angle BAO=\angle DAO$, $\overline{AB}=\overline{AD}$

유형 **07** 등변사다리꼴의 뜻과 성질

23 ●●●

오른쪽 그림과 같이 $\overline{AD}/\!\!/\overline{BC}$인 등변사다리꼴 ABCD에서 $\angle B=65°$, $\angle ACD=25°$일 때, $\angle DAC$의 크기를 구하시오.

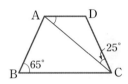

24 ●●●

오른쪽 그림과 같이 $\overline{AD}/\!\!/\overline{BC}$인 등변사다리꼴 ABCD에서 $\overline{BC}$의 길이를 구하시오.

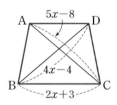

25 ●●●

오른쪽 그림과 같이 $\overline{AD}/\!\!/\overline{BC}$인 등변사다리꼴 ABCD에서 두 대각선의 교점을 O라 할 때, 다음 중 옳지 않은 것은?

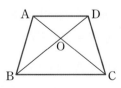

① $\overline{AC}=\overline{BD}$
② $\angle ABC=\angle BCD$
③ $\overline{AC}=\overline{BC}$
④ $\overline{OA}=\overline{OD}$
⑤ $\angle BAC=\angle BDC$

26 ●●●

오른쪽 그림과 같이 $\overline{AD}/\!\!/\overline{BC}$인 등변사다리꼴 ABCD에서 $\overline{AB}=\overline{AD}$이고 $\angle BDC=66°$일 때, $\angle x$의 크기를 구하시오.

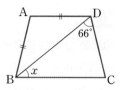

유형 **08** 등변사다리꼴의 성질의 응용

27 ●●●

오른쪽 그림과 같이 $\overline{AD}/\!\!/\overline{BC}$인 등변사다리꼴 ABCD에서 $\overline{AB}=10\ cm$, $\overline{AD}=7\ cm$이고 $\angle B=60°$일 때, $\overline{BC}$의 길이는?

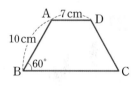

① 16 cm ② 17 cm ③ 18 cm
④ 19 cm ⑤ 20 cm

28 ●●●

오른쪽 그림과 같이 $\overline{AD}/\!\!/\overline{BC}$인 등변사다리꼴 ABCD의 꼭짓점 A에서 $\overline{BC}$에 내린 수선의 발을 E라 하자. $\overline{AD}=7\ cm$, $\overline{BC}=15\ cm$일 때, $\overline{BE}$의 길이를 구하시오.

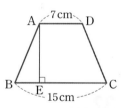

29 ●●●

오른쪽 그림과 같이 $\overline{AD}/\!\!/\overline{BC}$인 등변사다리꼴 ABCD에서 $\overline{AB}=\overline{AD}=\overline{DC}$이고 $\overline{BC}=2\overline{AD}$일 때, $\angle A$의 크기를 구하시오.

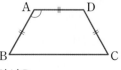

유형 **09** 여러 가지 사각형

30 •••

오른쪽 그림과 같은 평행사변형 ABCD에서 ∠A와 ∠B의 이등분선이 $\overline{BC}$, $\overline{AD}$와 만나는 점을 각각 E, F라 할 때, □ABEF는 어떤 사각형인지 말하시오.

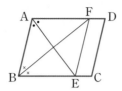

31 ••

오른쪽 그림과 같은 평행사변형 ABCD의 네 내각의 이등분선의 교점을 각각 E, F, G, H라 할 때, 다음 중 □EFGH에 대한 설명으로 옳지 <u>않은</u> 것은?

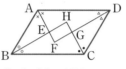

① 두 쌍의 대변이 각각 평행하다.
② 두 쌍의 대변의 길이가 각각 같다.
③ 네 내각의 크기가 모두 같다.
④ 두 대각선의 길이가 같다.
⑤ 두 대각선은 서로 다른 것을 수직이등분한다.

32 •••

오른쪽 그림과 같은 직사각형 ABCD에서 $\overline{EF}$가 $\overline{AC}$의 수직이등분선이고 $\overline{BC}=10\,cm$, $\overline{ED}=3\,cm$일 때, 다음 보기에서 옳은 것을 모두 고르시오.

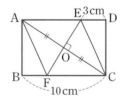

보기
ㄱ. $\overline{AB}=\overline{AO}$ ㄴ. $\overline{AF}=7\,cm$
ㄷ. $\overline{EF}=7\,cm$ ㄹ. △AOE≡△COF
ㅁ. □AFCE의 둘레의 길이는 28 cm이다.

유형 **10** 여러 가지 사각형 사이의 관계 최다 빈출

33 •••

아래 그림은 $\overline{AD}\,/\!/\,\overline{BC}$인 사다리꼴 ABCD에 조건이 하나씩 추가되어 여러 가지 사각형이 되는 과정을 나타낸 것이다. 다음 중 ①~⑤에 알맞은 조건으로 옳지 <u>않은</u> 것은?

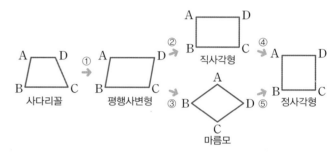

① $\overline{AB}\,/\!/\,\overline{DC}$ ② ∠A=∠B   ③ $\overline{AB}=\overline{BC}$
④ ∠B=∠C   ⑤ ∠A=90°

34 •••

다음 중 옳지 <u>않은</u> 것은?

① 직사각형은 등변사다리꼴이다.
② 정사각형은 직사각형이다.
③ 마름모는 평행사변형이다.
④ 평행사변형은 사다리꼴이다.
⑤ 등변사다리꼴은 평행사변형이다.

35 •••

오른쪽 그림과 같은 평행사변형 ABCD에서 두 대각선의 교점을 O라 할 때, 다음 중 옳지 <u>않은</u> 것을 모두 고르면? (정답 2개)

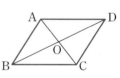

① ∠A=90°이면 □ABCD는 직사각형이다.
② ∠ABO=∠ADO이면 □ABCD는 마름모이다.
③ $\overline{AC}=\overline{BD}$이면 □ABCD는 마름모이다.
④ $\overline{AC}\perp\overline{BD}$이면 □ABCD는 직사각형이다.
⑤ $\overline{AO}=\overline{BO}$, $\overline{AC}\perp\overline{BD}$이면 □ABCD는 정사각형이다.

•정답 및 풀이 42쪽
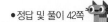

36 ●●●

다음 중 두 대각선의 길이가 같은 사각형이 <u>아닌</u> 것을 모두 고르면? (정답 2개)

① 평행사변형　　　　② 직사각형
③ 마름모　　　　　　④ 정사각형
⑤ 등변사다리꼴

37 ●●●

다음 보기에서 두 대각선이 서로 다른 것을 수직이등분하는 사각형을 모두 고른 것은?

> 보기
> ㄱ. 사다리꼴　　　　ㄴ. 평행사변형
> ㄷ. 직사각형　　　　ㄹ. 마름모
> ㅁ. 정사각형　　　　ㅂ. 등변사다리꼴

① ㄱ, ㄷ　　　② ㄴ, ㄹ　　　③ ㄴ, ㅂ
④ ㄷ, ㅁ　　　⑤ ㄹ, ㅁ

38 ●●●

다음 중 ㈎～㈐에 알맞은 것으로 옳은 것을 모두 고르면?

(정답 2개)

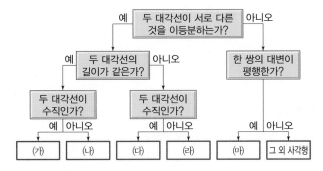

① ㈎ 마름모　　　　② ㈏ 직사각형
③ ㈐ 사다리꼴　　　④ ㈑ 평행사변형
⑤ ㈒ 정사각형

39 ●●●

다음 중 사각형과 그 사각형의 각 변의 중점을 연결하여 만든 사각형을 짝 지은 것으로 옳은 것은?

① 직사각형 － 마름모
② 마름모 － 정사각형
③ 평행사변형 － 마름모
④ 정사각형 － 직사각형
⑤ 등변사다리꼴 － 직사각형

40 ●●●

오른쪽 그림과 같이 $\overline{AD} /\!/ \overline{BC}$인 등변사다리꼴 ABCD의 각 변의 중점을 각각 E, F, G, H라 하자. $\overline{AD} = 7$ cm, $\overline{BC} = 14$ cm, $\overline{EF} = 8$ cm일 때, □EFGH의 둘레의 길이를 구하시오.

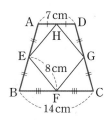

41 ●●●

오른쪽 그림과 같이 평행사변형 ABCD의 각 변의 중점을 각각 E, F, G, H라 할 때, 다음 중 옳은 것을 모두 고르면? (정답 2개)

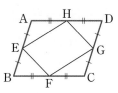

① $\overline{EH} = \overline{FG}$　　② $\overline{EH} = \overline{EF}$　　③ $\angle HGF = 90°$
④ $\overline{EF} /\!/ \overline{HG}$　　⑤ $\angle HEF = \angle EFG$

유형 **13** 평행선과 삼각형의 넓이 　　　　　最多 빈출

42 ●●●

오른쪽 그림에서 $\overline{AC} /\!/ \overline{DE}$이고
□ABCD의 넓이가 $16\,cm^2$일 때,
△ABE의 넓이는?

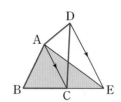

① $12\,cm^2$　　　② $16\,cm^2$

③ $18\,cm^2$　　　④ $20\,cm^2$

⑤ $24\,cm^2$

43 ●●●

오른쪽 그림에서 $\overline{AC} /\!/ \overline{DE}$이고
$\overline{AH} \perp \overline{BE}$이다. $\overline{AH}=7\,cm$,
$\overline{BC}=10\,cm$, $\overline{CE}=4\,cm$일 때,
□ABCD의 넓이는?

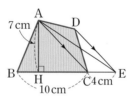

① $46\,cm^2$　　　② $47\,cm^2$　　　③ $48\,cm^2$

④ $49\,cm^2$　　　⑤ $50\,cm^2$

44 ●●●

오른쪽 그림에서 $\overline{AC} /\!/ \overline{DE}$이고
$\overline{AE}$와 $\overline{DC}$의 교점을 O라 할 때, 다
음 중 옳지 <u>않은</u> 것은?

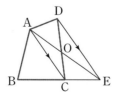

① △ACD=△ACE

② △AED=△DCE

③ △ACO=△DOE

④ △AOD=△OCE

⑤ □ABCD=△ABE

45 ●●●

오른쪽 그림에서 $\overline{AC} /\!/ \overline{DE}$이고 점
F는 $\overline{AE}$와 $\overline{DC}$의 교점이다.
△ABE의 넓이가 $30\,cm^2$,
□ABCF의 넓이가 $23\,cm^2$일 때,
△AFD의 넓이를 구하시오.

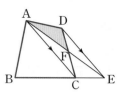

유형 **14** 높이가 같은 두 삼각형의 넓이

46 ●●●

오른쪽 그림과 같은 △ABC에서
$\overline{BP} : \overline{PC}=5 : 2$이고 △ABC의 넓
이가 $28\,cm^2$일 때, △ABP의 넓이
는?

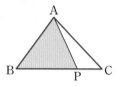

① $20\,cm^2$　　　② $24\,cm^2$　　　③ $28\,cm^2$

④ $32\,cm^2$　　　⑤ $36\,cm^2$

47 ●●●

오른쪽 그림과 같은 △ABC에서
점 M은 $\overline{AC}$의 중점이고 $\overline{BM}$ 위의
한 점 P에 대하여 $\overline{BP} : \overline{PM}=2 : 1$
이다. △ABC의 넓이가 $42\,cm^2$일
때, △ABP의 넓이를 구하시오.

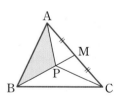

48 ●●●

오른쪽 그림과 같은 △ABC에서
$\overline{BD} : \overline{DC}=4 : 5$,
$\overline{AE} : \overline{EC}=3 : 2$이다. △ABC
의 넓이가 $36\,cm^2$일 때,
△ADE의 넓이를 구하시오.

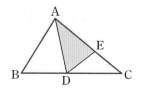

유형 **15** 평행사변형에서 높이가 같은 두 삼각형의 넓이

49 ●●○

오른쪽 그림과 같은 평행사변형 ABCD에서 $\overline{DE} : \overline{EC} = 1 : 2$이고 □ABCD의 넓이가 42 cm²일 때, △AED의 넓이를 구하시오.

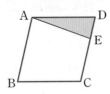

50 ●●○

오른쪽 그림과 같은 평행사변형 ABCD에서 $\overline{BD} /\!/ \overline{EF}$일 때, 다음 중 그 넓이가 나머지 넷과 다른 하나는?

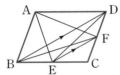

① △ABE   ② △AFD   ③ △FEC
④ △DBE   ⑤ △DBF

51 ●●○

오른쪽 그림과 같은 마름모 ABCD에서 $\overline{BP} = 2\overline{PC}$이고 $\overline{AC} = 9$ cm, $\overline{BD} = 12$ cm일 때, △APC의 넓이를 구하시오.

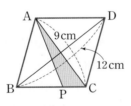

52 ●●○

오른쪽 그림과 같이 넓이가 50 cm²인 평행사변형 ABCD에서 △AFD의 넓이가 10 cm²일 때, △DFE의 넓이와 △BCE의 넓이의 합을 구하시오.

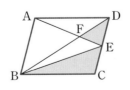

53 ●●●

오른쪽 그림과 같은 평행사변형 ABCD에서 $\overline{BC}, \overline{CD}$의 중점을 각각 M, N이라 하자. □ABCD의 넓이가 48 cm²일 때, △AMN의 넓이를 구하시오.

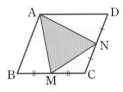

유형 up 사다리꼴에서 높이가 같은 두 삼각형의 넓이

54 ●●○

오른쪽 그림과 같이 $\overline{AD} /\!/ \overline{BC}$인 사다리꼴 ABCD에서 두 대각선의 교점을 O라 하자. △ABC의 넓이가 21 cm², △OBC의 넓이가 15 cm²일 때, △DOC의 넓이는?

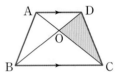

① 3 cm²   ② 5 cm²   ③ 6 cm²
④ 8 cm²   ⑤ 9 cm²

55 ●●○

오른쪽 그림과 같이 $\overline{AD} /\!/ \overline{BC}$인 사다리꼴 ABCD에서 두 대각선의 교점을 O라 하자. $\overline{BO} : \overline{OD} = 2 : 1$이고 △ABO의 넓이가 10 cm²일 때, △DBC의 넓이를 구하시오.

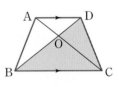

56 ●●●

오른쪽 그림과 같이 $\overline{AD} /\!/ \overline{BC}$인 사다리꼴 ABCD에서 두 대각선의 교점을 O라 하자. $\overline{AO} : \overline{OC} = 1 : 2$이고 △AOD의 넓이가 4 cm²일 때, □ABCD의 넓이를 구하시오.

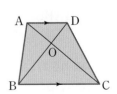

전국 1000여 개 학교 시험 문제를 분석하여 출제율 높은 서술형 문제만 선별했어요!

01

오른쪽 그림과 같은 정사각형 ABCD에서 $\overline{BC}=\overline{BE}$이고 ∠ECD=18°일 때, ∠$x$의 크기를 구하시오. [6점]

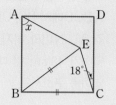

채점 기준 1 ∠EBC의 크기 구하기 … 3점

△EBC는 $\overline{BE}=\overline{BC}$인 이등변삼각형이므로

∠BEC=∠BCE=_____－18°=_____

∴ ∠EBC=180°－2×_____=_____

채점 기준 2 ∠x의 크기 구하기 … 3점

∠ABE=90°－_____=_____

△ABE는 $\overline{AB}=$_____인 이등변삼각형이므로

$\angle x=\dfrac{1}{2}\times(180°-$_____$)=$_____

01-1

오른쪽 그림과 같은 정사각형 ABCD에서 $\overline{BC}=\overline{BE}$이고 ∠ECD=14°일 때, ∠$x$의 크기를 구하시오. [6점]

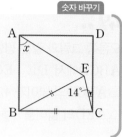

채점 기준 1 ∠EBC의 크기 구하기 … 3점

채점 기준 2 ∠x의 크기 구하기 … 3점

01-2

오른쪽 그림과 같은 정사각형 ABCD의 내부의 한 점 P에 대하여 $\overline{BP}=\overline{CP}=\overline{CD}$일 때, ∠ADP의 크기를 구하시오. [6점]

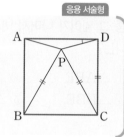

02

오른쪽 그림에서 $\overline{AC}\,//\,\overline{DE}$이고 $\overline{BC}:\overline{CE}=3:2$이다. □ABCD의 넓이가 $35\,cm^2$일 때, △ACD의 넓이를 구하시오. [6점]

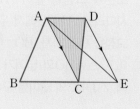

채점 기준 1 △ABE의 넓이 구하기 … 3점

$\overline{AC}\,//\,\overline{DE}$이므로 △ACD=△_____

∴ △ABE=△ABC+△ACE=△ABC+△_____

＝□_____＝_____(cm^2)

채점 기준 2 △ACD의 넓이 구하기 … 3점

$\overline{BC}:\overline{CE}=3:2$이므로

△ACD=△_____＝$\dfrac{2}{5}$△_____

＝$\dfrac{2}{5}\times$_____＝_____(cm^2)

02-1

오른쪽 그림에서 $\overline{AC}\,//\,\overline{DE}$이고 $\overline{BC}:\overline{CE}=4:3$이다. □ABCD의 넓이가 $42\,cm^2$일 때, △ACD의 넓이를 구하시오. [6점]

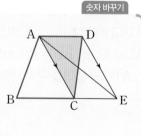

채점 기준 1 △ABE의 넓이 구하기 … 3점

채점 기준 2 △ACD의 넓이 구하기 … 3점

03

오른쪽 그림과 같은 직사각형
ABCD에서 ∠A의 이등분선과
$\overline{BC}$의 교점을 E라 하자.
$\overline{EC}=3\,cm$, $\overline{CD}=6\,cm$일 때,
□AECD의 넓이를 구하시오. [6점]

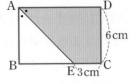

06

오른쪽 그림과 같이
$\overline{AD} /\!/ \overline{BC}$인 등변사다리꼴
ABCD에서 $\overline{AE} /\!/ \overline{DB}$가 되
도록 $\overline{CB}$의 연장선 위에 점 E
를 잡았다. ∠ACB=42°일 때, ∠AEB의 크기를 구하시
오. [6점]

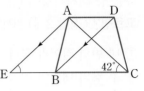

04

오른쪽 그림과 같은 마름모
ABCD에서 두 대각선의 교점을
O라 하자. $\overline{AB}=10\,cm$,
∠OBC=30°일 때, $x-y$의 값
을 구하시오. [6점]

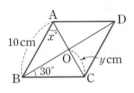

07

오른쪽 그림과 같은 직사각형
ABCD에서 $\overline{AD}$, $\overline{BC}$의 중점
을 각각 M, N이라 하고, $\overline{AN}$
과 $\overline{BM}$, $\overline{MC}$와 $\overline{ND}$의 교점
을 각각 E, F라 하자. $\overline{AD}=2\overline{AB}$이고 $\overline{AB}=10\,cm$일 때,
□MENF가 어떤 사각형인지 말하고, 그 넓이를 구하시오.
[7점]

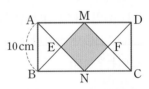

05

오른쪽 그림과 같은 정사각형
ABCD에서 $\overline{AB}=\overline{AE}$이고
∠ADE=22°일 때, ∠ABE
의 크기를 구하시오. [6점]

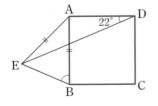

08

오른쪽 그림과 같은 평행사변형
ABCD에서 두 대각선의 교점을
P라 하자. $\overline{CE}:\overline{ED}=2:3$이고
□ABCD의 넓이가 50 cm²일 때,
△APE의 넓이를 구하시오. [7점]

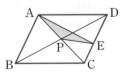

01

다음 중 직사각형에 대한 설명으로 옳지 <u>않은</u> 것을 모두 고르면? (정답 2개) [3점]

① 네 변의 길이가 같다.
② 두 쌍의 대변이 평행하다.
③ 네 내각의 크기가 모두 같다.
④ 마주 보는 두 변의 길이가 같다.
⑤ 두 대각선이 서로 다른 것을 수직이등분한다.

02

오른쪽 그림과 같이 지름의 길이가 20 cm인 원 O 위에 점 B가 있다. □OABC가 직사각형일 때, $\overline{AC}$의 길이는? [4점]

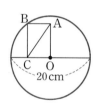

① 8 cm ② 9 cm ③ 10 cm
④ 11 cm ⑤ 12 cm

03

오른쪽 그림과 같은 마름모 ABCD에서 두 대각선의 교점을 O라 하자. ∠ABD=52°일 때, ∠x−∠y의 크기는? [3점]

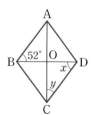

① 8° ② 10°
③ 12° ④ 14°
⑤ 16°

04

오른쪽 그림과 같은 평행사변형 ABCD에서 $\overline{AB}$=7 cm일 때, 한 가지 조건을 추가하여 □ABCD가 마름모가 되도록 하려고 한다. 이때 필요한 조건을 다음 보기에서 모두 고른 것은? (단, 점 O는 두 대각선의 교점) [4점]

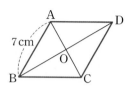

> 보기
> ㄱ. $\overline{AD}$=7 cm   ㄴ. ∠ABC=90°
> ㄷ. $\overline{AC}$=7 cm   ㄹ. ∠AOD=90°

① ㄱ, ㄴ ② ㄱ, ㄹ ③ ㄴ, ㄷ
④ ㄴ, ㄹ ⑤ ㄷ, ㄹ

05

오른쪽 그림과 같은 정사각형 ABCD에서 $\overline{AC}$=8 cm일 때, △OBC의 넓이는? (단, 점 O는 두 대각선의 교점) [3점]

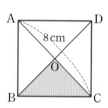

① 8 cm² ② 12 cm² ③ 16 cm²
④ 20 cm² ⑤ 24 cm²

06

오른쪽 그림과 같은 정사각형 ABCD에서 꼭짓점 B를 지나는 직선과 $\overline{DC}$의 교점을 E라 하고 두 점 A, C에서 $\overline{BE}$에 내린 수선의 발을 각각 F, G라 하자. $\overline{AF}$=10 cm, $\overline{CG}$=6 cm일 때, △AFG의 넓이는? [4점]

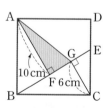

① 20 cm² ② 25 cm² ③ 30 cm²
④ 35 cm² ⑤ 40 cm²

07

오른쪽 그림과 같은 정사각형 ABCD에서 $\overline{AE}=\overline{CF}$이고 두 점 G, H는 각각 $\overline{AC}$가 $\overline{BE}$, $\overline{DF}$와 만나는 점이다. $\angle ABE=24°$일 때, $\angle AHD$의 크기는? [5점]

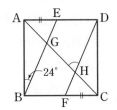

① 54°   ② 58°   ③ 60°

④ 65°   ⑤ 69°

08

다음 중 오른쪽 그림과 같은 평행사변형 ABCD가 정사각형이 되는 조건은? (단, 점 O는 두 대각선의 교점) [4점]

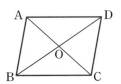

① $\overline{BO}=\overline{DO}$, $\overline{AC}\perp\overline{BD}$
② $\overline{AB}=\overline{AD}$, $\overline{AC}\perp\overline{BD}$
③ $\overline{AC}=\overline{BD}$, $\angle DAB=90°$
④ $\overline{AB}=\overline{AD}$, $\overline{AO}=\overline{DO}$
⑤ $\overline{AO}=\overline{CO}$, $\angle ACB=\angle DAC$

09

오른쪽 그림과 같이 $\overline{AD}\,/\!/\,\overline{BC}$인 등변사다리꼴 ABCD에서 두 대각선의 교점을 O라 할 때, 다음 중 옳지 않은 것을 모두 고르면? (정답 2개) [3점]

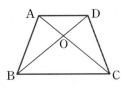

① $\overline{AB}=\overline{DC}$ ② $\overline{AC}=\overline{BD}$
③ $\angle ABD=\angle DCA$ ④ $\overline{AC}\perp\overline{BD}$
⑤ $\angle ADB=\angle CDB$

10

오른쪽 그림과 같이 $\overline{AD}\,/\!/\,\overline{BC}$인 등변사다리꼴 ABCD에서 $\overline{AD}=\overline{DC}$, $\angle ACB=42°$일 때, $\angle BAC$의 크기는? [4점]

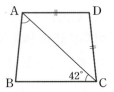

① 46°   ② 48°   ③ 50°

④ 52°   ⑤ 54°

11

오른쪽 그림과 같이 $\overline{AD}\,/\!/\,\overline{BC}$인 등변사다리꼴 ABCD에서 $\overline{AB}=\overline{AD}=\overline{DC}$이고 $\overline{AD}=\dfrac{1}{2}\overline{BC}$일 때, $\angle B$의 크기는? [4점]

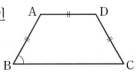

① 55°   ② 60°   ③ 70°

④ 75°   ⑤ 80°

12

오른쪽 그림과 같은 평행사변형 ABCD의 꼭짓점 A에서 $\overline{BC}$, $\overline{CD}$에 내린 수선의 발을 각각 E, F라 하자. $\overline{AE}=\overline{AF}$이고 $\overline{AB}=13$ cm, $\overline{AE}=12$ cm, $\overline{BE}=5$ cm일 때, □AECF의 둘레의 길이는? [4점]

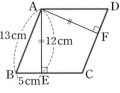

① 34 cm   ② 36 cm   ③ 38 cm

④ 40 cm   ⑤ 42 cm

13

오른쪽 그림과 같은 평행사변형 ABCD에서 ∠A와 ∠B의 이등분선이 $\overline{BC}$, $\overline{AD}$와 만나는 점을 각각 E, F라 할 때, 다음 중 □ABEF에 대한 설명으로 옳지 <u>않은</u> 것은? [4점]

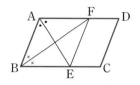

① 두 대각선의 길이가 같다.
② 이웃하는 두 변의 길이가 같다.
③ 두 쌍의 대변의 길이가 각각 같다.
④ 두 대각선은 서로 다른 것을 수직이등분한다.
⑤ 한 쌍의 대변이 평행하고 그 길이가 같다.

14

다음 중 옳지 <u>않은</u> 것은? [4점]

① 직사각형과 마름모는 평행사변형이다.
② 한 내각이 직각인 평행사변형은 직사각형이다.
③ 두 대각선이 서로 수직인 평행사변형은 마름모이다.
④ 두 대각선이 서로 수직인 직사각형은 정사각형이다.
⑤ 두 쌍의 대각의 크기가 각각 같은 사각형은 직사각형이다.

15

오른쪽 그림과 같은 직사각형 ABCD에서 각 변의 중점을 각각 P, Q, R, S라 하자. $\overline{AB}=8$ cm, $\overline{AD}=10$ cm일 때, □PQRS의 넓이는? [4점]

① 20 cm²
② 32 cm²
③ 40 cm²
④ 54 cm²
⑤ 60 cm²

16

오른쪽 그림에서 $\overline{AC}$ ∥ $\overline{DE}$이고 점 O는 $\overline{AE}$와 $\overline{CD}$의 교점이다. △ABE의 넓이가 80 cm², △ABC의 넓이가 56 cm²일 때, △ACD의 넓이는? [3점]

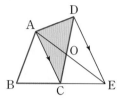

① 24 cm²
② 26 cm²
③ 28 cm²
④ 30 cm²
⑤ 32 cm²

17

오른쪽 그림과 같은 정사각형 ABCD에서 $\overline{AD}$와 $\overline{BE}$의 연장선의 교점을 F라 하자. $\overline{AD}=8$ cm, $\overline{EC}=5$ cm일 때, △FEC의 넓이는? [5점]

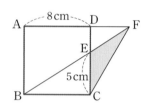

① 10 cm²
② 12 cm²
③ 14 cm²
④ 16 cm²
⑤ 18 cm²

18

오른쪽 그림과 같이 $\overline{AD}$ ∥ $\overline{BC}$인 사다리꼴 ABCD에서 두 대각선의 교점을 O라 하자. $\overline{AO} : \overline{OC}=3 : 4$이고 △AOD의 넓이가 18 cm²일 때, □ABCD의 넓이는?

[5점]

① 72 cm²
② 80 cm²
③ 88 cm²
④ 98 cm²
⑤ 100 cm²

19

오른쪽 그림과 같은 직사
각형 ABCD에서 $\overline{DC}$의
길이를 구하시오. [4점]

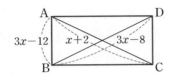

22

오른쪽 그림과 같은 직사각형
ABCD에서 $\overline{EF}$가 대각선 AC
의 수직이등분선이고
$\overline{BC}=12\,cm$, $\overline{ED}=4\,cm$일 때,
$\overline{AF}$의 길이를 구하시오. [6점]

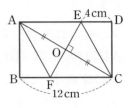

20

오른쪽 그림과 같은 마름모
ABCD에서 두 대각선의 교점
을 O라 하자. $\overline{AE}\perp\overline{CD}$이고
$\angle ADB=32°$일 때,
$\angle x+\angle y$의 크기를 구하시오. [7점]

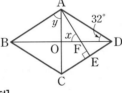

23

오른쪽 그림과 같은 마름모
ABCD에서 $\overline{BC}$ 위의 한 점
P에 대하여 $\overline{BP}:\overline{PC}=3:5$
이고 $\overline{AC}=16\,cm$,
$\overline{BD}=20\,cm$일 때, $\triangle APC$의 넓이를 구하시오. [6점]

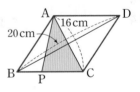

21

오른쪽 그림과 같은 정사각형
ABCD의 내부의 한 점 P에 대하여
$\overline{PB}=\overline{BC}=\overline{PC}$일 때, $\angle APD$의
크기를 구하시오. [7점]

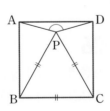

01

오른쪽 그림과 같은 직사각형 ABCD에서 두 대각선의 교점을 O라 하자. ∠BDC=60°, $\overline{AC}$=10 cm일 때, $x+y$의 값은? [3점]

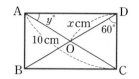

① 30 　　　② 35 　　　③ 40

④ 45 　　　⑤ 50

02

다음 중 오른쪽 그림과 같은 평행사변형 ABCD가 직사각형이 되는 조건이 <u>아닌</u> 것은? (단, 점 O는 두 대각선의 교점) [4점]

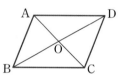

① ∠ABC=90°　　　② $\overline{AC}=\overline{BD}$

③ ∠BCD=∠ADC　　④ $\overline{OC}=\overline{OD}$

⑤ ∠BAD+∠ABC=180°

03

오른쪽 그림과 같은 마름모 ABCD에서 x, y에 대하여 $2x-y$의 값은? [3점]

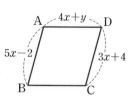

① 1 　　　② 3

③ 4 　　　④ 5

⑤ 7

04

오른쪽 그림과 같은 평행사변형 ABCD에서 두 대각선의 교점을 O라 하자. 대각선 AC 위의 한 점 P에 대하여 $\overline{BP}=\overline{DP}$이고 $\overline{AO}$=7 cm, $\overline{BO}$=10 cm일 때, □ABCD의 넓이는? [4점]

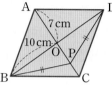

① 70 cm² 　　② 140 cm² 　　③ 210 cm²

④ 280 cm² 　　⑤ 350 cm²

05

오른쪽 그림과 같은 정사각형 ABCD에서 △EBC는 정삼각형일 때, ∠BED의 크기는? [4점]

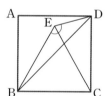

① 120° 　　　② 125°

③ 130° 　　　④ 135°

⑤ 140°

06

오른쪽 그림과 같은 정사각형 ABCD에서 ∠ABE=60°이고 $\overline{BE}$=3 cm일 때, □ABCD의 넓이는? [5점]

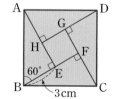

① 25 cm² 　　② 36 cm²

③ 40 cm² 　　④ 45 cm²

⑤ 49 cm²

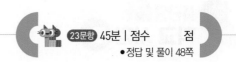

07

오른쪽 그림과 같이 $\overline{AD} /\!/ \overline{BC}$인 등변사다리꼴 ABCD에서 $\overline{DC} = \overline{DE}$이고 ∠B＝55°일 때, ∠EDC의 크기는? [3점]

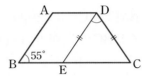

① 60°   ② 65°   ③ 70°
④ 75°   ⑤ 80°

08

오른쪽 그림과 같이 $\overline{AD} /\!/ \overline{BC}$인 등변사다리꼴 ABCD에서 $\overline{AB} = 10 \, cm$, $\overline{AD} = 8 \, cm$, ∠B＝60°일 때, □ABCD의 둘레의 길이는? [4점]

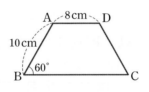

① 34 cm   ② 38 cm   ③ 40 cm
④ 42 cm   ⑤ 46 cm

09

오른쪽 그림과 같이 $\overline{AD} /\!/ \overline{BC}$인 등변사다리꼴 ABCD의 꼭짓점 A에서 $\overline{BC}$에 내린 수선의 발을 E라 하자. $\overline{AD} = 8 \, cm$, $\overline{BE} = 4 \, cm$일 때, $\overline{BC}$의 길이는?

[4점]

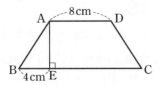

① 12 cm   ② 14 cm   ③ 16 cm
④ 17 cm   ⑤ 18 cm

10

오른쪽 그림과 같은 평행사변형 ABCD의 네 내각의 이등분선의 교점을 각각 E, F, G, H라 할 때, 다음 중 □EFGH에 대한 설명으로 옳지 <u>않은</u> 것은? [4점]

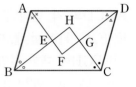

① $\overline{EF} = \overline{HG}$ ② $\overline{EH} = \overline{HG}$ ③ ∠H＝90°
④ $\overline{EF} \perp \overline{FG}$ ⑤ ∠HEF＝∠EFG

11

다음 중 옳은 것은? [3점]

① 마름모는 정사각형이다.
② 정사각형은 직사각형이다.
③ 평행사변형은 마름모이다.
④ 사다리꼴은 평행사변형이다.
⑤ 등변사다리꼴은 평행사변형이다.

12

다음 보기에서 두 대각선의 길이가 같은 사각형을 모두 고른 것은? [3점]

보기
ㄱ. 평행사변형   ㄴ. 직사각형
ㄷ. 마름모   ㄹ. 정사각형
ㅁ. 사다리꼴   ㅂ. 등변사다리꼴

① ㄱ, ㄴ, ㄷ   ② ㄴ, ㄷ, ㅂ
③ ㄴ, ㄹ, ㅂ   ④ ㄷ, ㄹ, ㅂ
⑤ ㄷ, ㅁ, ㅂ

13

오른쪽 그림과 같은 마름모 ABCD의 각 변의 중점을 각각 E, F, G, H라 할 때, 다음 중 □EFGH에 대한 설명으로 옳은 것을 모두 고르면? (정답 2개)

[4점]

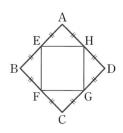

① 네 변의 길이가 같다.
② 두 대각선의 길이가 같다.
③ 네 내각의 크기가 모두 같다.
④ 이웃하는 두 변의 길이가 같다.
⑤ 두 대각선이 서로 수직이다.

14

오른쪽 그림과 같이 $\overline{AD} /\!/ \overline{BC}$ 인 등변사다리꼴 ABCD의 각 변의 중점을 연결하여 □EFGH를 만들었다. $\overline{FG} = 4$ cm이고 □ABCD의 둘레의 길이가 32 cm일 때, △AEH와 △EBF의 둘레의 길이의 합은? [4점]

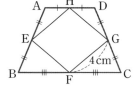

① 24 cm   ② 25 cm   ③ 26 cm
④ 27 cm   ⑤ 28 cm

15

오른쪽 그림에서 $\overline{AC} /\!/ \overline{DE}$ 이고 $\overline{AH} \perp \overline{BE}$ 이다. $\overline{AH} = 6$ cm, $\overline{BC} = 9$ cm, $\overline{CE} = 5$ cm일 때, □ABCD의 넓이는? [4점]

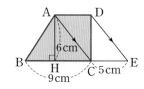

① 40 cm^2 ② 42 cm^2 ③ 45 cm^2
④ 48 cm^2 ⑤ 49 cm^2

16

오른쪽 그림에서 $l /\!/ m$ 이고, $\overline{BM} : \overline{MC} = 3 : 2$ 이다. △DBC의 넓이가 45 cm^{2}일 때, △AMC의 넓이는? [4점]

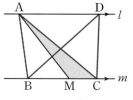

① 18 cm^2 ② 21 cm^2 ③ 24 cm^2
④ 27 cm^2 ⑤ 30 cm^2

17

오른쪽 그림과 같이 $\overline{AB} = 6$ cm, $\overline{BC} = 9$ cm인 직사각형 ABCD에서 $\overline{AE} : \overline{ED} = 1 : 2$ 이고 점 F는 $\overline{EC}$ 의 중점이다. $\overline{GF}$ 가 □ABCE의 넓이를 이등분하도록 $\overline{AB}$ 위에 점 G를 잡을 때, $\overline{GB}$ 의 길이는? [5점]

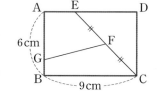

① 1 cm   ② $\frac{5}{4}$ cm   ③ $\frac{3}{2}$ cm
④ $\frac{7}{4}$ cm   ⑤ 2 cm

18

오른쪽 그림과 같은 평행사변형 ABCD에서 $\overline{AC} /\!/ \overline{PQ}$ 이고 $\overline{AP} : \overline{PD} = 3 : 4$ 이다. □ABCD의 넓이가 98 cm^{2}일 때, △BCQ의 넓이는? [5점]

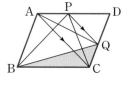

① 21 cm^2 ② 24 cm^2 ③ 28 cm^2
④ 30 cm^2 ⑤ 33 cm^2

서술형

19

오른쪽 그림과 같은 직사각형 ABCD에서 두 대각선의 교점을 O라 하자. $\overline{AB}=6\,cm$, $\overline{BC}=8\,cm$, $\overline{AC}=10\,cm$일 때, $\triangle OCD$의 둘레의 길이를 구하시오. [4점]

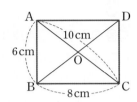

20

오른쪽 그림과 같은 마름모 ABCD의 꼭짓점 A에서 $\overline{BC}$, $\overline{CD}$에 내린 수선의 발을 각각 E, F라 하자. $\angle B=64°$일 때, $\angle AFE$의 크기를 구하시오. [6점]

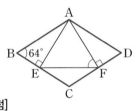

21

오른쪽 그림과 같은 정사각형 ABCD에서 대각선 AC 위에 $\angle CBE=54°$가 되도록 점 E를 잡았다. $\overline{DE}$의 연장선과 $\overline{CB}$의 연장선의 교점을 F라 할 때, $\angle x$의 크기를 구하시오. [6점]

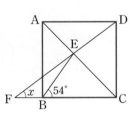

22

오른쪽 그림과 같은 정사각형 ABCD에서 $\overline{BC}$, $\overline{DC}$ 위의 한 점을 각각 E, F라 하자. $\angle AEF=65°$, $\angle EAF=45°$일 때, $\angle x$의 크기를 구하시오. [7점]

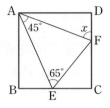

23

오른쪽 그림과 같이 $\overline{AD} /\!/ \overline{BC}$인 사다리꼴 ABCD에서 두 대각선의 교점을 O라 하자. $\overline{AO}:\overline{OC}=3:7$이고 $\triangle DOC$의 넓이가 $9\,cm^2$일 때, $\triangle OBC$의 넓이를 구하시오. [7점]

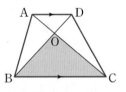

01
신사고 변형

다음 그림과 같이 반지름의 길이가 6 cm인 원 O 위의 네 점 A, B, C, D를 꼭짓점으로 하는 직사각형 ABCD를 만들었다. 직사각형 ABCD의 각 변의 중점을 연결하여 만든 □EFGH가 어떤 사각형인지 말하고, □EFGH의 둘레의 길이를 구하시오.

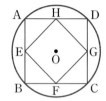

02
천재 변형

오른쪽 그림은 높은 곳에서 작업하기 편리하게 만든 구조물인 고소 작업대이다. 이 고소 작업대에서 □ABCD는 마름모이고 $\overline{BC}$, $\overline{DC}$의 연장선이 직선 m과 만나는 점을 각각 E, F라 하자. $l \perp m$이고 ∠CFE=32°일 때, ∠CAD의 크기를 구하시오.

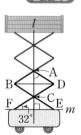

03
비상 변형

다음 그림에서 □ABCD와 □OEFG는 모두 정사각형이다. 점 O가 □ABCD의 두 대각선의 교점일 때, 두 정사각형이 겹쳐진 부분의 넓이는 정사각형 ABCD의 넓이의 몇 배인지 구하시오. (단, $\overline{OD} < \overline{OG}$)

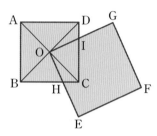

04
동아 변형

다음 그림과 같이 꺾인 선 ABC를 경계로 하는 두 땅이 있다. 원래의 두 땅의 넓이는 변함이 없도록 하면서 점 A를 지나는 직선 모양의 새로운 경계선을 만드는 방법을 설명하시오.

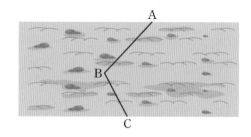

1 도형의 닮음

단원별로 학습 계획을 세워 실천해 보세요.

학습 날짜	월 일	월 일	월 일	월 일
학습 계획				
학습 실행도	0 ⬚⬚⬚⬚⬚ 100	0 ⬚⬚⬚⬚⬚ 100	0 ⬚⬚⬚⬚⬚ 100	0 ⬚⬚⬚⬚⬚ 100
자기 반성				

1 도형의 닮음

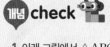

1 닮은 도형

(1) **닮음** : 한 도형을 일정한 비율로 확대 또는 축소한 도형이 다른 도형과 합동일 때, 두 도형은 서로 [(1)]인 관계에 있다고 한다.

(2) **닮은 도형** : 서로 닮음인 관계에 있는 두 도형

(3) **닮음의 기호** : △ABC와 △DEF가 서로 닮은 도형일 때, 기호를 사용하여 △ABC∽△DEF와 같이 나타낸다.

> **참고** 닮은 도형을 기호를 사용하여 나타낼 때는 반드시 대응점의 순서를 맞추어 쓴다.

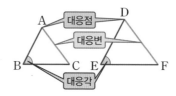

2 닮음의 성질

(1) **평면도형에서의 닮음의 성질**

서로 닮은 두 평면도형에서

① 대응변의 길이의 비는 일정하다.
→ $\overline{AB} : \overline{DE} = \overline{BC} : \overline{EF} = \overline{CA} : \overline{FD}$

② 대응각의 크기는 각각 [(2)].
→ $\angle A = \angle D$, $\angle B = \angle E$, $\angle C = \angle F$

(2) **닮음비** : 서로 닮은 두 도형에서 대응변의 길이의 비

> **참고** 합동인 두 도형은 닮음비가 1 : 1인 닮은 도형이다.

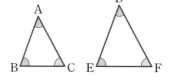

(3) **입체도형에서의 닮음의 성질**

서로 닮은 두 입체도형에서

① 대응하는 모서리의 길이의 비는 일정하다.
→ $\overline{AB} : \overline{EF} = \overline{BC} : \overline{FG} = \cdots$

② 대응하는 면은 서로 [(3)] 도형이다.
→ △ABC∽△EFG, △ACD∽△EGH, ···

> **참고** 입체도형에서의 닮음비는 대응하는 모서리의 길이의 비이다.

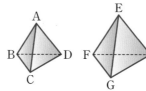

3 닮은 두 평면도형에서의 비

서로 닮은 두 평면도형의 닮음비가 $m : n$이면

(1) 둘레의 길이의 비 → $m : n$

(2) 넓이의 비 → $m^2 :$ [(4)]

4 닮은 두 입체도형에서의 비

서로 닮은 두 입체도형의 닮음비가 $m : n$이면

(1) 겉넓이의 비 → $m^2 : n^2$

(2) 부피의 비 → [(5)] $: n^3$

---

1 아래 그림에서 △ABC∽△DEF일 때, 다음을 구하시오.

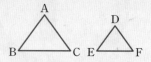

(1) 점 B의 대응점

(2) $\overline{AC}$의 대응변

(3) ∠F의 대응각

2 아래 그림에서 □ABCD∽□EFGH일 때, 다음을 구하시오.

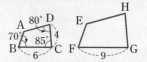

(1) 두 사각형의 닮음비

(2) $\overline{HG}$의 길이   (3) ∠E의 크기

3 아래 그림에서 두 직육면체는 서로 닮은 도형이고 $\overline{AB}$에 대응하는 모서리가 $\overline{IJ}$일 때, 다음을 구하시오.

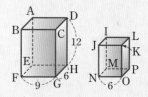

(1) 두 직육면체의 닮음비

(2) $\overline{IM}$의 길이   (3) $\overline{OP}$의 길이

4 아래 그림에서 △ABC∽△DEF일 때, 다음을 구하시오.

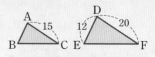

(1) 두 삼각형의 닮음비

(2) 두 삼각형의 둘레의 길이의 비

(3) 두 삼각형의 넓이의 비

답 (1) 닮음 (2) 같다 (3) 닮은 (4) n^2 (5) m^3

5 삼각형의 닮음 조건

두 삼각형이 다음 조건 중 어느 하나를 만족시키면 서로 닮은 도형이다.

(1) 세 쌍의 대응변의 길이의 비가 같다. (SSS 닮음)

→ $\overline{AB}:\overline{A'B'}=\overline{BC}:\overline{B'C'}=\overline{CA}:\overline{C'A'}$
└─ 닮음비

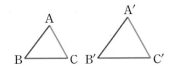

(2) 두 쌍의 대응변의 길이의 비가 같고, 그 [(6)]의 크기
가 같다. (SAS 닮음)

→ $\overline{AB}:\overline{A'B'}=\overline{BC}:\overline{B'C'}$, $\angle B=\angle B'$
└─ 닮음비

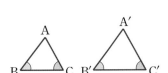

(3) 두 쌍의 대응각의 크기가 각각 같다. ([(7)] 닮음)

→ $\angle B=\angle B'$, $\angle C=\angle C'$
└─ 삼각형의 내각의 크기의 합은 180°이므로
$\angle B=\angle B'$, $\angle C=\angle C'$이면 $\angle A=\angle A'$이다.

6 직각삼각형의 닮음

$\angle A=90°$인 직각삼각형 ABC의 꼭짓점 A에서 빗변 BC에
내린 수선의 발을 D라 할 때,

△ABC∽△DBA∽△DAC (AA 닮음)

(1) △ABC∽△DBA이므로

$\overline{AB}:\overline{DB}=\overline{BC}:\overline{BA}$ ∴ $\overline{AB}^2=\overline{BD}\times$ [(8)]

(2) △ABC∽△DAC이므로

$\overline{BC}:\overline{AC}=\overline{AC}:\overline{DC}$ ∴ $\overline{AC}^2=\overline{CD}\times\overline{CB}$

(3) △DBA∽△DAC이므로

$\overline{BD}:\overline{AD}=\overline{AD}:\overline{CD}$ ∴ $\overline{AD}^2=\overline{DB}\times\overline{DC}$

[참고] 직각삼각형 ABC의 넓이에서

$\frac{1}{2}\times\overline{AB}\times\overline{AC}=\frac{1}{2}\times\overline{BC}\times\overline{AD}$이므로 $\overline{AB}\times\overline{AC}=\overline{BC}\times\overline{AD}$

7 닮음의 활용

직접 측정하기 어려운 거리나 높이 등은 닮음을 이용하여 간접적으로 측정할 수 있다.

(1) **축도** : 어떤 도형을 일정한 비율로 줄인 그림

(2) **축척** : 축도에서의 길이와 실제 길이의 비율

(3) **축도, 실제 길이, 축척 사이의 관계**

① (축척)$=\dfrac{(축도에서의 길이)}{(실제 길이)}$

② (실제 길이)$=\dfrac{(축도에서의 길이)}{(축척)}$

③ (축도에서의 길이)=(실제 길이)×([(9)])

개념 check

5 다음 보기에서 서로 닮은 삼각형을 모두 찾아 기호로 나타내고, 그 때의 닮음 조건을 말하시오.

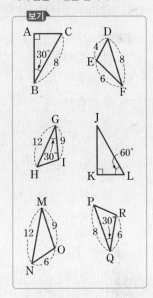

6 다음 그림과 같이 $\angle A=90°$인 직각삼각형 ABC에서 $\overline{AD}\perp\overline{BC}$일 때, x의 값을 구하시오.

(1)
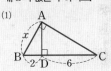

(2)
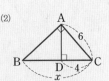

(3)
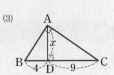

7 어떤 지도에서의 거리가 4 cm인 두 지점 사이의 실제 거리가 1 km일 때, 다음 물음에 답하시오.

(1) 지도의 축척을 구하시오.

(2) 지도에서의 거리가 10 cm인 두 지점 사이의 실제 거리는 몇 km인지 구하시오.

[답] (6) 끼인각 (7) AA (8) $\overline{BC}$ (9) 축척

유형 01 닮은 도형

01 •••

다음 보기에서 항상 서로 닮은 도형인 것을 모두 고른 것은?

보기
ㄱ. 두 이등변삼각형   ㄴ. 두 정사각형
ㄷ. 두 원뿔   ㄹ. 두 정육면체
ㅁ. 두 마름모   ㅂ. 두 부채꼴

① ㄱ, ㄹ   ② ㄴ, ㄹ   ③ ㄱ, ㄴ, ㅁ
④ ㄴ, ㄷ, ㅂ   ⑤ ㄹ, ㅁ, ㅂ

02 •••

다음 중 항상 서로 닮은 도형이라 할 수 없는 것을 모두 고르면? (정답 2개)

① 합동인 두 도형
② 넓이가 같은 두 직사각형
③ 반지름의 길이가 다른 두 원
④ 꼭지각의 크기가 같은 두 이등변삼각형
⑤ 두 밑각의 크기가 각각 같은 두 등변사다리꼴

유형 02 평면도형에서의 닮음의 성질 [최다 빈출]

03 •••

다음 그림에서 $\triangle ABC \backsim \triangle DEF$일 때, $x+y$의 값을 구하시오.

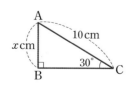

04 •••

오른쪽 그림에서 $\square ABCD \backsim \square EFGH$일 때, 다음 중 옳지 않은 것은?

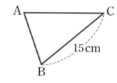

① $\overline{AD} = 6\,cm$ ② $\overline{GF} = 8\,cm$
③ $\angle F = 70°$ ④ $\angle D = 90°$
⑤ $\square ABCD$와 $\square EFGH$의 닮음비는 2 : 1이다.

05 •••

다음 그림에서 $\triangle ABC \backsim \triangle DEF$이고, $\triangle ABC$와 $\triangle DEF$의 닮음비는 5 : 3일 때, $\triangle ABC$의 둘레의 길이를 구하시오.

06 •••

오른쪽 그림과 같이 A0 용지를 반으로 접을 때마다 생기는 용지의 크기를 차례대로 A1, A2, A3, A4, …이라 할 때, 이것은 모두 서로 닮은 도형이다. 이때 A0 용지와 A4 용지의 닮음비를 가장 간단한 자연수의 비로 나타내시오.

●정답 및 풀이 52쪽

유형 03 입체도형에서의 닮음의 성질

07 ...

오른쪽 그림에서 두 삼각기둥은 서로 닮은 도형이고 △ABC에 대응하는 면이 △GHI일 때, 다음 중 옳지 않은 것은?

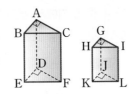

① △DEF∽△JKL

② ∠ADF=∠GJL

③ ∠DEF=∠JKL

④ $\dfrac{\overline{BC}}{\overline{HI}}=\dfrac{\overline{BE}}{\overline{HK}}=\dfrac{\overline{EF}}{\overline{KL}}$

⑤ □BEDA∽□GJLI

08 ...

오른쪽 그림에서 두 사면체는 서로 닮은 도형이고 $\overline{OA}$에 대응하는 모서리가 $\overline{O'A'}$일 때, $x+y+z$의 값을 구하시오.

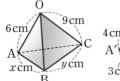

09 ...

오른쪽 그림과 같은 두 원기둥 A, B가 서로 닮은 도형일 때, 원기둥 B의 밑면의 둘레의 길이를 구하시오.

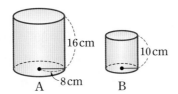

10 ...

오른쪽 그림과 같은 원뿔 모양의 그릇에 물을 부어서 그릇의 높이의 $\dfrac{2}{3}$만큼 채웠을 때, 수면의 반지름의 길이를 구하시오. (단, 그릇의 두께는 무시한다.)

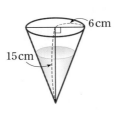

유형 04 닮은 두 평면도형에서의 비 최다 빈출

11 ...

다음 그림에서 □ABCD∽□EFGH이고 □ABCD의 넓이가 72 cm²일 때, □EFGH의 넓이를 구하시오.

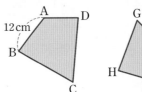

12 ...

서로 닮음인 □ABCD와 □EFGH의 넓이의 비가 4 : 9일 때, □ABCD와 □EFGH의 둘레의 길이의 비를 가장 간단한 자연수의 비로 나타내시오.

13 ...

오른쪽 그림과 같이 중심이 같은 세 원으로 이루어진 과녁이 있다. A 부분의 넓이가 20π cm²일 때, C 부분의 넓이를 구하시오.

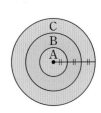

New ★ 14 ...

어느 피자 가게에서 지름의 길이가 48 cm인 피자의 가격이 24000원이다. 피자의 가격은 피자의 넓이에 정비례할 때, 지름의 길이가 36 cm인 피자의 가격을 구하시오. (단, 피자는 원 모양이고 피자의 두께는 무시한다.)

15 •••

오른쪽 그림과 같이 높이
가 각각 4 cm, 6 cm인
두 원기둥은 서로 닮은 도
형이다. 작은 원기둥의 옆
넓이가 8π cm²일 때, 큰 원기둥의 옆넓이를 구하시오.

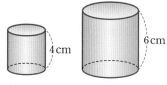

16 •••

오른쪽 그림과 같이 원뿔을
$\overline{\text{OA}} : \overline{\text{AB}} = 3 : 2$가 되도록 밑면에 평행
한 평면으로 잘랐을 때, 원뿔 P_1과 원뿔대
P_2의 부피의 비를 가장 간단한 자연수의
비로 나타내시오.

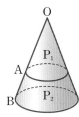

17 •••

지름의 길이가 6 cm인 구 모양의 쇠구슬 1개를 녹여서 지
름의 길이가 2 cm인 구 모양의 쇠구슬을 만들려고 한다. 이
때 지름의 길이가 2 cm인 쇠구슬을 몇 개 만들 수 있는지
구하시오.

18 •••

오른쪽 그림과 같이 높이가 30 cm인
원뿔 모양의 그릇에 일정한 속력으로
물을 채우고 있다. 16분이 지난 후 물
의 높이가 12 cm일 때, 그릇에 물을
가득 채우려면 몇 분이 더 걸리는지
구하시오. (단, 그릇의 두께는 무시한다.)

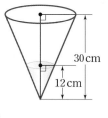

19 •••

다음 중 보기에서 서로 닮음인 것을 찾아 기호로 바르게 나
타낸 것을 모두 고르면? (정답 2개)

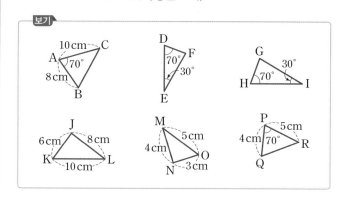

① △ABC∽△DEF 　　② △ABC∽△PQR
③ △DEF∽△JKL 　　④ △JKL∽△NOM
⑤ △GHI∽△NOM

20 •••

오른쪽 그림과 같은
△ABC와 △DEF
가 서로 닮은 도형이
되려면 다음 중 어느
조건을 추가해야 하는가?

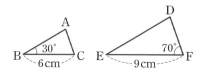

① ∠A=80°, ∠E=30° 　　② ∠C=70°, ∠D=70°
③ ∠E=30°, $\overline{\text{AC}}$=3 cm 　　④ $\overline{\text{AB}}$=8 cm, $\overline{\text{DE}}$=12 cm
⑤ $\overline{\text{AC}}$=4 cm, $\overline{\text{DE}}$=6 cm

21 •••

오른쪽 그림에서 $\overline{\text{AC}}$와 $\overline{\text{BD}}$의 교점
을 E라 할 때, $\overline{\text{CD}}$의 길이를 구하시
오.

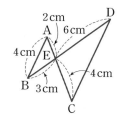

●정답 및 풀이 53쪽

22 ●●●

오른쪽 그림에서
∠CAB=∠DCB일 때, $\overline{BD}$의
길이를 구하시오.

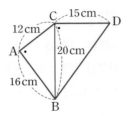

23 ●●●

오른쪽 그림과 같은 △ABC에서
$\overline{DE}$의 길이를 구하시오.

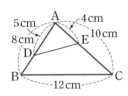

24 ●●●
(실수주의)

오른쪽 그림과 같은 △ABC에서
$\overline{AD}$의 길이를 구하시오.

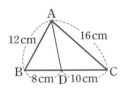

유형 **08** 삼각형의 닮음 조건의 응용
－AA 닮음   최다 빈출

25 ●●●

오른쪽 그림과 같은 △ABC에서
$\overline{BE}=5$ cm, $\overline{BD}=6$ cm,
$\overline{CD}=4$ cm이고 ∠ACB=∠BED
일 때, $\overline{AE}$의 길이는?

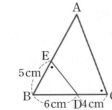

① 4 cm   ② 5 cm
③ 6 cm   ④ 7 cm
⑤ 8 cm

26 ●●●

오른쪽 그림과 같은 △ABC에서
∠ACB=∠BDE이고
$\overline{AD}=2$ cm, $\overline{BD}=6$ cm,
$\overline{BE}=4$ cm일 때, 다음 보기에서
옳은 것을 모두 고르시오.

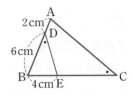

보기

ㄱ. △ABC∽△EBD   ㄴ. ∠CAB=∠DEB
ㄷ. $\overline{BE} : \overline{BC}=2 : 5$ ㄹ. $\overline{EC}=8$ cm

27 ●●●

오른쪽 그림에서 $\overline{AB} /\!/ \overline{DE}$,
$\overline{AD} /\!/ \overline{BC}$이고 $\overline{AE}=10$ cm,
$\overline{BC}=12$ cm, $\overline{CE}=5$ cm일 때,
$\overline{AD}$의 길이를 구하시오.

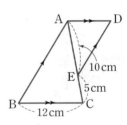

28 ●●●

오른쪽 그림과 같은 △ABC에서 세 변
AB, BC, CA 위의 세 점 D, E, F에
대하여 □DBEF는 마름모이다.
$\overline{AB}=18$ cm, $\overline{BC}=12$ cm일 때, 마름
모 DBEF의 한 변의 길이를 구하시오.

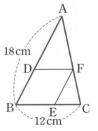

유형 **09** 직각삼각형의 닮음

29 ●●●

오른쪽 그림과 같이 ∠A=90°인 직각삼각형 ABC에서 $\overline{ED}\perp\overline{BC}$ 이고 $\overline{BE}=5$ cm, $\overline{BD}=4$ cm, $\overline{CD}=6$ cm일 때, $\overline{AE}$의 길이를 구하시오.

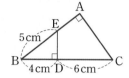

30 ●●●

오른쪽 그림과 같은 △ABC에서 $\overline{AD}\perp\overline{BC}$, $\overline{BE}\perp\overline{AC}$일 때, 다음 중 △ADC와 닮은 삼각형이 **아닌** 것을 모두 고르면? (정답 2개)

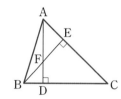

① △ADB   ② △AEF
③ △BDF   ④ △BEA
⑤ △BEC

31 ●●●

오른쪽 그림과 같이 ∠B=90°인 직각삼각형 ABC의 두 꼭짓점 A, C에서 점 B를 지나는 직선에 내린 수선의 발을 각각 D, E라 하자. $\overline{AD}=6$ cm, $\overline{BE}=9$ cm, $\overline{CE}=12$ cm일 때, $\overline{DB}$의 길이를 구하시오.

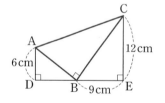

32 ●●●

오른쪽 그림과 같은 직사각형 ABCD에서 $\overline{PQ}$는 대각선 AC 를 수직이등분하고 점 O는 $\overline{AC}$ 와 $\overline{PQ}$의 교점이다. $\overline{AB}=12$ cm, $\overline{BC}=16$ cm, $\overline{OA}=10$ cm일 때, $\overline{AP}$의 길이를 구하시오.

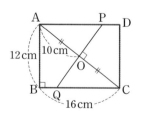

유형 **10** 직각삼각형의 닮음의 응용   최다 빈출

33 ●●●

오른쪽 그림과 같이 ∠A=90°인 직각삼각형 ABC에서 $\overline{AD}\perp\overline{BC}$ 일 때, 다음 보기에서 옳은 것을 모 두 고르시오.

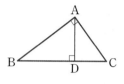

보기
ㄱ. $\overline{AD}^2=\overline{DB}\times\overline{DC}$ ㄴ. $\overline{AC}^2=\overline{CD}\times\overline{DB}$
ㄷ. $\overline{AB}^2=\overline{BD}\times\overline{BC}$ ㄹ. $\overline{AB}\times\overline{AC}=\overline{BD}\times\overline{CD}$

34 ●●●

오른쪽 그림과 같이 ∠A=90°인 직각삼각형 ABC에서 $\overline{AD}\perp\overline{BC}$ 이고 $\overline{AB}=20$ cm, $\overline{BD}=16$ cm 일 때, $x+y$의 값을 구하시오.

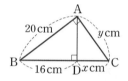

35 ●●●

오른쪽 그림과 같이 ∠A=90°인 직각삼각형 ABC의 꼭짓점 A에 서 $\overline{BC}$에 내린 수선의 발을 D라 하자. $\overline{AD}=6$ cm, $\overline{CD}=4$ cm일 때, △ABC의 넓이를 구하시오.

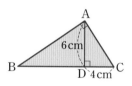

36 ●●●

오른쪽 그림과 같이 ∠A=90°인 직각삼각형 ABC의 꼭짓점 A에서 $\overline{BC}$에 내린 수선의 발을 D, 점 D에 서 $\overline{AC}$에 내린 수선의 발을 E라 하 자. $\overline{AB}=9$ cm, $\overline{BC}=15$ cm일 때, $\overline{DE}$의 길이를 구하시 오.

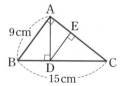

up 유형 종이접기

37 •••

오른쪽 그림은 직사각형 모양의 종이 ABCD를 $\overline{EC}$를 접는 선으로 하여 꼭짓점 B가 $\overline{AD}$ 위의 점 B′에 오도록 접은 것이다. $\overline{AE}=4\,cm$, $\overline{AB'}=3\,cm$, $\overline{DC}=9\,cm$일 때, $\overline{B'D}$의 길이를 구하시오.

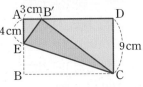

38 •••

오른쪽 그림은 정사각형 모양의 종이 ABCD를 $\overline{EF}$를 접는 선으로 하여 꼭짓점 A가 $\overline{BC}$ 위의 점 A′에 오도록 접은 것이다. $\overline{AE}=5\,cm$, $\overline{EB}=3\,cm$, $\overline{BA'}=4\,cm$일 때, $\overline{PA'}$의 길이를 구하시오.

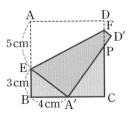

39 •••

오른쪽 그림은 정삼각형 모양의 종이 ABC를 $\overline{DF}$를 접는 선으로 하여 꼭짓점 A가 $\overline{BC}$ 위의 점 E에 오도록 접은 것이다. $\overline{DB}=5\,cm$, $\overline{BE}=8\,cm$, $\overline{DE}=7\,cm$일 때, $\overline{AF}$의 길이를 구하시오.

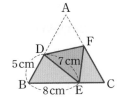

유형 12 닮음의 활용

40 •••

오른쪽 그림과 같이 어느 날 같은 시각에 어떤 석탑의 그림자의 길이와 바로 옆에 있던 키가 166 cm인 사람의 그림자의 길이를 재었더니 각각 6 m, 1.2 m이었다. 석탑의 높이는 몇 m인지 구하시오.

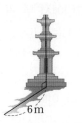

41 •••

오른쪽 그림과 같이 어느 건물의 높이를 구하기 위하여 건물의 그림자의 끝 B 지점에서 4 m 떨어진 E 지점에 길이가 2 m인 막대기를 그 그림자의 끝이 건물의 그림자의 끝과 일치하도록 세웠다. 막대기와 건물 사이의 거리가 10 m일 때, 건물의 높이를 구하시오.

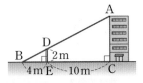

유형 13 축도와 축척

42 •••

축척이 $\dfrac{1}{20000}$인 지도에서의 두 지점 A, B 사이의 거리가 20 cm이다. A 지점에서 출발하여 B 지점까지 시속 4 km로 걸으면 몇 시간이 걸리는지 구하시오.

43 •••

어떤 지도에서 종묘와 박물관 사이의 거리는 12 cm이고, 실제 거리는 6 km이다. 이 지도에서 박물관과 시청 사이의 거리가 10 cm일 때, 박물관과 시청 사이의 실제 거리는 몇 km인지 구하시오.

01

오른쪽 그림에서 두 원기둥 A와 B는 서로 닮은 도형이고 두 원기둥 A, B의 밑넓이의 비는 16 : 49이다. 이때 $x+y$의 값을 구하시오. [6점]

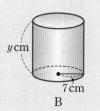

채점 기준 1 닮음비 구하기 … 2점

(원기둥 A의 밑넓이) : (원기둥 B의 밑넓이)
$=16:49=4^2 :$ _____

이므로 두 원기둥 A와 B의 닮음비는 _____ : _____이다.

채점 기준 2 x, y의 값을 각각 구하기 … 3점

$x :$ _____ $=4:7$에서 $7x=$_____   ∴ $x=$_____

_____ $: y=4:7$에서 $4y=$_____   ∴ $y=$_____

채점 기준 3 $x+y$의 값 구하기 … 1점

$x+y=$_____ $+$_____ $=$_____

01-1

[조건 바꾸기]

오른쪽 그림에서 두 원뿔 A와 B는 서로 닮은 도형이고 두 원뿔 A, B의 옆넓이의 비는 9 : 16이다. 이때 $y-x$의 값을 구하시오. [6점]

채점 기준 1 닮음비 구하기 … 2점

채점 기준 2 x, y의 값을 각각 구하기 … 3점

채점 기준 3 $y-x$의 값 구하기 … 1점

01-2

[응용 서술형]

서로 닮은 도형인 두 직육면체 A, B의 겉넓이가 각각 $45\,cm^2$, $125\,cm^2$이고 직육면체 B의 부피가 $250\,cm^3$일 때, 직육면체 A의 부피를 구하시오. [6점]

02

오른쪽 그림과 같은 △ABC에서 ∠B=∠DAC이고 $\overline{AC}=12\,cm$, $\overline{DC}=8\,cm$일 때, $\overline{BC}$의 길이를 구하시오. [6점]

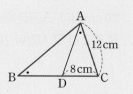

채점 기준 1 닮음인 두 삼각형 찾기 … 3점

△ABC와 △DAC에서

_____는 공통, ∠B=∠_____

이므로 △ABC∽△DAC (_____ 닮음)

채점 기준 2 $\overline{BC}$의 길이 구하기 … 3점

$\overline{BC} : \overline{AC}=$_____ $: \overline{DC}$, 즉 $\overline{BC} : 12=$_____ $: 8$이므로

$8\overline{BC}=$_____   ∴ $\overline{BC}=$_____ (cm)

02-1

[조건 바꾸기]

오른쪽 그림과 같은 △ABC에서 ∠A=∠DCB이고 $\overline{AB}=9\,cm$, $\overline{BC}=6\,cm$일 때, $\overline{BD}$의 길이를 구하시오. [6점]

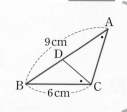

채점 기준 1 닮음인 두 삼각형 찾기 … 3점

채점 기준 2 $\overline{BD}$의 길이 구하기 … 3점

03

오른쪽 그림과 같은 원뿔 모양의 그릇에 물을 부어서 그릇의 높이의 $\frac{3}{4}$만큼 채웠다. 그릇의 부피가 $320\pi\ cm^3$일 때, 채워진 물의 부피를 구하시오.

(단, 그릇의 두께는 무시한다.) [6점]

04

오른쪽 그림과 같은 △ABC에서 $\overline{AD}=14\ cm$, $\overline{DB}=6\ cm$, $\overline{BE}=8\ cm$, $\overline{EC}=7\ cm$이다. △DBE의 넓이가 $12\ cm^2$일 때, □ADEC의 넓이를 구하시오. [7점]

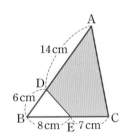

05

오른쪽 그림과 같은 평행사변형 ABCD에서 $\overline{AB}=10\ cm$, $\overline{AF}=5\ cm$, $\overline{BC}=18\ cm$일 때, $\overline{ED}$의 길이를 구하시오. [6점]

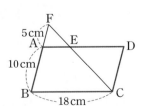

06

오른쪽 그림과 같은 평행사변형 ABCD에서 $\overline{AE}\perp\overline{BC}$, $\overline{AF}\perp\overline{CD}$이고 $\overline{AB}=12\ cm$, $\overline{BC}=16\ cm$, $\overline{AE}=9\ cm$일 때, $\overline{AF}$의 길이를 구하시오. [6점]

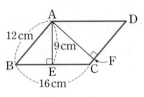

07

오른쪽 그림과 같이 $\angle A=90°$인 직각삼각형 ABC에서 점 M은 $\overline{BC}$의 중점이고 $\overline{AD}\perp\overline{BC}$, $\overline{DE}\perp\overline{AM}$일 때, $\overline{AE}$의 길이를 구하시오. [7점]

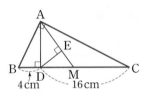

08

오른쪽 그림은 정삼각형 모양의 종이 ABC를 $\overline{DE}$를 접는 선으로 하여 꼭짓점 A가 $\overline{BC}$ 위의 점 F에 오도록 접은 것이다. $\overline{AE}=8\ cm$, $\overline{BF}=3\ cm$, $\overline{EC}=4\ cm$일 때, $\overline{BD}$의 길이를 구하시오. [7점]

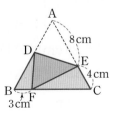

01

오른쪽 그림에서
△ABC∽△DEF일
때, 다음 중 $\overline{AB}$의 대응
변과 ∠F의 대응각을
차례대로 적은 것은? [3점]

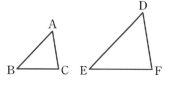

① $\overline{DE}$, ∠B   ② $\overline{DE}$, ∠C   ③ $\overline{DF}$, ∠C
④ $\overline{EF}$, ∠A   ⑤ $\overline{EF}$, ∠B

02

다음 그림에서 □ABCD∽□EFGH일 때, $x+y$의 값
은? [3점]

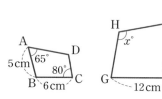

① 80   ② 90   ③ 100
④ 110   ⑤ 120

03

오른쪽 그림과 같은 △ABC와
서로 닮음이고 가장 긴 변의 길
이가 25 cm인 △DEF가 있을
때, △DEF의 둘레의 길이는? [4점]

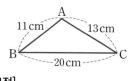

① 50 cm   ② 52 cm   ③ 55 cm
④ 58 cm   ⑤ 60 cm

04

오른쪽 그림에서 두 원뿔
A, B가 서로 닮은 도형일
때, 원뿔 B의 높이는? [3점]

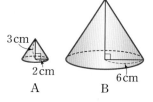

① 9 cm   ② 10 cm   ③ 11 cm
④ 12 cm   ⑤ 13 cm

05

오른쪽 그림과 같이 중심이 같은 두
원이 있다. 두 원의 반지름의 길이의
비가 2 : 3일 때, 두 부분 A, B의 넓
이의 비는? [3점]

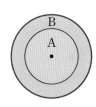

① 2 : 3   ② 3 : 2   ③ 4 : 5
④ 4 : 9   ⑤ 5 : 4

06

다음 그림과 같은 두 구 O, O′에서 두 구의 중심을 지나
는 평면으로 잘랐더니 단면의 넓이의 비가 9 : 16이었다.
구 O의 부피가 243π cm³일 때, 구 O′의 부피는? [4점]

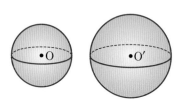

① 324π cm³   ② 360π cm³   ③ 432π cm³
④ 504π cm³   ⑤ 576π cm³

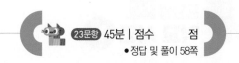

07

다음 중 오른쪽 그림의 △ABC와 △DEF가 서로 닮은 도형이라 할 수 없는 것은? [3점]

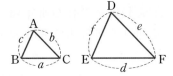

① $a:d=b:e=c:f$

② $a:d=b:e$, ∠A=∠D

③ $a:d=c:f$, ∠B=∠E

④ ∠B=∠E, ∠C=∠F

⑤ $\dfrac{d}{a}=\dfrac{e}{b}=\dfrac{f}{c}$

08

오른쪽 그림에서 ∠ABC=∠CBD이고 $\overline{AB}$=8 cm, $\overline{AC}$=6 cm, $\overline{BC}$=12 cm, $\overline{BD}$=18 cm일 때, $\overline{CD}$의 길이는? [4점]

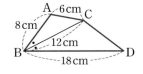

① 5 cm   ② 6 cm   ③ 7 cm

④ 8 cm   ⑤ 9 cm

09

오른쪽 그림과 같은 △ABC에서 $\overline{AB}$=12 cm, $\overline{AD}$=6 cm, $\overline{BD}$=9 cm, $\overline{CD}$=7 cm일 때, $\overline{AC}$의 길이는? [4점]

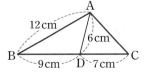

① 6 cm   ② 7 cm   ③ 8 cm

④ 9 cm   ⑤ 10 cm

10

오른쪽 그림에서 $\overline{AB}$ // $\overline{ED}$, $\overline{AE}$ // $\overline{BC}$이고 $\overline{AB}$=9 cm, $\overline{BC}$=18 cm, $\overline{DE}$=6 cm일 때, $\overline{AE}$의 길이는? [4점]

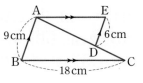

① 8 cm   ② 9 cm   ③ 10 cm

④ 11 cm   ⑤ 12 cm

11

오른쪽 그림과 같은 △ABC에서 세 변 AB, BC, CA 위의 세 점 D, E, F에 대하여 □DBEF는 마름모이다. $\overline{AB}$=15 cm, $\overline{BC}$=12 cm일 때, □DBEF의 둘레의 길이는? [4점]

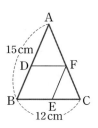

① $\dfrac{68}{3}$ cm   ② 24 cm   ③ 26 cm

④ $\dfrac{80}{3}$ cm   ⑤ 28 cm

12

오른쪽 그림과 같은 △ABC에서 ∠BAD=∠CBE=∠ACF 이고 $\overline{AB}$=8 cm, $\overline{BC}$=9 cm, $\overline{CA}$=7 cm, $\overline{FD}$=6 cm일 때, △FDE의 둘레의 길이는? [5점]

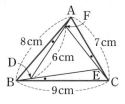

① 14 cm   ② 15 cm   ③ 16 cm

④ 17 cm   ⑤ 18 cm

13

오른쪽 그림과 같은 △ABC에서 $\overline{CD}\perp\overline{AB}$, $\overline{BE}\perp\overline{AC}$이고 $\overline{AD}=2\,cm$, $\overline{DB}=5\,cm$, $\overline{AE}=3\,cm$일 때, $\overline{EC}$의 길이는? [4점]

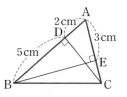

① $\dfrac{5}{3}\,cm$ 　② $2\,cm$ 　③ $\dfrac{7}{3}\,cm$

④ $\dfrac{8}{3}\,cm$ 　⑤ $4\,cm$

14

오른쪽 그림과 같이 $\angle B=90°$인 직각삼각형 ABC의 두 꼭짓점 A, C에서 점 B를 지나는 직선에 내린 수선의 발을 각각 D, E라 하자. $\overline{AD}=3\,cm$, $\overline{BE}=6\,cm$, $\overline{CE}=9\,cm$일 때, $\overline{DB}$의 길이는? [4점]

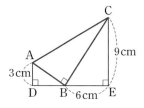

① $\dfrac{9}{2}\,cm$ 　② $5\,cm$ 　③ $\dfrac{11}{2}\,cm$

④ $6\,cm$ 　⑤ $\dfrac{13}{2}\,cm$

15

오른쪽 그림과 같이 $\angle A=90°$인 직각삼각형 ABC의 꼭짓점 A에서 $\overline{BC}$에 내린 수선의 발을 D라 하자. $\overline{AB}=15\,cm$, $\overline{BC}=25\,cm$일 때, $y-x$의 값은? [4점]

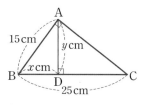

① $\dfrac{6}{5}$ 　② 2 　③ $\dfrac{12}{5}$

④ 3 　⑤ $\dfrac{18}{5}$

16

오른쪽 그림과 같은 직사각형 ABCD의 꼭짓점 D에서 대각선 AC에 내린 수선의 발을 E라 할 때, $\overline{AE}=9\,cm$, $\overline{DE}=12\,cm$이다. 이때 □ABCD의 둘레의 길이는? [5점]

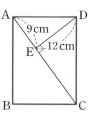

① $66\,cm$ 　② $68\,cm$ 　③ $70\,cm$

④ $72\,cm$ 　⑤ $74\,cm$

17

성호가 다음 그림과 같이 바닥에 거울을 놓고 빛이 거울에 비칠 때 입사각과 반사각의 크기가 서로 같음을 이용하여 나무의 높이를 구하려고 한다. 성호의 눈높이는 $1.5\,m$이고 나무와 성호는 거울로부터 각각 $10\,m$, $2.5\,m$만큼 떨어져 있을 때, 나무의 높이는?

(단, 거울의 두께는 무시한다.) [5점]

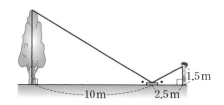

① $6\,m$ 　② $6.5\,m$ 　③ $7\,m$

④ $7.5\,m$ 　⑤ $8\,m$

18

어떤 지도에서의 거리가 $2\,cm$인 두 지점 사이의 실제 거리가 $500\,m$일 때, 이 지도에서의 넓이가 $16\,cm^2$인 땅의 실제 넓이는? [4점]

① $1\,km^2$ 　② $2\,km^2$ 　③ $4\,km^2$

④ $5\,km^2$ 　⑤ $10\,km^2$

서술형

19

다음 그림에서 △ABC∽△DEF일 때, △ABC의 둘레의 길이를 구하시오. [4점]

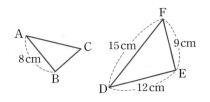

20

오른쪽 그림과 같은 원뿔 모양의 그릇에 일정한 속력으로 물을 부으면 물을 가득 채우는 데 96초가 걸린다고 한다. 현재 그릇의 높이의 $\frac{1}{2}$까지 물이 채워져 있을 때, 남은 부분을 모두 채우는 데 걸리는 시간은 몇 초인지 구하시오. (단, 그릇의 두께는 무시한다.) [6점]

21

오른쪽 그림과 같은 △ABC에서 ∠ABC=∠ACD이다. $\overline{AB}$=10 cm, $\overline{AC}$=8 cm이고 △ADC의 넓이가 32 cm²일 때, △DBC의 넓이를 구하시오. [6점]

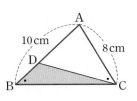

22

오른쪽 그림과 같은 직사각형 ABCD에서 $\overline{EF}$는 대각선 AC를 수직이등분하고 점 O는 $\overline{AC}$와 $\overline{EF}$의 교점이다. $\overline{BC}$=8 cm, $\overline{DC}$=6 cm, $\overline{OC}$=5 cm일 때, $\overline{EF}$의 길이를 구하시오. [7점]

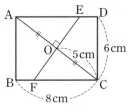

23

오른쪽 그림은 직사각형 모양의 종이 ABCD를 대각선 BD를 접는 선으로 하여 접은 것이다. $\overline{BD}\perp\overline{EF}$이고 $\overline{AB}$=6 cm, $\overline{BC}$=8 cm, $\overline{BD}$=10 cm일 때, △EBF의 둘레의 길이를 구하시오. [7점]

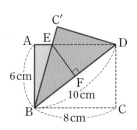

01

다음 보기에서 항상 서로 닮은 도형인 것은 모두 몇 개인가? [3점]

> 보기
> ㄱ. 두 원　　　　　　　ㄴ. 두 직각삼각형
> ㄷ. 두 직육면체　　　　ㄹ. 두 정오각형
> ㅁ. 두 원기둥　　　　　ㅂ. 두 반구

① 2개　　　② 3개　　　③ 4개
④ 5개　　　⑤ 6개

02

아래 그림에서 △ABC∽△DEF이고 △ABC와 △DEF의 닮음비가 3 : 4일 때, 다음 중 옳지 <u>않은</u> 것을 모두 고르면? (정답 2개) [3점]

 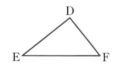

① ∠F＝50°　　　　　② $\overline{\text{EF}}$＝12 cm
③ ∠A＝100°　　　　④ $\overline{\text{AC}}$: $\overline{\text{DF}}$＝3 : 4
⑤ ∠B : ∠E＝3 : 4

03

오른쪽 그림과 같은 직사각형 ABCD에서 □ABCD∽□BCFE 이다. $\overline{\text{AD}}$＝16 cm, $\overline{\text{EB}}$＝12 cm 일 때, $\overline{\text{DF}}$의 길이는? [4점]

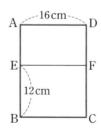

① 9 cm　　　　　② $\dfrac{28}{3}$ cm
③ $\dfrac{29}{3}$ cm　　　④ 10 cm
⑤ $\dfrac{31}{3}$ cm

04

아래 그림에서 두 삼각기둥은 서로 닮은 도형이고 $\overline{\text{AC}}$에 대응하는 모서리가 $\overline{\text{GI}}$일 때, 다음 중 옳지 <u>않은</u> 것은? [3점]

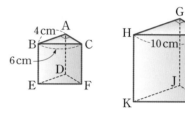

① $\overline{\text{BC}}$에 대응하는 모서리는 $\overline{\text{HI}}$이다.
② 두 삼각기둥의 닮음비는 3 : 5이다.
③ $\overline{\text{CF}}$＝$\dfrac{36}{5}$ cm
④ $\overline{\text{GH}}$＝$\dfrac{20}{3}$ cm
⑤ ∠DEF＝30°

05

가로의 길이와 세로의 길이가 각각 2 m, 1 m인 직사각형 모양의 벽면을 빈틈없이 칠하는 데 400 mL의 페인트가 사용된다고 한다. 가로의 길이와 세로의 길이가 각각 5 m, 2.5 m인 직사각형 모양의 벽면을 빈틈없이 칠하는 데 필요한 페인트의 양은? (단, 필요한 페인트의 양은 벽면의 넓이에 정비례한다.) [4점]

① 2200 mL　　② 2350 mL　　③ 2500 mL
④ 2650 mL　　⑤ 2800 mL

06

오른쪽 그림과 같이 A3 용지를 반으로 접을 때마다 생기는 용지의 크기를 차례대로 A4, A5, A6, …이라 할 때, 이것은 모두 서로 닮은 도형이다. 이때 A3 용지의 넓이는 A7 용지의 넓이의 몇 배인가? [4점]

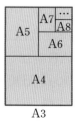

① 4배　　　② 8배　　　③ 16배
④ 32배　　　⑤ 64배

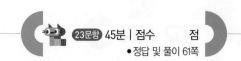

07

오른쪽 그림과 같이 모선을 3등분하는 점을 지나고 밑면에 평행한 평면으로 원뿔을 잘랐을 때, 생기는 세 입체도형 A, B, C의 부피의 비는? [4점]

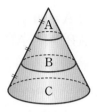

① 1 : 2 : 3
② 1 : 3 : 5
③ 1 : 4 : 9
④ 1 : 7 : 19
⑤ 1 : 8 : 27

08

다음 중 오른쪽 보기의 삼각형과 서로 닮은 도형인 것은? [3점]

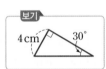

①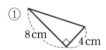
②
③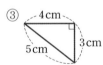
④
⑤

09

오른쪽 그림에서 $\overline{AD}$와 $\overline{BE}$의 교점을 C라 할 때, $\overline{AB}$의 길이는? [4점]

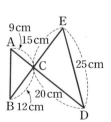

① 14 cm
② 15 cm
③ 16 cm
④ 17 cm
⑤ 18 cm

10

오른쪽 그림과 같은 △ABC에서 $\overline{DA}=\overline{DB}=\overline{DE}=6\,cm$, $\overline{BE}=8\,cm$, $\overline{EC}=1\,cm$일 때, $\overline{AC}$의 길이는? [4점]

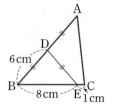

① 8 cm
② 9 cm
③ 10 cm
④ 11 cm
⑤ 12 cm

11

오른쪽 그림과 같은 △ABC에서 ∠ADE=∠C이고 $\overline{AD}=6\,cm$, $\overline{AC}=12\,cm$, $\overline{DE}=8\,cm$일 때, $\overline{BC}$의 길이는? [4점]

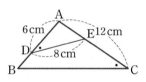

① 14 cm
② 15 cm
③ 16 cm
④ 17 cm
⑤ 18 cm

12

오른쪽 그림과 같은 평행사변형 ABCD에서 ∠A, ∠D의 이등분선이 $\overline{BC}$와 만나는 점을 각각 E, F라 하고 $\overline{AE}$, $\overline{DF}$의 교점을 O라 하자. $\overline{AB}=7\,cm$, $\overline{AD}=10\,cm$일 때, $\overline{AO}:\overline{EO}$는? [5점]

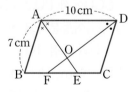

① 3 : 1
② 4 : 1
③ 5 : 2
④ 7 : 3
⑤ 8 : 3

13

오른쪽 그림과 같이 $\overline{AB}=\overline{AC}$인 이
등변삼각형 ABC에서 $\angle B=\angle APQ$
이고 $\overline{AB}:\overline{BC}=3:2$이다.
$\overline{BP}=4\,cm$, $\overline{PC}=6\,cm$일 때, $\overline{QC}$의
길이는? [5점]

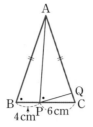

① $\dfrac{4}{5}\,cm$ ② $1\,cm$ ③ $\dfrac{6}{5}\,cm$

④ $\dfrac{7}{5}\,cm$ ⑤ $\dfrac{8}{5}\,cm$

14

오른쪽 그림에서
$\angle ABC=\angle DEC=90°$이고
$\overline{AE}=\overline{EC}=9\,cm$, $\overline{DE}=12\,cm$,
$\overline{DC}=15\,cm$일 때, $\overline{AB}$의 길이는?

[4점]

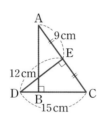

① $\dfrac{62}{5}\,cm$ ② $13\,cm$ ③ $\dfrac{68}{5}\,cm$

④ $14\,cm$ ⑤ $\dfrac{72}{5}\,cm$

15

오른쪽 그림과 같은 직사각형
ABCD에서 $\overline{PQ}$는 대각선 AC
를 수직이등분하고 점 O는 $\overline{AC}$
와 $\overline{PQ}$의 교점이다.
$\overline{AB}=3\,cm$, $\overline{BC}=4\,cm$,
$\overline{AC}=5\,cm$일 때, $\overline{PD}$의 길이는? [5점]

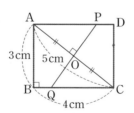

① $\dfrac{7}{8}\,cm$ ② $1\,cm$ ③ $\dfrac{9}{8}\,cm$

④ $\dfrac{5}{4}\,cm$ ⑤ $\dfrac{11}{8}\,cm$

16

오른쪽 그림과 같이
$\angle A=90°$인 직각삼각형
ABC에서 $\overline{AD}\perp\overline{BC}$일 때, 다
음 중 옳지 <u>않은</u> 것은? [3점]

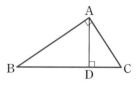

① $\triangle ABC\backsim\triangle DBA$ ② $\triangle ABC\backsim\triangle DAC$
③ $\triangle DBA\backsim\triangle DAC$ ④ $\overline{AB}^2=\overline{BD}\times\overline{DC}$
⑤ $\overline{AD}^2=\overline{DB}\times\overline{DC}$

17

오른쪽 그림과 같이
$\angle A=90°$인 직각삼각형
ABC에서 $\overline{AD}\perp\overline{BC}$이고
$\overline{AD}=6\,cm$, $\overline{BD}=9\,cm$일
때, $\triangle ADC$의 넓이는? [4점]

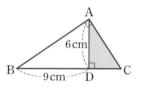

① $8\,cm^2$ ② $9\,cm^2$ ③ $10\,cm^2$
④ $11\,cm^2$ ⑤ $12\,cm^2$

18

다음 그림과 같이 키가 $160\,cm$인 소윤이가 나무로부터
$6\,m$ 떨어진 곳에 서 있을 때, 소윤이의 그림자의 끝과
나무의 그림자의 끝이 일치하였다. 소윤이의 그림자의
길이가 $2\,m$일 때, 나무의 높이는? [4점]

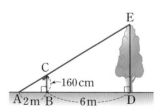

① $6\,m$ ② $6.4\,m$ ③ $6.8\,m$
④ $7.2\,m$ ⑤ $7.6\,m$

19

과일주스를 만들어 파는 가게에서 오른쪽 그림과 같이 닮음비가 3 : 4 인 두 종류의 컵 A, B에 주스를 각 각 담아 판매한다고 한다. 컵 A에 가득 담은 주스의 가격이 1350원일 때, 컵 B에 가득 담은 주스의 가격을 구하시오. (단, 주스의 가격은 부피에 정비례하고 컵의 두께는 무시한다.) [6점]

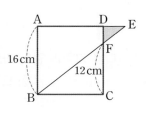

20

오른쪽 그림과 같은 △ABC에 대하여 다음 물음에 답하시오. [4점]

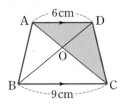

(1) 닮은 두 삼각형을 찾아 기호로 나타내고 닮음 조건을 말하시오. [2점]

(2) $\overline{DC}$의 길이를 구하시오. [2점]

21

오른쪽 그림과 같이 $\overline{AD}$∥$\overline{BC}$인 사다리꼴 ABCD에서 점 O는 두 대각선의 교점이다. $\overline{AD}=6\,\mathrm{cm}$, $\overline{BC}=9\,\mathrm{cm}$이고 △OBC의 넓이가 $27\,\mathrm{cm^2}$일 때, △ACD의 넓이를 구하시오. [7점]

22

오른쪽 그림과 같은 정사각형 ABCD에서 $\overline{AD}$의 연장선 위의 한 점 E에 대하여 $\overline{BE}$ 와 $\overline{DC}$의 교점을 F라 하자. $\overline{AB}=16\,\mathrm{cm}$, $\overline{FC}=12\,\mathrm{cm}$ 일 때, △DEF의 넓이를 구하시오. [7점]

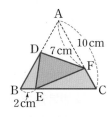

23

오른쪽 그림은 정삼각형 모양의 종이 ABC를 $\overline{DF}$를 접는 선으로 하여 꼭짓점 A가 $\overline{BC}$ 위의 점 E에 오도록 접은 것이다. $\overline{BE}=2\,\mathrm{cm}$, $\overline{AC}=10\,\mathrm{cm}$, $\overline{AF}=7\,\mathrm{cm}$일 때, $\overline{AD}$의 길이를 구하시오. [6점]

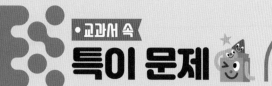
중학교 수학 교과서 10종을 분석한 교과서별 출제 예상 문제예요!

01
미래엔 변형

다음 그림과 같이 가로, 세로의 길이가 각각 25 cm, 20 cm인 직사각형 모양의 액자가 있다. 이 액자의 폭이 3 cm로 일정할 때, □ABCD와 □EFGH는 서로 닮은 도형인지 말하고 그 이유를 설명하시오.

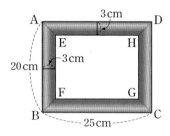

02
비상 변형

다음 그림과 같이 정사각형의 각 변을 3등분하여 9개의 정사각형으로 나누고 한가운데 정사각형을 지우는 과정을 반복할 때, 처음 정사각형과 [4단계]에서 지워지는 한 정사각형의 닮음비를 가장 간단한 자연수의 비로 나타내시오.

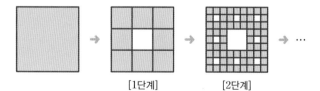

[1단계]   [2단계]

03
동아 변형

다음 그림과 같이 높이가 60 cm인 원기둥이 지면에 닿아 있고, 이 원기둥의 한 밑면인 원 O의 중심 위의 A 지점에서 전등이 원기둥을 비추게 하였다. 지면에 생긴 고리 모양의 그림자의 넓이가 원기둥의 밑넓이의 3배가 되었을 때, 작은 원뿔의 높이 $\overline{\text{AO}}$는 몇 cm인지 구하시오.

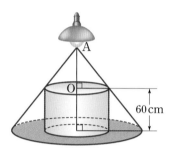

04
천재 변형

다음 그림과 같이 건물 외벽에서 30 cm 떨어진 위치에 높이가 50 cm인 꽃이 심어져 있다. 이 꽃의 그림자가 건물 외벽에 의해 꺾인 일부분의 길이가 40 cm일 때, 건물 외벽이 없다면 꽃의 그림자의 전체 길이는 몇 cm인지 구하시오.

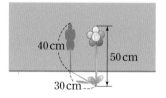

기출 에서 pick 한

부록

○ 기출에서 pick한 고난도 50

○ 중간고사 대비 실전 모의고사 5회

○ 특별한 부록
동아출판 홈페이지 (www.bookdonga.com)에서
〈실전 모의고사 5회〉를 다운 받아 사용하세요.

전국 1000여 개 학교 시험 문제를 분석하여 자주 출제되는 고난도 문제를 선별한 만점 대비 문제예요!

IV-1 삼각형의 성질

01

오른쪽 그림과 같은 △ABC 에서 $\overline{AB}=\overline{BD}$, $\overline{AC}=\overline{CE}$ 이고 ∠BAC=104°일 때, ∠DAE의 크기를 구하시오.

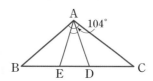

02

오른쪽 그림과 같이 $\overline{AB}=\overline{AC}$ 인 이등변삼각형 ABC에서 ∠A를 5등분 하는 선이 $\overline{BC}$와 만나는 점을 각각 D, E, F, G 라 하자. ∠BAC=100°일 때, ∠AEF의 크기를 구하시오.

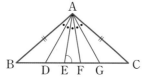

03

오른쪽 그림에서 △ABC는 $\overline{AB}=\overline{AC}$인 이등변삼각형이다. $\overline{BD}=\overline{CE}$, $\overline{BE}=\overline{CF}$이고 ∠A=72°일 때, ∠EDF의 크기 를 구하시오.

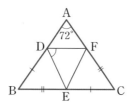

04

오른쪽 그림과 같이 $\overline{AB}=\overline{AC}$인 이등변삼각형 ABC에서 ∠B, ∠C의 삼등분선의 교점을 각각 D, E라 하자. ∠A : ∠ABC=7 : 4일 때, ∠BDC의 크기를 구하시오.

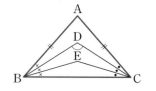

05

오른쪽 그림과 같이 $\overline{AB}=\overline{AC}$ 인 이등변삼각형 ABC에서 $\overline{BC}$, $\overline{CA}$ 위의 두 점 D, E에 대하여 $\overline{CD}=\overline{CE}$이고 $\overline{DE}$의 연장선과 $\overline{BA}$의 연장선의 교점을 F라 하자. ∠EFG=132°일 때, ∠C의 크기를 구하시오.

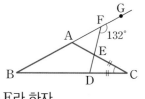

06

오른쪽 그림에서 △ABC와
△BCD는 각각 $\overline{AB}=\overline{AC}$,
$\overline{BC}=\overline{CD}$인 이등변삼각형이다.
$\angle ACD=\angle DCE$, $\angle A=\dfrac{4}{3}\angle D$일
때, $\angle ACB$의 크기를 구하시오.

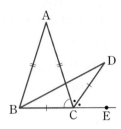

07

오른쪽 그림과 같이 $\overline{AB}=\overline{AC}$
인 이등변삼각형 ABC에서
$\overline{AB}:\overline{BC}=3:4$,
$\overline{BD}:\overline{CD}=1:3$이고
$\angle B=\angle ADE$일 때, $\overline{AE}:\overline{CE}$
를 가장 간단한 자연수의 비로 나타내시오.

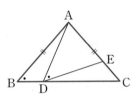

08

오른쪽 그림에서 △AB′C′은
△ABC를 점 A를 중심으로
하여 $\overline{AB}$와 $\overline{B'C'}$이 평행이
되도록 회전시킨 것이다.
$\overline{AB}=10$ cm, $\overline{BC}=12$ cm
일 때, $\overline{CE}$의 길이를 구하시오.

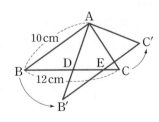

09

오른쪽 그림과 같은 정사각형
ABCD에서 점 E는 $\overline{AB}$ 위의
점이고, 점 F는 $\overline{AD}$의 연장선
위의 점이다. $\overline{CE}=\overline{CF}$이고
$\angle BCE=26°$일 때, $\angle AFE$의
크기를 구하시오.

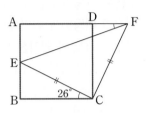

10

오른쪽 그림과 같은 △ABC에
서 $\overline{BC}$의 중점을 D, $\angle A$의 이등
분선과 $\overline{BC}$의 수직이등분선의 교
점을 E, 점 E에서 $\overline{AB}$와 $\overline{AC}$의
연장선에 내린 수선의 발을 각각
F, G라 하자. $\overline{AF}$와 $\overline{AG}$의 길이
의 합이 24 cm일 때, $\overline{AB}+\overline{AC}$의 길이를 구하시오.

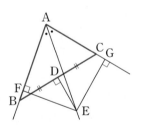

11

오른쪽 그림과 같은 △ABC에서 ∠B의 이등분선 위의 한 점 P에서 $\overline{BA}$, $\overline{BC}$의 연장선 위에 내린 수선의 발을 각각 D, E라 하고, $\overline{AC}$에 내린 수선의 발을 F라 하자. $\overline{PD}=\overline{PE}=\overline{PF}=8\,cm$, $\overline{AB}=7\,cm$, $\overline{BC}=5\,cm$, $\overline{AC}=8\,cm$일 때, □DBEP의 넓이를 구하시오.

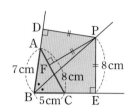

IV-2 삼각형의 외심과 내심

12

오른쪽 그림에서 점 O는 △ABC의 외심이고, 세 점 D, E, F는 각각 점 O에서 $\overline{AB}$, $\overline{BC}$, $\overline{CA}$에 내린 수선의 발이다. $\overline{BC}=12\,cm$, $\overline{OE}=6\,cm$이고, △ABC의 넓이가 $76\,cm^2$일 때, □ADOF의 넓이를 구하시오.

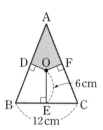

13

오른쪽 그림과 같이 직사각형 ABCD의 꼭짓점 B에서 $\overline{CD}$ 위의 한 점 E를 지나는 직선을 그어 $\overline{AD}$의 연장선과 만나는 점을 F라 하자. $\overline{BD}=\overline{BG}$, $\overline{EG}=\overline{FG}$이고 ∠BDC=24°일 때, ∠DFG의 크기를 구하시오.

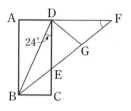

14

오른쪽 그림에서 점 O는 △ABC의 외심이고 두 점 D, E는 각각 점 O에서 $\overline{BC}$, $\overline{CA}$에 내린 수선의 발이다. $\overline{OD}=\overline{OE}$이고 ∠C=62°일 때, ∠B의 크기를 구하시오.

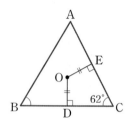

15

오른쪽 그림에서 점 O는 △ABC의 외심이고 점 O'은 △ABO의 외심이다. ∠O'BO=37°일 때, ∠C의 크기를 구하시오.

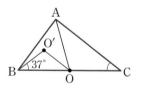

16

오른쪽 그림에서 점 I는 △ABC의 내심이고 ∠ABC=48°, ∠ACB=72°이다. 꼭짓점 A에서 $\overline{BC}$에 내린 수선의 발을 H라 할 때, ∠y−∠x의 크기를 구하시오.

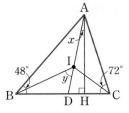

17

오른쪽 그림에서 점 I는 △ABC의 내심이고 $\overline{BI}$의 연장선과 $\overline{AC}$의 교점 D에 대하여 점 I′은 △ABD의 내심이다. ∠C=74°, ∠CBD=20°일 때, ∠II′B의 크기를 구하시오.

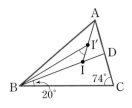

18

오른쪽 그림에서 점 I는 ∠B=90°인 직각삼각형 ABC의 내심이다. $\overline{AB}$=6 cm, $\overline{BC}$=8 cm, $\overline{CA}$=10 cm일 때, 색칠한 부분의 넓이를 구하시오.

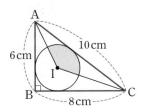

19

∠B=90°인 직각삼각형 ABC의 내부에 반지름의 길이가 같은 두 원이 오른쪽 그림과 같이 접하고 있다. $\overline{AB}$=20 cm, $\overline{BC}$=21 cm, $\overline{CA}$=29 cm일 때, 원의 반지름의 길이를 구하시오.

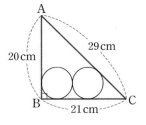

20

∠C=90°인 직각삼각형 ABC의 외접원과 내접원의 넓이가 각각 289π cm^2, 36π cm^{2}일 때, △ABC의 둘레의 길이를 구하시오.

21

오른쪽 그림에서 △ABC는 $\overline{AB}$=$\overline{AC}$인 이등변삼각형이고, $\overline{AH}$ 위의 두 점 O와 I는 각각 △ABC의 외심과 내심이다. ∠BAH=38°이고 점 O에서 $\overline{AC}$에 내린 수선의 발을 D, $\overline{OD}$와 $\overline{IC}$의 교점을 E라 할 때, ∠OEI+∠OCE의 크기를 구하시오.

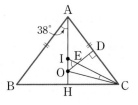

V-1 평행사변형

22

오른쪽 그림과 같은 평행사변형
ABCD에서 점 E는 $\overline{DC}$의 중점이
고, 점 F는 꼭짓점 A에서 $\overline{BE}$에
내린 수선의 발이다. ∠ABC=78°,
∠ABE : ∠EBC=2 : 1일 때,
∠ADF의 크기를 구하시오.

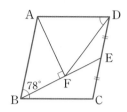

23

오른쪽 그림과 같은 평행
사변형 ABCD에서
∠BAD의 이등분선이
$\overline{BC}$와 만나는 점을 P,
∠CAD의 이등분선이 $\overline{BC}$의 연장선과 만나는 점을 Q라
하자. $\overline{AB}$=7 cm, $\overline{AD}$=9 cm, $\overline{CA}$=10 cm일 때, $\overline{PQ}$의
길이를 구하시오.

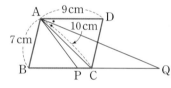

24

오른쪽 그림과 같은 평행사변형
ABCD에서 두 점 E, F는 각
각 △ABC와 △ACD의 내심
이다. □AECF가 평행사변형
임을 설명하시오.

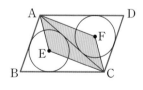

25

오른쪽 그림은 △ABC의 각 변
을 한 변으로 하는 세 정삼각형
ABD, BCE, ACF를 그린 것
이다. ∠BAC=73°일 때,
∠DEF의 크기를 구하시오.

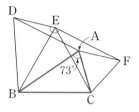

26

오른쪽 그림과 같은 평행사변형
ABCD에서 두 점 M, N은 각
각 $\overline{AB}$와 $\overline{DC}$의 중점이고 두 점
E, F는 $\overline{BC}$의 연장선이 각각
$\overline{DM}$, $\overline{AN}$의 연장선과 만나는
점이다. $\overline{DE}$와 $\overline{AF}$의 교점 P에 대하여 △PEF의 넓이가
27 cm²일 때, □ABCD의 넓이를 구하시오.

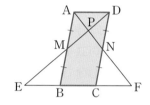

27

오른쪽 그림과 같이 평행사변형
ABCD의 내부의 한 점 P에 대
하여 $\overline{AP}$의 연장선과 $\overline{BC}$의 교
점을 Q라 하자. $\overline{AP} : \overline{PQ}$=3 : 4
이고 △PBC의 넓이가 16 cm²
일 때, □ABCD의 넓이를 구하시오.

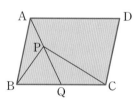

28

오른쪽 그림과 같이
$\overline{AB}=20$ cm인 평행사변형
ABCD에서 점 P는 점 A를
출발하여 점 B까지 매초 2 cm
의 속력으로, 점 Q는 점 C를
출발하여 점 D까지 매초 4 cm의 속력으로 움직이고 있다.
점 P가 점 A를 출발한 지 3초 후에 점 Q가 점 C를 출발한
다면 처음으로 $\overline{AQ}\,/\!/\,\overline{PC}$가 되는 것은 점 Q가 출발한 지 몇
초 후인지 구하시오.

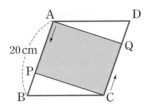

29

다음 그림에서 □ABCD는 평행사변형이고 네 점 P, Q, R,
S는 네 꼭짓점 A, B, C, D에서 직선 l에 각각 내린 수선의
발이다. $\overline{AP}=10$ cm, $\overline{BQ}=5$ cm, $\overline{CR}=10$ cm,
$\overline{PQ}=6$ cm, $\overline{QR}=10$ cm일 때, □ABCD의 넓이를 구하
시오.

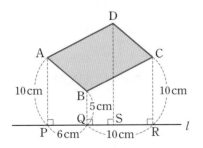

V-2 여러 가지 사각형

30

오른쪽 그림과 같이 직사각형
ABCD의 내부의 한 점 P에 대하
여 △PBC와 △PCD의 넓이가
각각 8 cm², 15 cm²일 때,
△PAC의 넓이를 구하시오.

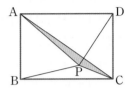

31

오른쪽 그림과 같이 한 변의 길이
가 15 cm인 마름모 ABCD의
내부의 한 점 P에서 $\overline{AB}, \overline{BC},$
$\overline{CD}, \overline{DA}$에 내린 수선의 발을 각
각 E, F, G, H라 하자.
$\overline{AC}=18$ cm, $\overline{BD}=24$ cm일
때, $\overline{PE}+\overline{PF}+\overline{PG}+\overline{PH}$의 길이를 구하시오.

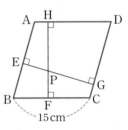

32

오른쪽 그림과 같은 정사각형
ABCD에서 $\overline{BC}, \overline{CD}$ 위의 점 E,
F에 대하여∠EAF=45°,
∠AEF=67°일 때, ∠BAE의 크
기를 구하시오.

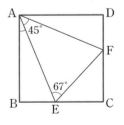

33

오른쪽 그림과 같이 한 변의 길이가 6 cm인 정사각형 ABCD에서 $\overline{AD}$ 위에 한 점 E를 잡고, $\overline{CE}$를 한 변으로 하는 정사각형 ECFG를 만들었다. △DCF의 넓이가

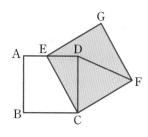

□ECFG의 넓이의 $\frac{1}{3}$일 때, □ECFG의 넓이를 구하시오.

34

오른쪽 그림과 같이 마름모 $A_1B_1C_1D_1$의 각 변의 중점을 연결하여 □$A_2B_2C_2D_2$를 만들었다. 같은 방법으로 각 변의 중점을 연결하여 □$A_3B_3C_3D_3$, □$A_4B_4C_4D_4$, □$A_5B_5C_5D_5$를 만들었다. □$A_1B_1C_1D_1$과 □$A_2B_2C_2D_2$의 넓이의 차가 72일 때, □$A_5B_5C_5D_5$의 넓이를 구하시오.

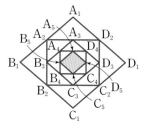

35

50개의 평행사변형 중 직사각형이 28개, 마름모가 24개, 직사각형도 아니고 마름모도 아닌 사각형이 9개일 때, 정사각형의 개수를 구하시오.

36

□ABCD의 각 변의 중점을 차례대로 연결하여 □EFGH를, □EFGH의 각 변의 중점을 차례대로 연결하여 □IJKL을, □IJKL의 각 변의 중점을 차례대로 연결하여 □MNOP를 만들 때, 다음 보기에서 옳은 것을 모두 고르시오.

보기
ㄱ. □EFGH는 마름모이다.
ㄴ. □IJKL과 □MNOP는 평행사변형이다.
ㄷ. □MNOP의 각 변의 중점을 차례대로 연결하여 만든 사각형은 평행사변형이다.
ㄹ. □IJKL의 넓이와 □MNOP의 넓이의 합은 □EFGH의 넓이와 같다.
ㅁ. □MNOP의 넓이는 □ABCD의 넓이의 $\frac{1}{8}$이다.

37

다음 그림과 같이 $\overline{AD} /\!/ \overline{BC}$인 등변사다리꼴 ABCD에서 대각선 BD의 연장선 위에 $\overline{BD}=\overline{DE}$가 되도록 하는 점 E를 잡고, 점 E에서 $\overline{BC}$의 연장선에 내린 수선의 발을 F라 하자. $\overline{AB}=5\,cm$, $\overline{BC}=12\,cm$, $\overline{AD}=6\,cm$일 때, $\overline{CF}$의 길이를 구하시오.

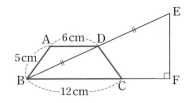

38

오른쪽 그림의 반원 O에서 $\overline{AB} /\!/ \overline{CD}$, $\overparen{CD}=\dfrac{2}{9}\overparen{AB}$이다.
색칠한 부분의 넓이가 $4\pi\,cm^2$ 일 때, 반원 O의 반지름의 길이를 구하시오.

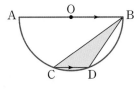

39

오른쪽 그림은 평행사변형 모양의 종이 ABCD를 $\overline{EF}$를 접는 선으로 하여 꼭짓점 D가 꼭짓점 A에 오도록 접은 것이다. △ABC′과 □AC′FE의 넓이의 비가 1 : 2일 때, $\overline{BC'}$의 길이는 $\overline{BC}$의 길이의 몇 배인지 구하시오.

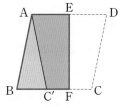

40

오른쪽 그림과 같은 평행사변형 ABCD에서 $\overline{CD}$ 위에 $\overline{CE}:\overline{DE}=4:5$가 되도록 점 E를 잡고, $\overline{AE}$의 연장선과 $\overline{BC}$의 연장선의 교점을 F라 하자. □ABCD의 넓이가 $54\,cm^2$일 때, △DEF의 넓이를 구하시오.

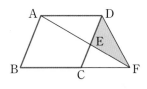

41

오른쪽 그림과 같이 $\overline{AD} /\!/ \overline{BC}$인 사다리꼴 ABCD에서 두 대각선의 교점을 O라 하자.
$\overline{BO}:\overline{OD}=3:1$이고 △OAD와 △OBC의 넓이의 합이 $50\,cm^2$일 때, △OAB의 넓이를 구하시오.

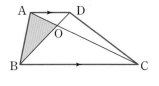

VI-1 도형의 닮음

42

오른쪽 그림과 같이 밑면의 지름과 높이가 14 cm인 원뿔 모양의 그릇에 물을 부어서 그릇의 높이의 $\dfrac{4}{7}$만큼 채웠다. 그릇에 물을 가득 채우려고 할 때, 더 넣어야 하는 물의 양은 몇 cm³인지 구하시오.

(단, 그릇의 두께는 무시한다.)

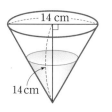

43

오른쪽 그림과 같은 정삼각형 ABC에서 $\overline{BD} : \overline{DC} = 3 : 1$이고 ∠ADE=60°일 때, $\overline{AE} : \overline{BE}$를 가장 간단한 자연수의 비로 나타내시오.

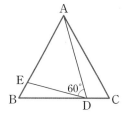

44

오른쪽 그림과 같은 △ABC에서 $\overline{AB}$=10 cm, $\overline{BC}$=14 cm, $\overline{CA}$=6 cm이다. $\overline{AB}$, $\overline{BC}$, $\overline{CA}$ 위의 점 D, E, F에 대하여 □ADEF가 마름모일 때, □ADEF의 둘레의 길이를 구하시오.

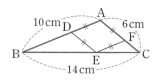

45

다음 그림과 같이 가로의 길이가 24 cm, 세로의 길이가 10 cm인 직사각형 ABCD에서 두 대각선의 교점을 O라 하고 대각선 BD, AC와 $\overline{AE}$, $\overline{DE}$의 교점을 각각 F, G라 하자. $\overline{BE} : \overline{EC}$=1 : 2이고 $\overline{AC}$=26 cm일 때, $\overline{OF} + \overline{OG}$의 길이를 구하시오.

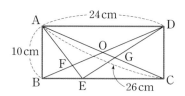

46

오른쪽 그림과 같이 큰 정사각형의 내부에 5개의 정사각형을 겹치지 않게 놓았을 때, 색칠한 정사각형의 넓이를 구하시오. (단, 귀퉁이에 놓인 가장 작은 4개의 정사각형은 모두 합동이다.)

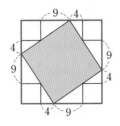

47

오른쪽 그림과 같이 직선 $y=\dfrac{2}{3}x+1$과 x축 사이에 세 개의 정사각형 A, B, C가 있다. 이때 세 정사각형 A, B, C의 닮음비를 가장 간단한 자연수의 비로 나타내시오.

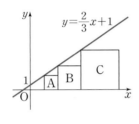

48

오른쪽 그림과 같이 $\angle A=90°$인 직각삼각형 ABC에서 점 M은 $\overline{BC}$의 중점이고 $\overline{AD}\perp\overline{BC}$, $\overline{DE}\perp\overline{AM}$이다. $\overline{BD}=4\,\mathrm{cm}$, $\overline{BC}=20\,\mathrm{cm}$일 때, $\overline{AE}+\overline{DE}$의 길이를 구하시오.

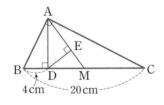

49

오른쪽 그림과 같이 $\angle C=90°$인 직각삼각형 ABC에서 $\overline{BC}:\overline{AC}=3:4$이다. 꼭짓점 C에서 $\overline{AB}$에 내린 수선의 발을 D라 할 때, $\overline{AD}$와 $\overline{DB}$를 각각 한 변으로 하는 두 직사각형 EFDA와 FGBD의 넓이의 비를 가장 간단한 자연수의 비로 나타내시오.

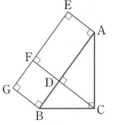

50

오른쪽 그림과 같이 높이가 4 m인 전봇대가 지면에 수직으로 서 있고 전봇대의 그림자의 길이는 벽면에 의해 꺾여져 있다. 같은 시각에 지면에 수직으로 서 있는 길이가 1.5 m인 막대의 그림자의 길이는 몇 m인지 구하시오.
(단, 막대는 그림자가 벽면에 생기지 않는 위치에 있다.)

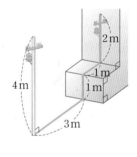

선택형	18문항 70점	총점
서술형	5문항 30점	100점

01

오른쪽 그림과 같이 $\overline{AB}=\overline{AC}$인 이등변삼각형 ABC에서 ∠ACD=108°일 때, ∠x의 크기는? [3점]

① 32°   ② 34°

③ 36°   ④ 38°

⑤ 40°

02

오른쪽 그림과 같이 $\overline{AB}=\overline{AC}$인 이등변삼각형 ABC에서 $\overline{BC}$ 위의 점 D에 대하여 $\overline{DA}=\overline{DB}$이고, ∠B=50°일 때, ∠DAC의 크기는? [4점]

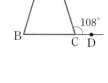

① 22°   ② 24°

③ 26°   ④ 28°

⑤ 30°

03

오른쪽 그림과 같이 $\overline{AB}=\overline{AC}$인 이등변삼각형 ABC에서 $\overline{DB}=\overline{EC}$, $\overline{BE}=\overline{CF}$이고 ∠A=26°일 때, ∠DEF의 크기는? [4점]

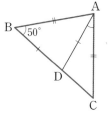

① 73°   ② 75°

③ 77°   ④ 79°

⑤ 81°

04

오른쪽 그림과 같이 ∠A=90°이고 $\overline{AB}=\overline{AC}$인 직각이등변삼각형 ABC에서 ∠C의 이등분선과 $\overline{AB}$의 교점을 D, 점 D에서 $\overline{BC}$에 내린 수선의 발을 E라 하자. $\overline{AD}=6\ cm$일 때, △DBE의 넓이는? [4점]

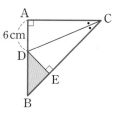

① 14 cm²   ② 16 cm²   ③ 18 cm²

④ 20 cm²   ⑤ 22 cm²

05

오른쪽 그림에서 점 O는 △ABC의 외심이다. ∠OBA=25°, ∠OCB=30°일 때, ∠x의 크기는? [4점]

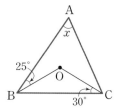

① 55°   ② 60°

③ 65°   ④ 70°

⑤ 75°

06

오른쪽 그림에서 점 I는 △ABC의 내심이다. ∠ICB=33°일 때, ∠AIB의 크기는? [3점]

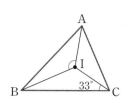

① 115°   ② 118°

③ 120°   ④ 123°

⑤ 125°

07

오른쪽 그림에서 두 점 O, I는 각각 인 이등변삼각형 ABC의 외심과 내심이다. ∠A＝40°일 때, ∠OBI의 크기는? [5점]

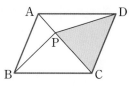

① 12°   ② 15°

③ 17°   ④ 20°

⑤ 22°

08

오른쪽 그림과 같은 평행사변형 ABCD에서 두 대각선의 교점을 O라 하자. $\overline{AO}$＝5 cm, ∠ABD＝30°일 때, $x-y$의 값은? [3점]

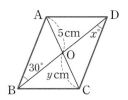

① 20   ② 25   ③ 30

④ 35   ⑤ 40

09

오른쪽 그림과 같은 평행사변형 ABCD에서 $\overline{BC}$ 위의 점 E에 대하여 $\overline{AB}$＝$\overline{AE}$이고 ∠D＝56°일 때, ∠BAE의 크기는? [4점]

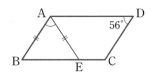

① 56°   ② 60°   ③ 64°

④ 68°   ⑤ 72°

10

오른쪽 그림과 같은 평행사변형 ABCD의 내부의 한 점 P에 대하여 △PAB의 넓이가 7 cm², □ABCD의 넓이가 38 cm²일 때, △PCD의 넓이는? [4점]

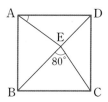

① 11 cm²   ② 12 cm²   ③ 13 cm²

④ 14 cm²   ⑤ 15 cm²

11

오른쪽 그림과 같은 정사각형 ABCD에서 대각선 BD 위에 ∠BEC＝80°가 되도록 점 E를 잡을 때, ∠EAD의 크기는? [4점]

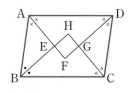

① 20°   ② 25°

③ 30°   ④ 35°

⑤ 40°

12

오른쪽 그림과 같은 평행사변형 ABCD의 네 내각의 이등분선의 교점을 각각 E, F, G, H라 할 때, 다음 보기에서 □EFGH에 대한 설명으로 옳은 것을 모두 고른 것은? [5점]

보기

ㄱ. ∠HEF＝∠HGF   ㄴ. $\overline{EF}$＝$\overline{EH}$

ㄷ. $\overline{EG}$＝$\overline{HF}$ ㄹ. $\overline{EG}$⊥$\overline{HF}$

ㅁ. $\overline{EF}$⊥$\overline{FG}$ ㅂ. $\overline{EF}$∥$\overline{FG}$

① ㄱ, ㄷ   ② ㄱ, ㄴ, ㅂ

③ ㄱ, ㄷ, ㅁ   ④ ㄴ, ㄹ, ㅁ

⑤ ㄷ, ㄹ, ㅂ

13

다음 보기에서 두 대각선이 서로 다른 것을 이등분하는 사각형을 모두 고른 것은? [3점]

> ㄱ. 사다리꼴   ㄴ. 평행사변형
> ㄷ. 직사각형   ㄹ. 마름모
> ㅁ. 정사각형   ㅂ. 등변사다리꼴

① ㄱ, ㄴ, ㅁ   ② ㄴ, ㄷ, ㅁ
③ ㄴ, ㄷ, ㄹ, ㅁ   ④ ㄷ, ㄹ, ㅁ, ㅂ
⑤ ㄴ, ㄷ, ㄹ, ㅁ, ㅂ

14

오른쪽 그림과 같은 평행사변형 ABCD에서 $\overline{AE} : \overline{ED} = 3 : 2$이다. △ABE의 넓이가 $12\,cm^2$일 때, □ABCD의 넓이는? [4점]

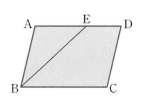

① $32\,cm^2$ ② $34\,cm^2$ ③ $36\,cm^2$
④ $38\,cm^2$ ⑤ $40\,cm^2$

15

다음 그림에서 두 직육면체는 서로 닮은 도형이고, $\overline{AB}$에 대응하는 모서리가 $\overline{A'B'}$일 때, $x+y$의 값은? [3점]

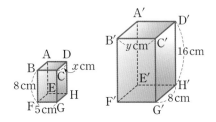

① 13   ② 14   ③ 15
④ 16   ⑤ 17

16

오른쪽 그림과 같은 △ABC에서 $\overline{AB}=15\,cm$, $\overline{BC}=12\,cm$, $\overline{CD}=8\,cm$, $\overline{AD}=10\,cm$일 때, $\overline{BD}$의 길이는? [4점]

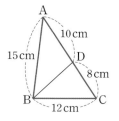

① $9\,cm$ ② $\dfrac{28}{3}\,cm$
③ $\dfrac{29}{3}\,cm$ ④ $10\,cm$
⑤ $\dfrac{31}{3}\,cm$

17

오른쪽 그림과 같은 평행사변형 ABCD에서 점 E는 변 BC 위의 점이고, 점 F는 $\overline{AC}$와 $\overline{DE}$의 교점이다. $\overline{AD}=15\,cm$, $\overline{AF}=12\,cm$, $\overline{CF}=4\,cm$일 때, $\overline{BE}$의 길이는? [4점]

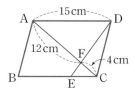

① $8\,cm$ ② $9\,cm$ ③ $10\,cm$
④ $11\,cm$ ⑤ $12\,cm$

18

축척이 $\dfrac{1}{200000}$인 지도에서의 두 지점 A, B 사이의 거리가 $5\,cm$이다. 자전거를 타고 A 지점에서 출발하여 일정한 속력으로 B 지점까지 가는 데 25분이 걸렸을 때, 자전거의 속력은? [5점]

① 시속 $24\,km$ ② 시속 $25\,km$ ③ 시속 $26\,km$
④ 시속 $27\,km$ ⑤ 시속 $28\,km$

서술형

19

오른쪽 그림과 같이 $\overline{AB}=\overline{AC}$인 이등변삼각형 ABC에서 ∠B의 이등분선과 $\overline{AC}$의 교점을 D라 하자. ∠A=36°, $\overline{BC}=8$ cm일 때, $\overline{AD}$의 길이를 구하시오. [6점]

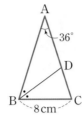

20

오른쪽 그림에서 점 I는 △ABC의 내심이다. ∠A=80°일 때, ∠x+∠y의 크기를 구하시오.

[7점]

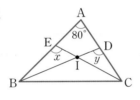

21

오른쪽 그림과 같은 평행사변형 ABCD에서 $x+y$의 값을 구하시오. [4점]

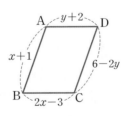

22

다음 그림과 같은 평행사변형 ABCD에서 $\overline{AB}:\overline{BC}=1:2$이고 $\overline{CD}$의 연장선 위에 $\overline{CD}=\overline{CE}=\overline{DF}$가 되도록 두 점 E, F를 잡았다. $\overline{AE}$와 $\overline{BC}$의 교점을 G, $\overline{BF}$와 $\overline{AD}$의 교점을 H, $\overline{AG}$와 $\overline{BH}$의 교점을 I라 할 때, ∠AIB의 크기를 구하시오. [7점]

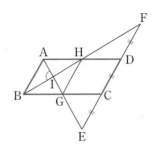

23

오른쪽 그림과 같이 중심이 같고 반지름의 길이의 비가 1 : 2 : 3인 세 원이 있다. B 부분의 넓이가 36 cm²일 때, A 부분의 넓이를 구하시오.

[6점]

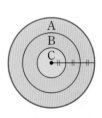

선택형	18문항 70점	총점
서술형	5문항 30점	100점

01

오른쪽 그림과 같이 $\overline{AC}=\overline{BC}$인 이등변삼각형 ABC에서 ∠C=48°이고 $\overline{AD}/\!/\overline{BC}$이다. 이때 $\overline{BA}$의 연장선 위의 점 E에 대하여 ∠EAC의 크기는? [3점]

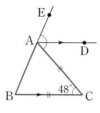

① 112° ② 113° ③ 114°
④ 115° ⑤ 116°

02

오른쪽 그림과 같이 $\overline{AB}=\overline{AC}$인 이등변삼각형 ABC에서 점 D는 ∠B의 이등분선과 ∠C의 외각의 이등분선의 교점이다. ∠A=24°일 때, ∠D의 크기는? [4점]

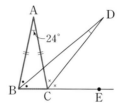

① 8° ② 9° ③ 10°
④ 11° ⑤ 12°

03

오른쪽 그림과 같이 ∠A=90°이고 $\overline{AB}=\overline{AC}$인 직각이등변삼각형 ABC의 두 꼭짓점 B, C에서 점 A를 지나는 직선 l 위에 내린 수선의 발을 각각 D, E라 하자. $\overline{BD}=5$ cm, $\overline{CE}=11$ cm일 때, □DBCE의 넓이는? [4점]

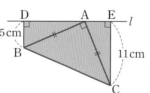

① 104 cm² ② 112 cm² ③ 120 cm²
④ 128 cm² ⑤ 136 cm²

04

오른쪽 그림에서 $\overline{PA}=\overline{PB}$, ∠PAO=∠PBO=90°, ∠AOP=30°일 때, ∠OPB의 크기는? [3점]

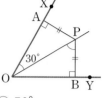

① 40° ② 45° ③ 50°
④ 55° ⑤ 60°

05

오른쪽 그림에서 점 O는 ∠A=90°인 직각삼각형 ABC의 외심이다. $\overline{AB}=12$ cm, $\overline{BC}=15$ cm, $\overline{AC}=9$ cm일 때, △ABO의 넓이는? [4점]

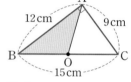

① 27 cm² ② 30 cm² ③ 33 cm²
④ 36 cm² ⑤ 40 cm²

06

오른쪽 그림에서 점 I는 △ABC의 내심이고 $\overline{DE}/\!/\overline{BC}$이다. $\overline{AB}=10$ cm, $\overline{AC}=8$ cm일 때, △ADE의 둘레의 길이는? [4점]

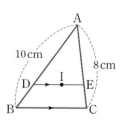

① 14 cm ② 16 cm
③ 18 cm ④ 20 cm
⑤ 22 cm

07

오른쪽 그림과 같이 ∠C=90°
인 직각삼각형 ABC에서
$\overline{AB}$=10 cm, $\overline{BC}$=8 cm,
$\overline{AC}$=6 cm이다. 이때 △ABC
의 외접원과 내접원의 넓이의
차는? [5점]

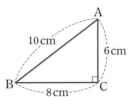

① 21π cm² ② $\dfrac{85}{4}\pi$ cm² ③ $\dfrac{23}{2}\pi$ cm²

④ $\dfrac{87}{4}\pi$ cm² ⑤ 22π cm²

08

오른쪽 그림과 같은 평행사
변형 ABCD에서 ∠A의 이
등분선이 $\overline{BC}$와 만나는 점을
E, $\overline{AE}$와 ∠B의 이등분선
이 만나는 점을 P라 하자. ∠AEB=62°일 때,
∠x+∠y의 크기는? [4점]

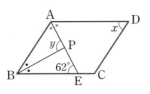

① 140° ② 142° ③ 144°
④ 146° ⑤ 148°

09

다음 중 오른쪽 그림과 같은
□ABCD가 평행사변형이 되는
것은? [3점]

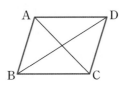

① $\overline{AB}$∥$\overline{DC}$, $\overline{AD}$=$\overline{BC}$=2 cm
② $\overline{AC}$=$\overline{BD}$=10 cm
③ $\overline{AB}$=$\overline{BC}$=4 cm, $\overline{AD}$=$\overline{DC}$=5 cm
④ ∠C=110°, ∠D=70°, $\overline{AD}$∥$\overline{BC}$
⑤ ∠A+∠B=180°, ∠A+∠D=180°

10

오른쪽 그림과 같은 평행사변형
ABCD에서 각 변의 중점을 각
각 E, F, G, H라 하고, $\overline{AF}$와
$\overline{CE}$의 교점을 P, $\overline{AG}$와 $\overline{CH}$의
교점을 Q라 하자. 삼각형의 합동 조건을 이용하지 않고
□APCQ가 평행사변형임을 설명하는 데 다음 중 이용
되는 조건으로 가장 알맞은 것은? [4점]

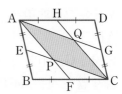

① 두 쌍의 대변이 각각 평행하다.
② 두 쌍의 대변의 길이가 각각 같다.
③ 두 쌍의 대각의 크기가 각각 같다.
④ 두 대각선이 서로 다른 것을 이등분한다.
⑤ 한 쌍의 대변이 평행하고 그 길이가 같다.

11

오른쪽 그림과 같은 □ABCD에
서 $\overline{AB}$∥$\overline{DC}$, $\overline{AB}$=$\overline{BC}$=$\overline{CD}$
이고 $\overline{AC}$=9 cm, $\overline{BD}$=12 cm
일 때, △ABO의 넓이는?

(단, 점 O는 두 대각선의 교점) [4점]

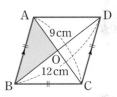

① 13 cm² ② $\dfrac{27}{2}$ cm² ③ 14 cm²

④ $\dfrac{29}{2}$ cm² ⑤ 15 cm²

12

오른쪽 그림과 같이 한 변의 길이
가 8 cm인 정사각형 ABCD에서
$\overline{EB}$∥$\overline{DF}$이고 □EBFD의 넓이
가 40 cm²일 때, $\overline{FC}$의 길이는?

[4점]

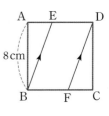

① 2 cm ② $\dfrac{5}{2}$ cm ③ 3 cm

④ $\dfrac{7}{2}$ cm ⑤ 4 cm

13

오른쪽 그림과 같은 직사각형 ABCD의 각 변의 중점을 각각 E, F, G, H라 할 때, 다음 중 옳지 <u>않은</u> 것은? [4점]

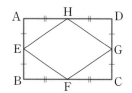

① $\overline{EH}=\overline{EF}$　　② $\overline{EF} /\!/ \overline{HG}$　　③ $\overline{EG}=\overline{HF}$
④ $\overline{EG}\perp\overline{HF}$　　⑤ $\angle HEF=\angle HGF$

14

오른쪽 그림과 같이 $\overline{AD} /\!/ \overline{BC}$인 등변사다리꼴 ABCD에서 두 대각선의 교점을 O라 하자. △DBC의 넓이가 $60\,cm^2$, △ABO의 넓이가 $20\,cm^2$일 때, △AOD의 넓이는? [5점]

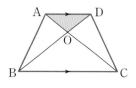

① $6\,cm^2$　　② $7\,cm^2$　　③ $8\,cm^2$
④ $9\,cm^2$　　⑤ $10\,cm^2$

15

아래 그림에서 △ABC∽△DEF일 때, 다음 중 옳지 <u>않은</u> 것은? [3점]

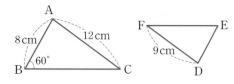

① $\angle E=60°$
② $\overline{DE}=6\,cm$
③ 점 A에 대응하는 점은 점 D이다.
④ $\overline{AC}$에 대응하는 변은 $\overline{DF}$이다.
⑤ △ABC와 △DEF의 닮음비는 3 : 2이다.

16

다음 그림과 같은 두 평행사변형 ABCD, EFGH에 대하여 □ABCD∽□EFGH이고 □ABCD와 □EFGH의 닮음비가 2 : 3일 때, □EFGH의 둘레의 길이는? [3점]

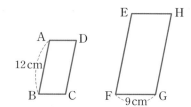

① 48 cm　　② 50 cm　　③ 52 cm
④ 54 cm　　⑤ 56 cm

17

오른쪽 그림과 같이 $\angle A=90°$인 직각삼각형 ABC에서 $\overline{AD}\perp\overline{BC}$이고 $\overline{BD}=12\,cm$, $\overline{DC}=4\,cm$일 때, $\overline{AC}$의 길이는? [4점]

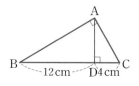

① $\dfrac{15}{2}\,cm$　　② 8 cm　　③ $\dfrac{17}{2}\,cm$
④ 9 cm　　⑤ $\dfrac{19}{2}\,cm$

18

오른쪽 그림은 직사각형 모양의 종이 ABCD를 대각선 BD를 접는 선으로 하여 접은 것이다. $\overline{PQ}\perp\overline{BD}$이고 $\overline{BD}=10\,cm$, $\overline{BC}=8\,cm$, $\overline{DC}=6\,cm$일 때, $\overline{PQ}$의 길이는? [5점]

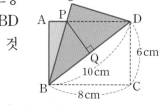

① 3 cm　　② $\dfrac{13}{4}\,cm$　　③ $\dfrac{7}{2}\,cm$
④ $\dfrac{15}{4}\,cm$　　⑤ 4 cm

19

오른쪽 그림에서
$\overline{AB}=\overline{AC}=\overline{CD}$이고
$\angle DCE=60°$일 때, $\angle B$
의 크기를 구하시오. [4점]

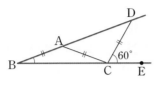

20

오른쪽 그림에서 점 O는 $\triangle ABC$
의 외심이면서 $\triangle ACD$의 외심이
다. $\angle B=80°$일 때, $\angle D$의 크기
를 구하시오. [6점]

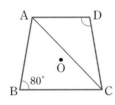

21

오른쪽 그림과 같은 평행사
변형 ABCD에서 $\overline{BD} /\!/ \overline{EF}$
일 때, 다음 물음에 답하시오.
[7점]

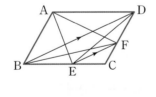

(1) $\triangle ABE$와 넓이가 같은 삼각형을 모두 찾으시오. [3점]

(2) $\triangle ABE$의 넓이가 $3\,cm^2$이고 $\overline{BE}:\overline{EC}=3:2$일
때, $\square ABCD$의 넓이를 구하시오. [4점]

22

오른쪽 그림과 같이 $\overline{AD} /\!/ \overline{BC}$인
등변사다리꼴 ABCD의 꼭짓점
A에서 $\overline{BC}$에 내린 수선의 발을
E라 하자. $\overline{AD}=6\,cm$이고 $\overline{AE}$
위의 한 점 F에 대하여 $\triangle ADF$
의 넓이가 $12\,cm^2$, $\triangle AFC$의 넓이가 $20\,cm^2$,
$\square ABCD$의 넓이가 $90\,cm^2$일 때, $\overline{AE}$의 길이를 구하
시오. [7점]

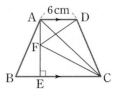

23

겉넓이의 비가 $16:9$인 닮은 두 삼각뿔에서 작은 삼각
뿔의 부피가 $54\,cm^3$일 때, 큰 삼각뿔의 부피를 구하시
오. [6점]

선택형	18문항 70점	총점
서술형	5문항 30점	100점

01

오른쪽 그림과 같은 △ABC에서 $\overline{BC}=5\,cm$이고 ∠B=40°, ∠ACD=110°일 때, $\overline{AB}$의 길이는? [3점]

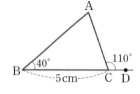

① 3 cm   ② 4 cm   ③ 5 cm
④ 6 cm   ⑤ 7 cm

02

오른쪽 그림과 같이 $\overline{AB}=\overline{AC}$인 이등변삼각형 ABC에서 ∠A=44°, ∠ABD=∠CBD, $\angle ACD=\dfrac{1}{4}\angle ACE$일 때, ∠D 의 크기는? [4점]

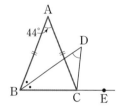

① 44°   ② 47°   ③ 50°
④ 53°   ⑤ 56°

03

오른쪽 그림과 같이 ∠C=∠F=90°인 두 직 각삼각형 ABC와 DEF 가 합동이 되기 위한 조건 이 <u>아닌</u> 것은? [3점]

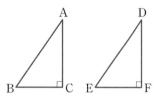

① $\overline{AB}=\overline{DE}$, $\overline{AC}=\overline{DF}$
② $\overline{AC}=\overline{DF}$, $\overline{BC}=\overline{EF}$
③ $\overline{AB}=\overline{DE}$, ∠B=∠E
④ $\overline{AC}=\overline{DF}$, ∠A=∠D
⑤ ∠A=∠D, ∠B=∠E

04

오른쪽 그림에서 점 O는 △ABC 의 외심이다. ∠OAB=23°, ∠OCB=31°일 때, ∠B의 크기 는? [3점]

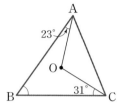

① 51°   ② 52°
③ 53°   ④ 54°
⑤ 55°

05

오른쪽 그림에서 점 O는 △ABC 의 외심이다. ∠ABO=40°, ∠CBO=20°일 때, ∠A−∠C 의 크기는? [4점]

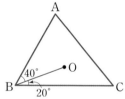

① 15°   ② 20°
③ 25°   ④ 30°
⑤ 35°

06

오른쪽 그림에서 점 I는 △ABC의 내심이고 세 점 D, E, F는 각각 내접원과 세 변 AB, BC, CA의 접점이다. $\overline{EC}=7\,cm$, $\overline{AC}=11\,cm$이 고 △ABC의 둘레의 길이가 28 cm일 때, $\overline{BE}$의 길이 는? [4점]

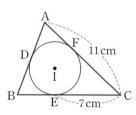

① 2 cm   ② 3 cm   ③ 4 cm
④ 5 cm   ⑤ 6 cm

07

오른쪽 그림과 같이 ∠B=90°인 직각삼각형 ABC에서 $\overline{AB}$=5 cm, $\overline{BC}$=12 cm, $\overline{AC}$=13 cm 일 때, △ABC의 외접원과 내접원의 반지름의 길이의 차는? [5점]

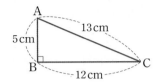

① 3 cm
② $\dfrac{7}{2}$ cm
③ 4 cm
④ $\dfrac{9}{2}$ cm
⑤ 5 cm

08

오른쪽 그림과 같은 평행사변형 ABCD에서 두 대각선의 교점을 O라 하자. $\overline{BO}$=6, $\overline{BC}$=8일 때, $y-x$의 값은? [3점]

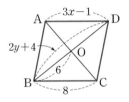

① 1
② 2
③ 3
④ 4
⑤ 5

09

오른쪽 그림과 같은 평행사변형 ABCD의 두 대각선의 교점을 O라 하고 ∠DBC의 이등분선과 $\overline{AD}$의 연장선의 교점을 E라 하자. $\overline{OA}$=4 cm, $\overline{OB}$=5 cm일 때, $\overline{DE}$의 길이는? [4점]

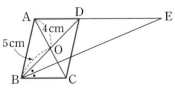

① 8 cm
② 9 cm
③ 10 cm
④ 11 cm
⑤ 12 cm

10

다음 중 □ABCD가 평행사변형이 아닌 것은?
(단, 점 O는 두 대각선 AC와 BD의 교점) [4점]

① $\overline{AB}=\overline{DC}$=3 cm, $\overline{AD}=\overline{BC}$=5 cm
② $\overline{OA}=\overline{OB}$=6 cm, $\overline{OC}=\overline{OD}$=10 cm
③ $\overline{AD}=\overline{BC}$=5 cm, ∠CAD=∠ACB=60°
④ ∠A+∠B=180°, ∠B+∠C=180°
⑤ ∠A=∠C=120°, ∠B=60°

11

다음 중 오른쪽 그림과 같은 평행사변형 ABCD가 직사각형이 되는 조건이 아닌 것은? (단, 점 O는 두 대각선의 교점) [4점]

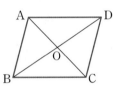

① $\overline{AC}=\overline{BD}$
② $\overline{AO}=\overline{DO}$
③ ∠ABC=90°
④ ∠ADC=∠BCD
⑤ ∠BAD=∠BCD

12

오른쪽 그림과 같은 정사각형 ABCD의 내부의 한 점 P에 대하여 △PBC가 정삼각형일 때, ∠x+∠y의 크기는? [5점]

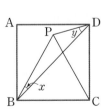

① 35°
② 40°
③ 45°
④ 50°
⑤ 55°

13

오른쪽 그림과 같이 $\overline{\text{AD}} /\!/ \overline{\text{BC}}$ 인 등변사다리꼴 ABCD의 꼭짓점 A에서 $\overline{\text{BC}}$에 내린 수선의 발을 E라 하자. $\overline{\text{AD}}=5\,\text{cm}$, $\overline{\text{BE}}=4\,\text{cm}$이고 □ABCD의 넓이가 $90\,\text{cm}^2$일 때, $\overline{\text{AE}}$의 길이는? [4점]

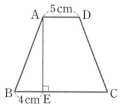

① 9 cm ② 10 cm ③ 11 cm
④ 12 cm ⑤ 13 cm

14

아래 그림에서 $l /\!/ m$일 때, 다음 중 사각형 A~F에 대한 설명으로 옳지 <u>않은</u> 것은? [4점]

① 평행사변형은 4개이다.
② 두 대각선의 길이가 같은 사각형은 3개이다.
③ 두 쌍의 대각의 크기가 각각 같은 사각형은 4개이다.
④ 두 대각선이 서로 다른 것을 이등분하는 사각형은 5개이다.
⑤ 두 대각선이 서로 다른 것을 수직이등분하는 사각형은 2개이다.

15

다음 그림에서 △ABC∽△DEF이고 △ABC와 △DEF의 닮음비가 4 : 3일 때, △ABC의 둘레의 길이는? [3점]

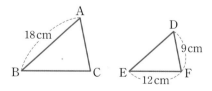

① 42 cm ② 44 cm ③ 46 cm
④ 48 cm ⑤ 50 cm

16

오른쪽 그림과 같이 밑면의 반지름의 길이가 12 cm이고 높이가 20 cm인 원뿔 모양의 그릇에 물을 부어서 높이의 $\dfrac{3}{4}$만큼 물을 채웠을 때, 수면의 넓이는? (단, 그릇의 두께는 무시한다.) [4점]

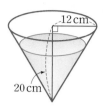

① $36\pi\,\text{cm}^2$ ② $49\pi\,\text{cm}^2$ ③ $64\pi\,\text{cm}^2$
④ $81\pi\,\text{cm}^2$ ⑤ $100\pi\,\text{cm}^2$

17

오른쪽 그림과 같은 △ABC에서 ∠A=∠DEC이고 $\overline{\text{AD}}=7\,\text{cm}$, $\overline{\text{CD}}=8\,\text{cm}$, $\overline{\text{CE}}=6\,\text{cm}$일 때, $\overline{\text{BE}}$의 길이는? [4점]

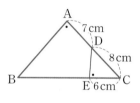

① 12 cm ② 14 cm ③ 16 cm
④ 18 cm ⑤ 20 cm

18

오른쪽 그림과 같이 ∠A=90°인 직각삼각형 ABC에서 점 M은 $\overline{\text{BC}}$의 중점이다. 점 A에서 $\overline{\text{BC}}$에 내린 수선의 발을 D, 점 D에서 $\overline{\text{AM}}$에 내린 수선의 발을 E라 할 때, $\overline{\text{EM}}$의 길이는? [5점]

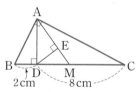

① $\dfrac{7}{5}\,\text{cm}$ ② $\dfrac{3}{2}\,\text{cm}$ ③ $\dfrac{5}{3}\,\text{cm}$
④ $\dfrac{7}{4}\,\text{cm}$ ⑤ $\dfrac{9}{5}\,\text{cm}$

서술형

19

오른쪽 그림과 같은 △ABC에서 $\overline{BM}=\overline{CM}$이고, 두 꼭짓점 B, C에서 $\overline{AM}$의 연장선과 $\overline{AM}$에 내린 수선의 발을 각각 D, E라 하자.
$\overline{AM}=10$ cm, $\overline{EM}=4$ cm, $\overline{CE}=7$ cm일 때, △ABD의 넓이를 구하시오. [6점]

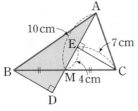

20

오른쪽 그림에서 점 O는 △ABC의 외심이다.
∠BAC : ∠ABC : ∠ACB = 3 : 2 : 4
일 때, ∠AOC의 크기를 구하시오. [4점]

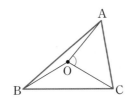

21

오른쪽 그림과 같이 넓이가 36 cm^{2}인 평행사변형 ABCD에서 $\overline{AE}=\overline{DF}$가 되도록 $\overline{AB}$, $\overline{DC}$ 위에 두 점 E, F를 잡을 때, $\overline{BC}$, $\overline{AD}$ 위의 점 G, H에 대하여 □EGFH의 넓이를 구하시오. [7점]

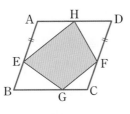

22

오른쪽 그림과 같은 △ABC에서 $\overline{BP}:\overline{CP}=\overline{CQ}:\overline{AQ}=1:2$이고 △APQ의 넓이가 16 cm^{2}일 때, △ABC의 넓이를 구하시오. [6점]

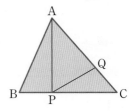

23

다음 좌표평면 위의 네 점 A, B, C, D에 대하여 A(14, 21), B(14, 0)이고 △OAB∽△COD이다. △OAB와 △COD의 닮음비가 7 : 4일 때, 점 C의 좌표를 구하시오. (단, 점 O는 원점) [7점]

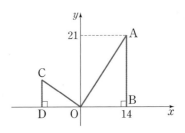

선택형	18문항 70점	총점
서술형	5문항 30점	100점

오른쪽 그림과 같이 $\overline{AD} /\!/ \overline{BC}$인 □ABCD에서 $\overline{DA}=\overline{DC}$, ∠ACB=40°일 때, ∠D의 크기는? [3점]

① 100°　　② 105°　　③ 110°
④ 115°　　⑤ 120°

02

오른쪽 그림과 같이 한 직선 위에 있는 세 점 B, C, E에 대하여 $\overline{AB}=\overline{AC}$, $\overline{DC}=\overline{DE}$이고 ∠A=50°, ∠D=46°일 때, ∠ACD의 크기는? [4점]

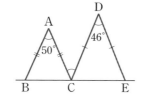

① 44°　　② 48°　　③ 52°
④ 56°　　⑤ 60°

03

오른쪽 그림과 같이 $\overline{AB}=\overline{AC}$인 이등변삼각형 ABC에서 ∠B의 이등분선과 $\overline{AC}$가 만나는 점을 D라 하자. ∠A=36°일 때, 다음 중 옳지 <u>않은</u> 것은? [4점]

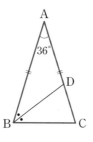

① $\overline{BC}=\overline{BD}$　　② $\overline{DA}=\overline{DB}$
③ $\overline{DA}=\overline{DC}$　　④ ∠C=72°
⑤ ∠ADB=108°

04

오른쪽 그림에서 점 O는 삼각형 ABC의 외심이다. ∠C=30°, ∠OBC=25°일 때, ∠ABC의 크기는? [4점]

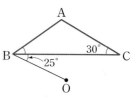

① 20°　　② 25°　　③ 30°
④ 35°　　⑤ 40°

05

오른쪽 그림에서 점 O는 △ABC의 외심이다. $\overline{OB}=12\,\text{cm}$이고 ∠OBA=32°, ∠OCA=18°일 때, $\widehat{BC}$의 길이는? [4점]

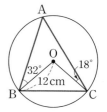

① $6\pi\,\text{cm}$　　② $\dfrac{19}{3}\pi\,\text{cm}$
③ $\dfrac{20}{3}\pi\,\text{cm}$　　④ $7\pi\,\text{cm}$
⑤ $\dfrac{22}{3}\pi\,\text{cm}$

06

오른쪽 그림에서 점 I는 △ABC의 내심이다. 다음 중 옳지 <u>않은</u> 것은? [3점]

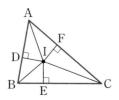

① $\overline{AD}=\overline{AF}$
② $\overline{ID}=\overline{IE}=\overline{IF}$
③ ∠FCI=∠ECI
④ ∠EBI=∠ECI
⑤ △BID≡△BIE

07

오른쪽 그림에서 점 I는 △ABC의 내심이고, 점 I′은 △IBC의 내심이다. ∠IAB=18°일 때, ∠BI′C의 크기는? [4점]

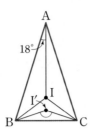

① 136°　　　② 138°
③ 140°　　　④ 142°
⑤ 144°

08

오른쪽 그림과 같은 평행사변형 ABCD에서 ∠BDC=48°, ∠CAD=42°일 때, ∠x+∠y의 크기는? [3점]

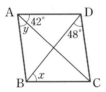

① 82°　　　② 84°　　　③ 86°
④ 88°　　　⑤ 90°

09

오른쪽 그림과 같은 평행사변형 ABCD에서 ∠B의 이등분선이 $\overline{AD}$와 만나는 점을 E라 하자. $\overline{AB}$=4 cm, $\overline{BC}$=7 cm일 때, $\overline{ED}$의 길이는? [4점]

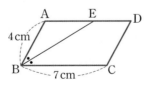

① 2 cm　　　② $\frac{5}{2}$ cm　　　③ 3 cm
④ $\frac{7}{2}$ cm　　　⑤ 4 cm

10

오른쪽 그림은 $\overline{AB}$=9 cm, $\overline{AD}$=10 cm인 평행사변형 ABCD에서 꼭짓점 B가 $\overline{CM}:\overline{MD}$=2 : 1인 $\overline{CD}$ 위의 점 M에 오도록 $\overline{AE}$를 접는 선으로 하여 접은 것이다. $\overline{AE}$의 연장선과 $\overline{DC}$의 연장선의 교점을 F라 할 때, $\overline{CF}$의 길이는? [5점]

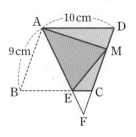

① $\frac{5}{2}$ cm　　　② 3 cm　　　③ $\frac{7}{2}$ cm
④ 4 cm　　　⑤ $\frac{9}{2}$ cm

11

오른쪽 그림과 같은 평행사변형 ABCD의 내부의 한 점 P에 대하여 △PAB : △PCD=3 : 2이고 □ABCD의 넓이가 100 cm²일 때, △PAB의 넓이는? [4점]

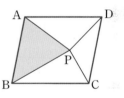

① 25 cm²　　　② 30 cm²　　　③ 35 cm²
④ 40 cm²　　　⑤ 45 cm²

12

오른쪽 그림과 같은 마름모 ABCD의 꼭짓점 A에서 $\overline{BC}$, $\overline{CD}$에 내린 수선의 발을 각각 E, F라 하자. ∠B=68°일 때, ∠AFE의 크기는? [4점]

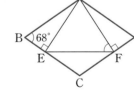

① 52°　　　② 53°　　　③ 54°
④ 55°　　　⑤ 56°

13

오른쪽 그림과 같은 정사각형 ABCD에서 $\overline{BD}=10$ cm일 때, △AOD의 넓이는? (단, 점 O는 두 대각선의 교점) [4점]

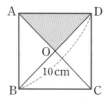

① $\dfrac{23}{2}$ cm²   ② 12 cm²   ③ $\dfrac{25}{2}$ cm²

④ 13 cm²   ⑤ $\dfrac{27}{2}$ cm²

14

다음 중 옳지 <u>않은</u> 것은? [3점]

① 한 내각이 직각인 평행사변형은 직사각형이다.
② 한 내각이 직각인 마름모는 정사각형이다.
③ 이웃하는 두 변의 길이가 같은 평행사변형은 마름모이다.
④ 두 대각선의 길이가 같은 사다리꼴은 평행사변형이다.
⑤ 두 대각선이 서로 다른 것을 수직이등분하는 직사각형은 정사각형이다.

15

아래 그림의 두 삼각기둥은 서로 닮은 도형이고 △ABC에 대응하는 면이 △GHI일 때, 다음 중 옳지 <u>않은</u> 것은? [4점]

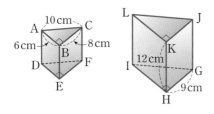

① 두 삼각기둥의 닮음비는 2 : 3이다.
② □ADFC∽□GJLI
③ □LIHK는 정사각형이다.
④ □ADEB의 넓이는 54 cm²이다.
⑤ 두 삼각기둥의 겉넓이의 비는 4 : 9이다.

16

오른쪽 그림에서 △ABC와 △DEF가 닮은 도형이 되기 위한 조건으로 다음 중 알맞은 것은? [3점]

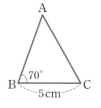

① $\overline{AB}=5$ cm, $\overline{DE}=3$ cm
② $\overline{AB}=5$ cm, $\overline{DF}=3$ cm
③ $\overline{AC}=10$ cm, $\overline{DE}=6$ cm
④ $\angle A=40°$, $\angle D=40°$
⑤ $\angle A=50°$, $\angle E=70°$

17

오른쪽 그림과 같은 평행사변형 ABCD에서 $\overline{BC}$ 위의 점 E에 대하여 $\overline{DE}$의 연장선과 $\overline{AB}$의 연장선의 교점을 F, $\overline{AE}$의 연장선과 $\overline{DC}$의 연장선의 교점을 G라 하자. $\overline{AF}=20$ cm, $\overline{DC}=12$ cm일 때, $\overline{GC}$의 길이는? [5점]

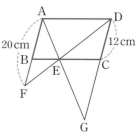

① 14 cm   ② 16 cm   ③ 18 cm
④ 20 cm   ⑤ 22 cm

18

큰 초콜릿 1개를 녹여서 같은 크기의 작은 초콜릿 여러 개를 만들려고 한다. 작은 초콜릿의 반지름의 길이를 큰 초콜릿의 반지름의 길이의 $\dfrac{1}{2}$로 할 때, 작은 초콜릿 전체를 포장하는 데 필요한 포장지의 넓이는 큰 초콜릿 1개를 포장하는 데 필요한 포장지의 넓이의 몇 배인가? (단, 초콜릿은 모두 구 모양이며, 포장지가 겹치는 부분과 포장지의 두께는 무시한다.) [5점]

① $\dfrac{3}{2}$배   ② 2배   ③ $\dfrac{5}{2}$배

④ 3배   ⑤ $\dfrac{7}{2}$배

19

오른쪽 그림에서 △ABC는 ∠B=90°이고 $\overline{AB}=\overline{BC}$인 직각이등변삼각형이다. $\overline{BC}=\overline{DC}$, $\overline{ED}\perp\overline{AC}$이고 $\overline{EB}=6\,cm$일 때, △AED의 넓이를 구하시오. [7점]

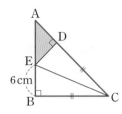

20

오른쪽 그림에서 원 I는 △ABC의 내접원이다. △ABC의 둘레의 길이가 36 cm이고 원 I의 둘레의 길이가 $6\pi\,cm$일 때, 색칠한 부분의 넓이를 구하시오. [6점]

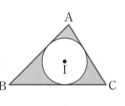

21

오른쪽 그림과 같은 평행사변형 ABCD에서 $\overline{DC}$ 위의 한 점 E에 대하여 $\overline{DE}:\overline{EC}=1:2$이다. $\overline{BE}$의 연장선과 $\overline{AD}$의 연장선의 교점을 F라 할 때, □ABCD의 넓이는 △ECF의 넓이의 몇 배인지 구하시오. [7점]

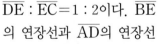
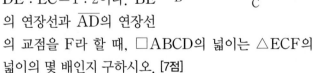

22

오른쪽 그림과 같은 △ABC에서 $\overline{AB}=35\,cm$, $\overline{BC}=14\,cm$이고 □DBEF가 마름모일 때, 이 마름모의 둘레의 길이를 구하시오. [6점]

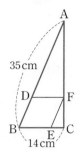

23

지혜가 다음 그림과 같이 바닥에 거울을 놓고 빛이 거울에 비칠 때 입사각과 반사각의 크기가 서로 같음을 이용하여 나무의 높이를 구하려고 한다. 지혜의 눈높이는 1.6 m이고 나무와 지혜는 거울로부터 각각 10 m, 2 m만큼 떨어져 있을 때, 나무의 높이를 구하시오.

(단, 거울의 두께는 무시한다.) [4점]

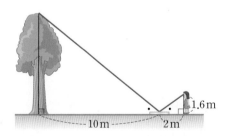

선택형	18문항 70점	총점
서술형	5문항 30점	100점

01

오른쪽 그림과 같은 △ABC에서 $\overline{AC}=\overline{CD}=\overline{DB}$이고 ∠B=40°일 때, ∠ACE의 크기는? [3점]

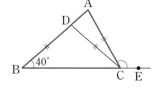

① 100° ② 105° ③ 110°
④ 115° ⑤ 120°

02

오른쪽 그림과 같이 폭이 일정한 종이를 $\overline{AC}$를 접는 선으로 하여 접었다. ∠SAC=50°일 때, ∠ABC의 크기는? [4점]

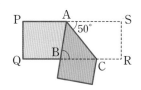

① 60° ② 65° ③ 70°
④ 75° ⑤ 80°

03

오른쪽 그림과 같이 ∠B=90°인 직각삼각형 ABC에서 ∠A의 이등분선이 $\overline{BC}$와 만나는 점을 D라 하자. $\overline{AC}\perp\overline{DE}$이고 $\overline{AB}$=8 cm, $\overline{BC}$=15 cm, $\overline{AC}$=17 cm일 때, △EDC의 둘레의 길이는? [4점]

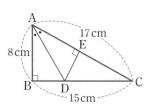

① 23 cm ② 24 cm ③ 25 cm
④ 26 cm ⑤ 27 cm

04

오른쪽 그림과 같이 ∠A=90°인 직각삼각형 ABC에서 점 O는 $\overline{BC}$의 중점이다.
∠AOB : ∠AOC=3 : 7일 때, ∠B의 크기는? [4점]

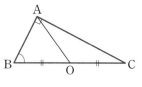

① 57° ② 60° ③ 63°
④ 66° ⑤ 69°

05

오른쪽 그림과 같이 △ABC의 외심 O에서 $\overline{AB}$, $\overline{AC}$에 내린 수선의 발을 각각 P, Q라 하자. $\overline{PO}=\overline{QO}$이고 ∠BAC=76°일 때, ∠ACB의 크기는? [4점]

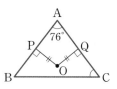

① 46° ② 48° ③ 50°
④ 52° ⑤ 54°

06

오른쪽 그림에서 점 I는 △ABC의 내심이다. ∠IAB=30°, ∠ICA=25°일 때, ∠x+∠y의 크기는? [3점]

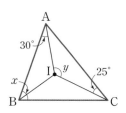

① 180° ② 185°
③ 190° ④ 195°
⑤ 200°

07

오른쪽 그림에서 점 I는
△ABC의 내심이다. 내접원의
반지름의 길이가 3 cm이고
△ABC의 넓이가 48 cm²일
때, △ABC의 둘레의 길이는?

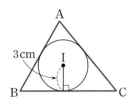

[4점]

① 30 cm   ② 32 cm   ③ 34 cm
④ 36 cm   ⑤ 38 cm

08

오른쪽 그림과 같은
□ABCD가 평행사변형이
되도록 하는 x, y에 대하여
$x+y$의 값은? [3점]

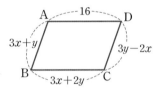

① 4   ② 5   ③ 6
④ 7   ⑤ 8

09

오른쪽 그림과 같은 평행사
변형 ABCD에서 ∠A,
∠B의 이등분선이 $\overline{BC}$,
$\overline{AD}$와 만나는 점을 각각 E,
F라 하자. ∠BFD=150°일 때, ∠AEC의 크기는?

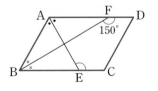

[4점]

① 115°   ② 120°   ③ 125°
④ 130°   ⑤ 135°

10

오른쪽 그림과 같은 평행
사변형 ABCD에서 두 대
각선의 교점을 O라 하고,
$\overline{BO}$, $\overline{DO}$의 중점을 각각
E, F라 할 때, 다음 중 옳지 않은 것은? [4점]

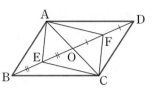

① $\overline{AE} /\!/ \overline{FC}$ ② $\overline{AF}=\overline{EC}$ ③ $\overline{AE}=\overline{AF}$
④ $\overline{OE}=\overline{OF}$ ⑤ ∠AFE=∠CEF

11

오른쪽 그림과 같은 직사각형
ABCD에서 점 P는 $\overline{AB}$의 중
점이고 $\overline{AB} : \overline{BC}=2 : 3$,
$\overline{BQ} : \overline{QC}=2 : 1$이다. 이때
∠ADP+∠BQP의 크기는? [5점]

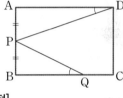

① 45°   ② 50°   ③ 55°
④ 60°   ⑤ 65°

12

오른쪽 그림과 같이 $\overline{AD} /\!/ \overline{BC}$인
등변사다리꼴 ABCD에서
$\overline{AB}=\overline{AD}$이고 ∠DBC=40°일
때, ∠x의 크기는? [4점]

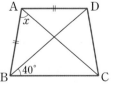

① 50°   ② 55°   ③ 60°
④ 65°   ⑤ 70°

13

아래 그림은 사다리꼴에 조건이 하나씩 추가되어 여러 가지 사각형이 되는 과정을 나타낸 것이다. 다음 중 A 에 알맞은 조건은? [3점]

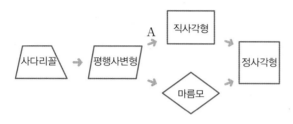

① 다른 한 쌍의 대변이 평행하다.
② 두 대각선이 서로 다른 것을 이등분한다.
③ 두 대각선이 서로 수직이다.
④ 이웃하는 두 변의 길이가 같다.
⑤ 이웃하는 두 내각의 크기가 같다.

14

오른쪽 그림과 같은 $\triangle$ABC 에서 $\overline{BD} : \overline{DC}=1:2$가 되도록 $\overline{BC}$ 위에 점 D를 잡고 $\overline{AC} /\!/ \overline{ED}$가 되도록 $\overline{AB}$ 위에 점 E를 잡으면 $\triangle$EBD의 넓이는 $10\,cm^2$이다. $\overline{BD}$의 중점 F에 대하여 $\square$EFDA 의 넓이는? [5점]

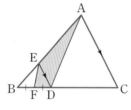

① $20\,cm^2$
② $25\,cm^2$
③ $30\,cm^2$
④ $35\,cm^2$
⑤ $40\,cm^2$

15

다음 그림에서 $\triangle$ABC$\backsim$$\triangle$DEF일 때, $x+y$의 값은? [3점]

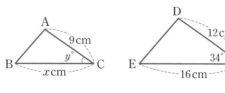

① 44
② 46
③ 48
④ 50
⑤ 52

16

오른쪽 그림과 같은 $\triangle$ABC에서 $\overline{AE}=\overline{BE}=\overline{DE}$이고 $\overline{AB}=40\,cm$, $\overline{BD}=25\,cm$, $\overline{CD}=7\,cm$일 때, $\overline{AC}$의 길이는? [4점]

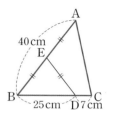

① 28 cm
② 30 cm
③ 32 cm
④ 34 cm
⑤ 36 cm

17

오른쪽 그림과 같이 $\overline{AC}$와 $\overline{BD}$의 교점을 E라 하자. $\overline{AB} /\!/ \overline{DC}$이고 $\overline{AE}=4\,cm$, $\overline{AC}=10\,cm$, $\overline{BE}=5\,cm$일 때, $\overline{DE}$의 길이는? [4점]

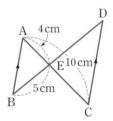

① 6 cm
② $\dfrac{13}{2}$ cm
③ 7 cm
④ $\dfrac{15}{2}$ cm
⑤ 8 cm

18

오른쪽 그림과 같이 합동인 두 원뿔의 밑면이 평행하도록 두 원뿔의 꼭 짓점을 붙여서 높이가 30 cm인 모 래시계를 만들었다. 한쪽 원뿔에 모 래를 가득 채운 다음 모래시계를 뒤 집었더니 높이가 5 cm 줄어드는 데 57분이 걸렸을 때, 위쪽 남은 모래가 아래로 모두 떨어 질 때까지 걸리는 시간은? (단, 시간당 떨어지는 모래의 양은 일정하고, 모래가 떨어지는 통로는 무시한다.) [5점]

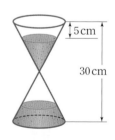

① 24분
② 25분
③ 26분
④ 27분
⑤ 28분

19

오른쪽 그림과 같이 $\overline{AB}=\overline{AC}$인 이등변삼각형 ABC에서 $\overline{AD}\perp\overline{BC}$, $\overline{DE}\perp\overline{AB}$이다. $\overline{DE}=12\,cm$이고 △ABC의 둘레의 길이가 80 cm, 넓이가 $300\,cm^2$일 때, $\overline{AD}$의 길이를 구하시오. [6점]

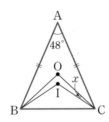

20

오른쪽 그림에서 두 점 O, I는 각각 $\overline{AB}=\overline{AC}$인 이등변삼각형 ABC의 외심과 내심이다. $\angle A=48°$일 때, $\angle x$의 크기를 구하시오. [6점]

21

오른쪽 그림과 같이 밑변의 길이가 12 cm이고 높이가 9 cm인 평행사변형 ABCD의 내부의 한 점 P에 대하여 색칠한 부분의 넓이를 구하시오. [4점]

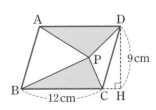

22

오른쪽 그림과 같이 $\overline{AB}=4\,cm$, $\overline{BC}=6\,cm$인 직사각형 ABCD와 한 변의 길이가 15 cm인 정사각형 ECFG가 있다. $\overline{BD}$의 연장선과 $\overline{GF}$의 교점을 H라 할 때, □EDHG의 넓이를 구하시오. (단, 세 점 B, C, F는 한 직선 위에 있다.) [7점]

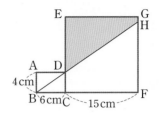

23

다음 그림과 같이 밑면의 지름의 길이가 40 cm인 원뿔 모양의 고깔의 높이를 구하기 위하여 길이가 10 cm인 막대의 그림자의 길이를 측정하였더니 20 cm이었다. 같은 시각에 고깔의 그림자의 길이가 130 cm일 때, 이 고깔의 부피를 구하시오. [7점]

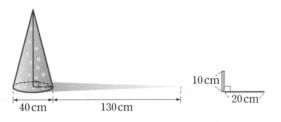

나의 오답 Note

틀린 문제를 다시 한 번 풀어 보고 실력을 완성해 보세요.

단원명	주요 개념	처음 푼 날	복습한 날

문제

풀이

개념

왜 틀렸을까?

☐ 문제를 잘못 이해해서

☐ 계산 방법을 몰라서

☐ 계산 실수

☐ 기타:

 나의 오답

틀린 문제를 다시 한 번 풀어 보고 실력을 완성해 보세요.

단원명	주요 개념	처음 푼 날	복습한 날

문제

풀이

개념

왜 틀렸을까?

☐ 문제를 잘못 이해해서

☐ 계산 방법을 몰라서

☐ 계산 실수

☐ 기타:

나의 오답 Note

틀린 문제를 다시 한 번 풀어 보고 실력을 완성해 보세요.

단원명	주요 개념	처음 푼 날	복습한 날

문제

풀이

개념

왜 틀렸을까?

☐ 문제를 잘못 이해해서

☐ 계산 방법을 몰라서

☐ 계산 실수

☐ 기타:

나의 오답 Note

단원명	주요 개념	처음 푼 날	복습한 날

문제

풀이

개념

왜 틀렸을까?

☐ 문제를 잘못 이해해서

☐ 계산 방법을 몰라서

☐ 계산 실수

☐ 기타:

동아출판이 만든 진짜 기출예상문제집

특급기출

동아출판이 만든 진짜 기출예상문제집

특급기출

중학수학 2-2

정답 및 풀이

동아출판

빠른 정답

IV. 삼각형의 성질

1 삼각형의 성질

개념 check 8쪽

1 (1) 55 (2) 12 　　2 8
3 7 　　　　　　　4 (1) 4 (2) 40

기출 유형 9쪽~15쪽

01 ④ 　02 63° 　03 9° 　04 ②
05 ③ 　06 ③ 　07 ② 　08 3 cm
09 ② 　10 ⑤ 　11 ④ 　12 ④
13 72° 　14 25° 　15 20° 　16 ④
17 60° 　18 98 　19 ③ 　20 ⑤
21 ③ 　22 ① 　23 11 cm 　24 ②
25 ④ 　26 27 cm²
27 (개) $\overline{DE}$ (내) $\angle E$ (대) $\angle D$ (래) ASA
28 ㄱ과 ㄷ, ㄴ과 ㅂ 　29 ③ 　30 58
31 8 cm 　32 ② 　33 45 cm² 　34 ③
35 49 　36 ③ 　37 ① 　38 63°
39 18 cm 　40 ② 　41 ④ 　42 15 cm²
43 32 cm²

서술형 16쪽~17쪽

01 18° 　　01-1 43° 　　02 8 cm
02-1 50 cm² 　　03 38° 　　04 6 cm
05 (1) △AMC≡△BMD, RHA 합동 (2) $x=10$, $y=40$
06 140° 　　07 8 cm² 　　08 $\frac{15}{2}$ cm

실전! 중단원 학교 시험 1회 18쪽~21쪽

01 ⑤ 　02 ① 　03 ② 　04 ③ 　05 ③
06 ③ 　07 ④ 　08 ③ 　09 ② 　10 ③
11 ② 　12 ② 　13 ③ 　14 ⑤ 　15 ④
16 ② 　17 ⑤ 　18 ⑤ 　19 159° 　20 36°
21 18 cm² 　22 31° 　23 24 cm²

실전! 중단원 학교 시험 2회 22쪽~25쪽

01 ① 　02 ③ 　03 ③ 　04 ③ 　05 ②
06 ④ 　07 ② 　08 ② 　09 ④ 　10 ④
11 ③ 　12 ① 　13 ② 　14 ② 　15 ⑤
16 ③ 　17 ⑤ 　18 ④ 　19 56° 　20 6 cm
21 (1) 50° (2) △ABC≡△DEF, RHA 합동 (3) 6 cm
22 30° 　23 8 cm

교과서 속 특이 문제 26쪽

01 (1) 90° (2) 풀이 참조 　02 36° 　03 108°
04 $\overline{BE}$

2 삼각형의 외심과 내심

개념 check 28쪽~29쪽

1 (1) ○ (2) × (3) × (4) ○
2 (1) 3 (2) 110 　　3 (1) 30° (2) 120°
4 (1) × (2) ○ (3) × (4) ○
5 (1) 30 (2) 6 　　6 (1) 45° (2) 119°
7 2 cm

기출 유형 30쪽~35쪽

01 ④ 　02 42 　03 ② 　04 12 cm
05 10π cm 　06 124° 　07 15 cm² 　08 ③
09 ④ 　10 ② 　11 25° 　12 ③
13 90° 　14 60° 　15 ④, ⑤ 　16 ③
17 ④ 　18 5° 　19 25° 　20 ④
21 180° 　22 25° 　23 ③ 　24 ⑤
25 ③ 　26 ② 　27 ① 　28 $\frac{5}{2}$ cm²
29 ② 　30 5 cm 　31 ③ 　32 ③
33 12 cm 　34 3 cm 　35 ④ 　36 115°
37 60° 　38 ③ 　39 ① 　40 7 cm²

서술형 36쪽~37쪽

01 15 cm 　　01-1 18 cm 　　02 6 cm²
02-1 18 cm² 　　03 112°
04 (1) 150° (2) 105° 　05 56° 　06 68°
07 5 cm 　　08 28π cm

실전 중단원 학교 시험 1회

38쪽~41쪽

01 ③	02 ③	03 ①	04 ②	05 ①
06 ③	07 ④	08 ⑤	09 ⑤	10 ②
11 ③	12 ③	13 ④	14 ①	15 ②
16 ②	17 ②	18 ③	19 10°	

20 (1) 15° (2) 80°   21 186°   22 9π cm²   23 105°

실전 중단원 학교 시험 2회

42쪽~45쪽

01 ②	02 ①	03 ④	04 ④	05 ②
06 ③	07 ②	08 ②	09 ④	10 ④
11 ③	12 ④	13 ①	14 ③	15 ①, ④
16 ③	17 ⑤	18 ①	19 ∠B=55°, ∠C=60°	

20 120°   21 120 cm²   22 (1) 20° (2) 30° (3) 19 cm

23 20°

교과서 속 특이 문제

46쪽

01 풀이 참조	02 120°
03 20 cm	04 80°

V. 사각형의 성질

1 평행사변형

개념 check 48쪽

1 (1) $x=110$, $y=3$ (2) $x=35$, $y=105$ (3) $x=12$, $y=10$

2 (1) ○ (2) × (3) × (4) × (5) ○

3 (1) 15 cm² (2) 30 cm²

기출 유형 49쪽~55쪽

01 ③	02 ②	03 104°	04 ⑤
05 ①	06 9	07 ④	08 ④
09 9 cm	10 ①	11 C (6, 4)	12 ③
13 6 cm	14 58°	15 ②	16 ②
17 50°	18 90°	19 ②	20 ①
21 ④	22 6 cm²	23 ②	24 0
25 ③	26 98°	27 ⑤	28 ③
29 ㄱ, ㄴ, ㄹ	30 ④	31 ③	32 ④
33 ①	34 ④	35 ⑤	36 10 cm
37 ③	38 12 cm²	39 ①	40 ③
41 ③	42 ②	43 40 cm²	

서술형

56쪽~57쪽

01 3 cm	01-1 6 cm	02 5 cm²
02-1 8 cm²	03 10	
04 (1) 108° (2) 72°	05 10 cm	06 36°
07 20 cm²	08 11 cm²	

실전 중단원 학교 시험 1회

58쪽~61쪽

01 ⑤	02 ③	03 ②	04 ⑤	05 ④
06 ③	07 ①	08 ②	09 ③	10 ①
11 ④	12 ②	13 ③	14 ⑤	15 ③
16 ②	17 ④	18 ②	19 (1) 45° (2) 28 cm	

20 28   21 140°   22 103°   23 $\dfrac{18}{5}$ cm²

실전 중단원 학교 시험 2회

62쪽~65쪽

01 ⑤	02 ④	03 ⑤	04 ①	05 ③
06 ①	07 ⑤	08 ②	09 ①	10 ⑤
11 ③	12 ④	13 ④	14 ④	15 ②
16 ③	17 ①	18 ③	19 95	20 8 cm

21 18 cm   22 (1) 풀이 참조 (2) 35°   23 64 cm²

교과서 속 특이 문제

66쪽

01 24	02 90°	03 165°	04 78 cm²

2 여러 가지 사각형

개념 check 68쪽~69쪽

1 (1) $x=4$, $y=6$ (2) $x=30$, $y=60$

2 (1) $x=4$, $y=5$ (2) $x=35$, $y=35$

3 (1) $x=9$, $y=18$ (2) $x=90$, $y=45$

4 (1) $x=5$, $y=75$ (2) $x=10$, $y=60$

5 (1) 직사각형 (2) 마름모 (3) 마름모 (4) 정사각형

6 (1) ○ (2) ○ (3) × (4) ×

7 (1) △DBC (2) △ACD (3) △ABO

8 (1) 1 : 2 (2) 12

기출 유형 ○70쪽~77쪽

01 95	02 ①, ③	03 120°	04 66°
05 ①	06 ㄴ, ㄷ		
07 (가) SSS (나) ∠DCB (다) 직사각형			
08 55	09 ②	10 60°	11 30°
12 ⑤	13 ⑤	14 ①	15 ②
16 24°	17 ③	18 90°	19 ①
20 ⑤	21 ㄱ, ㄷ, ㅁ	22 ④	23 40°
24 11	25 ③	26 38°	27 ②
28 4 cm	29 120°	30 마름모	31 ⑤
32 ㄴ, ㄹ, ㅁ	33 ④	34 ⑤	35 ③, ④
36 ①, ③	37 ⑤	38 ②, ④	39 ①
40 32 cm	41 ①, ④	42 ②	43 ④
44 ③	45 7 cm²	46 ①	47 14 cm²
48 12 cm²	49 7 cm²	50 ③	51 9 cm²
52 15 cm²	53 18 cm²	54 ③	55 30 cm²
56 36 cm²			

서술형 □78쪽~79쪽

01 63°	01-1 59°	01-2 15°
02 14 cm²	02-1 18 cm²	03 36 cm²
04 55	05 67°	06 42°
07 정사각형, 50 cm²	08 5 cm²	

실전 중단원 학교 시험 1회 80쪽~83쪽

01 ①, ⑤	02 ③	03 ④	04 ②	05 ①
06 ①	07 ⑤	08 ④	09 ④, ⑤	10 ⑤
11 ②	12 ④	13 ①	14 ⑤	15 ③
16 ①	17 ②	18 ④	19 3	20 116°
21 150°	22 8 cm	23 50 cm²		

실전 중단원 학교 시험 2회 84쪽~87쪽

01 ②	02 ⑤	03 ④	04 ②	05 ④
06 ②	07 ③	08 ⑤	09 ③	10 ②
11 ②	12 ③	13 ②, ③	14 ①	15 ②
16 ①	17 ③	18 ①	19 16 cm	20 58°
21 36°	22 70°	23 21 cm²		

교과서 속 특이 문제 ○88쪽

01 마름모, 24 cm	02 58°	03 $\frac{1}{4}$배
04 풀이 참조		

Ⅵ. 도형의 닮음과 피타고라스 정리

1 도형의 닮음

개념 check 90쪽~91쪽

1 (1) 점 E (2) $\overline{DF}$ (3) ∠C 2 (1) 2 : 3 (2) 6 (3) 125°

3 (1) 3 : 2 (2) 8 (3) 4 4 (1) 3 : 4 (2) 3 : 4 (3) 9 : 16

5 △ABC∽△KJL, AA 닮음
  △DEF∽△NOM, SSS 닮음
  △GHI∽△QPR, SAS 닮음

6 (1) 4 (2) 9 (3) 6 7 (1) $\frac{1}{25000}$ (2) 2.5 km

기출 유형 ○92쪽~97쪽

01 ②	02 ②, ⑤	03 65	04 ⑤
05 40 cm	06 4 : 1	07 ⑤	08 18
09 10π cm	10 4 cm	11 50 cm²	12 2 : 3
13 100π cm²	14 13500원	15 18π cm²	16 27 : 98
17 27개	18 234분	19 ②, ④	20 ①
21 8 cm	22 25 cm	23 6 cm	24 $\frac{32}{3}$ cm
25 ④	26 ㄱ, ㄴ, ㄹ	27 8 cm	28 $\frac{36}{5}$ cm
29 3 cm	30 ①, ④	31 8 cm	32 $\frac{25}{2}$ cm
33 ㄱ, ㄷ	34 24	35 39 cm²	36 $\frac{144}{25}$ cm
37 12 cm	38 $\frac{20}{3}$ cm	39 $\frac{28}{5}$ cm	40 8.3 m
41 7 m	42 1시간	43 5 km	

서술형 □98쪽~99쪽

01 18	01-1 10	01-2 54 cm³
02 18 cm	02-1 4 cm	03 135π cm³
04 63 cm²	05 12 cm	06 12 cm
07 $\frac{32}{5}$ cm	08 $\frac{27}{4}$ cm	

실전 중단원 학교 시험 1회

100쪽~103쪽

01 ②	02 ⑤	03 ③	04 ①	05 ③
06 ⑤	07 ②	08 ⑤	09 ③	10 ⑤
11 ④	12 ⑤	13 ①	14 ①	15 ④
16 ③	17 ①	18 ①	19 24 cm	20 84초

21 18 cm²   22 $\frac{15}{2}$ cm   23 15 cm

실전 중단원 학교 시험 2회

104쪽~107쪽

01 ②	02 ③, ⑤	03 ②	04 ③	05 ③
06 ③	07 ④	08 ④	09 ②	10 ②
11 ③	12 ③	13 ⑤	14 ⑤	15 ①
16 ④	17 ⑤	18 ②	19 3200원	

20 (1) △ABC∽△ACD, SAS 닮음 (2) 6 cm   21 30 cm²

22 $\frac{32}{3}$ cm²   23 $\frac{14}{3}$ cm

교과서 속 특이 문제

108쪽

01 풀이 참조	02 81 : 1	03 60 cm	04 150 cm

부록

고난도 50

110쪽~119쪽

01 38°	02 80°	03 63°	04 116°
05 28°	06 72°	07 2 : 1	08 2 cm
09 19°	10 24 cm	11 80 cm²	12 20 cm²
13 38°	14 59°	15 37°	16 42°
17 43°	18 $\frac{3}{2}\pi$ cm²	19 $\frac{42}{11}$ cm	20 80 cm
21 76°	22 52°	23 12 cm	24 풀이 참조
25 167°	26 24 cm²	27 56 cm²	28 3초
29 80 cm²	30 7 cm²	31 $\frac{144}{5}$ cm	32 23°
33 54 cm²	34 9	35 11	36 ㄴ, ㄷ, ㅁ
37 6 cm	38 6 cm	39 $\frac{2}{5}$배	40 12 cm²
41 15 cm²	42 186π cm³	43 13 : 3	44 15 cm
45 $\frac{91}{10}$ cm	46 325	47 9 : 15 : 25	48 $\frac{56}{5}$ cm
49 16 : 9	50 6 m		

중간고사 대비 실전 모의고사 1회

120쪽~123쪽

01 ③	02 ⑤	03 ③	04 ③	05 ②
06 ④	07 ②	08 ②	09 ④	10 ②
11 ④	12 ③	13 ③	14 ⑤	15 ②
16 ④	17 ③	18 ①	19 8 cm	20 210°
21 4	22 90°	23 60 cm²		

중간고사 대비 실전 모의고사 2회

124쪽~127쪽

01 ③	02 ⑤	03 ④	04 ⑤	05 ①
06 ③	07 ①	08 ④	09 ⑤	10 ①
11 ②	12 ③	13 ③	14 ⑤	15 ⑤
16 ④	17 ②	18 ④	19 20°	20 100°

21 (1) △DBE, △DBF, △AFD (2) 10 cm²   22 9 cm

23 128 cm³

중간고사 대비 실전 모의고사 3회

128쪽~131쪽

01 ③	02 ②	03 ⑤	04 ④	05 ②
06 ②	07 ④	08 ①	09 ③	10 ②
11 ⑤	12 ③	13 ②	14 ④	15 ③
16 ④	17 ②	18 ⑤	19 49 cm²	20 80°
21 18 cm²	22 36 cm²	23 C(−12, 8)		

중간고사 대비 실전 모의고사 4회

132쪽~135쪽

01 ①	02 ②	03 ③	04 ④	05 ③
06 ④	07 ⑤	08 ⑤	09 ③	10 ②
11 ②	12 ⑤	13 ③	14 ④	15 ④
16 ⑤	17 ③	18 ②	19 18 cm²	

20 (54−9π) cm²   21 6배   22 40 cm   23 8 m

중간고사 대비 실전 모의고사 5회

136쪽~139쪽

01 ⑤	02 ⑤	03 ②	04 ②	05 ④
06 ④	07 ②	08 ④	09 ②	10 ③
11 ①	12 ③	13 ⑤	14 ②	15 ②
16 ③	17 ④	18 ①	19 20 cm	20 9°
21 54 cm²	22 90 cm²	23 10000π cm³		

정답 _및 풀이

1 삼각형의 성질

IV. 삼각형의 성질

8쪽

개념 check

1 답 (1) 55 (2) 12

(1) 이등변삼각형의 두 밑각의 크기는 같으므로

$$\angle C=\frac{1}{2}\times(180°-70°)=55° \qquad \therefore x=55$$

(2) 이등변삼각형의 꼭지각의 이등분선은 밑변을 수직이등분하므로

$$\overline{CD}=\overline{BD}=6\,cm \qquad \therefore x=6+6=12$$

2 답 8

$\angle A=180°-(65°+50°)=65°$이므로 $\angle A=\angle B$

즉, $\triangle ABC$는 $\overline{AC}=\overline{BC}$인 이등변삼각형이다.

$$\therefore x=8$$

3 답 7

$\triangle ABC$와 $\triangle DEF$에서

$\angle C=\angle F=90°$, $\overline{AB}=\overline{DE}$, $\angle B=\angle E$

이므로 $\triangle ABC\equiv\triangle DEF$ (RHA 합동)

따라서 $\overline{AC}=\overline{DF}=7\,cm$이므로 $x=7$

4 답 (1) 4 (2) 40

(1) 각의 이등분선 위의 한 점에서 그 각을 이루는 두 변까지의 거리는 같으므로

$$\overline{PA}=\overline{PB}=4\,cm \qquad \therefore x=4$$

(2) 각의 두 변으로부터 같은 거리에 있는 점은 그 각의 이등분선 위에 있으므로

$$\angle POB=\angle POA=180°-(90°+50°)=40°$$

$$\therefore x=40$$

기출 유형

9쪽~15쪽

○9쪽~15쪽

유형 01 이등변삼각형의 성질 9쪽

(1) 이등변삼각형의 두 밑각의 크기는 같다.

→ $\angle B=\angle C$

참고 $\angle A=180°-2\angle B$

$\angle B=\angle C=\dfrac{1}{2}\times(180°-\angle A)$

(2) 이등변삼각형의 꼭지각의 이등분선은 밑변을 수직이등분한다.

→ $\overline{BD}=\overline{CD}=\dfrac{1}{2}\overline{BC}$, $\overline{AD}\perp\overline{BC}$

01 답 ④

④ ㈐ SAS

02 답 63°

$\angle ABC=180°-126°=54°$

$\triangle ABC$에서 $\overline{BA}=\overline{BC}$이므로 $\angle x=\dfrac{1}{2}\times(180°-54°)=63°$

다른 풀이

$\angle A+\angle C=\angle ABD$이므로 $\angle x=\dfrac{1}{2}\times126°=63°$

03 답 9°

$\triangle DBC$에서 $\overline{BC}=\overline{BD}$이므로

$\angle DBC=180°-2\times63°=54°$

$\triangle ABC$에서 $\overline{AB}=\overline{AC}$이므로

$\angle ABC=\angle C=63°$

$$\therefore \angle ABD=\angle ABC-\angle DBC=63°-54°=9°$$

04 답 ②

$\triangle ABC$에서 $\overline{AB}=\overline{AC}$이므로

$$\angle ABC=\angle ACB=\frac{1}{2}\times(180°-84°)=48°$$

점 D는 $\angle B$와 $\angle C$의 이등분선의 교점이므로

$\triangle DBC$에서 $\angle DBC=\angle DCB=\dfrac{1}{2}\times48°=24°$

$$\therefore \angle BDC=180°-2\times24°=132°$$

05 답 ③

$\triangle ABC$에서 $\overline{AB}=\overline{AC}$이므로

$$\angle B=\angle C=\frac{1}{2}\times(180°-80°)=50°$$

$\triangle DBE$에서 $\overline{DB}=\overline{DE}$이므로

$\angle DEB=\angle DBE=50°$

$\triangle FEC$에서 $\overline{CE}=\overline{CF}$이므로

$$\angle CEF=\angle CFE=\frac{1}{2}\times(180°-50°)=65°$$

$$\therefore \angle DEF=180°-(\angle DEB+\angle CEF)$$
$$=180°-(50°+65°)=65°$$

06 답 ③

$\triangle ABM$과 $\triangle ACM$에서

$\overline{AB}=\overline{AC}$, $\angle BAM=\angle CAM$, $\overline{AM}$은 공통

이므로 $\triangle ABM\equiv\triangle ACM$ (SAS 합동)

$$\therefore \overline{BM}=\overline{CM} \qquad \cdots\cdots \ \bigcirc$$

이때 $\angle AMB=\angle AMC$이고 $\angle AMB+\angle AMC=180°$이므로

$$\angle AMB=\angle AMC=90° \qquad \cdots\cdots \ \bigcirc$$

㉠, ㉡에서 $\overline{AM}$은 $\overline{BC}$를 수직이등분한다.

따라서 이용되지 않는 것은 ③이다.

참고 $\triangle ABC$는 $\overline{AB}=\overline{AC}$인 이등변삼각형이므로 $\angle B=\angle C$를 이용하여 두 삼각형 ABM과 ACM이 서로 합동임을 보일 수도 있다. 이때 두 삼각형은 ASA 합동이다.

07 답 ②

$\triangle ABD$에서 $\angle ADB=90°$이고 $\angle B=\angle C=50°$이므로

$\angle BAD=180°-(90°+50°)=40°$ $\therefore x=40$

또, $\overline{CD}=\overline{BD}=8\,cm$이므로

$\overline{BC}=2\times8=16(cm)$ $\therefore y=16$

$$\therefore x+y=40+16=56$$

08 답 3 cm

$\overline{AD}\perp\overline{BC}$이고 $\overline{BD}=\overline{CD}$이므로

$\triangle ABC=\dfrac{1}{2}\times\overline{BC}\times4=12(cm^2)$에서

...

...

...

$2\overline{BC}=12 \quad \therefore \overline{BC}=6(cm)$

$\therefore \overline{BD}=\dfrac{1}{2}\overline{BC}=\dfrac{1}{2}\times6=3(cm)$

09 답 ②

이등변삼각형의 꼭지각의 이등분선은 밑변을 수직이등분하므로

$\overline{AD}\perp\overline{BC}$, $\overline{BD}=\overline{CD}$ (①)

△EBD와 △ECD에서

$\overline{BD}=\overline{CD}$, $\angle EDB=\angle EDC=90°$ (③), $\overline{ED}$는 공통

이므로 △EBD≡△ECD (SAS 합동) (⑤)

$\therefore \overline{BE}=\overline{CE}$, $\angle EBD=\angle ECD$ (④)

따라서 옳지 않은 것은 ②이다.

10 답 ⑤

$\angle A=\angle x$라 하면

$\angle DBE=\angle A=\angle x$ (접은 각)

△ABC에서 $\overline{AB}=\overline{AC}$이므로

$\angle C=\angle ABC=\angle x+30°$

따라서 △ABC에서

$\angle x+(\angle x+30°)+(\angle x+30°)=180°$

$3\angle x=120° \quad \therefore \angle x=40°$

$\therefore \angle A=40°$

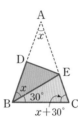

유형 02 이등변삼각형의 성질을 이용하여 각의 크기 구하기 10쪽

(1) 오른쪽 그림에서

$\overline{AB}=\overline{AC}=\overline{CD}$일 때

① △ABC에서

$\angle CAD=\angle x+\angle x=2\angle x$

② △DBC에서

$\angle DCE=\angle x+2\angle x=3\angle x$

(2) 오른쪽 그림과 같이 $\overline{AB}=\overline{AC}$인 이등변삼각형 ABC에서 ∠B의 이등분선과 ∠C의 외각의 이등분선의 교점을 D라 할 때

① △ABC에서

$\angle ABC=\angle ACB=\dfrac{1}{2}\times(180°-\angle A)$이므로

$\angle DBC=\dfrac{1}{2}\angle ABC=\dfrac{1}{4}\times(180°-\angle A)$

② $\angle ACE=180°-\angle ACB$이므로

$\angle DCE=\dfrac{1}{2}\angle ACE=\dfrac{1}{2}\times(180°-\angle ACB)$

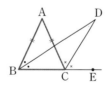

11 답 ④

△ABD에서 $\overline{DA}=\overline{DB}$이므로

$\angle DAB=\angle B=35°$

$\therefore \angle ADC=\angle B+\angle DAB=35°+35°=70°$

따라서 △ADC에서 $\overline{DA}=\overline{DC}$이므로

$\angle DAC=\dfrac{1}{2}\times(180°-70°)=55°$

12 답 ④

△ABC에서 $\overline{AB}=\overline{AC}$이므로

$\angle ACB=\angle B=40°$

$\therefore \angle CAD=\angle B+\angle ACB=40°+40°=80°$

△ACD에서 $\overline{CA}=\overline{CD}$이므로

$\angle CDA=\angle CAD=80°$

따라서 △BCD에서

$\angle x=\angle B+\angle BDC=40°+80°=120°$

13 답 72°

$\angle A=\angle x$라 하면

△ABD에서 $\overline{DA}=\overline{DB}$이므로 $\angle DBA=\angle A=\angle x$

$\therefore \angle BDC=\angle A+\angle DBA=\angle x+\angle x=2\angle x$

△DBC에서 $\overline{BC}=\overline{BD}$이므로

$\angle C=\angle BDC=2\angle x$

따라서 △ABC에서 $\overline{AB}=\overline{AC}$이므로 $\angle ABC=\angle C=2\angle x$

즉, $\angle x+2\angle x+2\angle x=180°$이므로

$5\angle x=180° \quad \therefore \angle x=36°$

$\therefore \angle C=2\angle x=2\times36°=72°$

14 답 25°

$\angle B=\angle x$라 하면

△EBD에서 $\overline{EB}=\overline{ED}$이므로

$\angle EDB=\angle B=\angle x$

$\therefore \angle AED=\angle B+\angle EDB=\angle x+\angle x=2\angle x$

△AED에서 $\overline{DA}=\overline{DE}$이므로 $\angle DAE=\angle DEA=2\angle x$

△ABD에서 $\angle ADC=\angle B+\angle BAD=\angle x+2\angle x=3\angle x$

△ADC에서 $\overline{AD}=\overline{AC}$이므로 $\angle C=\angle ADC=3\angle x$

따라서 △ABC에서

$80°+\angle x+3\angle x=180°$, $4\angle x=100° \quad \therefore \angle x=25°$

$\therefore \angle B=25°$

15 답 20°

△ABC에서 $\overline{AB}=\overline{AC}$이므로

$\angle ABC=\angle ACB=\dfrac{1}{2}\times(180°-40°)=70°$

$\therefore \angle DBC=\dfrac{1}{2}\angle ABC=\dfrac{1}{2}\times70°=35°$

$\angle ACE=180°-\angle ACB=180°-70°=110°$이므로

$\angle DCE=\dfrac{1}{2}\angle ACE=\dfrac{1}{2}\times110°=55°$

따라서 △DBC에서 $\angle D=\angle DCE-\angle DBC=55°-35°=20°$

16 답 ④

△ABC에서 $\overline{AB}=\overline{AC}$이므로

$\angle ACB=\dfrac{1}{2}\times(180°-76°)=52°$

$\angle ACE=180°-\angle ACB=180°-52°=128°$이므로

$\angle DCE=\dfrac{1}{2}\angle ACE=\dfrac{1}{2}\times128°=64°$

따라서 △DBC에서 $\overline{CB}=\overline{CD}$이므로 $\angle DBC=\angle D$

즉, $\angle DBC+\angle D=\angle DCE$이므로

$2\angle D=64° \quad \therefore \angle D=32°$

17 답 60°

∠BDE=∠CDE=∠x라 하면

△DBE에서 $\overline{EB}=\overline{ED}$이므로 ∠DBE=∠BDE=∠x

이때 △DBC는 ∠C=90°인 직각삼각형이므로

$(∠x+∠x)+∠x+90°=180°$

$3∠x=90°$ ∴ ∠x=30°

따라서 △DBE에서

∠DEC=∠DBE+∠BDE=30°+30°=60°

유형 **03** 이등변삼각형이 되는 조건　11쪽

두 내각의 크기가 같은 삼각형
은 이등변삼각형이다.

→ △ABC에서
　∠B=∠C이면 $\overline{AB}=\overline{AC}$

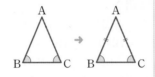

18 답 98

∠B=∠C이므로 △ABC는 $\overline{AB}=\overline{AC}$인 이등변삼각형이다.

이등변삼각형의 꼭지각의 이등분선은 밑변을 수직이등분하므로

$\overline{BC}=2\overline{CD}=2×4=8(cm)$ ∴ $x=8$

또, ∠ADC=90°이므로 $y=90$

∴ $x+y=8+90=98$

19 답 ③

③ (다) ∠DCB

20 답 ⑤

△ABC에서 ∠A=180°−(90°+30°)=60°

△DBC에서 $\overline{DB}=\overline{DC}$이므로

∠DCB=∠B=30°

∴ ∠ADC=∠B+∠DCB=30°+30°=60°

△ADC에서 ∠ACD=180°−(60°+60°)=60°

따라서 △ADC는 정삼각형이므로

$\overline{AD}=\overline{DC}=\overline{AC}=7\,cm$

이때 $\overline{DB}=\overline{DC}=7\,cm$이므로

$\overline{AB}=\overline{AD}+\overline{DB}=7+7=14(cm)$

21 답 ③

① △ABC에서 $\overline{AB}=\overline{AC}$이므로

∠ABC=∠C=$\frac{1}{2}$×(180°−36°)=72°

∴ ∠ABD=$\frac{1}{2}$∠ABC=$\frac{1}{2}$×72°=36°

∴ ∠ABD=∠A

② △ABD에서 ∠BDC=∠A+∠ABD=36°+36°=72°

∴ ∠C=∠BDC

③, ④, ⑤ ∠A=∠ABD=36°이므로 △ABD는 $\overline{DA}=\overline{DB}$인 이등변삼각형이다.

또, ∠C=∠BDC=72°이므로 △BCD는 $\overline{BC}=\overline{BD}$인 이등변삼각형이다.

∴ $\overline{AD}=\overline{BD}=\overline{BC}$

따라서 옳지 않은 것은 ③이다.

22 답 ①

△ABC에서

∠ACB=∠DAC−∠B=70°−35°=35°이므로

$\overline{AB}=\overline{AC}$

또, △ACD에서

∠CDA=180°−∠CDE=180°−110°=70°이므로

$\overline{AC}=\overline{CD}$

∴ $\overline{DC}=\overline{AC}=\overline{AB}=10\,cm$

23 답 11 cm

△ABC에서 ∠B=∠C이므로 $\overline{AC}=\overline{AB}=8\,cm$

오른쪽 그림과 같이 $\overline{AP}$를 그으면

△ABC=△ABP+△APC이므로

$44=\frac{1}{2}×8×\overline{PD}+\frac{1}{2}×8×\overline{PE}$

$44=4\overline{PD}+4\overline{PE}$

∴ $\overline{PD}+\overline{PE}=11(cm)$

유형 **04** 종이접기　12쪽

오른쪽 그림과 같이 직사각형 모양의 종
이를 접었을 때,

∠BAC=∠DAC (접은 각)

∠DAC=∠BCA (엇각)

→ ∠BAC=∠BCA이므로 △ABC는
$\overline{BA}=\overline{BC}$인 이등변삼각형이다.

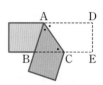

24 답 ②

∠BAC=∠DAC=65° (접은 각)

∠BCA=∠DAC=65° (엇각)

△ABC에서

∠ABC=180°−(65°+65°)=50° ∴ $x=50$

또, △ABC는 $\overline{BA}=\overline{BC}$인 이등변삼각형이므로

$\overline{BC}=\overline{AB}=6\,cm$ ∴ $y=6$

∴ $x+y=50+6=56$

25 답 ④

∠BAC=∠DAC (접은 각) (①)

∠DAC=∠BCA (엇각) (②)

∴ ∠BAC=∠BCA (③)

즉, △ABC는 $\overline{BA}=\overline{BC}$인 이등변삼각형이다. (⑤)

따라서 옳지 않은 것은 ④이다.

26 답 27 cm²

오른쪽 그림에서

∠ABC=∠CBD (접은 각)

∠ACB=∠CBD (엇각)

∴ ∠ABC=∠ACB

따라서 △ABC는 $\overline{AB}=\overline{AC}$인 이등변삼각형이므로

$\overline{AC}=\overline{AB}=9\,cm$

∴ △ABC=$\frac{1}{2}×\overline{AC}×6=\frac{1}{2}×9×6=27(cm^2)$

유형 05 직각삼각형의 합동 조건 13쪽

△ABC와 △DEF에서

(1) $\angle C = \angle F = 90°$, $\overline{AB} = \overline{DE}$,
  $\angle A = \angle D$이면
  → △ABC≡△DEF
    (RHA 합동)

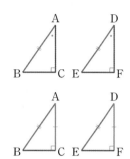

(2) $\angle C = \angle F = 90°$, $\overline{AB} = \overline{DE}$,
  $\overline{AC} = \overline{DF}$이면
  → △ABC≡△DEF
    (RHS 합동)

27 답 ㈎ $\overline{DE}$ ㈏ $\angle E$ ㈐ $\angle D$ ㈑ ASA

28 답 ㄱ과 ㄷ, ㄴ과 ㅂ

ㄱ에서 나머지 한 각의 크기는 $180° - (90° + 30°) = 60°$

즉, ㄱ과 ㄷ은 빗변의 길이와 한 예각의 크기가 각각 같은 직각삼각형이므로 RHA 합동이다.

또, ㄴ과 ㅂ은 빗변의 길이와 다른 한 변의 길이가 각각 같은 직각삼각형이므로 RHS 합동이다.

29 답 ③

① RHS 합동 ② RHA 합동 ④ SAS 합동 ⑤ ASA 합동

따라서 합동이 되기 위한 조건이 아닌 것은 ③이다.

유형 06 직각삼각형의 합동 조건의 응용 - RHA 합동 13쪽

빗변의 길이가 같은 두 직각삼각형에서 크기가 같은 한 예각이 있으면 → RHA 합동

참고 직각삼각형에서 직각을 제외한 나머지 두 각의 크기의 합은 90°이다.
→ • + × = 90°

30 답 58

△AMC와 △BMD에서

$\angle ACM = \angle BDM = 90°$, $\overline{AM} = \overline{BM}$,

$\angle AMC = \angle BMD$ (맞꼭지각)

이므로 △AMC≡△BMD (RHA 합동)

따라서 $\overline{AC} = \overline{BD} = 7$ cm이므로 $x = 7$

또, $\angle B = \angle A = 180° - (90° + 25°) = 65°$이므로 $y = 65$

∴ $y - x = 65 - 7 = 58$

31 답 8 cm

△ADB와 △CEA에서

$\angle ADB = \angle CEA = 90°$, $\overline{AB} = \overline{CA}$,

$\angle ABD = 90° - \angle BAD = \angle CAE$

이므로 △ADB≡△CEA (RHA 합동)

따라서 $\overline{DA} = \overline{EC} = 2$ cm, $\overline{AE} = \overline{BD} = 6$ cm이므로

$\overline{DE} = \overline{DA} + \overline{AE} = 2 + 6 = 8$(cm)

32 답 ②

△ADB와 △CEA에서

$\angle D = \angle E = 90°$, $\overline{AB} = \overline{CA}$,

$\angle ABD = 90° - \angle BAD = \angle CAE$ (⑤)

이므로 △ADB≡△CEA (RHA 합동) (③)

∴ $\overline{DA} = \overline{EC}$ (①), $\angle DAB = \angle ECA$ (④)

따라서 옳지 않은 것은 ②이다.

33 답 45 cm²

△BDM과 △CEM에서

$\angle D = \angle CEM = 90°$, $\overline{BM} = \overline{CM}$,

$\angle BMD = \angle CME$ (맞꼭지각)

이므로 △BDM≡△CEM (RHA 합동)

따라서 $\overline{BD} = \overline{CE} = 6$ cm, $\overline{DM} = \overline{EM} = 3$ cm이므로

$\triangle ABD = \dfrac{1}{2} \times 6 \times (12 + 3) = 45$(cm²)

34 답 ③

△ABD와 △CAE에서

$\angle BDA = \angle AEC = 90°$, $\overline{AB} = \overline{CA}$,

$\angle ABD = 90° - \angle BAD = \angle CAE$

이므로 △ABD≡△CAE (RHA 합동)

따라서 $\overline{AD} = \overline{CE} = 8$ cm, $\overline{AE} = \overline{BD} = 3$ cm이므로

$\overline{DE} = \overline{AD} - \overline{AE} = 8 - 3 = 5$(cm)

유형 07 직각삼각형의 합동 조건의 응용 - RHS 합동 14쪽

빗변의 길이가 같은 두 직각삼각형에서 빗변을 제외한 나머지 변 중에서 길이가 같은 한 변이 있으면 → RHS 합동

35 답 49

△ABD와 △AED에서

$\angle B = \angle AED = 90°$, $\overline{AD}$는 공통, $\overline{AB} = \overline{AE}$

이므로 △ABD≡△AED (RHS 합동)

따라서 $\overline{ED} = \overline{BD} = 5$ cm이므로 $x = 5$

또, $\angle EAD = \angle BAD = 23°$이므로

△ABC에서

$\angle C = 180° - (90° + 23° + 23°) = 44°$ ∴ $y = 44$

∴ $x + y = 5 + 44 = 49$

36 답 ③

△ABC에서 $\angle BAC = 180° - (90° + 40°) = 50°$

△ADE와 △ACE에서

$\angle ADE = \angle C = 90°$, $\overline{AE}$는 공통, $\overline{AD} = \overline{AC}$

이므로 △ADE≡△ACE (RHS 합동)

따라서 $\angle DAE = \angle CAE$이므로

$\angle CAE = \dfrac{1}{2} \angle BAC = \dfrac{1}{2} \times 50° = 25°$

△AEC에서 $\angle AEC = 180° - (90° + 25°) = 65°$

다른 풀이

△DBE에서 $\angle DEC = 90° + 40° = 130°$

△ADE와 △ACE에서

$\angle ADE = \angle C = 90°$, $\overline{AE}$는 공통, $\overline{AD} = \overline{AC}$

이므로 △ADE≡△ACE (RHS 합동)

따라서 $\angle AED = \angle AEC$이므로

$\angle AEC = \dfrac{1}{2} \angle DEC = \dfrac{1}{2} \times 130° = 65°$

37 답 ①

△ADM과 △CEM에서

∠ADM=∠CEM=90°, $\overline{AM}=\overline{CM}$, $\overline{MD}=\overline{ME}$

이므로 △ADM≡△CEM (RHS 합동)

따라서 ∠A=∠C=32°이므로

△ABC에서 ∠B=180°−(32°+32°)=116°

38 답 63°

△DBM과 △ECM에서

∠MDB=∠MEC=90°, $\overline{BM}=\overline{CM}$, $\overline{DM}=\overline{EM}$

이므로 △DBM≡△ECM (RHS 합동)

따라서 ∠B=∠C이므로

△ABC에서 ∠C=$\frac{1}{2}$×(180°−54°)=63°

39 답 18 cm

△ADE와 △ACE에서

∠ADE=∠C=90°, $\overline{AE}$는 공통, $\overline{AD}=\overline{AC}$

이므로 △ADE≡△ACE (RHS 합동)

∴ $\overline{DE}=\overline{CE}$

이때 $\overline{AD}=\overline{AC}=9$ cm이므로

$\overline{BD}=\overline{AB}-\overline{AD}=15-9=6$(cm)

따라서 △DBE의 둘레의 길이는

$\overline{DB}+\overline{BE}+\overline{ED}=\overline{DB}+\overline{BE}+\overline{CE}$

$=\overline{DB}+\overline{BC}$

$=6+12=18$(cm)

유형 08 각의 이등분선의 성질   15쪽

(1) 각의 이등분선 위의 한 점에서 그 각
을 이루는 두 변까지의 거리는 같다.
→ ∠AOP=∠BOP이면 $\overline{PC}=\overline{PD}$

(2) 각의 두 변으로부터 같은 거리에 있
는 점은 그 각의 이등분선 위에 있다.
→ $\overline{PC}=\overline{PD}$이면 ∠AOP=∠BOP

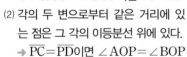

40 답 ②

△AOP와 △BOP에서

∠PAO=∠PBO=90°, $\overline{OP}$는 공통, $\overline{AP}=\overline{BP}$

이므로 △AOP≡△BOP (RHS 합동)

∴ ∠APO=∠BPO=$\frac{1}{2}$∠APB=$\frac{1}{2}$×120°=60°

따라서 △AOP에서 ∠x=180°−(90°+60°)=30°

41 답 ④

△AOP와 △BOP에서

∠PAO=∠PBO=90°, $\overline{OP}$는 공통, $\overline{AP}=\overline{BP}$

이므로 △AOP≡△BOP (RHS 합동) (⑤)

∴ $\overline{AO}=\overline{BO}$ (①), ∠APO=∠BPO (②),

∠AOP=∠BOP=$\frac{1}{2}$∠AOB (③)

따라서 옳지 않은 것은 ④이다.

42 답 15 cm²

△ABD=$\frac{1}{2}$×6×$\overline{BD}$=9(cm²)이므로

3$\overline{BD}$=9   ∴ $\overline{BD}$=3(cm)

오른쪽 그림과 같이 점 D에서

$\overline{AC}$에 내린 수선의 발을 E라 하면

∠BAD=∠EAD이므로

$\overline{DE}=\overline{DB}$=3 cm

∴ △ADC=$\frac{1}{2}$×10×3=15(cm²)

다른 풀이

△ABD=$\frac{1}{2}$×6×$\overline{BD}$=9(cm²)이므로

3$\overline{BD}$=9   ∴ $\overline{BD}$=3(cm)

△ABD와 △AED에서

∠ABD=∠AED=90°, $\overline{AD}$는 공통, ∠BAD=∠EAD

이므로 △ABD≡△AED (RHA 합동)

따라서 $\overline{DE}=\overline{DB}$=3 cm이므로

△ADC=$\frac{1}{2}$×10×3=15(cm²)

43 답 32 cm²

△ABC에서 $\overline{AC}=\overline{BC}$이므로

∠ABC=∠BAC=$\frac{1}{2}$×(180°−90°)=45°

△AED에서 ∠EDA=180°−(90°+45°)=45°

즉, △AED는 $\overline{EA}=\overline{ED}$인 직각이등변삼각형이다.

이때 ∠EBD=∠CBD이므로 $\overline{DE}=\overline{DC}$=8 cm

따라서 $\overline{EA}=\overline{ED}$=8 cm이므로

△AED=$\frac{1}{2}$×8×8=32(cm²)

다른 풀이

△ABC에서 $\overline{AC}=\overline{BC}$이므로

∠ABC=∠BAC=$\frac{1}{2}$×(180°−90°)=45°

△AED에서 ∠EDA=180°−(90°+45°)=45°

즉, △AED는 $\overline{EA}=\overline{ED}$인 직각이등변삼각형이다.

△EBD와 △CBD에서

∠BED=∠BCD=90°, $\overline{BD}$는 공통, ∠EBD=∠CBD

이므로 △EBD≡△CBD (RHA 합동)

따라서 $\overline{DE}=\overline{DC}$=8 cm이므로 $\overline{EA}=\overline{ED}$=8 cm

∴ △AED=$\frac{1}{2}$×8×8=32(cm²)

서술형   16쪽~17쪽

01 답 18°

채점 기준 1 ∠DBC의 크기 구하기… 2점

△ABC에서 $\overline{AB}=\overline{AC}$이므로

∠ABC=∠ACB=$\frac{1}{2}$×(180°− <u>36°</u>)= <u>72°</u>

$$\therefore \angle DBC = \frac{1}{2}\angle ABC = \frac{1}{2} \times \underline{72°} = \underline{36°}$$

채점 기준 2 ∠DCE의 크기 구하기 ··· 2점

$$\angle DCE = \frac{1}{2}\angle ACE = \frac{1}{2} \times (180° - \underline{72°}) = \underline{54°}$$

채점 기준 3 $\angle x$의 크기 구하기 ··· 2점

$\triangle$DBC에서

$$\angle x = \angle DCE - \angle DBC = \underline{54°} - \underline{36°} = \underline{18°}$$

01-1 답 43°

채점 기준 1 ∠DBC의 크기 구하기 ··· 2점

$\triangle$ABC에서 $\overline{AB} = \overline{AC}$이므로

$$\angle ABC = \angle ACB = \frac{1}{2} \times (180° - 48°) = 66°$$

$$\therefore \angle DBC = \frac{1}{2}\angle ABC = \frac{1}{2} \times 66° = 33°$$

채점 기준 2 ∠DCE의 크기 구하기 ··· 2점

$$\angle DCE = \frac{2}{3}\angle ACE$$이므로

$$\angle DCE = \frac{2}{3} \times (180° - 66°) = 76°$$

채점 기준 3 $\angle x$의 크기 구하기 ··· 2점

$\triangle$DBC에서

$$\angle x = \angle DCE - \angle DBC = 76° - 33° = 43°$$

02 답 8 cm

채점 기준 1 합동인 두 삼각형 찾기 ··· 3점

$\triangle$ADB와 $\triangle$CEA에서

$\angle ADB = \underline{\angle CEA} = 90°$, $\overline{AB} = \underline{\overline{CA}}$,

$\angle ABD = 90° - \angle BAD = \underline{\angle CAE}$

이므로 $\triangle$ADB $\equiv \underline{\triangle CEA}$ (RHA 합동)

채점 기준 2 $\overline{DE}$의 길이 구하기 ··· 3점

$\overline{DA} = \underline{\overline{EC}} = \underline{3}$ cm, $\overline{AE} = \underline{\overline{BD}} = \underline{5}$ cm이므로

$\overline{DE} = \overline{DA} + \overline{AE} = 3 + \underline{5} = \underline{8}$ (cm)

02-1 답 50 cm²

채점 기준 1 합동인 두 삼각형 찾기 ··· 3점

$\triangle$ADB와 $\triangle$CEA에서

$\angle ADB = \angle CEA = 90°$, $\overline{AB} = \overline{CA}$,

$\angle ABD = 90° - \angle BAD = \angle CAE$

이므로 $\triangle$ADB $\equiv \triangle$CEA (RHA 합동)

채점 기준 2 사각형 DBCE의 넓이 구하기 ··· 4점

$\overline{DA} = \overline{EC} = 4$ cm, $\overline{AE} = \overline{BD} = 6$ cm이므로

$\overline{DE} = \overline{DA} + \overline{AE} = 4 + 6 = 10$(cm)

따라서 사각형 DBCE의 넓이는 $\frac{1}{2} \times (6+4) \times 10 = 50$(cm²)

03 답 38°

$\triangle$DBC에서 $\overline{DB} = \overline{DC}$이므로

$\angle DCB = \angle DBC = \angle x$

$\therefore \angle ADC = \angle DBC + \angle DCB = \angle x + \angle x = 2\angle x$ ······ ❶

$\triangle$ADC에서 $\overline{CA} = \overline{CD}$이므로

$\angle CAD = \angle CDA = 2\angle x$ ······ ❷

따라서 $\triangle$ABC에서 $\angle A + \angle B = \angle ACE$이므로

$2\angle x + \angle x = 114°$, $3\angle x = 114°$ $\therefore \angle x = 38°$ ······ ❸

채점 기준	배점
❶ $\angle ADC$를 $\angle x$를 사용하여 나타내기	2점
❷ $\angle CAD$를 $\angle x$를 사용하여 나타내기	1점
❸ $\angle x$의 크기 구하기	3점

04 답 6 cm

$\triangle$ABC에서 $\overline{AB} = \overline{AC}$이므로 $\angle ABC = \angle C = 72°$

$\therefore \angle A = 180° - (72° + 72°) = 36°$ ······ ❶

$\angle ABD = \frac{1}{2}\angle ABC = \frac{1}{2} \times 72° = 36°$이므로

$\triangle$ABD에서

$\angle BDC = \angle A + \angle ABD = 36° + 36° = 72°$ ······ ❷

따라서 $\angle A = \angle ABD = 36°$, $\angle C = \angle BDC = 72°$이므로

$\triangle$ABD는 $\overline{DB} = \overline{DA}$인 이등변삼각형이고 $\triangle$DBC는

$\overline{BC} = \overline{BD}$인 이등변삼각형이다.

$\therefore \overline{AD} = \overline{BD} = \overline{BC} = 6$ cm ······ ❸

채점 기준	배점
❶ $\angle ABC$와 $\angle A$의 크기를 각각 구하기	2점
❷ $\angle ABD$와 $\angle BDC$의 크기를 각각 구하기	2점
❸ $\overline{AD}$의 길이 구하기	2점

05 답 (1) $\triangle$AMC$\equiv$$\triangle$BMD, RHA 합동 (2) $x = 10$, $y = 40$

(1) $\triangle$AMC와 $\triangle$BMD에서

$\angle ACM = \angle BDM = 90°$, $\overline{AM} = \overline{BM}$,

$\angle AMC = \angle BMD$ (맞꼭지각)

이므로 $\triangle$AMC$\equiv$$\triangle$BMD (RHA 합동) ······ ❶

(2) $\triangle$AMC$\equiv$$\triangle$BMD이므로

$\overline{AC} = \overline{BD} = 10$ cm $\therefore x = 10$

또, $\angle DBM = \angle CAM = 50°$이므로

$\triangle$BMD에서 $\angle BMD = 180° - (90° + 50°) = 40°$

$\therefore y = 40$ ······ ❷

채점 기준	배점
❶ 합동인 두 삼각형을 찾아 기호로 나타내고 합동 조건 말하기	3점
❷ x, y의 값을 각각 구하기	3점

06 답 140°

$\triangle$ABC와 $\triangle$DBE에서

$\angle ABC = \angle DBE = 90°$, $\overline{AC} = \overline{DE}$, $\overline{AB} = \overline{DB}$

이므로 $\triangle$ABC$\equiv$$\triangle$DBE (RHS 합동) ······ ❶

$\triangle$ABC에서 $\angle ACB = 180° - (90° + 25°) = 65°$이므로

$\angle DEB = \angle ACB = 65°$

따라서 사각형 EBCF에서

$\angle EFC = 360° - (65° + 90° + 65°) = 140°$ ······ ❷

채점 기준	배점
❶ $\triangle$ABC$\equiv$$\triangle$DBE임을 알기	3점
❷ $\angle EFC$의 크기 구하기	3점

07 답 8 cm²

△ABC에서 $\overline{AC}=\overline{BC}$이므로

$\angle ABC=\angle BAC=\dfrac{1}{2}\times(180°-90°)=45°$

△DBE에서 $\angle DEB=180°-(90°+45°)=45°$

즉, △DBE는 $\overline{DB}=\overline{DE}$인 직각이등변삼각형이다. ······ ❶

△ADE와 △ACE에서

$\angle ADE=\angle ACE=90°$, $\overline{AE}$는 공통, $\overline{AD}=\overline{AC}$

이므로 △ADE≡△ACE (RHS 합동) ······ ❷

따라서 $\overline{DE}=\overline{CE}=4$ cm이므로 $\overline{DB}=\overline{DE}=4$ cm

$\therefore$ △DBE$=\dfrac{1}{2}\times4\times4=8(cm^2)$ ······ ❸

채점 기준	배점
❶ △DBE가 직각이등변삼각형임을 알기	3점
❷ △ADE≡△ACE임을 알기	2점
❸ △DBE의 넓이 구하기	2점

08 답 $\dfrac{15}{2}$ cm

오른쪽 그림과 같이 점 D에서
$\overline{AB}$에 내린 수선의 발을 E라 하면
$\angle EAD=\angle CAD$이므로
$\overline{DE}=\overline{DC}$ ······ ❶

$\overline{DE}=\overline{DC}=x$ cm라 하면
△ABD의 넓이에서

$\dfrac{1}{2}\times15\times x=\dfrac{1}{2}\times(12-x)\times9$, $15x=108-9x$

$24x=108$ $\therefore x=\dfrac{9}{2}$

$\therefore \overline{BD}=\overline{BC}-\overline{CD}=12-\dfrac{9}{2}=\dfrac{15}{2}(cm)$ ······ ❷

채점 기준	배점
❶ $\overline{DE}=\overline{DC}$임을 알기	3점
❷ $\overline{BD}$의 길이 구하기	4점

참고 △ADE≡△ADC (RHA 합동)임을 이용하여 $\overline{DE}=\overline{DC}$를 구할 수도 있다.

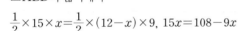

실전 중단원
U 학교 시험 1회

18쪽~21쪽

01 ⑤	02 ①	03 ②	04 ③	05 ③
06 ③	07 ④	08 ③	09 ②	10 ③
11 ②	12 ②	13 ③	14 ⑤	15 ④
16 ②	17 ⑤	18 ⑤	19 159°	20 36°
21 18 cm²	22 31°	23 24 cm²		

01 답 ⑤ 유형 01

△ABC에서 $\overline{AB}=\overline{AC}$이므로

$\angle ABC=\angle ACB=\dfrac{1}{2}\times(180°-30°)=75°$ $\therefore x=75$

$\angle ACD=180°-\angle ACB=180°-75°=105°$

$\therefore y=105$

$\therefore 2x-y=2\times75-105=45$

02 답 ① 유형 01

$\overline{AD}\perp\overline{BC}$이고 $\overline{BD}=\overline{CD}$이므로

$\overline{BC}=2\overline{BD}=2\times5=10(cm)$

$\therefore$ △ABC$=\dfrac{1}{2}\times10\times7=35(cm^2)$

03 답 ② 유형 01

△ABC에서 $\overline{AB}=\overline{AC}$이므로

$\angle B=\angle C=\dfrac{1}{2}\times(180°-50°)=65°$

이때 $\overline{AD}/\!/\overline{BC}$이므로 $\angle EAD=\angle B=65°$ (동위각)

04 답 ③ 유형 01

△ABC에서 $\overline{AB}=\overline{AC}$이므로

$\angle C=\angle B=2\angle x-15°$

따라서 $3\angle x+(2\angle x-15°)+(2\angle x-15°)=180°$이므로

$7\angle x-30°=180°$, $7\angle x=210°$ $\therefore \angle x=30°$

05 답 ③ 유형 02

△DBC에서 $\overline{DB}=\overline{DC}$이므로

$\angle DCB=\angle DBC=\angle x$

$\therefore \angle ADC=\angle DBC+\angle DCB=\angle x+\angle x=2\angle x$

△ADC에서 $\overline{CA}=\overline{CD}$이므로

$\angle DAC=\angle ADC=2\angle x$

따라서 △ABC에서

$\angle x+2\angle x=105°$, $3\angle x=105°$ $\therefore \angle x=35°$

06 답 ③ 유형 02

△ABC에서 $\overline{AB}=\overline{AC}$이므로

$\angle ABC=\angle ACB=\dfrac{1}{2}\times(180°-100°)=40°$

$\therefore \angle DBC=\dfrac{1}{2}\angle ABC=\dfrac{1}{2}\times40°=20°$

$\angle ACE=180°-\angle ACB=180°-40°=140°$이므로

$\angle DCE=\dfrac{1}{2}\angle ACE=\dfrac{1}{2}\times140°=70°$

따라서 △DBC에서

$\angle D=\angle DCE-\angle DBC=70°-20°=50°$

07 답 ④ 유형 02

$\angle ACD=\angle DCE=52°$이므로

$\angle ACB=180°-(52°+52°)=76°$

△ABC에서 $\overline{AB}=\overline{AC}$이므로

$\angle ABC=\angle ACB=76°$

△DBC에서 $\overline{CB}=\overline{CD}$이므로 $\angle CBD=\angle CDB$이고

$\angle DCE=52°$이므로

$\angle CBD=\angle CDB=\dfrac{1}{2}\angle DCE=\dfrac{1}{2}\times52°=26°$

$\therefore \angle x=\angle ABC-\angle CBD=76°-26°=50°$

08 답 ③　　　　　　　　　　　　　　　　　　유형 ③

∠B=∠C이므로 △ABC는 $\overline{AB}=\overline{AC}$인 이등변삼각형이다.

따라서 $2x-2=x+4$이므로 $x=6$

09 답 ②　　　　　　　　　　　　　유형 ① + 유형 ③

△ABC에서 $\overline{AB}=\overline{AC}$이므로 ∠ABC=∠ACB

△DBC와 △ECB에서

$\overline{DB}=\overline{AB}-\overline{AD}=\overline{AC}-\overline{AE}=\overline{EC}$ (①),

∠DBC=∠ECB, $\overline{BC}$는 공통

이므로 △DBC≡△ECB (SAS 합동) (④)

∴ ∠BDC=∠CEB (③)

또, ∠DCB=∠EBC이므로

△FBC는 $\overline{FB}=\overline{FC}$인 이등변삼각형이다. (⑤)

따라서 옳지 않은 것은 ②이다.

10 답 ③　　　　　　　　　　　　　　　　　　유형 ④

∠FEG=∠CEG (접은 각), ∠FGE=∠CEG (엇각)

∴ ∠FEG=∠FGE

따라서 △FEG는 $\overline{FE}=\overline{FG}$인 이등변삼각형이므로

$\overline{FE}=\overline{FG}=5\,cm$

11 답 ②　　　　　　　　　　　　　　　　　　유형 ⑤

① SAS 합동　　　② RHS 합동

③ ASA 합동　　　④, ⑤ RHA 합동

따라서 RHS 합동이 되기 위한 조건은 ②이다.

12 답 ②　　　　　　　　　　　　　　　　　　유형 ⑥

△BDM과 △CEM에서

∠D=∠CEM=90°, $\overline{BM}=\overline{CM}$,

∠BMD=∠CME (맞꼭지각)

이므로 △BDM≡△CEM (RHA 합동)

따라서 $\overline{BD}=\overline{CE}=5\,cm$, $\overline{DM}=\overline{EM}=2\,cm$이므로

$\triangle ABD=\dfrac{1}{2}\times5\times(7+2)=\dfrac{45}{2}(cm^2)$

13 답 ③　　　　　　　　　　　　　　　　　　유형 ⑥

△ADB와 △CEA에서

∠ADB=∠CEA=90°, $\overline{AB}=\overline{CA}$,

∠ABD=90°−∠BAD=∠CAE

이므로 △ADB≡△CEA (RHA 합동)

즉, $\overline{AD}=\overline{CE}=5\,cm$, $\overline{AE}=\overline{BD}=7\,cm$이므로

$\overline{DE}=\overline{DA}+\overline{AE}=5+7=12(cm)$ (ㄱ)

사각형 DBCE의 넓이는 $\dfrac{1}{2}\times(7+5)\times12=72(cm^2)$이므로 (ㄷ)

△ABC=(사각형 DBCE의 넓이)−(△ABD+△ACE)

$\qquad=72-\left(\dfrac{1}{2}\times7\times5+\dfrac{1}{2}\times7\times5\right)$

$\qquad=72-35=37(cm^2)$ (ㄴ)

따라서 옳은 것은 ㄱ, ㄷ이다.

14 답 ⑤　　　　　　　　　　　　　　　　　　유형 ⑦

△ADM과 △CEM에서

∠ADM=∠CEM=90°, $\overline{AM}=\overline{CM}$, $\overline{MD}=\overline{ME}$

이므로 △ADM≡△CEM (RHS 합동)

따라서 ∠C=∠A=26°이므로

△ABC에서 ∠B=180°−(26°+26°)=128°

15 답 ④　　　　　　　　　　　　　　　　　　유형 ⑦

△ADE와 △ACE에서

∠ADE=∠C=90°, $\overline{AE}$는 공통, $\overline{AD}=\overline{AC}$

이므로 △ADE≡△ACE (RHS 합동)

∴ $\overline{DE}=\overline{CE}$

이때 $\overline{AD}=\overline{AC}=6\,cm$이므로

$\overline{BD}=\overline{AB}-\overline{AD}=10-6=4(cm)$

$\overline{CE}=\overline{DE}=x\,cm$라 하면

$\overline{BE}=(8-x)cm$이므로 △ABE의 넓이에서

$\dfrac{1}{2}\times10\times x=\dfrac{1}{2}\times(8-x)\times6$

$5x=24-3x,\ 8x=24$　　∴ $x=3$

∴ $\triangle DBE=\dfrac{1}{2}\times4\times3=6(cm^2)$

16 답 ②　　　　　　　　　　　　　　　　　　유형 ⑧

△AOP와 △BOP에서

∠PAO=∠PBO=90°, $\overline{OP}$는 공통, ∠AOP=∠BOP

이므로 △AOP≡△BOP (RHA 합동)

∴ $\overline{PA}=\overline{PB}$

따라서 이용되는 조건이 아닌 것은 ②이다.

17 답 ⑤　　　　　　　　　　　　　　　　　　유형 ⑧

△AOP와 △BOP에서

∠PAO=∠PBO=90°, $\overline{OP}$는 공통, $\overline{AP}=\overline{BP}$

이므로 △AOP≡△BOP (RHS 합동)

∴ ∠AOP=∠BOP=$\dfrac{1}{2}$∠AOB=$\dfrac{1}{2}\times56°=28°$

따라서 △POB에서 ∠OPB=180°−(28°+90°)=62°

18 답 ⑤　　　　　　　　　　　　　　　　　　유형 ⑧

△BDE와 △BDC에서

∠BED=∠BCD=90°, $\overline{BD}$는 공통, ∠EBD=∠CBD

이므로 △BDE≡△BDC (RHA 합동)

∴ $\overline{DE}=\overline{DC}$, $\overline{BE}=\overline{BC}=5\,cm$

이때 $\overline{AE}=\overline{AB}-\overline{BE}=13-5=8(cm)$이므로

△AED의 둘레의 길이는

$\overline{AE}+\overline{AD}+\overline{DE}=\overline{AE}+\overline{AD}+\overline{DC}=\overline{AE}+\overline{AC}$

$\qquad\qquad=8+12=20(cm)$

19 답 159°　　　　　　　　　　　　　　　　　유형 ①

△ABD에서 $\overline{AB}=\overline{AD}$이므로

∠B=∠ADB=$\dfrac{1}{2}\times(180°-32°)=74°$

△ABC에서 $\overline{AB}=\overline{BC}$이므로

∠C=$\dfrac{1}{2}\times(180°-74°)=53°$　　‥‥‥❶

∠ADC=180°−∠ADB=180°−74°=106°이므로　‥‥‥❷

∠ADC+∠C=106°+53°=159°　　‥‥‥❸

채점 기준	배점
❶ ∠C의 크기 구하기	2점
❷ ∠ADC의 크기 구하기	1점
❸ ∠ADC+∠C의 크기 구하기	1점

20 답 $36°$ 유형 02

$\triangle DBE$에서 $\overline{DB}=\overline{DE}$이므로

$\angle DEB=\angle DBE=24°$

$\therefore \angle EDA=24°+24°=48°$ ⋯⋯ ❶

$\triangle ADE$에서 $\overline{EA}=\overline{ED}$이므로

$\angle EAD=\angle EDA=48°$

$\triangle ABE$에서

$\angle AEC=24°+48°=72°$ ⋯⋯ ❷

따라서 $\triangle AEC$에서 $\overline{AE}=\overline{AC}$이므로

$\angle ACE=\angle AEC=72°$

$\therefore \angle x=180°-(72°+72°)=36°$ ⋯⋯ ❸

채점 기준	배점
❶ $\angle EDA$의 크기 구하기	2점
❷ $\angle AEC$의 크기 구하기	2점
❸ $\angle x$의 크기 구하기	2점

21 답 $18\,cm^2$ 유형 06

오른쪽 그림과 같이 $\overline{AD}$의 연장선과

$\overline{HP}$의 연장선의 교점을 E라 하자.

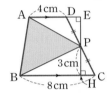

$\triangle DPE$와 $\triangle CPH$에서

$\angle DEP=\angle CHP=90°$ (엇각),

$\overline{DP}=\overline{CP}$,

$\angle DPE=\angle CPH$ (맞꼭지각)

이므로 $\triangle DPE \equiv \triangle CPH$ (RHA 합동) ⋯⋯ ❶

$\therefore \overline{EP}=\overline{HP}=3\,cm$ ⋯⋯ ❷

따라서 $\triangle ABP$의 넓이는

(사각형 ABCD의 넓이)$-(\triangle ADP+\triangle PBC)$

$=\dfrac{1}{2}\times(4+8)\times6-\left(\dfrac{1}{2}\times4\times3+\dfrac{1}{2}\times8\times3\right)$

$=36-18=18\,(cm^2)$ ⋯⋯ ❸

채점 기준	배점
❶ $\triangle DPE \equiv \triangle CPH$임을 알기	3점
❷ $\overline{EP}$의 길이 구하기	1점
❸ $\triangle ABP$의 넓이 구하기	3점

22 답 $31°$ 유형 07

$\triangle DBM$과 $\triangle ECM$에서

$\angle MDB=\angle MEC=90°$, $\overline{BM}=\overline{CM}$, $\overline{DM}=\overline{EM}$

이므로 $\triangle DBM \equiv \triangle ECM$ (RHS 합동) ⋯⋯ ❶

따라서 $\angle B=\angle C$이므로 $\triangle ABC$에서

$\angle C=\dfrac{1}{2}\times(180°-62°)=59°$ ⋯⋯ ❷

$\triangle EMC$에서

$\angle EMC=180°-(90°+59°)=31°$ ⋯⋯ ❸

채점 기준	배점
❶ $\triangle DBM \equiv \triangle ECM$임을 알기	3점
❷ $\angle C$의 크기 구하기	2점
❸ $\angle EMC$의 크기 구하기	2점

23 답 $24\,cm^2$ 유형 08

오른쪽 그림과 같이 점 D에서 $\overline{AB}$에 내

린 수선의 발을 E라 하면

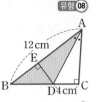

$\angle EAD=\angle CAD$이므로

$\overline{DE}=\overline{DC}=4\,cm$ ⋯⋯ ❶

$\therefore \triangle ABD=\dfrac{1}{2}\times12\times4=24\,(cm^2)$ ⋯⋯ ❷

채점 기준	배점
❶ $\overline{DE}$의 길이 구하기	3점
❷ $\triangle ABD$의 넓이 구하기	3점

U 실전 중단원 학교 시험 2회 |22쪽~25쪽

01 ①	02 ③	03 ③	04 ③	05 ③
06 ④	07 ②	08 ②	09 ④	10 ④
11 ③	12 ①	13 ②	14 ②	15 ⑤
16 ③	17 ⑤	18 ④	19 $56°$	20 $6\,cm$

21 (1) $50°$ (2) $\triangle ABC \equiv \triangle DEF$, RHA 합동 (3) $6\,cm$

22 $30°$ 23 $8\,cm$

01 답 ① 유형 01

$\triangle ABC$에서 $\overline{BA}=\overline{BC}$이므로

$\angle BAC=\dfrac{1}{2}\times(180°-48°)=66°$

$\therefore \angle DAC=180°-\angle BAC=180°-66°=114°$

02 답 ③ 유형 01

$\triangle AED$에서 $\overline{AD}=\overline{AE}$이므로

$\angle AED=\dfrac{1}{2}\times(180°-26°)=77°$

$\triangle BCE$에서 $\overline{BC}=\overline{BE}$이므로

$\angle BEC=\dfrac{1}{2}\times(180°-38°)=71°$

$\therefore \angle x=180°-(\angle AED+\angle BEC)$

$=180°-(77°+71°)=32°$

03 답 ③ 유형 01

$\triangle ABC$에서 $\overline{AB}=\overline{AC}$이므로

$\angle ABC=\angle C=\dfrac{1}{2}\times(180°-34°)=73°$

$\angle DBE=\angle A=34°$ (접은 각)이므로

$\angle EBC=\angle ABC-\angle DBE=73°-34°=39°$

04 답 ③ 유형 02

$\triangle ABC$에서 $\overline{AB}=\overline{AC}$이므로

$\angle ACB=\dfrac{1}{2}\times(180°-40°)=70°$

$\triangle AED$에서 $\overline{DA}=\overline{DE}$이므로

$\angle AED=\angle A=40°$

$\therefore \angle EDC=\angle A+\angle AED=40°+40°=80°$

$\triangle$DEC에서 $\overline{\text{DE}}=\overline{\text{DC}}$이므로

$\angle\text{DCE}=\dfrac{1}{2}\times(180°-80°)=50°$

$\therefore\ \angle x=\angle\text{ACB}-\angle\text{DCE}=70°-50°=20°$

05 답 ③   유형 02

$\triangle$ACD에서 $\overline{\text{CA}}=\overline{\text{CD}}$이므로

$\angle\text{CAD}=\angle\text{CDA}=180°-150°=30°$

$\therefore\ \angle\text{BCA}=\angle\text{CAD}+\angle\text{CDA}=30°+30°=60°$

$\triangle$ABC에서 $\overline{\text{BA}}=\overline{\text{BC}}$이므로

$\angle\text{BAC}=\angle\text{BCA}=60°$

$\therefore\ \angle\text{FAD}=180°-(\angle\text{BAC}+\angle\text{CAD})$
$\qquad\qquad\quad=180°-(60°+30°)=90°$

06 답 ④   유형 03

④ (라) ASA

07 답 ②   유형 01 + 유형 03

따라서 이등변삼각형이 아닌 것은 두 내각의 크기가 같지 않은 ②이다.

08 답 ②   유형 03

$\angle\text{B}=\angle\text{C}$이므로 $\triangle$ABC는 $\overline{\text{AB}}=\overline{\text{AC}}$인 이등변삼각형이다.

이등변삼각형의 꼭지각의 이등분선은 밑변을 수직이등분하므로

$\overline{\text{CD}}=\dfrac{1}{2}\overline{\text{BC}}=\dfrac{1}{2}\times10=5\text{(cm)}$ $\therefore\ x=5$

또, $\angle\text{ADB}=90°$이므로 $y=90$

$\therefore\ x+y=5+90=95$

09 답 ④   유형 03

$\angle\text{BAD}=\angle\text{DAE}=\angle\text{EAC}=\angle x$라 하면

$\angle\text{C}=\dfrac{1}{3}\angle\text{BAC}$이므로 $\angle\text{C}=\angle x$

$\triangle$AEC에서 $\angle\text{BEA}=\angle x+\angle x=2\angle x$

즉, $\angle\text{BEA}=\angle\text{BAE}=2\angle x$이므로

$\triangle$ABE는 $\overline{\text{BA}}=\overline{\text{BE}}$인 이등변삼각형이다.

$\therefore\ \overline{\text{BE}}=\overline{\text{BA}}=7\text{ cm}$

또, $\angle\text{EAC}=\angle\text{ECA}=\angle x$이므로

$\triangle$AEC는 $\overline{\text{EA}}=\overline{\text{EC}}$인 이등변삼각형이다.

$\therefore\ \overline{\text{AE}}=\overline{\text{EC}}=\overline{\text{BC}}-\overline{\text{BE}}=12-7=5\text{(cm)}$

10 답 ④   유형 04

$\angle\text{ABC}=\angle\text{CBD}$ (접은 각)

$\angle\text{ACB}=\angle\text{CBD}$ (엇각)

$\therefore\ \angle\text{ABC}=\angle\text{ACB}$

따라서 $\triangle$ABC는 $\overline{\text{AB}}=\overline{\text{AC}}$인 이등변삼각형이므로

$\overline{\text{AC}}=\overline{\text{AB}}=8\text{ cm}$

$\therefore\ \triangle\text{ABC}=\dfrac{1}{2}\times\overline{\text{AC}}\times5=\dfrac{1}{2}\times8\times5=20\text{(cm}^2)$

11 답 ③   유형 05

$\triangle$ABC와 $\triangle$DEF에서

$\angle\text{ACB}=\angle\text{DFE}=90°,\ \overline{\text{AB}}=\overline{\text{DE}}=16\text{ cm},$

$\overline{\text{AC}}=\overline{\text{DF}}=8\text{ cm}$

이므로 $\triangle\text{ABC}\equiv\triangle\text{DEF}$ (RHS 합동)

$\therefore\ \angle\text{B}=\angle\text{E}=180°-(90°+60°)=30°$

12 답 ①   유형 06

$\triangle$ABD와 $\triangle$CAE에서

$\angle\text{BDA}=\angle\text{AEC}=90°,\ \overline{\text{AB}}=\overline{\text{CA}},$

$\angle\text{ABD}=90°-\angle\text{BAD}=\angle\text{CAE}$

이므로 $\triangle\text{ABD}\equiv\triangle\text{CAE}$ (RHA 합동)

따라서 $\overline{\text{DA}}=\overline{\text{EC}}=7\text{ cm},\ \overline{\text{DB}}=\overline{\text{EA}}$이므로

$\overline{\text{DB}}=\overline{\text{EA}}=\overline{\text{DE}}-\overline{\text{DA}}=11-7=4\text{(cm)}$

13 답 ②   유형 06

$\triangle$ABD와 $\triangle$CAE에서

$\angle\text{BDA}=\angle\text{AEC}=90°,\ \overline{\text{AB}}=\overline{\text{CA}},$

$\angle\text{ABD}=90°-\angle\text{BAD}=\angle\text{CAE}$

이므로 $\triangle\text{ABD}\equiv\triangle\text{CAE}$ (RHA 합동)

따라서 $\overline{\text{AD}}=\overline{\text{CE}}=14\text{ cm},\ \overline{\text{AE}}=\overline{\text{BD}}=10\text{ cm}$이므로

$\overline{\text{DE}}=\overline{\text{AD}}-\overline{\text{AE}}=14-10=4\text{(cm)}$

14 답 ②   유형 07

$\triangle$ABD와 $\triangle$AED에서

$\angle\text{ABD}=\angle\text{AED}=90°,\ \overline{\text{AD}}$는 공통, $\overline{\text{AB}}=\overline{\text{AE}}$

이므로 $\triangle\text{ABD}\equiv\triangle\text{AED}$ (RHS 합동)

$\therefore\ \angle\text{BDA}=\angle\text{EDA}=58°$

$\angle\text{EDC}=180°-(\angle\text{ADB}+\angle\text{ADE})$
$\qquad\qquad\ =180°-(58°+58°)=64°$

$\triangle$EDC에서 $\angle\text{C}=180°-(90°+64°)=26°$

15 답 ⑤   유형 07

$\triangle$AED와 $\triangle$CFD에서

$\angle\text{DAE}=\angle\text{DCF}=90°,\ \overline{\text{DE}}=\overline{\text{DF}},\ \overline{\text{AD}}=\overline{\text{CD}}$

이므로 $\triangle\text{AED}\equiv\triangle\text{CFD}$ (RHS 합동)

$\therefore\ \angle\text{CDF}=\angle\text{ADE}=28°$

$\angle\text{EDF}=\angle\text{EDC}+\angle\text{CDF}$
$\qquad\qquad\ =\angle\text{EDC}+\angle\text{ADE}=\angle\text{ADC}=90°$

즉, $\triangle$DEF는 $\overline{\text{DE}}=\overline{\text{DF}}$인 직각이등변삼각형이므로

$\angle\text{DFE}=\dfrac{1}{2}\times(180°-90°)=45°$

따라서 $\triangle$DGF에서

$\angle\text{DGE}=\angle\text{GDF}+\angle\text{DFG}=28°+45°=73°$

16 답 ③   유형 08

$\triangle$POQ와 $\triangle$POR에서

$\angle\text{PQO}=\angle\text{PRO}=90°,\ \overline{\text{OP}}$는 공통, $\angle\text{POQ}=\angle\text{POR}$

이므로 $\triangle\text{POQ}\equiv\triangle\text{POR}$ (RHA 합동) (⑤)

$\therefore\ \overline{\text{OQ}}=\overline{\text{OR}}$ (①), $\overline{\text{PQ}}=\overline{\text{PR}}$ (②), $\angle\text{OPQ}=\angle\text{OPR}$ (④)

따라서 옳지 않은 것은 ③이다.

17 답 ⑤   유형 **08**

$\triangle ABC$에서 $\overline{AB}=\overline{BC}$이므로

$\angle ACB=\dfrac{1}{2}\times(180^\circ-90^\circ)=45^\circ$

$\triangle EDC$에서 $\angle EDC=180^\circ-(90^\circ+45^\circ)=45^\circ$

즉, $\triangle EDC$는 $\overline{ED}=\overline{EC}$인 직각이등변삼각형이다.

이때 $\angle BAD=\angle EAD$이므로 $\overline{DE}=\overline{DB}=6\,\mathrm{cm}$

따라서 $\overline{EC}=\overline{ED}=6\,\mathrm{cm}$이므로

$\triangle EDC=\dfrac{1}{2}\times6\times6=18(\mathrm{cm}^2)$

18 답 ④   유형 **08**

오른쪽 그림과 같이 점 D에서 $\overline{AB}$에
내린 수선의 발을 E라 하면
$\angle EAD=\angle CAD$이므로
$\overline{DE}=\overline{DC}=6\,\mathrm{cm}$
$\triangle ABD$의 넓이에서

$\dfrac{1}{2}\times20\times6=\dfrac{1}{2}\times\overline{BD}\times12$

$6\overline{BD}=60$ $\therefore \overline{BD}=10(\mathrm{cm})$

19 답 56° 유형 **02**

$\triangle ADC$에서 $\overline{DA}=\overline{DC}$이므로

$\angle DAC=\angle DCA=\angle x$라 하면

$\angle BDA=\angle x+\angle x=2\angle x$

$\triangle ABD$에서 $\overline{BA}=\overline{BD}$이므로

$\angle BAD=\angle BDA=2\angle x$

$\therefore \angle BAC=2\angle x+\angle x=3\angle x$

즉, $3\angle x=180^\circ-87^\circ=93^\circ$이므로 $\angle x=31^\circ$ ······ ❶

따라서 $\triangle ABC$에서 $\angle ABC+31^\circ=87^\circ$이므로

$\angle ABC=56^\circ$ ······ ❷

채점 기준	배점
❶ $\angle DCA$의 크기 구하기	4점
❷ $\angle ABC$의 크기 구하기	2점

20 답 $6\,\mathrm{cm}$ 유형 **03**

$\triangle ABC$에서 $\overline{AB}=\overline{AC}$이므로

$\angle ABC=\angle ACB$

두 직각삼각형 EDC와 MDB에서

$\angle BMD=90^\circ-\angle MBD$
$\qquad\quad=90^\circ-\angle ACB=\angle CED$

이고 $\angle AME=\angle BMD$ (맞꼭지각)이므로

$\angle AME=\angle CED$

따라서 $\triangle AEM$은 $\overline{AE}=\overline{AM}$인 이등변삼각형이므로   ······ ❶

$\overline{AE}=\overline{AM}=\dfrac{1}{2}\overline{AB}=\dfrac{1}{2}\overline{AC}$

$\qquad=\dfrac{1}{2}\times12=6(\mathrm{cm})$ ······ ❷

채점 기준	배점
❶ $\triangle AEM$이 이등변삼각형임을 알기	5점
❷ $\overline{AE}$의 길이 구하기	2점

21 답 (1) 50° (2) $\triangle ABC\equiv\triangle DEF$, RHA 합동   유형 **05**
     (3) $6\,\mathrm{cm}$

(1) $\angle E=180^\circ-(90^\circ+40^\circ)=50^\circ$ ······ ❶

(2) $\triangle ABC$와 $\triangle DEF$에서

$\angle C=\angle F=90^\circ$, $\overline{AB}=\overline{DE}$, $\angle B=\angle E$

이므로 $\triangle ABC\equiv\triangle DEF$ (RHA 합동)   ······ ❷

(3) $\overline{BC}=\overline{EF}=6\,\mathrm{cm}$ ······ ❸

채점 기준	배점
❶ $\angle E$의 크기 구하기	1점
❷ 두 직각삼각형이 합동임을 기호로 나타내고 합동 조건 말하기	2점
❸ $\overline{BC}$의 길이 구하기	1점

22 답 30° 유형 **07**

$\triangle AED$와 $\triangle AFD$에서

$\angle AED=\angle AFD=90^\circ$, $\overline{AD}$는 공통, $\overline{DE}=\overline{DF}$

이므로 $\triangle AED\equiv\triangle AFD$ (RHS 합동)   ······ ❶

$\therefore \angle EAD=\angle FAD$

이때 $\triangle ADF$에서 $\angle FAD=180^\circ-(90^\circ+75^\circ)=15^\circ$이므로

$\angle BAC=2\angle FAD=2\times15^\circ=30^\circ$ ······ ❷

채점 기준	배점
❶ $\triangle AED\equiv\triangle AFD$임을 알기	3점
❷ $\angle BAC$의 크기 구하기	3점

23 답 $8\,\mathrm{cm}$ 유형 **08**

$\triangle ABC$에서 $\overline{AB}=\overline{AC}$이므로

$\angle C=\dfrac{1}{2}\times(180^\circ-90^\circ)=45^\circ$

오른쪽 그림과 같이 점 D에서 $\overline{BC}$에
내린 수선의 발을 E라 하면
$\triangle DEC$에서
$\angle EDC=180^\circ-(90^\circ+45^\circ)=45^\circ$
이므로 $\triangle DEC$는 $\overline{ED}=\overline{EC}$인 직각
이등변삼각형이다.   ······ ❶

$\triangle ABD$와 $\triangle EBD$에서

$\angle BAD=\angle BED=90^\circ$, $\overline{BD}$는 공통, $\angle ABD=\angle EBD$

이므로 $\triangle ABD\equiv\triangle EBD$ (RHA 합동)   ······ ❷

$\therefore \overline{AB}=\overline{EB}$, $\overline{AD}=\overline{ED}$

$\therefore \overline{AB}+\overline{AD}=\overline{BE}+\overline{ED}=\overline{BE}+\overline{EC}=\overline{BC}=8(\mathrm{cm})$ ······ ❸

채점 기준	배점
❶ $\overline{ED}=\overline{EC}$임을 알기	2점
❷ $\triangle ABD\equiv\triangle EBD$임을 알기	3점
❸ $\overline{AB}+\overline{AD}$의 길이 구하기	2점

 교과서 속 특이 문제   ○ 26쪽

01 답 (1) 90° (2) 풀이 참조

(1) $\triangle ABM$과 $\triangle ACM$에서

$\overline{AB}=\overline{AC}$, $\overline{BM}=\overline{CM}$, $\overline{AM}$은 공통

이므로 $\triangle ABM\equiv\triangle ACM$ (SSS 합동)

∴ ∠AMB=∠AMC

이때 ∠AMB+∠AMC=180°에서

∠AMB=∠AMC=90°이므로 추를 매단 줄이 점 M을 지날 때, $\overline{AM}$과 $\overline{BC}$가 이루는 각의 크기는 90°이다.

(2) 추를 매단 줄이 점 M을 지날 때, 추를 매단 줄은 중력에 의해 지면과 항상 수직을 이룬다.

이때 $\overline{AM}$과 $\overline{BC}$가 이루는 각의 크기가 90°이므로 평행선과 동위각의 성질에 의해 동위각의 크기가 같은 $\overline{BC}$와 지면은 서로 평행하다.

---

02 답 36°

△ADE, △AEF, △AFG는 대응하는 세 변의 길이가 각각 같으므로

△ADE≡△AEF≡AFG (SSS 합동)

△DBE에서 ∠DBE=∠y라 하면 $\overline{DB}=\overline{DE}$이므로

∠DEB=∠DBE=∠y

∴ ∠ADE=∠DBE+∠DEB

  =∠y+∠y=2∠y

△ADE에서 $\overline{AD}=\overline{AE}$이므로

∠AED=∠ADE=2∠y

이때 ∠AEF=∠ADE=2∠y이므로

∠y+2∠y+2∠y=180°, 5∠y=180°

∴ ∠y=36°

따라서 ∠AEF=∠AFE=2×36°=72°이므로

△AEF에서

∠x+72°+72°=180° ∴ ∠x=36°

---

03 답 108°

△ABC에서 $\overline{AB}=\overline{AC}$이므로

∠ABC=∠ACB=$\frac{1}{2}$×(180°−36°)=72°

∴ ∠x=$\frac{1}{2}$∠ABC=$\frac{1}{2}$×72°=36°

∠ACE=180°−∠ACB=180°−72°=108°이므로

∠y=$\frac{1}{2}$∠ACE=$\frac{1}{2}$×108°=54°

△DBC에서 ∠DBC+∠z=∠DCE이므로

36°+∠z=54°에서 ∠z=18°

∴ ∠x+∠y+∠z=36°+54°+18°=108°

---

04 답 $\overline{BE}$

△ABD에서 ∠DAB+∠ADB=80°이므로

∠ADB=80°−∠DAB=80°−30°=50°

△ABE에서 ∠EAB+∠AEB=80°이므로

∠AEB=80°−∠EAB=80°−40°=40°

△ABF에서 ∠FAB+∠AFB=80°이므로

∠AFB=80°−∠FAB=80°−50°=30°

따라서 ∠EAB=∠AEB이므로 △ABE는 $\overline{BA}=\overline{BE}$인 이등변삼각형이고 길이가 강의 폭 $\overline{AB}$의 길이와 같은 선분은 $\overline{BE}$이다.

---

2 삼각형의 외심과 내심

IV. 삼각형의 성질

28쪽~29쪽

개념 check

1 답 (1) ○ (2) × (3) × (4) ○

(4) △OAD와 △OBD에서

∠ODA=∠ODB=90°, $\overline{OA}=\overline{OB}$, $\overline{OD}$는 공통

이므로 △OAD≡△OBD (RHS 합동)

2 답 (1) 3 (2) 110

(1) 삼각형의 외심은 세 변의 수직이등분선의 교점이므로

$\overline{CD}=\overline{BD}=3$ cm ∴ $x=3$

(2) △OBC에서 $\overline{OB}=\overline{OC}$이므로

∠OCB=∠OBC=35°

∴ ∠BOC=180°−2×35°=110° ∴ $x=110$

3 답 (1) 30° (2) 120°

(1) 35°+25°+∠x=90° ∴ ∠x=30°

(2) ∠x=2∠A=2×60°=120°

4 답 (1) × (2) ○ (3) × (4) ○

(4) △IBD와 △IBE에서

∠IDB=∠IEB=90°, $\overline{IB}$는 공통, ∠DBI=∠EBI

이므로 △IBD≡△IBE (RHA 합동)

5 답 (1) 30 (2) 6

(1) △IBC에서

∠ICB=180°−(130°+20°)=30°이므로

∠ICA=∠ICB=30° ∴ $x=30$

(2) 삼각형의 내심에서 세 변에 이르는 거리는 모두 같으므로

$\overline{IE}=\overline{ID}=6$ cm ∴ $x=6$

6 답 (1) 45° (2) 119°

(1) 25°+∠x+20°=90° ∴ ∠x=45°

(2) ∠x=90°+$\frac{1}{2}$∠A=90°+$\frac{1}{2}$×58°=119°

7 답 2 cm

△ABC의 내접원의 반지름의 길이를 r cm라 하면

△ABC=$\frac{1}{2}$×r×(6+8+10)=12r(cm²)

이때 △ABC=$\frac{1}{2}$×6×8=24(cm²)이므로

12r=24 ∴ r=2

따라서 △ABC의 내접원의 반지름의 길이는 2 cm이다.

기출 유형

30쪽~35쪽

유형 01 삼각형의 외심

30쪽

(1) 삼각형의 외심은 세 변의 수직이등분선의 교점이다.

(2) 삼각형의 외심에서 세 꼭짓점에 이르는 거리는 모두 같다.

→ $\overline{OA}=\overline{OB}=\overline{OC}$

01 답 ④

① 점 O는 △ABC의 세 변의 수직이등분선의 교점이므로
△ABC의 외심이다.
② 점 O가 △ABC의 외심이므로 $\overline{OA}=\overline{OB}=\overline{OC}$
③ $\overline{OA}=\overline{OB}$이므로 ∠OAD=∠OBD
⑤ △OAF와 △OCF에서
∠OFA=∠OFC=90°, $\overline{OA}=\overline{OC}$, $\overline{OF}$는 공통
이므로 △OAF≡△OCF (RHS 합동)
따라서 옳지 않은 것은 ④이다.

02 답 42

점 O는 △ABC의 세 변의 수직이등분선의 교점이므로
$\overline{AD}=\overline{BD}$, $\overline{BE}=\overline{CE}$, $\overline{AF}=\overline{CF}$
따라서 △ABC의 둘레의 길이는
$2\times(7+8+6)=42$

03 답 ②

원의 중심은 원 위의 세 점을 꼭짓점으로 하는 삼각형의 외심이
므로 삼각형의 세 변의 수직이등분선의 교점이다.

유형 02 직각삼각형의 외심   30쪽

(1) 직각삼각형의 외심은 빗변의 중점이다.
(2) (△ABC의 외접원의 반지름의 길이)
$=\overline{OA}=\overline{OB}=\overline{OC}=\dfrac{1}{2}\overline{AB}$

(3) △OBC, △OCA는 모두 이등변삼각형
이다.

---

04 답 12 cm

점 O는 직각삼각형 ABC의 외심이므로
$\overline{OA}=\overline{OB}=\overline{OC}$
∴ $\overline{AB}=2\overline{OC}=2\times6=12$(cm)

05 답 10π cm

직각삼각형의 외심은 빗변의 중점이므로 △ABC의 외접원의
반지름의 길이는
$\dfrac{1}{2}\overline{AC}=\dfrac{1}{2}\times10=5$(cm)
따라서 △ABC의 외접원의 둘레의 길이는
$2\pi\times5=10\pi$(cm)

06 답 124°

점 O는 직각삼각형 ABC의 외심이므로
$\overline{OA}=\overline{OB}=\overline{OC}$
즉, △OAB는 $\overline{OA}=\overline{OB}$인 이등변삼각형이므로
∠OAB=∠B=62°
∴ ∠AOC=∠OAB+∠B=62°+62°=124°

07 답 15 cm²

점 O는 직각삼각형 ABC의 외심이므로
$\overline{OA}=\overline{OB}=\overline{OC}$
이때 $\overline{OB}=\overline{OC}$이므로 △ABO=△AOC
∴ △ABO$=\dfrac{1}{2}$△ABC$=\dfrac{1}{2}\times\left(\dfrac{1}{2}\times5\times12\right)=15$(cm²)

유형 03 둔각삼각형의 외심   31쪽

(1) 둔각삼각형의 외심은 삼각형의 외부
에 존재한다.
(2) $\overline{OA}=\overline{OB}=\overline{OC}$이므로 △OAB,
△OBC, △OCA는 모두 이등변삼
각형이다.

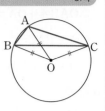

---

08 답 ③

점 O는 △ABC의 외심이므로 $\overline{OA}=\overline{OB}=\overline{OC}$
△OAB에서 ∠OBA$=\dfrac{1}{2}\times(180°-26°)=77°$
△OBC에서 ∠OBC$=\dfrac{1}{2}\times(180°-74°)=53°$
∴ ∠ABC=∠OBA+∠OBC=77°+53°=130°

09 답 ④

점 O는 △ABC의 외심이므로 $\overline{OA}=\overline{OB}=\overline{OC}$
△OBC에서 ∠OBC=∠OCB=∠x라 하면
△OAB에서 ∠OAB=∠OBA=∠x+17°
△OAC에서 ∠OAC=∠OCA=∠x+52°
따라서 △ABC에서
$(∠x+17°)+(∠x+52°)+17°+52°=180°$
$2∠x=42°$ ∴ ∠x=21°
∴ ∠BAO=21°+17°=38°

유형 04 삼각형의 외심의 응용   31쪽

점 O가 △ABC의 외심일 때
(1)   (2)

∠x+∠y+∠z=90°   ∠BOC=2∠A

---

10 답 ②

∠x+30°+45°=90° ∴ ∠x=15°

11 답 25°

오른쪽 그림과 같이 $\overline{OA}$, $\overline{OC}$를 긋고
∠OAB=∠x, ∠OAC=∠y,
∠OBC=∠z라 하면
∠x+∠y+∠z=90°
이때 ∠x+∠y=65°이므로
65°+∠z=90°에서 ∠z=25°
∴ ∠OBC=25°

다른 풀이

∠BOC=2∠A=2×65°=130°
△OBC에서 $\overline{OB}=\overline{OC}$이므로
∠OBC$=\dfrac{1}{2}\times(180°-130°)=25°$

12 답 ③

△OAB에서 $\overline{OA}=\overline{OB}$이므로 $\angle OAB=\angle OBA=20°$

이때 $\angle BAC=\dfrac{1}{2}\angle BOC=\dfrac{1}{2}\times100°=50°$이므로

$\angle OAC=\angle BAC-\angle OAB=50°-20°=30°$

13 답 90°

$\angle BOC=2\angle A=2\angle x$, $\angle OCB=\angle OBC=\angle y$

따라서 △OBC에서 $2\angle x+\angle y+\angle y=180°$

$2(\angle x+\angle y)=180°$　∴ $\angle x+\angle y=90°$

14 답 60°

$\angle AOB:\angle BOC:\angle COA=2:3:4$이므로

$\angle BOC=360°\times\dfrac{3}{2+3+4}=360°\times\dfrac{1}{3}=120°$

∴ $\angle BAC=\dfrac{1}{2}\angle BOC=\dfrac{1}{2}\times120°=60°$

참고 $\angle AOB:\angle BOC:\angle COA$

$=a:b:c$이면

$\angle AOB=360°\times\dfrac{a}{a+b+c}$

$\angle BOC=360°\times\dfrac{b}{a+b+c}$

$\angle COA=360°\times\dfrac{c}{a+b+c}$

유형 05 삼각형의 내심　32쪽

(1) 삼각형의 내심은 세 내각의 이등분선의 교점이다.

(2) 삼각형의 내심에서 세 변에 이르는 거리는 모두 같다.
　→ $\overline{ID}=\overline{IE}=\overline{IF}$

15 답 ④, ⑤

④ △IAD와 △IAF에서

$\angle IDA=\angle IFA=90°$, $\overline{AI}$는 공통, $\angle IAD=\angle IAF$

이므로 △IAD≡△IAF (RHA 합동)

∴ $\angle AID=\angle AIF$

⑤ △IBD와 △IBE에서

$\angle IDB=\angle IEB=90°$, $\overline{BI}$는 공통, $\angle IBD=\angle IBE$

이므로 △IBD≡△IBE (RHA 합동)

따라서 옳은 것은 ④, ⑤이다.

16 답 ③

점 I는 △ABC의 내심이므로

$\angle IBC=\angle ABI=37°$, $\angle ICB=\angle ACI=25°$

따라서 △IBC에서 $\angle x=180°-(37°+25°)=118°$

17 답 ④

△ABC에서 $\angle ABC=\dfrac{1}{2}\times(180°-52°)=64°$

점 I는 △ABC의 내심이므로

$\angle IBC=\dfrac{1}{2}\angle ABC=\dfrac{1}{2}\times64°=32°$

또, 점 I′은 △IBC의 내심이므로

$\angle I'BC=\dfrac{1}{2}\angle IBC=\dfrac{1}{2}\times32°=16°$

유형 06 삼각형의 내심의 응용　32쪽

점 I가 △ABC의 내심일 때

(1)
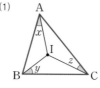

$\angle x+\angle y+\angle z=90°$

(2)
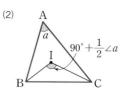

$\angle BIC=90°+\dfrac{1}{2}\angle A$

18 답 5°

$\angle x+30°+25°=90°$　∴ $\angle x=35°$

$\angle y=\angle IBC=30°$

∴ $\angle x-\angle y=35°-30°=5°$

19 답 25°

오른쪽 그림과 같이 $\overline{AI}$를 그으면

$\angle IAB=\dfrac{1}{2}\angle BAC=\dfrac{1}{2}\times70°=35°$

따라서 $35°+\angle IBC+30°=90°$이므로

$\angle IBC=25°$

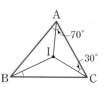

20 답 ④

$\angle ICB=\dfrac{1}{2}\angle ACB=\dfrac{1}{2}\times56°=28°$이므로

△IBC에서 $\angle x=180°-(30°+28°)=122°$

또, $\angle y+30°+28°=90°$이므로 $\angle y=32°$

∴ $\angle x+\angle y=122°+32°=154°$

21 답 180°

오른쪽 그림과 같이 $\overline{IC}$를 그으면

$\angle ICB=\dfrac{1}{2}\angle ACB=\dfrac{1}{2}\times60°=30°$

$\angle IAB=\angle IAC=\angle a$,

$\angle IBA=\angle IBC=\angle b$라 하면

$\angle a+\angle b+30°=90°$

∴ $\angle a+\angle b=60°$

△ADC에서 $\angle x=\angle DAC+\angle ACB=\angle a+60°$

△BCE에서 $\angle y=\angle EBC+\angle ACB=\angle b+60°$

∴ $\angle x+\angle y=(\angle a+60°)+(\angle b+60°)$

$=(\angle a+\angle b)+120°$

$=60°+120°=180°$

22 답 25°

$\angle BIC=90°+\dfrac{1}{2}\angle BAC$이므로

$115°=90°+\dfrac{1}{2}\angle BAC$, $\dfrac{1}{2}\angle BAC=25°$　∴ $\angle BAC=50°$

∴ $\angle x=\dfrac{1}{2}\angle BAC=\dfrac{1}{2}\times50°=25°$

23 답 ③

$\angle$AIB : $\angle$BIC : $\angle$AIC=5 : 4 : 6이므로

$\angle$AIC=$360°\times\dfrac{6}{5+4+6}$=$360°\times\dfrac{2}{5}$=$144°$

$\angle$AIC=$90°+\dfrac{1}{2}\angle$ABC이므로

$144°=90°+\dfrac{1}{2}\angle$ABC, $\dfrac{1}{2}\angle$ABC=$54°$

$\therefore \angle$ABC=$108°$

24 답 ⑤

점 I는 △ABC의 내심이므로

$\angle$BIC=$90°+\dfrac{1}{2}\angle$A=$90°+\dfrac{1}{2}\times56°$=$118°$

또, 점 I′은 △IBC의 내심이므로

$\angle$BI′C=$90°+\dfrac{1}{2}\angle$BIC=$90°+\dfrac{1}{2}\times118°$=$149°$

유형 **07** 삼각형의 내심과 내접원   33쪽

점 I가 △ABC의 내심이고 내접원의 반
지름의 길이가 r일 때

(1) △ABC=$\dfrac{1}{2}r(a+b+c)$

(2) $\overline{\text{AD}}=\overline{\text{AF}}$, $\overline{\text{BD}}=\overline{\text{BE}}$, $\overline{\text{CE}}=\overline{\text{CF}}$

25 답 ③

△ABC의 내접원의 반지름의 길이를 r cm라 하면
△ABC의 넓이가 84 cm²이므로

$\dfrac{1}{2}\times r\times(13+15+14)$=84, $21r=84$ $\therefore r=4$

따라서 △ABC의 내접원의 반지름의 길이는 4 cm이다.

26 답 ②

△ABC의 넓이가 135 cm²이므로

$\dfrac{1}{2}\times5\times(\overline{\text{AB}}+\overline{\text{BC}}+\overline{\text{CA}})$=135

$\therefore \overline{\text{AB}}+\overline{\text{BC}}+\overline{\text{CA}}$=54(cm)

따라서 △ABC의 둘레의 길이는 54 cm이다.

27 답 ①

△ABC의 내접원의 반지름의 길이를 r cm라 하면

△ABC=$\dfrac{1}{2}\times r\times(8+17+15)$=20$r$(cm²)

이때 △ABC=$\dfrac{1}{2}\times8\times15$=60(cm²)이므로

$20r=60$ $\therefore r=3$

따라서 △ABC의 내접원의 넓이는 $\pi\times3^2$=9π(cm²)

28 답 $\dfrac{5}{2}$ cm²

△ABC의 내접원의 반지름의 길이를 r cm라 하면

△ABC=$\dfrac{1}{2}\times r\times(5+4+3)$=6$r$(cm²)

이때 △ABC=$\dfrac{1}{2}\times4\times3$=6(cm²)이므로

$6r=6$ $\therefore r=1$

$\therefore$ △ABI=$\dfrac{1}{2}\times5\times1$=$\dfrac{5}{2}$(cm²)

29 답 ②

$\overline{\text{AF}}=\overline{\text{AD}}$=2 cm이므로

$\overline{\text{CE}}=\overline{\text{CF}}=\overline{\text{AC}}-\overline{\text{AF}}$=5-2=3(cm)

또, $\overline{\text{BE}}=\overline{\text{BD}}=\overline{\text{AB}}-\overline{\text{AD}}$=6-2=4(cm)

$\therefore \overline{\text{BC}}=\overline{\text{BE}}+\overline{\text{CE}}$=4+3=7(cm)

30 답 5 cm

$\overline{\text{AD}}=\overline{\text{AF}}=x$ cm라 하면

$\overline{\text{BE}}=\overline{\text{BD}}=\overline{\text{AB}}-\overline{\text{AD}}$=(8-$x$) cm

$\overline{\text{CE}}=\overline{\text{CF}}=\overline{\text{AC}}-\overline{\text{AF}}$=(11-$x$) cm

이때 $\overline{\text{BE}}+\overline{\text{CE}}=\overline{\text{BC}}$이므로

$(8-x)+(11-x)=9$, $19-2x=9$ $\therefore x=5$

따라서 $\overline{\text{AD}}$의 길이는 5 cm이다.

31 답 ③

오른쪽 그림과 같이 직각삼각형
ABC의 내접원과 세 변 AB, BC,
CA의 접점을 각각 D, E, F라 하자.
이때 사각형 DBEI는 정사각형이므로

$\overline{\text{BD}}=\overline{\text{BE}}$=2 cm

또, $\overline{\text{CF}}=\overline{\text{CE}}=\overline{\text{BC}}-\overline{\text{BE}}$=8-2=6(cm)이므로

$\overline{\text{AD}}=\overline{\text{AF}}=\overline{\text{AC}}-\overline{\text{CF}}$=10-6=4(cm)

$\therefore \overline{\text{AB}}=\overline{\text{AD}}+\overline{\text{BD}}$=4+2=6(cm)

[다른 풀이]

$\overline{\text{AB}}=x$ cm라 하면

△ABC=$\dfrac{1}{2}\times2\times(x+8+10)$=$x$+18(cm²)

이때 △ABC=$\dfrac{1}{2}\times8\times x$=4$x$(cm²)이므로

$x+18=4x$, $3x=18$ $\therefore x=6$

따라서 $\overline{\text{AB}}$의 길이는 6 cm이다.

유형 **08** 삼각형의 내심과 평행선   34쪽

점 I가 △ABC의 내심이고, $\overline{\text{DE}} /\!/ \overline{\text{BC}}$일 때

(1) △DBI, △EIC는 모두 이등변삼각형
이다. → $\overline{\text{DB}}=\overline{\text{DI}}$, $\overline{\text{EI}}=\overline{\text{EC}}$

(2) (△ADE의 둘레의 길이)
=$\overline{\text{AD}}+\overline{\text{DE}}+\overline{\text{EA}}$
=$\overline{\text{AD}}+(\overline{\text{DI}}+\overline{\text{EI}})+\overline{\text{EA}}$
=$(\overline{\text{AD}}+\overline{\text{DB}})+(\overline{\text{EC}}+\overline{\text{EA}})$
=$\overline{\text{AB}}+\overline{\text{AC}}$

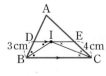

32 답 ③

오른쪽 그림과 같이 $\overline{\text{IB}}$, $\overline{\text{IC}}$를 그으면
점 I는 △ABC의 내심이므로

$\angle$DBI=$\angle$IBC, $\angle$ECI=$\angle$ICB

$\overline{\text{DE}} /\!/ \overline{\text{BC}}$이므로

$\angle$DIB=$\angle$IBC (엇각), $\angle$EIC=$\angle$ICB (엇각)

즉, ∠DBI=∠DIB, ∠ECI=∠EIC이므로
△DBI, △EIC는 각각 $\overline{DB}=\overline{DI}$, $\overline{EI}=\overline{EC}$인 이등변삼각형이다.
∴ $\overline{DE}=\overline{DI}+\overline{EI}=\overline{DB}+\overline{EC}=3+4=7(cm)$

33 답 12 cm

오른쪽 그림과 같이 $\overline{IB}$, $\overline{IC}$를 그으면
점 I는 △ABC의 내심이므로
∠DBI=∠IBC, ∠ECI=∠ICB
$\overline{DE}/\!/\overline{BC}$이므로

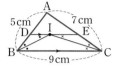

∠DIB=∠IBC (엇각), ∠EIC=∠ICB (엇각)
즉, ∠DBI=∠DIB, ∠ECI=∠EIC이므로
△DBI, △EIC는 각각 $\overline{DB}=\overline{DI}$, $\overline{EI}=\overline{EC}$인 이등변삼각형이다.
따라서 △ADE의 둘레의 길이는
$$\begin{aligned}\overline{AD}+\overline{DE}+\overline{EA}&=\overline{AD}+(\overline{DI}+\overline{EI})+\overline{EA}\\&=(\overline{AD}+\overline{DB})+(\overline{EC}+\overline{EA})\\&=\overline{AB}+\overline{AC}=5+7=12(cm)\end{aligned}$$

34 답 3 cm

오른쪽 그림과 같이 $\overline{IB}$, $\overline{IC}$를 그으면
점 I는 △ABC의 내심이므로
∠DBI=∠IBC, ∠ECI=∠ICB
$\overline{DE}/\!/\overline{BC}$이므로

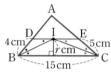

∠DIB=∠IBC (엇각), ∠EIC=∠ICB (엇각)
즉, ∠DBI=∠DIB, ∠ECI=∠EIC이므로
△DBI, △EIC는 각각 $\overline{DB}=\overline{DI}$, $\overline{EI}=\overline{EC}$인 이등변삼각형이다.
∴ $\overline{DE}=\overline{DI}+\overline{EI}=\overline{DB}+\overline{EC}=4+5=9(cm)$
사각형 DBCE의 넓이가 36 cm²이고, 높이는 △ABC의 내접원의 반지름의 길이와 같으므로 △ABC의 내접원의 반지름의 길이를 r cm라 하면
$$\frac{1}{2}\times(9+15)\times r=36, \quad 12r=36 \qquad \therefore r=3$$
따라서 △ABC의 내접원의 반지름의 길이는 3 cm이다.

 **유형 09** 삼각형의 외심과 내심   35쪽

오른쪽 그림에서 두 점 O, I가 각각 △ABC의
외심과 내심일 때

(1) ∠BOC=2∠A, ∠BIC=90°+$\frac{1}{2}$∠A
(2) ∠OBC=∠OCB, ∠IBA=∠IBC

참고 이등변삼각형의 외심과 내심은 모두 꼭지각의 이등분선 위에 있고 정삼각형의 외심과 내심은 일치한다.

35 답 ④

④ 직각삼각형의 외심이 빗변의 중점이며 직각삼각형의 내심은 삼각형의 내부에 있다.
따라서 옳지 않은 것은 ④이다.

36 답 115°

점 O는 △ABC의 외심이므로
∠A=$\frac{1}{2}$∠BOC=$\frac{1}{2}$×100°=50°

점 I는 △ABC의 내심이므로
∠BIC=90°+$\frac{1}{2}$∠A=90°+$\frac{1}{2}$×50°=115°

37 답 60°

점 O는 △ABC의 외심이므로
∠BOC=2∠A=2∠x
점 I는 △ABC의 내심이므로
∠BIC=90°+$\frac{1}{2}$∠A=90°+$\frac{1}{2}$∠x
이때 ∠BOC=∠BIC이므로
$2\angle x=90°+\frac{1}{2}\angle x, \quad \frac{3}{2}\angle x=90° \qquad \therefore \angle x=60°$

38 답 ③

점 O는 △ABC의 외심이므로
∠BOC=2∠A=2×44°=88°
△OBC에서 $\overline{OB}=\overline{OC}$이므로
∠OBC=$\frac{1}{2}$×(180°−88°)=46°
△ABC에서 $\overline{AB}=\overline{AC}$이므로
∠ABC=$\frac{1}{2}$×(180°−44°)=68°
점 I는 △ABC의 내심이므로
∠IBC=$\frac{1}{2}$∠ABC=$\frac{1}{2}$×68°=34°
∴ ∠OBI=∠OBC−∠IBC
      =46°−34°=12°

39 답 ①

직각삼각형의 외심은 빗변의 중점이므로
(△ABC의 외접원 O의 반지름의 길이)
$=\overline{OA}=\overline{OC}=\frac{1}{2}\overline{AC}$
$=\frac{1}{2}\times5=2.5(cm)$
△ABC의 내접원 I의 반지름의 길이를 r cm라 하면
$\triangle ABC=\frac{1}{2}\times r\times(3+4+5)=6r(cm^2)$
이때 $\triangle ABC=\frac{1}{2}\times4\times3=6(cm^2)$이므로
$6r=6 \qquad \therefore r=1$
따라서 △ABC의 외접원 O와 내접원 I의 반지름의 길이의 차는
2.5−1=1.5(cm)

40 답 7 cm²

사각형 IECF는 정사각형이므로 $\overline{EC}=\overline{FC}=1$ cm
$\overline{BC}=a$ cm, $\overline{AC}=b$ cm라 하면
$\overline{BD}=\overline{BE}=\overline{BC}-\overline{EC}=(a-1)$ cm
$\overline{AD}=\overline{AF}=\overline{AC}-\overline{FC}=(b-1)$ cm
이때 $\overline{AD}+\overline{BD}=\overline{AB}$이므로
$(b-1)+(a-1)=2\times3=6 \qquad \therefore a+b=8$
$\therefore \triangle ABC=\frac{1}{2}\times1\times(6+a+b)=\frac{1}{2}\times14=7(cm^2)$

서술형

36쪽~37쪽

01 답 15 cm

채점 기준 1 △ABM이 정삼각형임을 알기 … 4점

△ABC에서 ∠B=180°−(90°+30°)= 60°

점 M은 △ABC의 외심 이므로 $\overline{MA}=\overline{MB}=\overline{MC}$

△ABM에서 $\overline{MA}=\overline{MB}$ 이므로 ∠MAB=∠ B = 60°

∴ ∠AMB=180°−(60°+ 60°)= 60°

따라서 △ABM은 정삼각형이다.

채점 기준 2 △ABM의 둘레의 길이 구하기 … 2점

$\overline{BM}=\dfrac{1}{2}\overline{BC}=\dfrac{1}{2}\times 10 = 5$ (cm)이므로

△ABM의 둘레의 길이는 $3\overline{BM}=3\times 5 = 15$ (cm)

01-1 답 18 cm

채점 기준 1 △ABM이 정삼각형임을 알기 … 4점

△ABC에서 ∠B=180°−(90°+30°)=60°

점 M은 △ABC의 외심이므로 $\overline{MA}=\overline{MB}=\overline{MC}$

△ABM에서 $\overline{MA}=\overline{MB}$이므로 ∠MAB=∠B=60°

∴ ∠AMB=180°−(60°+60°)=60°

따라서 △ABM은 정삼각형이다.

채점 기준 2 $\overline{AM}$의 길이 구하기 … 2점

△ABC의 외접원의 둘레의 길이가 12π cm이므로

$2\pi\times\overline{AM}=12\pi$에서 $\overline{AM}=6$(cm)

채점 기준 3 △ABM의 둘레의 길이 구하기 … 1점

△ABM의 둘레의 길이는 $3\overline{AM}=3\times 6=18$(cm)

02 답 6 cm²

채점 기준 1 △ABC의 내접원의 반지름의 길이 구하기 … 4점

△ABC의 내접원의 반지름의 길이를 r cm라 하면

$\triangle ABC=\dfrac{1}{2}\times r\times(10+ 8 +6)= 12r$ (cm²)

이때 $\triangle ABC=\dfrac{1}{2}\times 8\times 6 = 24$ (cm²)이므로

$12 r= 24$ ∴ $r= 2$

채점 기준 2 △AIC의 넓이 구하기 … 2점

$\triangle AIC=\dfrac{1}{2}\times 6\times 2 = 6$ (cm²)

02-1 답 18 cm²

채점 기준 1 △ABC의 내접원의 반지름의 길이 구하기 … 4점

△ABC의 내접원의 반지름의 길이를 r cm라 하면

$\triangle ABC=\dfrac{1}{2}\times r\times(15+12+9)=18r$(cm²)

이때 $\triangle ABC=\dfrac{1}{2}\times 12\times 9=54$(cm²)이므로

$18r=54$ ∴ $r=3$

채점 기준 2 △IBC의 넓이 구하기 … 2점

$\triangle IBC=\dfrac{1}{2}\times 12\times 3=18$(cm²)

03 답 112°

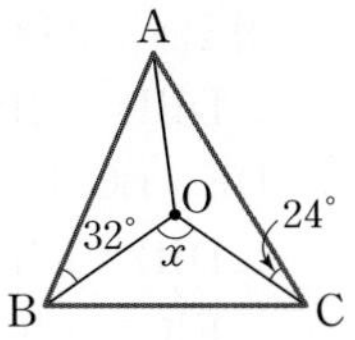

오른쪽 그림과 같이 $\overline{OA}$를 그으면

$\overline{OA}=\overline{OB}=\overline{OC}$이므로

△OAB에서

∠OAB=∠OBA=32°

△OCA에서

∠OAC=∠OCA=24°

∴ ∠A=∠OAB+∠OAC

  =32°+24°=56° ……❶

∴ ∠x=2∠A=2×56°=112° ……❷

채점 기준	배점
❶ ∠A의 크기 구하기	2점
❷ ∠x의 크기 구하기	2점

04 답 (1) 150° (2) 105°

(1) 점 O는 △ABC의 외심이므로

  ∠AOC=2∠B=2×75°=150° ……❶

(2) 오른쪽 그림과 같이 $\overline{OD}$를 그으면

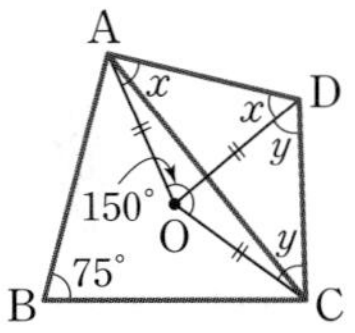

  점 O는 △ACD의 외심이므로

  $\overline{OA}=\overline{OD}=\overline{OC}$

  ∠OAD=∠ODA=∠x,

  ∠ODC=∠OCD=∠y라 하면

  사각형 AOCD에서

  ∠x+150°+∠y+(∠x+∠y)=360°

  $2(\angle x+\angle y)=210°$

  ∴ ∠x+∠y=105°

  ∴ ∠D=∠x+∠y=105° ……❷

다른 풀이

(2) 점 O는 △ACD의 외심이므로

  $\angle D=\dfrac{1}{2}\times(360°-150°)=105°$

채점 기준	배점
❶ ∠AOC의 크기 구하기	2점
❷ ∠D의 크기 구하기	4점

05 답 56°

△ABC에서

∠BAC=180°−(52°+68°)=60°

점 I는 △ABC의 내심이므로

$\angle BAD=\dfrac{1}{2}\angle BAC=\dfrac{1}{2}\times 60°=30°$ ……❶

$\angle ABI=\dfrac{1}{2}\angle ABC=\dfrac{1}{2}\times 52°=26°$ ……❷

따라서 △ABI에서

∠BID=∠BAI+∠ABI

  =30°+26°=56° ……❸

채점 기준	배점
❶ ∠BAD의 크기 구하기	2점
❷ ∠ABI의 크기 구하기	2점
❸ ∠BID의 크기 구하기	2점

06 답 68°

점 I는 △ABC의 내심이므로
∠DBI=∠IBC, ∠ECI=∠ICB
$\overline{DE}$ // $\overline{BC}$이므로
∠DIB=∠IBC (엇각),
∠EIC=∠ICB (엇각)
즉, ∠DBI=∠DIB, ∠ECI=∠EIC이므로 ······ ❶
∠ABC+∠ACB=2(∠DBI+∠ECI)
=2(∠DIB+∠EIC)
=2×56°=112°
따라서 △ABC에서 ∠A=180°−112°=68° ······ ❷

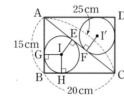

채점 기준	배점
❶ 내심의 성질을 이용하여 크기가 같은 각 모두 찾기	3점
❷ ∠A의 크기 구하기	3점

07 답 5 cm

△ABC의 내접원의 반지름의 길이를 r cm라 하면
$\triangle ABC=\dfrac{1}{2}\times r\times(15+20+25)=30r$ (cm²)
이때 $\triangle ABC=\dfrac{1}{2}\times20\times15=150$ (cm²)이므로
$30r=150$ ∴ $r=5$ ······ ❶
오른쪽 그림과 같이 점 I에서 $\overline{AB}$,
$\overline{BC}$에 내린 수선의 발을 각각 G, H
라 하면 사각형 GBHI는 정사각형
이므로 $\overline{GB}=5$ cm에서
$\overline{AE}=\overline{AG}=\overline{AB}-\overline{GB}$
$=15-5=10$ (cm)
같은 방법으로 하면 △ACD에서 $\overline{CF}=10$ cm ······ ❷
∴ $\overline{EF}=\overline{AC}-\overline{AE}-\overline{CF}=25-10-10=5$ (cm) ······ ❸

[다른 풀이]
사각형 GBHI는 정사각형이므로 $\overline{GB}=\overline{BH}=x$ cm라 하면
$\overline{AE}=\overline{AG}=(15-x)$ cm, $\overline{CE}=\overline{CH}=(20-x)$ cm
이때 $\overline{AE}+\overline{CE}=\overline{AC}$이므로 $(15-x)+(20-x)=25$
$35-2x=25$ ∴ $x=5$
즉, $\overline{AE}=15-5=10$ (cm)
같은 방법으로 하면 △ACD에서 $\overline{CF}=10$ cm
∴ $\overline{EF}=\overline{AC}-\overline{AE}-\overline{CF}=25-10-10=5$ (cm)

채점 기준	배점
❶ 내접원의 반지름의 길이 구하기	3점
❷ $\overline{AE}$, $\overline{CF}$의 길이를 각각 구하기	3점
❸ $\overline{EF}$의 길이 구하기	1점

08 답 28π cm

직각삼각형의 외심은 빗변의 중점이므로
(△ABC의 외접원 O의 반지름의 길이)
$=\overline{OA}=\overline{OB}=\dfrac{1}{2}\overline{BC}=\dfrac{1}{2}\times20=10$ (cm) ······ ❶
△ABC의 내접원 I의 반지름의 길이를 r cm라 하면
$\triangle ABC=\dfrac{1}{2}\times r\times(12+20+16)=24r$ (cm²)

이때 $\triangle ABC=\dfrac{1}{2}\times12\times16=96$ (cm²)이므로
$24r=96$ ∴ $r=4$ ······ ❷
따라서 △ABC의 외접원 O와 내접원 I의 둘레의 길이의 합은
$2\pi\times10+2\pi\times4=28\pi$ (cm) ······ ❸

채점 기준	배점
❶ 외접원 O의 반지름의 길이 구하기	2점
❷ 내접원 I의 반지름의 길이 구하기	3점
❸ 외접원 O와 내접원 I의 둘레의 길이의 합 구하기	2점

실전 중단원
학교 시험 1회 ───38쪽~41쪽

01 ③	02 ③	03 ①	04 ②	05 ①
06 ③	07 ④	08 ⑤	09 ⑤	10 ②
11 ③	12 ③	13 ④	14 ①	15 ②
16 ②	17 ②	18 ③	19 10°	
20 (1) 15° (2) 80°		21 186°	22 9π cm²	23 105°

01 답 ③ 유형 01

①, ② 점 O는 △ABC의 외심이므로
$\overline{OA}=\overline{OB}=\overline{OC}$, $\overline{BE}=\overline{CE}$
④ $\overline{OA}=\overline{OC}$이므로 ∠OAF=∠OCF
⑤ △OBE와 △OCE에서
∠OEB=∠OEC=90°, $\overline{OB}=\overline{OC}$, $\overline{OE}$는 공통
이므로 △OBE≡△OCE (RHS 합동)
따라서 옳지 않은 것은 ③이다.

02 답 ③ 유형 01

△OBC에서 $\overline{OB}=\overline{OC}$이므로
$\overline{OB}=\overline{OC}=\dfrac{1}{2}\times(14-6)=4$ (cm)
따라서 △ABC의 외접원의 반지름의 길이는 4 cm이다.

03 답 ① 유형 02

점 O가 △ABC의 외심이므로 $\overline{OA}=\overline{OB}$
∴ $\triangle OAC=\triangle OBC=\dfrac{1}{2}\triangle ABC$
$=\dfrac{1}{2}\times\left(\dfrac{1}{2}\times15\times12\right)=45$ (cm²)

04 답 ② 유형 04

$\angle A=\dfrac{1}{2}\angle BOC=\dfrac{1}{2}\times106°=53°$

05 답 ① 유형 04

오른쪽 그림과 같이 $\overline{OA}$, $\overline{OB}$를 긋고
∠OAB=∠x, ∠OAC=∠y,
∠OCB=∠z라 하면
∠x+∠y+∠z=90°
이때 ∠x+∠y=50°이므로
50°+∠z=90°에서 ∠z=40°
∴ ∠OCB=40°

다른 풀이

$\angle BOC = 2\angle A = 2\times 50^\circ = 100^\circ$

$\triangle OBC$에서 $\overline{OB}=\overline{OC}$이므로

$\angle OCB = \dfrac{1}{2}\times(180^\circ - 100^\circ) = 40^\circ$

06 답 ③ 유형 02 + 유형 04

$\angle AOC = 2\angle B = 2\times 45^\circ = 90^\circ$

즉, $\triangle AOC$는 $\angle AOC = 90^\circ$인 직각삼각형이므로 $\triangle AOC$의 외심은 빗변 AC의 중점이다.

따라서 $\triangle AOC$의 외접원의 반지름의 길이는 $\dfrac{1}{2}\times 12 = 6\,(\mathrm{cm})$

이므로 $\triangle AOC$의 외접원의 넓이는 $\pi\times 6^2 = 36\pi\,(\mathrm{cm}^2)$

07 답 ④ 유형 04

$\angle AOB : \angle BOC : \angle COA = 3:5:7$이므로

$\angle AOC = 360^\circ \times \dfrac{7}{3+5+7} = 360^\circ\times\dfrac{7}{15} = 168^\circ$

$\therefore \angle ABC = \dfrac{1}{2}\angle AOC = \dfrac{1}{2}\times 168^\circ = 84^\circ$

08 답 ⑤ 유형 05

⑤ 삼각형의 세 꼭짓점에 이르는 거리가 모두 같은 것은 삼각형의 외심이다.

따라서 옳지 않은 것은 ⑤이다.

09 답 ⑤ 유형 05

점 I는 $\triangle ABC$의 내심이므로

$\angle ABC = 2\angle ABI = 2\times 30^\circ = 60^\circ$

$\angle ACB = 2\angle ICB = 2\times 20^\circ = 40^\circ$

따라서 $\triangle ABC$에서 $\angle A = 180^\circ - (60^\circ + 40^\circ) = 80^\circ$

10 답 ② 유형 06

$\angle AIC = 90^\circ + \dfrac{1}{2}\angle B = 90^\circ + \dfrac{1}{2}\times 90^\circ = 135^\circ$

11 답 ③ 유형 06

오른쪽 그림과 같이 $\overline{IC}$를 그으면

$\angle ACI = \dfrac{1}{2}\angle ACB = \dfrac{1}{2}\times 54^\circ = 27^\circ$

따라서 $31^\circ + \angle IBC + 27^\circ = 90^\circ$이므로

$\angle IBC = 32^\circ$

12 답 ③ 유형 07

$\triangle ABC$의 내접원의 반지름의 길이를 $r\,\mathrm{cm}$라 하면

$\triangle ABC = \dfrac{1}{2}\times r\times(5+13+12) = 15r\,(\mathrm{cm}^2)$

이때 $\triangle ABC = \dfrac{1}{2}\times 5\times 12 = 30\,(\mathrm{cm}^2)$이므로

$15r = 30 \qquad \therefore r = 2$

따라서 $\triangle ABC$의 내접원의 반지름의 길이는 $2\,\mathrm{cm}$이다.

13 답 ④ 유형 07

$\overline{CE} = \overline{CF} = 5\,\mathrm{cm}$이므로

$\overline{BD} = \overline{BE} = \overline{BC} - \overline{CE} = 11 - 5 = 6\,(\mathrm{cm})$

$\overline{AF} = \overline{AD} = \overline{AB} - \overline{BD} = 12 - 6 = 6\,(\mathrm{cm})$

$\therefore \overline{AC} = \overline{AF} + \overline{CF} = 6 + 5 = 11\,(\mathrm{cm})$

14 답 ① 유형 08

오른쪽 그림과 같이 $\overline{IA},\ \overline{IC}$를 그으면
점 I는 $\triangle ABC$의 내심이므로

$\angle DAI = \angle IAC,\ \angle ACI = \angle ICE$

$\overline{DE}\,/\!/\,\overline{AC}$이므로

$\angle DIA = \angle IAC$ (엇각),

$\angle EIC = \angle ACI$ (엇각)

즉, $\angle DAI = \angle DIA,\ \angle EIC = \angle ECI$이므로 $\triangle ADI,\ \triangle IEC$는 각각 $\overline{DA} = \overline{DI},\ \overline{EI} = \overline{EC}$인 이등변삼각형이다.

따라서 $\triangle DBE$의 둘레의 길이는

$\overline{DB} + \overline{BE} + \overline{DE} = \overline{DB} + \overline{BE} + (\overline{DI} + \overline{EI})$
$= (\overline{DB} + \overline{DA}) + (\overline{BE} + \overline{EC})$
$= \overline{AB} + \overline{BC}$
$= 7 + 11 = 18\,(\mathrm{cm})$

15 답 ② 유형 08

오른쪽 그림과 같이 $\overline{IB},\ \overline{IC}$를 그으면
점 I는 $\triangle ABC$의 내심이므로

$\angle ABI = \angle IBD,\ \angle ACI = \angle ICE$

$\overline{AB}\,/\!/\,\overline{ID}$이므로

$\angle ABI = \angle BID$ (엇각)

$\overline{AC}\,/\!/\,\overline{IE}$이므로 $\angle ACI = \angle CIE$ (엇각)

즉, $\angle IBD = \angle BID,\ \angle ICE = \angle CIE$이므로 $\triangle IBD,\ \triangle ICE$는 각각 $\overline{DB} = \overline{DI},\ \overline{EC} = \overline{EI}$인 이등변삼각형이다.

이때 $\overline{AB}\,/\!/\,\overline{ID}$이므로 $\angle IDE = \angle ABC = 60^\circ$ (동위각)

$\overline{AC}\,/\!/\,\overline{IE}$이므로 $\angle IED = \angle ACB = 60^\circ$ (동위각)

따라서 $\triangle IDE$는 정삼각형이므로

$\overline{DB} = \overline{DI} = \overline{DE} = \overline{EI} = \overline{EC}$

$\therefore \overline{DE} = \dfrac{1}{3}\overline{BC} = \dfrac{1}{3}\overline{AB} = \dfrac{1}{3}\times 5 = \dfrac{5}{3}\,(\mathrm{cm})$

16 답 ② 유형 09

직각삼각형의 외심은 빗변의 중점이므로

($\triangle ABC$의 외접원의 반지름의 길이)

$= \overline{OA} = \dfrac{1}{2}\overline{AB} = \dfrac{1}{2}\times 10 = 5\,(\mathrm{cm})$

$\triangle ABC$의 내접원의 반지름의 길이를 $r\,\mathrm{cm}$라 하면

$\triangle ABC = \dfrac{1}{2}\times r\times(10+8+6) = 12r\,(\mathrm{cm}^2)$

이때 $\triangle ABC = \dfrac{1}{2}\times 8\times 6 = 24\,(\mathrm{cm}^2)$이므로

$12r = 24 \qquad \therefore r = 2$

따라서 $\triangle ABC$의 외접원과 내접원의 반지름의 길이의 합은

$5 + 2 = 7\,(\mathrm{cm})$

17 답 ② 유형 09

점 O는 $\triangle ABC$의 외심이므로

$\angle BOC = 2\angle A = 2\times 40^\circ = 80^\circ$

$\triangle OBC$에서 $\angle OCB = \dfrac{1}{2}\times(180^\circ - 80^\circ) = 50^\circ$

$\triangle ABC$에서

$\angle ACB = \dfrac{1}{2}\times(180^\circ - 40^\circ) = 70^\circ$이고

점 I는 △ABC의 내심이므로

$\angle ICB = \frac{1}{2}\angle ACB = \frac{1}{2}\times 70° = 35°$

$\therefore \angle OCI = \angle OCB - \angle ICB = 50° - 35° = 15°$

18 답 ③　　　　　　　　　　　　　　　　유형 09

△ABC에서 $\angle ACB = 180° - (90° + 70°) = 20°$

점 O는 △ABC의 외심이므로 $\overline{OA} = \overline{OB} = \overline{OC}$

△OBC에서 $\overline{OB} = \overline{OC}$이므로 $\angle OBC = \angle OCB = 20°$

점 I는 △ABC의 내심이므로

$\angle ICB = \frac{1}{2}\angle ACB = \frac{1}{2}\times 20° = 10°$

따라서 △PBC에서

$\angle BPC = 180° - (20° + 10°) = 150°$

19 답 10°　　　　　　　　　　　　　　　유형 02

점 O는 직각삼각형 ABC의 외심이므로

$\overline{OA} = \overline{OB} = \overline{OC}$

△OAC에서 $\overline{OA} = \overline{OC}$이므로 $\angle OCA = \angle A = 50°$　……❶

△ADC에서 $\angle ACD = 180° - (90° + 50°) = 40°$　……❷

$\therefore \angle OCD = \angle OCA - \angle ACD = 50° - 40° = 10°$　……❸

채점 기준	배점
❶ ∠OCA의 크기 구하기	3점
❷ ∠ACD의 크기 구하기	2점
❸ ∠OCD의 크기 구하기	1점

20 답 (1) 15° (2) 80°　　　　　　　　　유형 03

(1) 점 O는 △ABC의 외심이므로 $\overline{OA} = \overline{OB} = \overline{OC}$

△OBC에서 $\angle OBC = \angle OCB = \angle a$라 하면

△OAB에서 $\angle OAB = \angle OBA = \angle a + 40°$

△OAC에서 $\angle OAC = \angle OCA = \angle a + 35°$

따라서 △ABC에서

$(\angle a + 40°) + (\angle a + 35°) + 40° + 35° = 180°$

$2\angle a = 30°$　　$\therefore \angle a = 15°$

$\therefore \angle OBC = 15°$　……❶

(2) △OAC에서 $\angle OAC = \angle OCA = 15° + 35° = 50°$이므로

$\angle AOC = 180° - 2\times 50° = 80°$　……❷

채점 기준	배점
❶ ∠OBC의 크기 구하기	4점
❷ ∠AOC의 크기 구하기	2점

21 답 186°　　　　　　　　　　　　　　유형 06

오른쪽 그림과 같이 $\overline{IB}$를 그으면

$\angle IBC = \frac{1}{2}\angle ABC = \frac{1}{2}\times 64° = 32°$

$\angle IAB = \angle IAC = \angle a$,

$\angle ICA = \angle ICB = \angle b$라 하면

$\angle a + 32° + \angle b = 90°$

$\therefore \angle a + \angle b = 58°$　……❶

△DBC에서 $\angle x = \angle DCB + \angle DBC = \angle b + 64°$

△ABE에서 $\angle y = \angle BAE + \angle ABE = \angle a + 64°$

$\therefore \angle x + \angle y = (\angle b + 64°) + (\angle a + 64°)$
$= (\angle a + \angle b) + 128°$
$= 58° + 128° = 186°$　……❷

채점 기준	배점
❶ $\frac{1}{2}\angle A + \frac{1}{2}\angle C$의 크기 구하기	3점
❷ ∠x+∠y의 크기 구하기	4점

22 답 9π cm²　　　　　　　　　　　　유형 07

△ABC의 내접원의 반지름의 길이를 r cm라 하면

$\triangle ABC = \frac{1}{2}r(\overline{AB} + \overline{BC} + \overline{CA})$이므로

$51 = \frac{1}{2}\times r \times 34$, $17r = 51$　$\therefore r = 3$　……❶

따라서 △ABC의 내접원 I의 넓이는

$\pi \times 3^2 = 9\pi (cm^2)$　……❷

채점 기준	배점
❶ 내접원 I의 반지름의 길이 구하기	2점
❷ 내접원 I의 넓이 구하기	2점

23 답 105°　　　　　　　　　　　　　　유형 09

점 I가 △ABC의 내심이므로 $\angle CAD = \angle BAD = 30°$

$\therefore \angle DAE = \angle CAD - \angle CAE$
$= 30° - 15° = 15°$　……❶

오른쪽 그림과 같이 $\overline{OB}$를 그으면

점 O가 △ABC의 외심이므로

$\overline{OA} = \overline{OB}$

$\therefore \angle OBA = \angle OAB$
$= \angle BAD + \angle DAE$
$= 30° + 15° = 45°$　……❷

또, $\angle CAO + \angle ABO + \angle OBE = 90°$에서

$15° + 45° + \angle OBE = 90°$　$\therefore \angle OBE = 30°$　……❸

따라서 △ABD에서

$\angle ADE = \angle BAD + \angle ABD$
$= 30° + (45° + 30°) = 105°$　……❹

채점 기준	배점
❶ ∠DAE의 크기 구하기	2점
❷ ∠OBA의 크기 구하기	2점
❸ ∠OBE의 크기 구하기	2점
❹ ∠ADE의 크기 구하기	1점

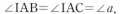

실전 중단원 01
학교 시험 2회　　　　　　　　　　42쪽~45쪽

01 ②	02 ①	03 ④	04 ④	05 ②
06 ③	07 ②	08 ②	09 ④	10 ④
11 ③	12 ④	13 ①	14 ③	15 ①, ④
16 ③	17 ⑤	18 ①	19 ∠B=55°, ∠C=60°	
20 120°	21 120 cm²	22 (1) 20° (2) 30° (3) 19 cm		
23 20°				

01 답 ②　유형 01

점 O는 △ABC의 세 변의 수직이등분선의 교점이므로
$\overline{AD}=\overline{BD}$, $\overline{BE}=\overline{CE}$, $\overline{AF}=\overline{CF}$
따라서 △ABC의 둘레의 길이는
$2\times(7+6+5)=36\,(\text{cm})$

02 답 ①　유형 01

오른쪽 그림과 같이 $\overline{OC}$를 그으면
$\overline{OA}=\overline{OB}=\overline{OC}$이므로
△OAC에서
$\angle OCA=\angle OAC=25°$
△OBC에서
$\angle OBC=\angle OCB=70°-25°=45°$
따라서 △OBD에서 $\angle BOD=180°-(90°+45°)=45°$

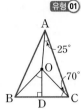

03 답 ④　유형 02

점 M은 직각삼각형 ABC의 외심이므로
$\overline{MA}=\overline{MB}=\overline{MC}$
△AMC에서 $\angle MAC=\angle C=60°$이므로
$\angle AMC=180°-(60°+60°)=60°$
따라서 △AMC는 정삼각형이므로
$\overline{MC}=\overline{AC}=6\,\text{cm}$
$\therefore \overline{BC}=2\overline{MC}=2\times6=12\,(\text{cm})$

04 답 ④　유형 03

점 O는 △ABC의 외심이므로
$\overline{OA}=\overline{OB}=\overline{OC}$
△OAC에서 $\angle OAC=\angle OCA=24°$이므로
$\angle AOC=180°-2\times24°=132°$
△OAB에서 $\angle OAB=\angle OBA=56°$이므로
$\angle AOB=180°-2\times56°=68°$
$\therefore \angle BOC=\angle AOC-\angle AOB=132°-68°=64°$

05 답 ②　유형 04

$\angle x+45°+30°=90°$　$\therefore \angle x=15°$

06 답 ③　유형 04

점 O는 △ABC의 외심이므로
$\overline{OA}=\overline{OB}=\overline{OC}$
△OAB에서 $\angle OAB=\angle OBA=\angle x$
△OAC에서 $\angle OAC=\angle OCA=\angle y$
이때 $\angle BAC=\dfrac{1}{2}\angle BOC=\dfrac{1}{2}\times110°=55°$이므로
$\angle x+\angle y=\angle BAC=55°$

07 답 ②　유형 02 + 유형 04

점 M은 직각삼각형 ABC의 외심이므로
$\angle AMB=2\angle C=2\times26°=52°$
점 O는 △ABM의 외심이므로
$\angle AOB=2\angle AMB=2\times52°=104°$

08 답 ②　유형 05

①, ③ 점 I는 △ABC의 내심이므로
$\overline{ID}=\overline{IE}=\overline{IF}$, $\angle IAD=\angle IAF$

④ △IBD와 △IBE에서
$\angle IDB=\angle IEB=90°$, $\overline{BI}$는 공통, $\angle IBD=\angle IBE$
이므로 △IBD≡△IBE (RHA 합동)
$\therefore \angle DIB=\angle EIB$

⑤ △ICE와 △ICF에서
$\angle IEC=\angle IFC=90°$, $\overline{IC}$는 공통, $\angle ICE=\angle ICF$
이므로 △ICE≡△ICF (RHA 합동)
따라서 옳지 않은 것은 ②이다.

09 답 ④　유형 06

$\angle AIB=90°+\dfrac{1}{2}\angle C$이므로
$119°=90°+\dfrac{1}{2}\angle C$, $\dfrac{1}{2}\angle C=29°$　$\therefore \angle C=58°$

10 답 ④　유형 06

오른쪽 그림과 같이 $\overline{IA}$를 그으면
$\angle IAB=\dfrac{1}{2}\angle BAC=\dfrac{1}{2}\times50°=25°$
따라서 $25°+\angle x+26°=90°$이므로
$\angle x=39°$

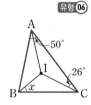

11 답 ③　유형 06

$\angle BAC:\angle ABC:\angle BCA=5:4:3$이므로
$\angle ABC=180°\times\dfrac{4}{5+4+3}=180°\times\dfrac{1}{3}=60°$
점 I는 △ABC의 내심이므로
$\angle IBC=\dfrac{1}{2}\angle ABC=\dfrac{1}{2}\times60°=30°$

12 답 ④　유형 06

$\angle IAB=\angle IAC=\angle a$,
$\angle IBA=\angle IBC=\angle b$라 하면
△ABE에서
$2\angle a+\angle b=180°-\angle AEB$
$=180°-80°$
$=100°$ ……㉠
△ABD에서
$\angle a+2\angle b=180°-\angle ADB$
$=180°-85°$
$=95°$ ……㉡
㉠+㉡을 하면
$3(\angle a+\angle b)=195°$　$\therefore \angle a+\angle b=65°$
△ABC에서
$\angle C=180°-2(\angle a+\angle b)$
$=180°-2\times65°=50°$

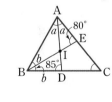

13 답 ①　유형 07

내접원의 반지름의 길이를 $r\,\text{cm}$라 하면
$\triangle ABC=\dfrac{1}{2}\times r\times(20+16+12)=24r\,(\text{cm}^2)$
이때 $\triangle ABC=\dfrac{1}{2}\times16\times12=96\,(\text{cm}^2)$이므로
$24r=96$　$\therefore r=4$
$\therefore \triangle IBC=\dfrac{1}{2}\times16\times4=32\,(\text{cm}^2)$

14 답 ③   유형 07

$\overline{BD}=\overline{BE}=x$ cm라 하면

$\overline{AF}=\overline{AD}=\overline{AB}-\overline{BD}=(8-x)$ cm

$\overline{CF}=\overline{CE}=\overline{BC}-\overline{BE}=(12-x)$ cm

이때 $\overline{AF}+\overline{CF}=\overline{AC}$이므로

$(8-x)+(12-x)=10$, $20-2x=10$ $\therefore x=5$

따라서 $\overline{BD}$의 길이는 5 cm이다.

15 답 ①, ④   유형 08

점 I는 △ABC의 내심이므로

$\angle DBI=\angle IBC$, $\angle ECI=\angle ICB$

$\overline{DE}/\!/\overline{BC}$이므로

$\angle DIB=\angle IBC$ (엇각), $\angle EIC=\angle ICB$ (엇각)

즉, $\angle DBI=\angle DIB$, $\angle ECI=\angle EIC$ (③)이므로

△DBI, △EIC는 각각 $\overline{DB}=\overline{DI}$ (②), $\overline{EI}=\overline{EC}$인 이등변삼각형이다.

$\therefore \overline{DE}=\overline{DI}+\overline{EI}=\overline{DB}+\overline{EC}$ (⑤)

따라서 옳지 않은 것은 ①, ④이다.

16 답 ③   유형 09

점 I는 △OBC의 내심이므로

$\angle BIC=90°+\dfrac{1}{2}\angle BOC$에서

$150°=90°+\dfrac{1}{2}\angle BOC$, $\dfrac{1}{2}\angle BOC=60°$

$\therefore \angle BOC=120°$

점 O는 △ABC의 외심이므로

$\angle A=\dfrac{1}{2}\angle BOC=\dfrac{1}{2}\times120°=60°$

17 답 ⑤   유형 09

직각삼각형의 외심은 빗변의 중점이므로

(△ABC의 외접원 O의 반지름의 길이)

$=\overline{OA}=\overline{OC}=\dfrac{1}{2}\overline{BC}=\dfrac{1}{2}\times15=\dfrac{15}{2}$(cm)

△ABC의 내접원 I의 반지름의 길이를 r cm라 하면

$\triangle ABC=\dfrac{1}{2}\times r\times(9+15+12)=18r(\text{cm}^2)$

이때 $\triangle ABC=\dfrac{1}{2}\times9\times12=54(\text{cm}^2)$이므로

$18r=54$ $\therefore r=3$

따라서 색칠한 부분의 넓이는 외접원 O의 넓이에서 내접원 I의 넓이를 뺀 것과 같으므로

$\pi\times\left(\dfrac{15}{2}\right)^2-\pi\times3^2=\dfrac{225}{4}\pi-9\pi=\dfrac{189}{4}\pi(\text{cm}^2)$

18 답 ①   유형 09

△ABC에서 $\overline{AB}=\overline{AC}$이므로

$\angle ABC=\angle ACB=\dfrac{1}{2}\times(180°-52°)=64°$

점 I는 △ABC의 내심이므로

$\angle IBC=\dfrac{1}{2}\angle ABC=\dfrac{1}{2}\times64°=32°$

즉, △EBC에서

$\angle y=180°-(32°+64°)=84°$

오른쪽 그림과 같이 $\overline{OC}$를 그으면

점 O는 △ABC의 외심이므로

$\angle BOC=2\angle A=2\times52°=104°$

△OBC에서 $\overline{OB}=\overline{OC}$이므로

$\angle OBC=\dfrac{1}{2}\times(180°-104°)=38°$

따라서 △DBC에서

$\angle x=180°-(38°+64°)=78°$

$\therefore \angle y-\angle x=84°-78°=6°$

19 답 $\angle B=55°$, $\angle C=60°$ 유형 04

오른쪽 그림과 같이 $\overline{OB}$, $\overline{OC}$를 그으면

△OAB에서 $\angle OBA=\angle OAB=30°$

△OAC에서 $\angle OCA=\angle OAC=35°$

또, $30°+\angle OBC+35°=90°$이므로

$\angle OBC=25°$ …… ❶

따라서 △OBC에서 $\angle OCB=\angle OBC=25°$이므로

$\angle B=\angle ABO+\angle OBC=30°+25°=55°$

$\angle C=\angle ACO+\angle OCB=35°+25°=60°$ …… ❷

채점 기준	배점
❶ $\angle OBC$(또는 $\angle OCB$)의 크기 구하기	3점
❷ $\angle B$, $\angle C$의 크기를 각각 구하기	3점

20 답 $120°$ 유형 05

$\angle ICB=\angle ACI=35°$이므로   …… ❶

△IBC에서

$\angle BIC=180°-(25°+35°)=120°$ …… ❷

채점 기준	배점
❶ $\angle ICB$의 크기 구하기	2점
❷ $\angle BIC$의 크기 구하기	2점

21 답 120 cm²   유형 07

오른쪽 그림과 같이 $\overline{IE}$, $\overline{IF}$를 그으면

$\overline{IE}=\overline{IF}=4$ cm이고

사각형 IECF는 정사각형이므로

$\overline{EC}=\overline{FC}=4$ cm   …… ❶

또, $\overline{BE}=\overline{BD}=20$ cm, $\overline{AF}=\overline{AD}=6$ cm이므로

$\overline{BC}=\overline{BE}+\overline{EC}=20+4=24$(cm)

$\overline{AC}=\overline{AF}+\overline{FC}=6+4=10$(cm)   …… ❷

$\therefore \triangle ABC=\dfrac{1}{2}\times24\times10=120(\text{cm}^2)$ …… ❸

채점 기준	배점
❶ $\overline{EC}$, $\overline{FC}$의 길이를 각각 구하기	2점
❷ $\overline{BC}$, $\overline{AC}$의 길이를 각각 구하기	3점
❸ △ABC의 넓이 구하기	2점

22 답 (1) $20°$ (2) $30°$ (3) 19 cm   유형 08

(1) 점 I는 △ABC의 내심이므로

$\angle IBC=\angle DBI=20°$

$\overline{DE}/\!/\overline{BC}$이므로 $\angle DIB=\angle IBC=20°$ (엇각)   …… ❶

(2) 점 I는 △ABC의 내심이므로

$\angle ICB = \angle ECI = 30°$

$\overline{DE} /\!/ \overline{BC}$이므로 $\angle EIC = \angle ICB = 30°$ (엇각) …… ❷

(3) △DBI, △EIC는 각각 $\overline{DB} = \overline{DI}$, $\overline{EI} = \overline{EC}$인 이등변삼각형이므로

(△ADE의 둘레의 길이)

$= \overline{AD} + \overline{DE} + \overline{AE}$

$= \overline{AD} + (\overline{DI} + \overline{EI}) + \overline{AE}$

$= (\overline{AD} + \overline{DB}) + (\overline{AE} + \overline{EC})$

$= \overline{AB} + \overline{AC}$

$= 11 + 8 = 19 \text{(cm)}$ …… ❸

채점 기준	배점
❶ $\angle DIB$의 크기 구하기	2점
❷ $\angle EIC$의 크기 구하기	2점
❸ △ADE의 둘레의 길이 구하기	2점

23 답 20°   유형 09

△ABC에서 $\angle BAC = 180° - (30° + 70°) = 80°$

점 I는 △ABC의 내심이므로

$\angle IAC = \frac{1}{2} \angle BAC = \frac{1}{2} \times 80° = 40°$ …… ❶

오른쪽 그림과 같이 $\overline{OC}$를 그으면

점 O는 △ABC의 외심이므로

$\angle AOC = 2 \angle B = 2 \times 30° = 60°$

△AOC에서 $\overline{OA} = \overline{OC}$이므로

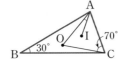

$\angle OAC = \frac{1}{2} \times (180° - 60°) = 60°$ …… ❷

∴ $\angle OAI = \angle OAC - \angle IAC = 60° - 40° = 20°$ …… ❸

채점 기준	배점
❶ $\angle IAC$의 크기 구하기	2점
❷ $\angle OAC$의 크기 구하기	3점
❸ $\angle OAI$의 크기 구하기	2점

교과서 속 특이 문제

○46쪽

01 답 풀이 참조

대회를 공평하게 진행하기 위해서는 세 학교로부터 동일한 거리만큼 떨어져 있는 곳에 보물을 묻어야 한다. 따라서 다음 그림과 같이 세 학교의 위치를 꼭짓점으로 하는 삼각형의 외심 O를 찾아 그 위치에 보물을 묻으면 공평하다.

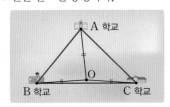

02 답 120°

점 I는 △ABC의 내심이므로

$\angle IAB = \angle IAC$, $\angle IBA = \angle IBC$, $\angle ICA = \angle ICB$

$\angle IAB : \angle IBA = 2 : 3$이므로

$\angle IAB = 2\angle x$, $\angle IBA = 3\angle x$라 하면

$\angle IBC : \angle ICB = \angle IBA : \angle ICB = 3 : 4$이므로

$\angle ICB = 4\angle x$

$2\angle x + 3\angle x + 4\angle x = 90°$이므로

$9\angle x = 90°$ ∴ $\angle x = 10°$

따라서 $\angle ABC = 3\angle x + 3\angle x = 6\angle x = 6 \times 10° = 60°$이므로

$\angle AIC = 90° + \frac{1}{2}\angle ABC = 90° + \frac{1}{2} \times 60° = 120°$

03 답 20 cm

계단 밑 창고 공간에 보관할 수 있는 공의 크기는 다음 그림과 같이 내접할 때 최대이다.

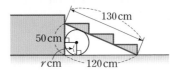

공의 반지름의 길이를 r cm라 하면

직각삼각형의 넓이에서

$\frac{1}{2} \times r \times (50 + 120 + 130) = \frac{1}{2} \times 50 \times 120$

$150r = 3000$ ∴ $r = 20$

따라서 계단 밑 창고 공간에 보관할 수 있는 공의 반지름의 최대 길이는 20 cm이다.

다른 풀이

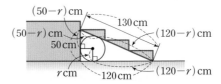

공의 반지름의 길이를 r cm라 하면

$(50 - r) + (120 - r) = 130$에서

$170 - 2r = 130$, $2r = 40$ ∴ $r = 20$

따라서 계단 밑 창고 공간에 보관할 수 있는 공의 반지름의 최대 길이는 20 cm이다.

04 답 80°

점 I는 △ABC의 내심이므로

$\angle BAC = 2\angle BAI = 2 \times 35° = 70°$

∴ $\angle BAD = \angle BAC - \angle DAC$

$= 70° - 30° = 40°$

점 O는 △ABC의 외심이므로

△AOC에서 $\angle OCA = \angle OAC = 30°$

∴ $\angle AOC = 180° - 2 \times 30° = 120°$

∴ $\angle ABC = \frac{1}{2}\angle AOC = \frac{1}{2} \times 120° = 60°$

따라서 △ABD에서

$\angle ADB = 180° - (40° + 60°) = 80°$

1 평행사변형

V. 사각형의 성질

48쪽

개념 check

1 답 (1) $x=110$, $y=3$ (2) $x=35$, $y=105$ (3) $x=12$, $y=10$

(1) ∠A=∠C이므로 $x=110$
$\overline{AB}=\overline{DC}$이므로 $y=3$

(2) $\overline{AD} \parallel \overline{BC}$이므로 ∠ADB=∠CBD (엇각)
∴ $x=35$
∠ABC+∠C=180°이므로
$(40°+35°)+∠C=180°$ ∴ ∠C=105°
∴ $y=105$

(3) 평행사변형의 두 대각선은 서로 다른 것을 이등분하므로
$x=2×6=12$, $y=10$

2 답 (1) ○ (2) × (3) × (4) × (5) ○

(1) $\overline{AB}=\overline{DC}$, $\overline{AD}=\overline{BC}$이므로 대변의 길이가 각각 같다.
따라서 □ABCD는 평행사변형이다.

(2) ∠DAB≠∠BCD이므로 대각의 크기가 같지 않다.
따라서 □ABCD는 평행사변형이 아니다.

(3) $\overline{OA}≠\overline{OC}$, $\overline{OB}≠\overline{OD}$이므로 두 대각선이 서로 다른 것을 이등분하지 않는다.
따라서 □ABCD는 평행사변형이 아니다.

(4) 오른쪽 그림에서 $\overline{AB}=\overline{DC}$, $\overline{AD} \parallel \overline{BC}$이지만 □ABCD는 평행사변형이 아니다.

(5) $\overline{AD}=\overline{BC}$이고 ∠BAD+∠ABC=180°에서 $\overline{AD} \parallel \overline{BC}$이므로 한 쌍의 대변이 평행하고 그 길이가 같다.
따라서 □ABCD는 평행사변형이다.

3 답 (1) 15 cm² (2) 30 cm²

(1) $\triangle OBC=\dfrac{1}{4}□ABCD=\dfrac{1}{4}×60=15(cm^2)$

(2) $\triangle PAB+\triangle PCD=\dfrac{1}{2}□ABCD=\dfrac{1}{2}×60=30(cm^2)$

기출 유형

○ 49쪽~55쪽

유형 01 평행사변형   49쪽

평행사변형은 두 쌍의 대변이 각각 평행한 사각형이다.
→ $\overline{AB} \parallel \overline{DC}$, $\overline{AD} \parallel \overline{BC}$

01 답 ③

$\overline{AB} \parallel \overline{DC}$이므로 ∠BAC=∠ACD=70° (엇각)
△ABO에서 ∠AOD=35°+70°=105°

02 답 ②

$\overline{AD} \parallel \overline{BC}$이므로 ∠DAC=∠ACB=∠$y$ (엇각)
$\overline{AB} \parallel \overline{DC}$이므로 ∠ABD=∠BDC=45° (엇각)
△ABD에서 $(70°+∠y)+45°+∠x=180°$
∴ ∠x+∠y=65°

---

03 답 104°

$\overline{AB} \parallel \overline{DC}$이므로 ∠ABD=∠BDC=38° (엇각)
∠EDB=∠BDC=38° (접은 각)
따라서 △QBD에서 ∠AQE=180°−(38°+38°)=104°

유형 02 평행사변형의 성질   49쪽

평행사변형의
(1) 두 쌍의 대변의 길이는 각각 같다.
(2) 두 쌍의 대각의 크기는 각각 같다.
(3) 두 대각선은 서로 다른 것을 이등분한다.

04 답 ⑤

⑤ (마) $\overline{BC}$

05 답 ①

∠x=∠B=70°
△ACD에서 ∠y=180°−(50°+70°)=60°
∴ ∠x−∠y=70°−60°=10°

06 답 9

$\overline{AD}=\overline{BC}$이므로 $12=2x-2$, $2x=14$ ∴ $x=7$
$\overline{OA}=\dfrac{1}{2}\overline{AC}$이므로 $3y+1=7$, $3y=6$ ∴ $y=2$
∴ $x+y=7+2=9$

07 답 ④

① 평행사변형의 대변의 길이는 같으므로 $\overline{AB}=\overline{DC}$
② 평행사변형의 대변은 평행하므로 $\overline{AB} \parallel \overline{DC}$
∴ ∠ABO=∠CDO (엇각)
③ 평행사변형의 대각의 크기는 같으므로 ∠BAD=∠BCD
④ 평행사변형의 두 대각선은 서로 다른 것을 이등분하므로
$\overline{OA}=\overline{OC}$, $\overline{OB}=\overline{OD}$
⑤ △ADO와 △CBO에서
$\overline{OA}=\overline{OC}$, ∠AOD=∠COB (맞꼭지각), $\overline{OD}=\overline{OB}$
이므로 △ADO≡△CBO (SAS 합동)
따라서 옳지 않은 것은 ④이다.

유형 03 평행사변형의 성질의 활용 - 대변   50쪽

평행사변형의 두 쌍의 대변의 길이는 각각 같다.
→ $\overline{AB}=\overline{DC}$, $\overline{AD}=\overline{BC}$

08 답 ④

$\overline{AB} \parallel \overline{DC}$이므로 ∠AED=∠CDE (엇각)
∴ ∠AED=∠ADE
즉, △AED는 $\overline{AE}=\overline{AD}$인 이등변삼각형이므로
$\overline{AE}=\overline{AD}=16$ cm
∴ $\overline{BE}=\overline{AE}-\overline{AB}=\overline{AE}-\overline{DC}=16-10=6(cm)$

09 답 9 cm

$\overline{AD} \parallel \overline{BC}$이므로 ∠DAE=∠AEB (엇각)

$\therefore \angle BAE = \angle AEB$

즉, $\triangle ABE$는 $\overline{BA} = \overline{BE}$인 이등변삼각형이므로

$\overline{BE} = \overline{BA} = 6\,cm$

$\therefore \overline{AD} = \overline{BC} = \overline{BE} + \overline{EC} = 6 + 3 = 9(cm)$

10 답 ①

$\triangle ABC$에서 $\overline{AB} = \overline{AC}$이므로 $\angle B = \angle C$

$\overline{AC} /\!/ \overline{DE}$이므로 $\angle C = \angle DEB$ (동위각)

$\therefore \angle B = \angle DEB$

즉, $\triangle DBE$는 $\overline{DB} = \overline{DE}$인 이등변삼각형이므로

$\overline{DE} = \overline{DB} = 3\,cm$

따라서 □ADEF의 둘레의 길이는

$2(\overline{AD} + \overline{DE}) = 2 \times (6+3) = 18(cm)$

11 답 C(6, 4)

점 C의 좌표를 C(a, b)라 하면

$\overline{AB} /\!/ \overline{DC}$이므로 점 C의 y좌표와 점 D의 y좌표는 같다.

$\therefore b = 4$

또, $\overline{AB} = \overline{DC}$이므로 $\overline{AB} = 3 - (-3) = 6$에서

점 C의 x좌표는 6이다. $\therefore a = 6$

따라서 점 C의 좌표는 C$(6, 4)$이다.

12 답 ③

$\triangle ABE$와 $\triangle FCE$에서

$\angle ABE = \angle FCE$ (엇각), $\overline{BE} = \overline{CE}$,

$\angle AEB = \angle FEC$ (맞꼭지각)

이므로 $\triangle ABE \equiv \triangle FCE$ (ASA 합동)

$\therefore \overline{CF} = \overline{BA} = 6\,cm$

또, $\overline{DC} = \overline{AB} = 6\,cm$이므로 $\overline{DF} = \overline{DC} + \overline{CF} = 6 + 6 = 12(cm)$

13 답 6 cm

$\overline{AD} /\!/ \overline{BC}$이므로 $\angle DAE = \angle BEA$ (엇각)

$\therefore \angle BAE = \angle BEA$

즉, $\triangle ABE$는 $\overline{BA} = \overline{BE}$인 이등변삼각형이므로

$\overline{BE} = \overline{BA} = \overline{CD} = 10\,cm$

또, $\angle ADF = \angle CFD$ (엇각)이므로 $\angle CDF = \angle CFD$

즉, $\triangle CDF$는 $\overline{CD} = \overline{CF}$인 이등변삼각형이므로

$\overline{CF} = \overline{CD} = 10\,cm$

이때 $\overline{BC} = \overline{AD} = 14\,cm$이므로

$\overline{EF} = \overline{BE} + \overline{CF} - \overline{BC} = 10 + 10 - 14 = 6(cm)$

 유형 04 평행사변형의 성질의 활용 - 대각   51쪽

평행사변형의 두 쌍의 대각의 크기는 각각 같다.

→ (1) $\angle A = \angle C$, $\angle B = \angle D$

(2) $\angle A + \angle B = \angle B + \angle C = 180°$

14 답 58°

$\overline{AB} = \overline{DC}$이므로 $\triangle ABE$는 $\overline{BA} = \overline{BE}$인 이등변삼각형이다.

$\angle B = \angle D = 64°$이므로

$\triangle ABE$에서 $\angle AEB = \dfrac{1}{2} \times (180° - 64°) = 58°$

15 답 ②

$\angle BAD + \angle D = 180°$이므로 $\angle BAD = 180° - 50° = 130°$

$\therefore \angle BAE = \dfrac{1}{2} \times 130° = 65°$

$\angle B = \angle D = 50°$이므로

$\triangle ABE$에서 $\angle AEC = 65° + 50° = 115°$

다른 풀이

$\overline{AD} /\!/ \overline{BC}$이므로 $\angle DAE = \angle BEA$ (엇각)

$\therefore \angle BAE = \angle BEA$

즉, $\triangle ABE$는 $\overline{BA} = \overline{BE}$인 이등변삼각형이다.

$\angle B = \angle D = 50°$이므로 $\triangle ABE$에서

$\angle AEB = \dfrac{1}{2} \times (180° - 50°) = 65°$

$\therefore \angle AEC = 180° - 65° = 115°$

16 답 ②

$\angle A + \angle B = 180°$이고, $\angle A : \angle B = 7 : 5$이므로

$\angle A = 180° \times \dfrac{7}{12} = 105°$

$\therefore \angle C = \angle A = 105°$

17 답 50°

$\overline{AD} /\!/ \overline{BE}$이므로 $\angle DAE = \angle AEC = 30°$ (엇각)

$\therefore \angle DAC = 2\angle DAE = 2 \times 30° = 60°$

$\angle D = \angle B = 70°$이므로

$\triangle ACD$에서 $\angle x = 180° - (60° + 70°) = 50°$

18 답 90°

$\angle ABC + \angle BCD = 180°$이므로

$2\angle OBC + 2\angle OCB = 180°$ $\therefore \angle OBC + \angle OCB = 90°$

따라서 $\triangle OBC$에서

$\angle BOC = 180° - (\angle OBC + \angle OCB) = 180° - 90° = 90°$

19 답 ②

$\angle ADC = \angle B = 80°$이므로 $\angle ADE = \dfrac{1}{2} \times 80° = 40°$

$\triangle ADE$에서 $\angle DAE = 180° - (90° + 40°) = 50°$

따라서 $\overline{AD} /\!/ \overline{BC}$이므로 $\angle AFB = \angle DAE = 50°$ (엇각)

 유형 05 평행사변형의 성질의 활용 - 대각선   51쪽

평행사변형의 두 대각선은 서로 다른 것을 이등분한다.

→ (1) $\overline{OA} = \overline{OC} = \dfrac{1}{2}\overline{AC}$,

$\overline{OB} = \overline{OD} = \dfrac{1}{2}\overline{BD}$

(2) $\triangle OAB \equiv \triangle OCD$, $\triangle OAD \equiv \triangle OCB$

20 답 ①

$\overline{OC} = \dfrac{1}{2}\overline{AC} = \dfrac{1}{2} \times 10 = 5(cm)$

$\overline{OD} = \dfrac{1}{2}\overline{BD} = \dfrac{1}{2} \times 12 = 6(cm)$

$\overline{DC}=\overline{AB}=6\,cm$

따라서 △OCD의 둘레의 길이는

$5+6+6=17(cm)$

21 답 ④

① 평행사변형의 두 대각선은 서로 다른 것을 이등분하므로

$\overline{OA}=\overline{OC}$

② $\overline{AB}/\!/\overline{DC}$이므로 ∠OAP=∠OCQ (엇각)

③, ④, ⑤ △OPB와 △OQD에서

　∠OBP=∠ODQ (엇각), $\overline{OB}=\overline{OD}$,

　∠POB=∠QOD (맞꼭지각)

이므로 △OPB≡△OQD (ASA 합동)

∴ $\overline{OP}=\overline{OQ}$, ∠OPB=∠OQD, $\overline{PB}=\overline{QD}$

따라서 옳지 않은 것은 ④이다.

22 답 $6\,cm^2$

△APO와 △CQO에서

∠PAO=∠QCO (엇각), $\overline{OA}=\overline{OC}$,

∠AOP=∠COQ (맞꼭지각)

이므로 △APO≡△CQO (ASA 합동)

한편, $\overline{CQ}=\overline{CD}-\overline{DQ}=8-5=3(cm)$

∴ $\triangle APO=\triangle CQO=\dfrac{1}{2}\times3\times4=6(cm^2)$

유형 **06** 평행사변형이 되는 조건　52쪽

다음 중 어느 한 조건을 만족시키는 사각형은 평행사변형이다.

(1) 두 쌍의 대변이 각각 평행하다.

(2) 두 쌍의 대변의 길이가 각각 같다.

(3) 두 쌍의 대각의 크기가 각각 같다.

(4) 두 대각선이 서로 다른 것을 이등분한다.

(5) 한 쌍의 대변이 평행하고 그 길이가 같다.

23 답 ②

$\overline{AD}=\overline{BC}$이어야 하므로

$11=3x-1$, $3x=12$　∴ $x=4$

$\overline{AB}=\overline{DC}$이어야 하므로

$x+1=y$　∴ $y=4+1=5$

∴ $x+y=4+5=9$

24 답 0

$\overline{OA}=\overline{OC}$이어야 하므로

$2x+3=7$, $2x=4$　∴ $x=2$

$\overline{OB}=\overline{OD}$이어야 하므로

$5y-1=\dfrac{1}{2}\times18=9$, $5y=10$　∴ $y=2$

∴ $x-y=2-2=0$

25 답 ③

① ㈎ ∠CAD　　② ㈏ SAS

④ ㈐ $\overline{AB}/\!/\overline{DC}$　　⑤ ㈑ 평행

따라서 옳은 것은 ③이다.

26 답 98°

$\overline{AD}/\!/\overline{BC}$이어야 하므로

∠ECB=∠DEC=41° (엇각)

∴ ∠DCB=2∠ECB=2×41°=82°

따라서 ∠B+∠DCB=180°이어야 하므로

∠B=180°−82°=98°

유형 **07** 평행사변형이 되는 조건 찾기　53쪽

주어진 조건대로 사각형을 그린 후 다음 그림 중 하나를 만족시
키면 평행사변형이다.

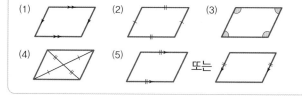

(1)　(2)　(3)

(4)　(5)　　　또는

27 답 ⑤

① 두 쌍의 대변의 길이가 각각 같으므로 평행사변형이다.

② 두 쌍의 대각의 크기가 각각 같으므로 평행사변형이다.

③ 두 대각선이 서로 다른 것을 이등분하므로 평행사변형이다.

④ 한 쌍의 대변이 평행하고 그 길이가 같으므로 평행사변형이다.

⑤ 한 쌍의 대변의 길이는 같지만 평행한지는 알 수 없다.

따라서 평행사변형이 아닌 것은 ⑤이다.

참고 ④ □ABCD에서 ∠A+∠B=180°
이면 ∠A=∠ABE이다.
즉, 엇각의 크기가 같으므로
$\overline{AD}/\!/\overline{BC}$

28 답 ⑤

① 두 쌍의 대각의 크기가 각각 같으므로 □ABCD는 평행사변
형이다.

② 두 대각선이 서로 다른 것을 이등분하므로 □ABCD는 평행
사변형이다.

③ 두 쌍의 대변이 각각 평행하므로 □ABCD는 평행사변형이다.

④ 한 쌍의 대변이 평행하고 그 길이가 같으므로 □ABCD는 평
행사변형이다.

⑤ 오른쪽 그림에서 $\overline{AB}=\overline{BC}=8$,
$\overline{CD}=\overline{DA}=10$이지만 □ABCD는 평행사
변형이 아니다.

따라서 □ABCD가 평행사변형이 아닌 것은 ⑤
이다.

29 답 ㄱ, ㄴ, ㄹ

ㄱ. 두 쌍의 대각의 크기가 각각 같으므로 □ABCD는 평행사변
형이다.

ㄴ. 두 쌍의 대변의 길이가 각각 같으므로 □ABCD는 평행사변
형이다.

ㄷ. ∠A=∠D=100°이면

∠A+∠D=100°+100°=200°≠180°이므로

$\overline{AB}$와 $\overline{DC}$는 평행하지 않다. 즉, □ABCD는 평행사변형이
아니다.

ㄹ. 한 쌍의 대변이 평행하고 그 길이가 같으므로 □ABCD는
  평행사변형이다.

ㅁ. 오른쪽 그림에서
  $\overline{AC}=\overline{BD}$, $\overline{AC}\perp\overline{BD}$이지만
  □ABCD는 평행사변형이 아니다.

따라서 □ABCD가 평행사변형인 것은
ㄱ, ㄴ, ㄹ이다.

30 답 ④

④ $\overline{DC}=\overline{AB}=12$ cm이고
  ∠ACD=∠BAC=65° (엇각)이므로 $\overline{AB}//\overline{DC}$
  따라서 한 쌍의 대변이 평행하고 그 길이가 같으므로
  □ABCD는 평행사변형이다.

오답 피하기

②, ③, ⑤ 한 쌍의 대변의 길이가 같으므로 그 대변이 평행하려면
동위각 또는 엇각의 크기가 같아야 함에 주의한다.

유형 08 새로운 사각형이 되는 조건 찾기 53쪽

□ABCD가 평행사변형일 때, 다음 그림의 색칠한 사각형은 모
두 평행사변형이다.

(1)   (2)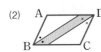

(3)   (4)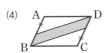

(5)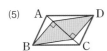

31 답 ②

② (나) =

32 답 ④

평행사변형 ABCD에서 $\overline{AO}=\overline{CO}$, $\overline{BO}=\overline{DO}$이므로

$\overline{AO}=\overline{CO}$에서 $\overline{PO}=\dfrac{1}{2}\overline{AO}=\dfrac{1}{2}\overline{CO}=\overline{RO}$

$\overline{BO}=\overline{DO}$에서 $\overline{QO}=\dfrac{1}{2}\overline{BO}=\dfrac{1}{2}\overline{DO}=\overline{SO}$

따라서 두 대각선이 서로 다른 것을 이등분하므로 □PQRS는
평행사변형이다.

33 답 ①

평행사변형 ABCD에서 $\overline{AO}=\overline{CO}$, $\overline{BO}=\overline{DO}$이므로

$\overline{BO}=\overline{DO}$에서 $\overline{EO}=\dfrac{1}{2}\overline{BO}=\dfrac{1}{2}\overline{DO}=\overline{FO}$

즉, $\overline{AO}=\overline{CO}$, $\overline{EO}=\overline{FO}$이므로 □AECF는 평행사변형이다.

∴ $\overline{AE}=\overline{CF}$, $\overline{AF}=\overline{CE}$ (②, ③)

또, $\overline{AE}//\overline{FC}$이므로 ∠OEA=∠OFC (엇각) (④)

$\overline{AF}//\overline{EC}$이므로 ∠OEC=∠OFA (엇각) (⑤)

따라서 옳지 않은 것은 ①이다.

34 답 ④

△ABE와 △CDF에서
∠AEB=∠CFD=90°, $\overline{AB}=\overline{CD}$,
∠ABE=∠CDF (엇각)
이므로 △ABE≡△CDF (RHA 합동) (③)

∴ $\overline{AE}=\overline{CF}$, $\overline{BE}=\overline{DF}$ (①, ②)

또, ∠AEF=∠CFE (엇각)에서 $\overline{AE}//\overline{FC}$이고
$\overline{AE}=\overline{CF}$이므로 □AECF는 평행사변형이다. (⑤)

즉, $\overline{AF}//\overline{EC}$이므로 ∠FAO=∠ECO (엇각)

따라서 옳지 않은 것은 ④이다.

35 답 ⑤

$\overline{AD}//\overline{BC}$이므로 $\overline{AF}//\overline{EC}$ ...... ㉠

∠DAE=∠AEB (엇각)이고 ∠BAE=∠DAE이므로
∠AEB=∠BAE

즉, △BEA는 $\overline{BE}=\overline{BA}=7$ cm인 이등변삼각형이다.

같은 방법으로 하면 △DFC는 $\overline{DF}=\overline{DC}=7$ cm인 이등변삼각
형이므로

$\overline{AF}=\overline{EC}=11-7=4$(cm) ...... ㉡

㉠, ㉡에서 □AECF는 평행사변형이다.

∴ □AECF=$\overline{EC}\times\overline{DH}=4\times6=24$(cm²)

참고 ∠A=∠C이므로 ∠A와 ∠C의 이
등분선에 의해 생기는 각의 크기는
모두 같다.

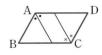

36 답 10 cm

□OCDE가 평행사변형이므로 $\overline{OC}//\overline{ED}$, $\overline{OC}=\overline{ED}$

즉, $\overline{AO}//\overline{ED}$, $\overline{AO}=\overline{ED}$이므로 □AODE는 평행사변형이다.

이때 $\overline{AD}=\overline{BC}=12$ cm, $\overline{EO}=\overline{DC}=\overline{AB}=8$ cm이므로

$\overline{AF}+\overline{EF}=\dfrac{1}{2}(\overline{AD}+\overline{EO})=\dfrac{1}{2}\times(12+8)=10$(cm)

유형 09 평행사변형과 넓이 (1) 54쪽

평행사변형 ABCD에서 두 대각선에
의해 만들어지는 네 개의 삼각형의 넓이
는 모두 같다.

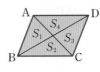

→ $S_1=S_2=S_3=S_4$

37 답 ③

△AOB=△BOC=△COD=△DOA=$\dfrac{1}{4}$□ABCD이므로

□ABCD=4△AOB=4×15=60(cm²)

38 답 12 cm²

□EPFQ=△PFE+△EFQ

  =$\dfrac{1}{4}$□ABFE+$\dfrac{1}{4}$□EFCD

  =$\dfrac{1}{4}\times\dfrac{1}{2}$□ABCD+$\dfrac{1}{4}\times\dfrac{1}{2}$□ABCD

  =$\dfrac{1}{4}$□ABCD=$\dfrac{1}{4}\times48=12$(cm²)

39 답 ①

△AOE와 △COF에서

∠EAO=∠FCO (엇각), $\overline{AO}=\overline{CO}$,

∠AOE=∠COF (맞꼭지각)

이므로 △AOE≡△COF (ASA 합동)

∴ △AOE+△BOF=△COF+△BOF

= △OBC

=8(cm²)

∴ □ABCD=4△OBC=4×8=32(cm²)

40 답 ③

$\overline{BC}=\overline{CE}$, $\overline{DC}=\overline{CF}$이므로 □BFED는 평행사변형이다.

이때 △BCD=2△AOD=2×10=20(cm²)이므로

□BFED=4△BCD=4×20=80(cm²)

유형 10 평행사변형과 넓이 (2)   55쪽

평행사변형 ABCD의 내부의 한 점 P
와 네 꼭짓점 A, B, C, D를 각각 연결
하였을 때, 마주 보는 삼각형의 넓이의
합은 같다.

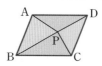

→ △PAB+△PCD=△PDA+△PBC=$\dfrac{1}{2}$□ABCD

41 답 ③

△PAB+△PCD=△PDA+△PBC이므로

15+20=14+△PBC   ∴ △PBC=21(cm²)

42 답 ②

△PDA+△PBC=$\dfrac{1}{2}$□ABCD

$=\dfrac{1}{2}×140=70$(cm²)

∴ △PDA=70×$\dfrac{3}{5}$=42(cm²)

43 답 40 cm²

△PAB+△PCD=$\dfrac{1}{2}$□ABCD

$=\dfrac{1}{2}×(10×8)=40$(cm²)

서술형   □ 56쪽~57쪽

01 답 3 cm

채점 기준 1 $\overline{BE}$의 길이 구하기 ⋯ 2점

$\overline{AD}$∥$\overline{BC}$이므로 ∠DAE=∠ BEA (엇각)

∴ ∠BAE=∠ BEA

즉, △ABE는 $\overline{BA}$ = $\overline{BE}$인 이등변삼각형이므로

$\overline{BE}$= $\overline{AB}$ = 6 cm

채점 기준 2 $\overline{CF}$의 길이 구하기 ⋯ 2점

∠ADF=∠ CFD (엇각)이므로 ∠CDF=∠ CFD

즉, △CDF는 $\overline{CD}$ = $\overline{CF}$인 이등변삼각형이므로

$\overline{CF}$= $\overline{CD}$ = 6 cm

채점 기준 3 $\overline{EF}$의 길이 구하기 ⋯ 3점

$\overline{EF}$=$\overline{BE}$+$\overline{CF}$- $\overline{BC}$ = 6 + 6 - 9 = 3 (cm)

01-1 답 6 cm

채점 기준 1 $\overline{BE}$의 길이 구하기 ⋯ 2점

$\overline{AD}$∥$\overline{BC}$이므로 ∠DAE=∠BEA (엇각)

∴ ∠BAE=∠BEA

즉, △ABE는 $\overline{BA}=\overline{BE}$인 이등변삼각형이므로

$\overline{BE}=\overline{AB}$=9 cm

채점 기준 2 $\overline{CF}$의 길이 구하기 ⋯ 2점

∠ADF=∠CFD (엇각)이므로 ∠CDF=∠CFD

즉, △CDF는 $\overline{CD}=\overline{CF}$인 이등변삼각형이므로

$\overline{CF}=\overline{CD}$=9 cm

채점 기준 3 $\overline{EF}$의 길이 구하기 ⋯ 3점

$\overline{EF}=\overline{BE}+\overline{CF}-\overline{BC}$=9+9-12=6(cm)

02 답 5 cm²

채점 기준 1 △OCF와 합동인 삼각형 찾기 ⋯ 3점

△OAE와 △OCF에서

∠OAE=∠ OCF (엇각), $\overline{OA}=\overline{OC}$,

∠AOE=∠ COF (맞꼭지각)

이므로 △OAE≡△OCF (ASA 합동)

채점 기준 2 색칠한 부분의 넓이 구하기 ⋯ 3점

△ODE+△OCF=△ODE+△ OAE

=△ OAD = $\dfrac{1}{4}$ □ABCD

=$\dfrac{1}{4}$ ×20= 5 (cm²)

02-1 답 8 cm²

채점 기준 1 △OAE와 합동인 삼각형 찾기 ⋯ 3점

△OAE와 △OCF에서

∠OAE=∠OCF (엇각), $\overline{OA}=\overline{OC}$,

∠AOE=∠COF (맞꼭지각)

이므로 △OAE≡△OCF (ASA 합동)

채점 기준 2 색칠한 부분의 넓이 구하기 ⋯ 3점

△OAE+△ODF=△OCF+△ODF

=△OCD=$\dfrac{1}{4}$□ABCD

=$\dfrac{1}{4}$×32=8(cm²)

03 답 10

$\overline{AD}=\overline{BC}$이므로

2x-4=x+2   ∴ x=6   ⋯⋯❶

$\overline{BD}=2\overline{OD}$이므로

5y-8=2(y+2), 5y-8=2y+4, 3y=12

∴ y=4   ⋯⋯❷

∴ x+y=6+4=10   ⋯⋯❸

채점 기준	배점
❶ x의 값 구하기	1점
❷ y의 값 구하기	2점
❸ $x+y$의 값 구하기	1점

04 답 (1) $108°$ (2) $72°$

(1) $\angle A + \angle B = 180°$이므로

$$\angle A = 180° \times \frac{3}{5} = 108°$$

$$\therefore \angle C = \angle A = 108° \qquad \cdots\cdots ❶$$

(2) $\angle C + \angle D = 180°$이므로

$$\angle D = 180° - \angle C$$
$$= 180° - 108° = 72° \qquad \cdots\cdots ❷$$

채점 기준	배점
❶ $\angle C$의 크기 구하기	3점
❷ $\angle D$의 크기 구하기	3점

05 답 10 cm

△ABE와 △DFE에서

$\angle A = \angle FDE$ (엇각), $\overline{AE} = \overline{DE}$,

$\angle AEB = \angle DEF$ (맞꼭지각)

이므로 △ABE≡△DFE (ASA 합동) $\qquad \cdots\cdots ❶$

$$\therefore \overline{DF} = \overline{AB} = 5\,cm \qquad \cdots\cdots ❷$$

또, $\overline{DC} = \overline{AB} = 5\,cm$이므로

$$\overline{CF} = \overline{CD} + \overline{DF} = 5 + 5 = 10(cm) \qquad \cdots\cdots ❸$$

채점 기준	배점
❶ △ABE≡△DFE임을 알기	3점
❷ $\overline{DF}$의 길이 구하기	1점
❸ $\overline{CF}$의 길이 구하기	2점

06 답 $36°$

$\angle BCD + \angle D = 180°$이므로

$\angle BCD = 180° - \angle D = 180° - 72° = 108°$

$$\therefore \angle BCP = \frac{1}{2} \times 108° = 54° \qquad \cdots\cdots ❶$$

△BCP에서 $\angle CBP = 90° - 54° = 36°$ $\qquad \cdots\cdots ❷$

이때 $\angle ABC = \angle D = 72°$이므로

$\angle ABP = \angle ABC - \angle CBP$
$$= 72° - 36° = 36° \qquad \cdots\cdots ❸$$

채점 기준	배점
❶ $\angle BCP$의 크기 구하기	2점
❷ $\angle CBP$의 크기 구하기	2점
❸ $\angle ABP$의 크기 구하기	2점

07 답 $20\,cm^2$

$\overline{AD} \,/\!/\, \overline{BC}$이므로 $\overline{AF} \,/\!/\, \overline{EC}$ $\qquad \cdots\cdots ㉠$

$\angle DAE = \angle AEB$ (엇각)이고 $\angle BAE = \angle DAE$이므로

$\angle AEB = \angle BAE$

즉, △BEA는 $\overline{BE} = \overline{BA} = 9\,cm$인 이등변삼각형이다.

같은 방법으로 하면 △DFC는 $\overline{DF} = \overline{DC} = 9\,cm$인 이등변삼각형이므로

$\overline{AF} = \overline{EC} = 13 - 9 = 4(cm)$ $\qquad \cdots\cdots ㉡$

㉠, ㉡에서 □AECF는 평행사변형이다. $\qquad \cdots\cdots ❶$

□ABCD의 높이를 $h\,cm$라 하면

□ABCD의 넓이가 $65\,cm^2$이므로

$13 \times h = 65$ $\quad \therefore h = 5$ $\qquad \cdots\cdots ❷$

$$\therefore □AECF = 4 \times 5 = 20(cm^2) \qquad \cdots\cdots ❸$$

채점 기준	배점
❶ □AECF가 평행사변형임을 알기	4점
❷ □ABCD의 높이 구하기	2점
❸ □AECF의 넓이 구하기	1점

08 답 $11\,cm^2$

△PAB+△PCD=△PDA+△PBC이므로

$$△PAB + △PCD = \frac{1}{2}□ABCD$$
$$= \frac{1}{2} \times 34 = 17(cm^2) \qquad \cdots\cdots ❶$$

이때 △PAB의 넓이가 $6\,cm^2$이므로

$6 + △PCD = 17$ $\quad \therefore △PCD = 11(cm^2)$ $\qquad \cdots\cdots ❷$

채점 기준	배점
❶ △PAB와 △PCD의 넓이의 합 구하기	4점
❷ △PCD의 넓이 구하기	2점

실전! 중단원 학교 시험 1회

58쪽~61쪽

01 ⑤	02 ③	03 ②	04 ⑤	05 ④
06 ③	07 ①	08 ②	09 ③	10 ①
11 ④	12 ②	13 ③	14 ⑤	15 ③
16 ②	17 ④	18 ②	19 (1) $45°$ (2) $28\,cm$	
20 28	21 $140°$	22 $103°$	23 $\dfrac{18}{5}\,cm^2$	

01 답 ⑤ [유형 01]

$\overline{AD} \,/\!/\, \overline{BC}$이므로 $\angle DBC = \angle ADB = 30°$ (엇각)

$$\therefore \angle x = 30° + 72° = 102°$$

02 답 ③ [유형 02]

③ 평행사변형의 두 대각선은 서로 다른 것을 이등분하지만 그 길이가 서로 같음은 알 수 없다.

따라서 옳지 않은 것은 ③이다.

03 답 ② [유형 03]

$\overline{AB} = \overline{DC}$, $\overline{AD} = \overline{BC}$이므로 $\overline{AB} + \overline{BC} = \frac{1}{2} \times 40 = 20(cm)$

이때 $\overline{AB} : \overline{BC} = 2 : 3$이므로 $\overline{AB} = 20 \times \frac{2}{5} = 8(cm)$

$$\therefore \overline{DC} = \overline{AB} = 8\,cm$$

04 답 ⑤ [유형 03]

$\overline{AD} \,/\!/\, \overline{BC}$이므로 $\angle DAE = \angle AEB$ (엇각)

$$\therefore \angle BAE = \angle AEB$$

즉, $\triangle ABE$는 $\overline{BA}=\overline{BE}$인 이등변삼각형이므로
$\overline{BE}=\overline{AB}=7$ cm
또, $\angle ADE=\angle CED$ (엇각)이므로 $\angle CDE=\angle CED$
즉, $\triangle CDE$는 $\overline{CD}=\overline{CE}$인 이등변삼각형이므로
$\overline{CE}=\overline{CD}=7$ cm
$\therefore \overline{BC}=\overline{BE}+\overline{CE}=7+7=14$(cm)

05 답 ④ 　　　　　　　　　　　　　　　유형 03 + 유형 04
$\overline{BC}=\overline{AD}=6$ cm　　$\therefore x=6$
$\angle A+\angle B=180°$이므로
$\angle A+50°=180°$　　$\therefore \angle A=130°$　　$\therefore y=130$
$\therefore x+y=6+130=136$

06 답 ③ 　　　　　　　　　　　　　　　　　유형 04
$\angle EAB=\angle a$, $\angle EBA=\angle b$라 하면
$\triangle ABE$에서 $\angle a+\angle b=90°$
이때 $\angle A+\angle B=180°$이므로
$(\angle x+\angle a)+(\angle b+34°)=180°$에서
$\angle x+90°+34°=180°$　　$\therefore \angle x=56°$

07 답 ① 　　　　　　　　　　　　　　　　　유형 04
$\angle ABC=\angle D=72°$이므로
$\angle EBC=\dfrac{1}{2}\times 72°=36°$
$\triangle EBC$에서
$\angle BCE=180°-(65°+36°)=79°$
이때 $\angle BCD=180°-72°=108°$이므로
$\angle ECD=\angle BCD-\angle BCE$
$\qquad\quad =108°-79°=29°$

08 답 ② 　　　　　　　　　　　　　　　　　유형 04
$\overline{AD}\,/\!/\,\overline{BE}$이므로 $\angle DAE=\angle BEA=38°$ (엇각)
$\therefore \angle DAC=2\times 38°=76°$
이때 $\angle D=\angle B=68°$이므로
$\triangle ACD$에서
$76°+\angle x+68°=180°$　　$\therefore \angle x=36°$

09 답 ③ 　　　　　　　　　　　　　　　　　유형 05
$\overline{DC}=\overline{AB}=8$ cm
$\overline{OC}=\dfrac{1}{2}\overline{AC}=\dfrac{1}{2}\times 14=7$(cm)
$\overline{OD}=\dfrac{1}{2}\overline{BD}=\dfrac{1}{2}\times 18=9$(cm)
따라서 $\triangle DOC$의 둘레의 길이는
$9+7+8=24$(cm)

10 답 ① 　　　　　　　　　　　　　　　　　유형 05
$\overline{OB}=\overline{OD}$이므로
$5x-9=x+3$, $4x=12$　　$\therefore x=3$
$\therefore \overline{BD}=2\overline{OD}=2\times(3+3)=12$(cm)
이때 $\overline{AC}:\overline{BD}=3:4$이므로
$\overline{AC}:12=3:4$, $4\overline{AC}=36$　　$\therefore \overline{AC}=9$(cm)

11 답 ④ 　　　　　　　　　　　　　　　　　유형 06
④ (라) $\overline{AB}\,/\!/\,\overline{DC}$

12 답 ② 　　　　　　　　　　　　　　　　　유형 07
ㄱ. 두 쌍의 대변의 길이가 각각 같으므로 □ABCD는 평행사변형이다.
ㄴ. $\angle A=360°-(60°+130°+60°)=110°$
　　즉, 두 쌍의 대각의 크기가 각각 같지 않으므로 □ABCD는 평행사변형이 아니다.
ㄷ. $\angle ADB=\angle DBC$ (엇각)이므로 $\overline{AD}\,/\!/\,\overline{BC}$
　　즉, 한 쌍의 대변이 평행하고 그 길이가 같으므로 □ABCD는 평행사변형이다.
ㄹ. 두 대각선이 서로 다른 것을 이등분하지 않으므로 □ABCD는 평행사변형이 아니다.
따라서 □ABCD가 평행사변형이 되는 것은 ㄱ, ㄷ이다.

13 답 ③ 　　　　　　　　　　　　　　　　　유형 08
$\triangle AEH$와 $\triangle CGF$에서
$\overline{AE}=\dfrac{1}{2}\overline{AB}=\dfrac{1}{2}\overline{DC}=\overline{CG}$, $\overline{AH}=\dfrac{1}{2}\overline{AD}=\dfrac{1}{2}\overline{BC}=\overline{CF}$,
$\angle A=\angle C$
이므로 $\triangle AEH\equiv\triangle CGF$ (SAS 합동)
$\therefore \overline{EH}=\overline{GF}$　　$\cdots\cdots$ ㉠
같은 방법으로 하면 $\triangle BEF\equiv\triangle DGH$ (SAS 합동)이므로
$\overline{EF}=\overline{GH}$　　$\cdots\cdots$ ㉡
따라서 ㉠, ㉡에서 두 쌍의 대변의 길이가 각각 같으므로
□EFGH는 평행사변형이다.

14 답 ⑤ 　　　　　　　　　　　　　　　　　유형 08
$\overline{AB}\,/\!/\,\overline{DC}$, $\overline{AD}\,/\!/\,\overline{BC}$이므로
$\overline{AB}\,/\!/\,\overline{GH}\,/\!/\,\overline{DC}$, $\overline{AD}\,/\!/\,\overline{EF}\,/\!/\,\overline{BC}$
□PHCF가 평행사변형이므로
$\overline{PF}=\overline{HC}=\overline{BC}-\overline{BH}=10-4=6$　　$\therefore x=6$
□AEPG가 평행사변형이므로
$\angle A=\angle GPE=180°-70°=110°$　　$\therefore y=110$
또, $\angle PHC=\angle EPH=70°$(엇각)이므로 $z=70$
$\therefore x+y-z=6+110-70=46$

15 답 ③ 　　　　　　　　　　　　　　　　　유형 08
$\triangle ABE$와 $\triangle CDF$에서
$\angle AEB=\angle CFD=90°$, $\overline{AB}=\overline{CD}$,
$\angle ABE=\angle CDF$ (엇각)
이므로 $\triangle ABE\equiv\triangle CDF$ (RHA 합동)(⑤)
$\therefore \overline{AE}=\overline{CF}$ (②)　　$\cdots\cdots$ ㉠
또, $\angle AEF=\angle CFE=90°$(엇각)이므로
$\overline{AE}\,/\!/\,\overline{FC}$ (①)　　$\cdots\cdots$ ㉡
㉠, ㉡에서 한 쌍의 대변이 평행하고 그 길이가 같으므로
□AECF는 평행사변형이다.
$\therefore \angle EAF=\angle FCE$ (④)
따라서 옳지 않은 것은 ③이다.

16 답 ② 　　　　　　　　　　　　　　　　　유형 09
$\overline{BC}=\overline{CE}$, $\overline{DC}=\overline{CF}$이므로 □DBFE는 평행사변형이다.
이때 $\triangle DBC=\dfrac{1}{2}\square ABCD=\dfrac{1}{2}\times 9=\dfrac{9}{2}$(cm^2)이므로

$$\square DBFE=4\triangle DBC=4\times\dfrac{9}{2}=18(\text{cm}^2)$$

17 답 ④ 유형 **09**

$\triangle ABE=2k$, $\triangle AED=3k$ $(k>0)$라 하면
$$\square ABCD=2\triangle ABD=2(\triangle ABE+\triangle AED)$$
$$=2(2k+3k)=10k$$
따라서 □ABCD의 넓이는 △ABE의 넓이의
$$\dfrac{10k}{2k}=5(\text{배})$$

18 답 ② 유형 **10**

$$\square ABCD=10\times8=80(\text{cm}^2)$$
$\triangle PDA+\triangle PBC=\dfrac{1}{2}\square ABCD$이므로
$$\triangle PDA+16=\dfrac{1}{2}\times80 \quad\therefore \triangle PDA=24(\text{cm}^2)$$

19 답 (1) $45°$ (2) 28 cm 유형 **02**

(1) $\overline{AD}\,/\!/\,\overline{BC}$이므로
  $\angle BCA=\angle DAC=50°$ (엇각)
  $\triangle ABC$에서
  $\angle BAC=180°-(85°+50°)=45°$ …… ❶
(2) $\overline{AB}=\overline{DC}$, $\overline{AD}=\overline{BC}$이므로
  □ABCD의 둘레의 길이는
  $2\times(6+8)=28(\text{cm})$ …… ❷

다른 풀이
(1) $\angle BAD+\angle ABC=180°$이므로
  $50°+\angle BAC+85°=180°$ $\quad\therefore \angle BAC=45°$

채점 기준	배점
❶ $\angle BAC$의 크기 구하기	2점
❷ □ABCD의 둘레의 길이 구하기	2점

20 답 28 유형 **03**

$\overline{AD}\,/\!/\,\overline{BC}$이므로 $\angle AEB=\angle DAE$ (엇각)
$\therefore \angle BAE=\angle BEA$
즉, $\triangle ABE$는 $\overline{BA}=\overline{BE}$인 이등변삼각형이므로
$\overline{BE}=\overline{AB}=8\,\text{cm}$
이때 $\overline{BC}=\overline{BE}+\overline{EC}=8+6=14(\text{cm})$이므로
$\overline{AD}=\overline{BC}=14\,\text{cm}$ $\quad\therefore x=14$ …… ❶
$\overline{AB}\,/\!/\,\overline{DF}$이므로 $\angle AFD=\angle BAF$ (엇각)
$\therefore \angle DAF=\angle DFA$
즉, $\triangle DAF$는 $\overline{DA}=\overline{DF}$인 이등변삼각형이므로
$\overline{DF}=\overline{DA}=14\,\text{cm}$ $\quad\therefore y=14$ …… ❷
$\therefore x+y=14+14=28$ …… ❸

채점 기준	배점
❶ x의 값 구하기	4점
❷ y의 값 구하기	2점
❸ $x+y$의 값 구하기	1점

21 답 $140°$ 유형 **04**

$\angle AEB=180°-130°=50°$이므로
$\angle FAE=\angle AEB=50°$ (엇각)
$\therefore \angle BAF=2\times50°=100°$ …… ❶

한편, $\angle BAD+\angle ABC=180°$이므로
$100°+\angle ABC=180°$ $\quad\therefore \angle ABC=80°$
$\therefore \angle ABF=\dfrac{1}{2}\times80°=40°$ …… ❷
따라서 $\triangle ABF$에서 $\angle BFD=40°+100°=140°$ …… ❸

채점 기준	배점
❶ $\angle BAF$의 크기 구하기	2점
❷ $\angle ABF$의 크기 구하기	3점
❸ $\angle BFD$의 크기 구하기	1점

22 답 $103°$ 유형 **08**

$\overline{AO}=\overline{CO}$, $\overline{EO}=\overline{BO}-\overline{BE}=\overline{DO}-\overline{DF}=\overline{FO}$이므로
□AECF는 평행사변형이다. …… ❶
$\triangle AEC$에서
$\angle AEC=180°-(35°+42°)=103°$ …… ❷
$\therefore \angle AFC=\angle AEC=103°$ …… ❸

채점 기준	배점
❶ □AECF가 평행사변형임을 알기	3점
❷ $\angle AEC$의 크기 구하기	2점
❸ $\angle AFC$의 크기 구하기	1점

23 답 $\dfrac{18}{5}$ cm² 유형 **09**

$\triangle ABC=\dfrac{1}{2}\times3\times4=6(\text{cm}^2)$이므로
$\square ABCD=2\triangle ABC=2\times6=12(\text{cm}^2)$
평행사변형 ABCD의 높이를 h cm라 하면
$5h=12$ $\quad\therefore h=\dfrac{12}{5}$ …… ❶
이때 $\overline{AD}\,/\!/\,\overline{BC}$이므로 $\angle AEB=\angle EBC$ (엇각)
$\therefore \angle ABE=\angle AEB$
따라서 $\triangle ABE$에서 $\overline{AE}=\overline{AB}=3\,\text{cm}$이므로
$\triangle ABE=\dfrac{1}{2}\times3\times\dfrac{12}{5}=\dfrac{18}{5}(\text{cm}^2)$ …… ❷

채점 기준	배점
❶ □ABCD의 높이 구하기	4점
❷ $\triangle ABE$의 넓이 구하기	3점

실전 중단원
학교 시험 2회 ┤62쪽~65쪽├

01 ⑤	02 ④	03 ⑤	04 ①	05 ③
06 ①	07 ⑤	08 ②	09 ①	10 ⑤
11 ③	12 ④	13 ④	14 ④	15 ②
16 ③	17 ①	18 ③	19 95	20 8 cm
21 18 cm	22 (1) 풀이 참조 (2) 35°	23 64 cm²		

01 답 ⑤ 유형 **01**

$\triangle OCD$에서 $\angle x=180°-(65°+40°)=75°$
$\overline{AD}\,/\!/\,\overline{BC}$이므로 $\angle DBC=\angle ADB=\angle y$ (엇각)

$\triangle$OBC에서 $\angle x=\angle y+\angle z$이므로

$\angle x+\angle y+\angle z=2\angle x=2\times 75^\circ=150^\circ$

다른 풀이

$\triangle$OCD에서 $\angle x=180^\circ-(65^\circ+40^\circ)=75^\circ$

$\angle BCD+\angle CDA=180^\circ$이므로

$\angle z+65^\circ+\angle y+40^\circ=180^\circ$ ∴ $\angle y+\angle z=75^\circ$

∴ $\angle x+\angle y+\angle z=75^\circ+75^\circ=150^\circ$

02 답 ④ 유형 02

$\overline{AD}=\overline{BC}$이므로

$2x+1=3x-3$ ∴ $x=4$

∴ $\overline{DC}=\overline{AB}=4+8=12(cm)$

03 답 ⑤ 유형 02

$\angle A=\angle C$이므로 $\angle x=120^\circ$

$\triangle$ABD에서 $\angle y=180^\circ-(120^\circ+25^\circ)=35^\circ$

∴ $\angle x+\angle y=120^\circ+35^\circ=155^\circ$

다른 풀이

$\overline{AD}/\!/\overline{BC}$이므로 $\angle DBC=\angle ADB=25^\circ$ (엇각)

$\angle ABC+\angle C=180^\circ$이므로 $\angle y+25^\circ+\angle x=180^\circ$

∴ $\angle x+\angle y=155^\circ$

04 답 ① 유형 03

$\triangle$AMD와 $\triangle$PMC에서

$\angle ADM=\angle PCM$ (엇각), $\overline{MD}=\overline{MC}$,

$\angle AMD=\angle PMC$ (맞꼭지각)

이므로 $\triangle$AMD≡$\triangle$PMC (ASA 합동)

따라서 $\overline{CP}=\overline{DA}=4\,cm$이고 $\overline{BC}=\overline{AD}=4\,cm$이므로

$\overline{BP}=\overline{BC}+\overline{CP}=4+4=8(cm)$

05 답 ③ 유형 03

$\triangle$ABC에서 $\overline{AB}=\overline{AC}$이므로 $\angle B=\angle C$

$\overline{AC}/\!/\overline{DE}$이므로 $\angle DEB=\angle C$ (동위각)

∴ $\angle B=\angle DEB$

즉, $\triangle$DBE는 $\overline{DB}=\overline{DE}$인 이등변삼각형이므로

$\overline{DE}=\overline{DB}=8\,cm$

따라서 □ADEF의 둘레의 길이는

$2(\overline{AD}+\overline{DE})=2\times(3+8)=22(cm)$

06 답 ① 유형 03

오른쪽 그림과 같이 $\overline{AD}$, $\overline{BE}$의
연장선의 교점을 G라 하면

$\triangle$EBC와 $\triangle$EGD에서

$\angle ECB=\angle EDG$ (엇각),

$\overline{EC}=\overline{ED}$,

$\angle CEB=\angle DEG$ (맞꼭지각)

이므로 $\triangle$EBC≡$\triangle$EGD (ASA 합동)

∴ $\overline{BC}=\overline{GD}$

직각삼각형 AFG에서 점 D는 빗변의 중점이므로 외심이다.

∴ $\overline{AD}=\overline{DG}=\overline{DF}$

따라서 $\triangle$DAF는 $\overline{DA}=\overline{DF}$인 이등변삼각형이므로

$\angle DFA=\angle DAF=62^\circ$

∴ $\angle DFE=90^\circ-62^\circ=28^\circ$

07 답 ⑤ 유형 03

$\overline{AD}/\!/\overline{BC}$이므로 $\angle BEA=\angle FAE$ (엇각)

∴ $\angle BAE=\angle BEA$

즉, $\triangle$BAE는 $\overline{BA}=\overline{BE}$인 이등변삼각형이므로

$\overline{BE}=\overline{AB}=9\,cm$

∴ $\overline{EC}=\overline{BC}-\overline{BE}=12-9=3(cm)$

같은 방법으로 하면 $\triangle$ABF는 $\overline{AB}=\overline{AF}$인 이등변삼각형이므로 $\overline{AF}=\overline{AB}=9\,cm$

∴ $\overline{FD}=\overline{AD}-\overline{AF}=12-9=3(cm)$

따라서 $\overline{FD}/\!/\overline{EC}$이고 $\overline{FD}=\overline{EC}$이므로 □ECDF는 평행사변형이고 $\overline{DC}=\overline{AB}=9\,cm$이므로 □ECDF의 둘레의 길이는

$2\times(3+9)=24(cm)$

08 답 ② 유형 04

$\angle BAD+\angle D=180^\circ$이므로

$\angle BAD=180^\circ-82^\circ=98^\circ$

∴ $\angle PAB=\dfrac{1}{2}\times 98^\circ=49^\circ$

$\triangle$ABP에서 $\angle ABP=180^\circ-(49^\circ+90^\circ)=41^\circ$

$\angle ABC=\angle D=82^\circ$이므로

$\angle PBC=\angle ABC-\angle ABP=82^\circ-41^\circ=41^\circ$

09 답 ① 유형 04

$\angle A+\angle D=180^\circ$이므로

$\angle A=180^\circ\times\dfrac{2}{3}=120^\circ$

$\angle BCD=\angle A=120^\circ$이므로

$\angle BCE=\angle BCD-\angle ECD=120^\circ-58^\circ=62^\circ$

$\triangle$BCE에서 $\angle EBC=180^\circ-(102^\circ+62^\circ)=16^\circ$

$\angle ABC=\angle D=180^\circ-120^\circ=60^\circ$이므로

$\angle x=\angle ABC-\angle EBC=60^\circ-16^\circ=44^\circ$

10 답 ⑤ 유형 04

$\overline{AD}/\!/\overline{BC}$이므로 $\angle DAE=\angle BEA=55^\circ$ (엇각)

∴ $\angle BAD=2\times 55^\circ=110^\circ$

$\angle BAD+\angle ABC=180^\circ$이므로

$\angle ABC=180^\circ-110^\circ=70^\circ$

∴ $\angle x=\angle ABC=70^\circ$

이때 $\angle PBE=\dfrac{1}{2}\times 70^\circ=35^\circ$이므로

$\triangle$BEP에서 $\angle y=35^\circ+55^\circ=90^\circ$

∴ $\angle x+\angle y=70^\circ+90^\circ=160^\circ$

11 답 ③ 유형 05

$\triangle$AOD의 둘레의 길이가 $18\,cm$이므로

$8+\overline{AO}+\overline{OD}=18$ ∴ $\overline{AO}+\overline{OD}=10(cm)$

∴ $\overline{AC}+\overline{BD}=2(\overline{AO}+\overline{OD})$

$=2\times 10=20(cm)$

12 답 ④ 유형 05

$\triangle$OAE와 $\triangle$OCF에서

$\angle OAE=\angle OCF$ (엇각), $\overline{OA}=\overline{OC}$,

$\angle AOE=\angle COF$ (맞꼭지각)

이므로 $\triangle$OAE≡$\triangle$OCF (ASA 합동)

즉, $\overline{AE}=\overline{CF}=8\,\text{cm}$이므로

$\overline{BE}=\overline{AB}-\overline{AE}=10-8=2(\text{cm})$

이때 $\overline{OB}=\overline{OD}=7\,\text{cm}$이고 $\triangle BOE$의 둘레의 길이가 $15\,\text{cm}$이므로

$2+7+\overline{OE}=15$ $\quad \therefore \overline{OE}=6(\text{cm})$

13 답 ④ 유형 06

$\overline{AB}=\overline{DC}$이어야 하므로 $x=7$

$\angle B+\angle BCD=180°$이어야 하므로

$\angle B=180°-(48°+62°)=70°$ $\quad \therefore y=70$

$\therefore x+y=7+70=77$

14 답 ④ 유형 07

① 두 쌍의 대변의 길이가 각각 같으므로 □ABCD는 평행사변형이다.

②, ③ 한 쌍의 대변이 평행하고 그 길이가 같으므로 □ABCD는 평행사변형이다.

④ $\overline{OA}=\overline{OC}$이지만 $\overline{OB}=\overline{OD}$인지는 알 수 없다.

⑤ 두 쌍의 대각의 크기가 각각 같으므로 □ABCD는 평행사변형이다.

따라서 □ABCD가 평행사변형이 아닌 것은 ④이다.

15 답 ② 유형 08

$\overline{AE}/\!/\overline{FC}$이고 $\overline{AE}=\overline{FC}$이므로 □AFCE는 평행사변형이다.

$\therefore \angle AEC=\angle AFC=180°-72°=108°$

16 답 ③ 유형 08

① $\overline{AD}/\!/\overline{BC}$이므로 $\angle AEB=\angle EBF$ (엇각)

이때 $\angle ABE=\angle EBF$이므로

$\angle ABE=\angle AEB$

②, ④ $\angle ABC=\angle ADC$이므로

$\angle EBF=\dfrac{1}{2}\angle ABC=\dfrac{1}{2}\angle ADC=\angle EDF$

$\angle AEB=\angle EBF$, $\angle EDF=\angle DFC$이므로

$\angle AEB=\angle DFC$

$\therefore \angle BED=180°-\angle AEB$

$\qquad =180°-\angle DFC=\angle BFD$

즉, □EBFD가 평행사변형이므로

$\overline{EB}/\!/\overline{DF}$

⑤ $\overline{AD}/\!/\overline{BC}$이므로 $\angle EDF=\angle DFC$ (엇각)

이때 $\angle EDF=\angle FDC$이므로

$\angle DFC=\angle FDC$

즉, $\triangle DFC$는 $\overline{CD}=\overline{CF}$인 이등변삼각형이다.

따라서 옳지 않은 것은 ③이다.

17 답 ① 유형 10

$\triangle PAB+\triangle PCD=\triangle PDA+\triangle PBC$이므로

$\triangle PAB+\triangle PCD=\dfrac{1}{2}\square ABCD$

$\qquad\qquad\qquad\qquad =\dfrac{1}{2}\times 56=28(\text{cm}^2)$

$\therefore \triangle PCD=28\times\dfrac{3}{7}=12(\text{cm}^2)$

18 답 ③ 유형 09 + 유형 10

□AEPH, □EBFP, □PFCG, □HPGD는 모두 평행사변형이므로

$\triangle APH=\triangle AEP$, $\triangle HPD=\triangle DPG$

$\therefore$ (색칠한 부분의 넓이)

$\quad =\triangle APH+\triangle EBP+\triangle PCG+\triangle HPD$

$\quad =(\triangle AEP+\triangle EBP)+(\triangle PCG+\triangle DPG)$

$\quad =\triangle PAB+\triangle PCD=\dfrac{1}{2}\square ABCD=\dfrac{1}{2}\times 32=16(\text{cm}^2)$

다른 풀이

$\triangle APH=\dfrac{1}{2}\square AEPH$, $\triangle EBP=\dfrac{1}{2}\square EBFP$

$\triangle PCG=\dfrac{1}{2}\square PFCG$, $\triangle HPD=\dfrac{1}{2}\square HPGD$

$\therefore$ (색칠한 부분의 넓이)

$\quad =\triangle APH+\triangle EBP+\triangle PCG+\triangle HPD$

$\quad =\dfrac{1}{2}(\square AEPH+\square EBFP+\square PFCG+\square HPGD)$

$\quad =\dfrac{1}{2}\square ABCD=\dfrac{1}{2}\times 32=16(\text{cm}^2)$

19 답 95 유형 02

$\angle BAD=\angle BCD=100°$이므로 $x=100$ ······ ❶

$\overline{BO}=\dfrac{1}{2}\overline{BD}$이므로

$2y+3=\dfrac{1}{2}\times 14=7$, $2y=4$ $\quad \therefore y=2$ ······ ❷

$\overline{AD}=\overline{BC}$이므로

$8=z+5$ $\quad \therefore z=3$ ······ ❸

$\therefore x-y-z=100-2-3=95$ ······ ❹

채점 기준	배점
❶ x의 값 구하기	1점
❷ y의 값 구하기	1점
❸ z의 값 구하기	1점
❹ $x-y-z$의 값 구하기	1점

20 답 8 cm 유형 03

$\overline{AB}/\!/\overline{DE}$이므로 $\angle DEA=\angle BAE$ (엇각)

$\therefore \angle DAE=\angle DEA$

즉, $\triangle DAE$는 $\overline{DA}=\overline{DE}$인 이등변삼각형이므로

$\overline{DE}=\overline{DA}=\overline{BC}=6\,\text{cm}$ ······ ❶

또, $\overline{AB}/\!/\overline{FC}$이므로 $\angle CFB=\angle ABF$ (엇각)

$\therefore \angle CBF=\angle CFB$

즉, $\triangle CFB$는 $\overline{CB}=\overline{CF}$인 이등변삼각형이므로

$\overline{CF}=\overline{CB}=6\,\text{cm}$ ······ ❷

이때 $\overline{DC}=\overline{AB}=4\,\text{cm}$이므로

$\overline{EF}=\overline{DE}+\overline{CF}-\overline{DC}=6+6-4=8(\text{cm})$ ······ ❸

채점 기준	배점
❶ $\overline{DE}$의 길이 구하기	2점
❷ $\overline{CF}$의 길이 구하기	2점
❸ $\overline{EF}$의 길이 구하기	2점

21 답 18 cm   유형 **05** + 유형 **08**

□EOCD가 평행사변형이므로

$\overline{AC} \# \overline{ED}$, $\overline{OC} = \overline{ED}$

이때 $\overline{AO} = \overline{OC} = \overline{ED}$이므로 □AODE도 평행사변형이다.

      ······ ❶

△EFD에서

$\overline{EF} = \dfrac{1}{2}\overline{EO} = \dfrac{1}{2}\overline{DC} = \dfrac{1}{2}\overline{AB}$

     $= \dfrac{1}{2} \times 10 = 5(cm)$

$\overline{FD} = \dfrac{1}{2}\overline{AD} = \dfrac{1}{2}\overline{BC}$

     $= \dfrac{1}{2} \times 12 = 6(cm)$

$\overline{DE} = \overline{AO} = \dfrac{1}{2}\overline{AC}$

     $= \dfrac{1}{2} \times 14 = 7(cm)$

따라서 △EFD의 둘레의 길이는

$5+6+7=18(cm)$ ······ ❷

채점 기준	배점
❶ □AODE가 평행사변형임을 알기	3점
❷ △EFD의 둘레의 길이 구하기	3점

22 답 (1) 풀이 참조   (2) 35°   유형 **08**

(1) △ABP와 △CDQ에서

   ∠APB = ∠CQD = 90°, $\overline{AB} = \overline{CD}$,

   ∠BAP = ∠DCQ (엇각)

이므로 △ABP ≡ △CDQ (RHA 합동)   ······ ❶

∴ $\overline{PB} = \overline{DQ}$ ······ ㉠

∠BPQ = ∠DQP = 90° (엇각)이므로

$\overline{PB} \# \overline{DQ}$ ······ ㉡

따라서 ㉠, ㉡에서 □PBQD는 평행사변형이다.   ······ ❷

(2) ∠DPB + ∠PBQ = 180°이므로

   ∠x + 90° + 55° = 180°

   ∴ ∠x = 180° − (90° + 55°) = 35°   ······ ❸

채점 기준	배점
❶ △ABP ≡ △CDQ임을 알기	2점
❷ □PBQD가 평행사변형임을 알기	3점
❸ ∠x의 크기 구하기	2점

23 답 64 cm²   유형 **09**

$\overline{AM} \# \overline{BN}$, $\overline{AM} = \overline{BN}$이므로 □ABNM은 평행사변형이다.

또, $\overline{MD} \# \overline{NC}$, $\overline{MD} = \overline{NC}$이므로 □MNCD는 평행사변형이다.

      ······ ❶

∴ □ABCD = □ABNM + □MNCD

       = 4(△MPN + △MNQ) = 4□MPNQ

       = 4 × 16 = 64(cm²)   ······ ❷

채점 기준	배점
❶ □ABNM, □MNCD가 각각 평행사변형임을 알기	4점
❷ □ABCD의 넓이 구하기	3점

·교과서 속
특이 문제   ◦66쪽

01 답 24

네 점 A, B, C, D를 꼭짓점으로 하는 평행사변형을 그리려면 점 D의 위치는 오른쪽 그림과 같이 D₁, D₂, D₃가 될 수 있다.

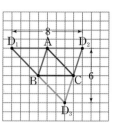

따라서 △D₁D₂D₃의 넓이는 밑변의 길이가 8, 높이가 6이므로

$\dfrac{1}{2} \times 8 \times 6 = 24$

02 답 90°

□ABCD가 평행사변형이므로 ∠B + ∠C = 180°

△ABE와 △CEF는 모두 이등변삼각형이므로

∠BEA = ∠BAE = $\dfrac{1}{2}$ × (180° − ∠B) = 90° − $\dfrac{1}{2}$∠B

∠CEF = ∠CFE = $\dfrac{1}{2}$ × (180° − ∠C) = 90° − $\dfrac{1}{2}$∠C

∴ ∠x = 180° − (∠BEA + ∠CEF)

    = 180° − $\left(90° - \dfrac{1}{2}∠B + 90° - \dfrac{1}{2}∠C\right)$

    = $\dfrac{1}{2}$(∠B + ∠C) = $\dfrac{1}{2}$ × 180° = 90°

03 답 165°

△ABC와 △PBQ에서

$\overline{AB} = \overline{PB}$, $\overline{BC} = \overline{BQ}$,

∠ABC = ∠QBC − ∠QBA = ∠PBA − ∠QBA

    = ∠PBQ

이므로 △ABC ≡ △PBQ (SAS 합동)

∴ $\overline{AC} = \overline{PQ}$

또, △ABC와 △RQC에서

$\overline{AC} = \overline{RC}$, $\overline{BC} = \overline{QC}$, ∠ACB = ∠RCQ = 60°

이므로 △ABC ≡ △RQC (SAS 합동)

∴ $\overline{AB} = \overline{RQ}$

즉, $\overline{PQ} = \overline{AC} = \overline{AR}$, $\overline{RQ} = \overline{AB} = \overline{AP}$이므로 □PARQ는 평행사변형이다.

∴ ∠PQR = ∠PAR

       = 360° − (60° + 75° + 60°) = 165°

04 답 78 cm²

오른쪽 그림과 같이 $\overline{EG}$, $\overline{FH}$를 그으면 □ABGE, □EGHF, □FHCD는 모두 평행사변형이고

□ABGE ≡ □EGHF ≡ □FHCD

이므로

△ABP ≡ △EGQ

□ABGE = 2(△ABP + △EPG)

       = 2(△EGQ + △EPG)

       = 2□EPGQ

       = 2 × 13 = 26(cm²)

∴ □ABCD = 3□ABGE = 3 × 26 = 78(cm²)

2 여러 가지 사각형

V. 사각형의 성질

68쪽~69쪽

개념 check

1 답 (1) $x=4$, $y=6$ (2) $x=30$, $y=60$

(1) $\overline{AC}=\overline{BD}$이므로 $x=\dfrac{1}{2}\times 8=4$

$\overline{AD}=\overline{BC}$이므로 $y=6$

(2) △OAB는 $\overline{OA}=\overline{OB}$인 이등변삼각형이므로

$\angle OBA=\angle OAB=60°$

$\angle ABC=90°$이므로 $\angle OBC=90°-60°=30°$

$\therefore x=30$

△OBC는 $\overline{OB}=\overline{OC}$인 이등변삼각형이므로

$\angle OCB=\angle OBC=30°$

따라서 △OBC에서

$\angle COD=30°+30°=60°$ $\therefore y=60$

2 답 (1) $x=4$, $y=5$ (2) $x=35$, $y=35$

(1) $\overline{BO}=\overline{DO}$이므로 $x=4$

$\overline{BC}=\overline{CD}$이므로 $y=5$

(2) △ABO에서 $\angle AOB=90°$이므로

$\angle ABO=180°-(55°+90°)=35°$ $\therefore x=35$

△ABD에서 $\overline{AB}=\overline{AD}$이므로 $y=x=35$

3 답 (1) $x=9$, $y=18$ (2) $x=90$, $y=45$

(1) $\overline{DO}=\overline{BO}$이므로 $x=9$

$\overline{AC}=\overline{BD}$이므로 $y=2\times 9=18$

(2) $\angle AOD=90°$이므로 $x=90$

△OCD에서 $\angle COD=90°$이고 $\overline{OC}=\overline{OD}$이므로

$\angle OCD=\dfrac{1}{2}\times(180°-90°)=45°$ $\therefore y=45$

4 답 (1) $x=5$, $y=75$ (2) $x=10$, $y=60$

(1) $\overline{AB}=\overline{DC}$이므로 $x=5$

$\angle B=\angle C=75°$이므로 $y=75$

(2) $\overline{AC}=\overline{BD}$이므로 $x=10$

$\angle DAB+\angle ABC=180°$이므로

$\angle ABC=180°-120°=60°$ $\therefore y=60$

5 답 (1) 직사각형 (2) 마름모 (3) 마름모 (4) 정사각형

6 답 (1) ○ (2) ○ (3) × (4) ×

7 답 (1) △DBC (2) △ACD (3) △ABO

(1) $\overline{AD}\,/\!/\,\overline{BC}$이므로 △ABC와 △DBC는 밑변이 $\overline{BC}$로 같고, 높이가 같으므로 두 삼각형의 넓이는 같다.

(2) $\overline{AD}\,/\!/\,\overline{BC}$이므로 △ABD와 △ACD는 밑변이 $\overline{AD}$로 같고, 높이가 같으므로 두 삼각형의 넓이는 같다.

(3) $\overline{AD}\,/\!/\,\overline{BC}$이므로 △ABC=△DBC

$\therefore$ △DOC=△DBC-△OBC

$=$△ABC-△OBC=△ABO

8 답 (1) $1:2$ (2) 12

(1) △ABD와 △ADC의 높이는 같으므로

△ABD : △ADC=$\overline{BD}:\overline{DC}=3:6=1:2$

(2) △ABD=$36\times\dfrac{1}{3}=12$

기출 유형

○70쪽~77쪽

○70쪽~77쪽

유형 01 직사각형의 뜻과 성질

70쪽

(1) 뜻 : 네 내각의 크기가 모두 같은 사각형

(2) 성질 : 두 대각선은 길이가 같고 서로 다른 것을 이등분한다.

→ $\angle OAB=\angle OBA$, $\angle OBC=\angle OCB$

01 답 95

$\overline{OC}=\dfrac{1}{2}\overline{AC}=\dfrac{1}{2}\overline{BD}=\dfrac{1}{2}\times 10=5\text{(cm)}$ $\therefore x=5$

$\overline{OB}=\overline{OC}$이므로 $\angle OBC=\angle OCB=40°$ $\therefore y=40$

$\angle ABC=90°$이므로 △ABC에서

$\angle BAC=180°-(90°+40°)=50°$ $\therefore z=50$

$\therefore x+y+z=5+40+50=95$

02 답 ①, ③

① $\overline{AO}=\dfrac{1}{2}\overline{AC}=\dfrac{1}{2}\overline{BD}=\overline{DO}$

③ 직사각형의 한 내각의 크기는 90°이므로

$\angle BAD=90°$

따라서 옳은 것은 ①, ③이다.

03 답 120°

△AEC는 $\overline{EA}=\overline{EC}$인 이등변삼각형이므로

$\angle ECA=\angle EAC$

$\angle B=90°$이므로 △ABC에서

$\angle BAC+\angle B+\angle ACB=180°$

$2\angle EAC+90°+\angle EAC=180°$

$3\angle EAC=90°$ $\therefore \angle EAC=30°$

따라서 △AEC에서 $\angle AEC=180°-2\times 30°=120°$

04 답 66°

$\angle EAF=\angle D'AF-\angle D'AE$

$=90°-42°=48°$

$\angle AFE=\angle EFC$ (접은 각)이고 $\angle AEF=\angle EFC$ (엇각)이므로

$\angle AFE=\angle AEF$

따라서 △AFE에서 $\angle x=\dfrac{1}{2}\times(180°-48°)=66°$

유형 02 평행사변형이 직사각형이 되는 조건

70쪽

 $\xrightarrow{\angle A=90°\text{ 또는 }\overline{AC}=\overline{BD}}$

참고 $\overline{OA}=\overline{OB}$이면 $\overline{AC}=\overline{BD}$이므로 직사각형이 된다.

05 답 ①

③ $\overline{AO}=\overline{BO}$이면 $\overline{AC}=\overline{BD}$이므로 평행사변형 ABCD는 직사각형이 된다.

⑤ ∠BAD+∠ABC=180°에서 ∠BAD=∠ABC이면
∠BAD=∠ABC=90°이므로 평행사변형 ABCD는 직사
각형이 된다.
따라서 직사각형이 되는 조건이 아닌 것은 ①이다.

06 답 ㄴ, ㄷ
ㄴ. $\overline{AC}=\overline{BD}$이므로 평행사변형 ABCD는 직사각형이 된다.
ㄷ. ∠BAD=90°이면 평행사변형 ABCD는 직사각형이 된다.
따라서 직사각형이 되는 조건은 ㄴ, ㄷ이다.

07 답 ㈎ SSS   ㈏ ∠DCB   ㈐ 직사각형

유형 **03** 마름모의 뜻과 성질
71쪽

(1) 뜻 : 네 변의 길이가 모두 같은 사각형
(2) 성질 : 두 대각선은 서로 다른 것을 수직이등분한다.
→ ∠OAB+∠OBA=90°

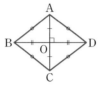

08 답 55
$\overline{AB}=\overline{BC}$이므로 $3x-5=10$, $3x=15$ ∴ $x=5$
$\overline{AB}/\!/\overline{DC}$이므로 ∠CDB=∠ABD=40° (엇각)
이때 ∠COD=90°이므로
△COD에서
∠DCO=180°-(90°+40°)=50°   ∴ $y=50$
∴ $x+y=5+50=55$

09 답 ②
④ △ADO와 △CDO에서
$\overline{AD}=\overline{CD}$, $\overline{OD}$는 공통, $\overline{AO}=\overline{CO}$
이므로 △ADO≡△CDO (SSS 합동)
∴ ∠ADO=∠CDO
⑤ $\overline{AB}/\!/\overline{DC}$이므로 ∠OAB=∠OCD (엇각)
따라서 옳지 않은 것은 ②이다.

10 답 60°
△BCD에서 $\overline{CB}=\overline{CD}$이므로
∠CDB=$\dfrac{1}{2}$×(180°-120°)=30°
△FED에서 ∠DFE=180°-(90°+30°)=60°
∴ ∠AFB=∠DFE=60° (맞꼭지각)

11 답 30°
$\overline{AB}=\overline{AD}$이므로 ∠ABD=∠ADB
△ABE와 △ADF에서
$\overline{AB}=\overline{AD}$, ∠ABE=∠ADF, $\overline{BE}=\overline{DF}$
이므로 △ABE≡△ADF (SAS 합동)
즉, $\overline{AE}=\overline{AF}$이므로 △AEF는 정삼각형이다.
따라서 △AFD에서
∠FAD+∠FDA=∠AFE=60°이고
$\overline{AF}=\overline{DF}$에서 ∠FAD=∠FDA이므로
∠FAD=$\dfrac{1}{2}$×60°=30°

유형 **04** 평행사변형이 마름모가 되는 조건
71쪽

 $\xrightarrow{\overline{AB}=\overline{BC}\ \text{또는}\ \overline{AC}\perp\overline{BD}}$

참고 ∠ABD=∠ADB이면 $\overline{AB}=\overline{AD}$이므로 마름모가 된다.

12 답 ⑤
④ ∠BAO=∠BCO이면 $\overline{AB}=\overline{BC}$이므로 평행사변형
ABCD는 마름모가 된다.
따라서 마름모가 되는 조건이 아닌 것은 ⑤이다.

13 답 ⑤
평행사변형 ABCD에서 $\overline{AB}=\overline{DC}$이므로
$2x-1=3x-4$ ∴ $x=3$
이때 $\overline{AB}=2×3-1=5$이고, $\overline{BC}=3+2=5$이므로
$\overline{AB}=\overline{BC}=\overline{CD}=\overline{DA}$
따라서 □ABCD는 마름모이므로
∠AOB=90°

14 답 ①
$\overline{AD}/\!/\overline{BC}$이므로 ∠ADB=∠CBD=35° (엇각)
△AOD에서
∠AOD=180°-(55°+35°)=90°
즉, $\overline{AC}\perp\overline{BD}$이므로 □ABCD는 마름모이다.
따라서 □ABCD의 둘레의 길이는
4×8=32(cm)

유형 **05** 정사각형의 뜻과 성질
72쪽

(1) 뜻 : 네 변의 길이가 모두 같고, 네 내각의 크기가 모두 같은 사각형
(2) 성질 : 두 대각선은 길이가 같고 서로 다른 것을 수직이등분한다.
→ △OAB, △OBC, △OCD, △ODA는 모두 합동인 직각이등변삼각형이다.

15 답 ②
③ △OBC에서 $\overline{OB}=\overline{OC}$이고 ∠BOC=90°이므로
∠OBC=$\dfrac{1}{2}$×(180°-90°)=45°
따라서 옳지 않은 것은 ②이다.

16 답 24°
△ABP에서 ∠BAP=45°이므로
∠ABP=69°-45°=24°
△ABP와 △ADP에서
$\overline{AB}=\overline{AD}$, ∠BAP=∠DAP, $\overline{AP}$는 공통
이므로 △ABP≡△ADP (SAS 합동)
∴ ∠ADP=∠ABP=24°

17 답 ③

△ADE에서 ∠AED=∠ADE=80°이므로

∠EAD=180°−(80°+80°)=20°

∴ ∠BAE=90°+20°=110°

이때 △ABE는 $\overline{AB}=\overline{AE}$인 이등변삼각형이므로

$\angle x=\dfrac{1}{2}\times(180°-110°)=35°$

18 답 90°

△ABE와 △BCF에서

$\overline{AB}=\overline{BC}$, ∠ABE=∠BCF=90°, $\overline{BE}=\overline{CF}$

이므로 △ABE≡△BCF (SAS 합동)

따라서 ∠BAE=∠CBF이므로

△BEG에서

∠EBG+∠BEG=∠BAG+∠BEG=90°

∴ ∠AGF=∠BGE=180°−90°=90°

19 답 ①

△OBP와 △OCQ에서

$\overline{OB}=\overline{OC}$, ∠OBP=∠OCQ=45°,

∠BOP=90°−∠POC=∠COQ

이므로 △OBP≡△OCQ (ASA 합동)

∴ □OPCQ=△OPC+△OCQ

$\quad\quad\quad\ =△OPC+△OBP$

$\quad\quad\quad\ =△OBC$

$\quad\quad\quad\ =\dfrac{1}{4}□ABCD=\dfrac{1}{4}\times6\times6=9(cm^2)$

유형 06 정사각형이 되는 조건　72쪽

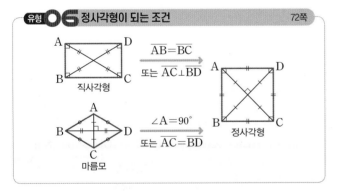

20 답 ⑤

① ∠ABC+∠BAD=180°에서 ∠ABC=∠BAD이면

∠ABC=∠BAD=90°이므로 마름모 ABCD는 정사각형

이 된다.

③ $\overline{AO}=\overline{DO}$이면 $\overline{AC}=\overline{BD}$이므로 마름모 ABCD는 정사각형

이 된다.

④ $\overline{AB}=\overline{AD}$이므로 ∠ABO=45°이면 ∠ADO=45°

△ABD에서

∠BAD=180°−(45°+45°)=90°이므로 마름모 ABCD

는 정사각형이 된다.

따라서 정사각형이 되는 조건이 아닌 것은 ⑤이다.

참고 (마름모가 정사각형이 되는 조건)

　＝(평행사변형이 직사각형이 되는 조건)

21 답 ㄱ, ㄷ, ㅁ

ㅁ. ∠OBA=∠OBC이면 $\angle OBC=\dfrac{1}{2}\times90°=45°$이므로

　△OBC에서 ∠OCB=∠OBC=45°

　∴ ∠BOC=180°−(45°+45°)=90°

　즉, $\overline{AC}\perp\overline{BD}$이므로 직사각형 ABCD는 정사각형이 된다.

따라서 필요한 조건은 ㄱ, ㄷ, ㅁ이다.

참고 (직사각형이 정사각형이 되는 조건)

　＝(평행사변형이 마름모가 되는 조건)

22 답 ④

①, ③ 평행사변형 ABCD는 직사각형이 된다.

②, ⑤ 평행사변형 ABCD는 마름모가 된다.

④ $\overline{AC}=\overline{BD}$이면 평행사변형 ABCD는 직사각형이 된다.

　이때 △ABO에서 $\overline{AO}=\overline{BO}$이므로

　∠BAO=45°이면 ∠ABO=∠BAO=45°

　∴ ∠AOB=180°−(45°+45°)=90°

　즉, $\overline{AC}\perp\overline{BD}$이므로 직사각형 ABCD는 정사각형이 된다.

따라서 정사각형이 되는 조건은 ④이다.

참고 (평행사변형이 정사각형이 되는 조건)

　＝(평행사변형이 직사각형이 되는 조건)

　　＋(평행사변형이 마름모가 되는 조건)

유형 07 등변사다리꼴의 뜻과 성질　73쪽

(1) 뜻 : 아랫변의 양 끝 각의 크기가 같은 사다리꼴

(2) 성질

① 평행하지 않은 한 쌍의 대변의 길이가 같다. → $\overline{AB}=\overline{DC}$

② 두 대각선의 길이가 같다. → $\overline{AC}=\overline{BD}$

참고 $\overline{OB}=\overline{OC}$, ∠OBC=∠OCB

23 답 40°

∠DCB=∠B=65°이므로

∠ACB=65°−25°=40°

이때 $\overline{AD}\,//\,\overline{BC}$이므로 ∠DAC=∠ACB=40° (엇각)

24 답 11

$\overline{AC}=\overline{BD}$이므로

5x−8=4x−4　∴ x=4

∴ $\overline{BC}=2x+3=2\times4+3=11$

25 답 ③

④, ⑤ △ABD와 △DCA에서

$\overline{AB}=\overline{DC}$, $\overline{BD}=\overline{CA}$, $\overline{AD}$는 공통

이므로 △ABD≡△DCA (SSS 합동)

즉, ∠ADB=∠DAC이므로 $\overline{OA}=\overline{OD}$

또, ∠BAC=∠BAD−∠DAC

$\quad\quad\quad\ =∠ADC−∠ADB=∠BDC$

따라서 옳지 않은 것은 ③이다.

26 답 38°

$\overline{AD} /\!/ \overline{BC}$이므로

∠ADB=∠DBC=∠x (엇각)

△ABD에서 $\overline{AB}=\overline{AD}$이므로

∠ABD=∠ADB=∠x

∴ ∠DCB=∠ABC=∠x+∠x=2∠x

따라서 △DBC에서

66°+∠x+2∠x=180°, 3∠x=114°　∴ ∠x=38°

참고 $\overline{AD} /\!/ \overline{BC}$인 등변사다리꼴 ABCD
에서 ∠B=∠C, ∠A=∠D이므로
∠A+∠B=∠C+∠D=180°
즉, ∠A+∠C=180°임을 이용하여 풀 수도 있다.

유형 **08** 등변사다리꼴의 성질의 응용　73쪽

$\overline{AD} /\!/ \overline{BC}$인 등변사다리꼴 ABCD에서

(1)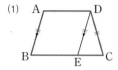
→ □ABED는 평행사변형
△DEC는 이등변삼각형

(2)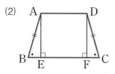
→ △ABE≡△DCF
(RHA 합동)

27 답 ②

오른쪽 그림과 같이 $\overline{AE} /\!/ \overline{DC}$가 되도
록 $\overline{AE}$를 그으면 □AECD는 평행사
변형이므로
$\overline{EC}=\overline{AD}=7$ cm

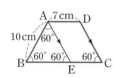

이때 ∠C=∠B=60°이고 ∠AEB=∠C=60° (동위각)이므로
∠BAE=180°−(60°+60°)=60°
즉, △ABE는 정삼각형이므로 $\overline{BE}=\overline{AB}=10$ cm
∴ $\overline{BC}=\overline{BE}+\overline{EC}=10+7=17$(cm)

28 답 4 cm

오른쪽 그림과 같이 꼭짓점 D에서 $\overline{BC}$에
내린 수선의 발을 F라 하면
$\overline{EF}=\overline{AD}=7$ cm
△ABE와 △DCF에서
∠AEB=∠DFC=90°, $\overline{AB}=\overline{DC}$,
∠B=∠C
이므로 △ABE≡△DCF (RHA 합동)

∴ $\overline{BE}=\overline{CF}=\dfrac{1}{2}(\overline{BC}-\overline{EF})$

$=\dfrac{1}{2}\times(15-7)=4$(cm)

29 답 120°

오른쪽 그림과 같이 $\overline{AB} /\!/ \overline{DE}$가 되도
록 $\overline{DE}$를 그으면 □ABED는 평행사
변형이므로
$\overline{AB}=\overline{DE}$, $\overline{AD}=\overline{BE}$

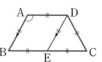

$\overline{BC}=2\overline{AD}$이므로 $\overline{BE}=\overline{EC}$
즉, $\overline{DE}=\overline{EC}=\overline{DC}$이므로 △DEC는 정삼각형이다.
따라서 ∠DEC=60°이므로
∠A=∠DEB=180°−60°=120°

유형 **09** 여러 가지 사각형　74쪽

(1) 평행사변형 → 두 쌍의 대변이 각각 평행하다.
(2) 직사각형 → 네 내각의 크기가 모두 같다.
(3) 마름모 → 네 변의 길이가 모두 같다.
(4) 정사각형 → 네 변의 길이와 네 내각의 크기가 각각 같다.
(5) 등변사다리꼴 → 아랫변의 양 끝 각의 크기가 같다.

30 답 마름모

∠AFB=∠EBF (엇각)이므로
∠ABF=∠AFB　∴ $\overline{AB}=\overline{AF}$
또, ∠BEA=∠FAE (엇각)이므로
∠BAE=∠BEA　∴ $\overline{AB}=\overline{BE}$
즉, $\overline{AF}=\overline{BE}$이고 $\overline{AF} /\!/ \overline{BE}$이므로 □ABEF는 평행사변형이다.
이때 $\overline{AB}=\overline{AF}$이므로 평행사변형 ABEF는 마름모이다.

31 답 ⑤

∠BAD+∠ABC=180°이므로
∠EAB+∠EBA=90°
△ABE에서 ∠AEB=180°−90°=90°
∴ ∠HEF=∠AEB=90° (맞꼭지각)
같은 방법으로 하면 ∠HGF=90°
또, ∠ABC+∠DCB=180°이므로
∠HBC+∠HCB=90°
△HBC에서 ∠BHC=180°−90°=90°
같은 방법으로 하면 ∠AFD=90°
따라서 ∠HEF=∠EFG=∠FGH=∠GHE=90°에서
□EFGH는 직사각형이므로 직사각형에 대한 설명으로 옳지 않
은 것은 ⑤이다.

32 답 ㄴ, ㄹ, ㅁ

△AOE와 △COF에서
$\overline{AO}=\overline{CO}$, ∠AOE=∠COF (맞꼭지각),
∠EAO=∠FCO (엇각)
이므로 △AOE≡△COF (ASA 합동) (ㄹ)
∴ $\overline{AE}=\overline{CF}$
즉, $\overline{AE}=\overline{FC}$, $\overline{AE} /\!/ \overline{FC}$이므로 □AFCE는 평행사변형이고
두 대각선이 서로 다른 것을 수직이등분하므로 평행사변형
AFCE는 마름모이다.
이때 $\overline{AE}=\overline{AD}-\overline{ED}=10-3=7$(cm)이므로
$\overline{AF}=\overline{AE}=7$ cm (ㄴ)
∴ (□AFCE의 둘레의 길이)=4$\overline{AE}$=4×7=28(cm) (ㅁ)
따라서 옳은 것은 ㄴ, ㄹ, ㅁ이다.

유형 10 여러 가지 사각형 사이의 관계 74쪽

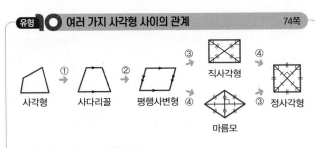

① 한 쌍의 대변이 평행하다.
② 다른 한 쌍의 대변이 평행하다.
③ 한 내각이 직각이거나 두 대각선의 길이가 같다.
④ 이웃하는 두 변의 길이가 같거나 두 대각선이 서로 수직이다.

33 답 ④
④ 이웃하는 두 변의 길이가 같거나 두 대각선이 서로 수직인 조건이 추가되어야 한다.

34 답 ⑤
⑤ 등변사다리꼴은 두 쌍의 대변이 각각 평행하지 않으므로 평행사변형이 아니다.

35 답 ③, ④
① 한 내각이 직각인 평행사변형은 직사각형이다.
② $\angle ABO = \angle ADO$이면 $\overline{AB} = \overline{AD}$이므로 이웃하는 두 변의 길이가 같은 평행사변형은 마름모이다.
③ 두 대각선의 길이가 같은 평행사변형은 직사각형이다.
④ 두 대각선이 서로 수직인 평행사변형은 마름모이다.
⑤ $\overline{AO} = \overline{CO}$, $\overline{BO} = \overline{DO}$이므로 $\overline{AO} = \overline{BO}$이면 $\overline{AC} = \overline{BD}$이다.
즉, 두 대각선의 길이가 같고 서로 수직인 평행사변형은 정사각형이다.
따라서 옳지 않은 것은 ③, ④이다.

유형 11 여러 가지 사각형의 대각선의 성질 75쪽

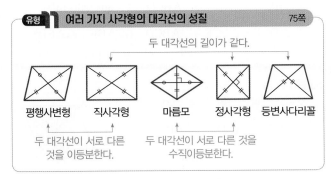

36 답 ①, ③
두 대각선의 길이가 같은 사각형은 직사각형, 정사각형, 등변사다리꼴이다.

37 답 ⑤
두 대각선이 서로 다른 것을 수직이등분하는 사각형은 마름모, 정사각형이므로 ㄹ, ㅁ이다.

38 답 ②, ④
① ㈎ 정사각형 ③ ㈐ 마름모 ⑤ ㈒ 사다리꼴
따라서 옳은 것은 ②, ④이다.

유형 12 사각형의 각 변의 중점을 연결하여 만든 사각형 75쪽

사각형의 각 변의 중점을 연결하여 만든 사각형은 다음과 같다.
(1) 사각형, 평행사변형 → 평행사변형
(2) 직사각형, 등변사다리꼴 → 마름모
(3) 마름모 → 직사각형
(4) 정사각형 → 정사각형

39 답 ①
② 마름모 − 직사각형   ③ 평행사변형 − 평행사변형
④ 정사각형 − 정사각형   ⑤ 등변사다리꼴 − 마름모
따라서 옳은 것은 ①이다.

40 답 32 cm
등변사다리꼴의 각 변의 중점을 연결하여 만든 사각형은 마름모이므로 □EFGH는 마름모이다.
따라서 □EFGH의 둘레의 길이는
$4\overline{EF} = 4 \times 8 = 32\,(cm)$

41 답 ①, ④
평행사변형의 각 변의 중점을 연결하여 만든 사각형은 평행사변형이므로 □EFGH는 평행사변형이다.
따라서 옳은 것은 ①, ④이다.

유형 13 평행선과 삼각형의 넓이 76쪽

오른쪽 그림에서 $\overline{AC} /\!/ \overline{DE}$일 때
(1) $\triangle ACD = \triangle ACE$
(2) $\square ABCD = \triangle ABC + \triangle ACD$
$= \triangle ABC + \triangle ACE$
$= \triangle ABE$

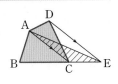

42 답 ②
$\overline{AC} /\!/ \overline{DE}$이므로 $\triangle ACD = \triangle ACE$
$\therefore \triangle ABE = \triangle ABC + \triangle ACE$
$= \triangle ABC + \triangle ACD$
$= \square ABCD = 16\,(cm^2)$

43 답 ④
$\overline{AC} /\!/ \overline{DE}$이므로 $\triangle ACD = \triangle ACE$
$\therefore \square ABCD = \triangle ABC + \triangle ACD$
$= \triangle ABC + \triangle ACE$
$= \triangle ABE$
$= \frac{1}{2} \times (10+4) \times 7 = 49\,(cm^2)$

44 답 ③
① $\overline{AC} /\!/ \overline{DE}$이므로 $\triangle ACD = \triangle ACE$
② $\overline{AC} /\!/ \overline{DE}$이므로 $\triangle AED = \triangle DCE$
④ $\triangle ACD = \triangle ACE$이므로
$\triangle AOD = \triangle ACD - \triangle ACO$
$= \triangle ACE - \triangle ACO = \triangle OCE$

⑤ △ACD=△ACE이므로
　□ABCD=△ABC+△ACD
　　　　　=△ABC+△ACE=△ABE
따라서 옳지 않은 것은 ③이다.

45 답 $7\,cm^2$
$\overline{AC}/\!/\overline{DE}$이므로 △ACD=△ACE
즉, □ABCD=△ABE이므로
△AFD=□ABCD-□ABCF
　　　=△ABE-□ABCF
　　　=30-23=$7(cm^2)$

유형 **04** 높이가 같은 두 삼각형의 넓이　76쪽

높이가 같은 두 삼각형의 넓이의 비는 밑변
의 길이의 비와 같다.
→ $\overline{BD}:\overline{DC}=m:n$이면
　△ABD : △ADC=$m:n$
참고 $\overline{BD}=\overline{DC}$이면 △ABD=△ADC
이다.

46 답 ①
$\overline{BP}:\overline{PC}=5:2$이므로 △ABP : △APC=5 : 2
∴ △ABP=$\frac{5}{7}$△ABC=$\frac{5}{7}\times28=20(cm^2)$

47 답 $14\,cm^2$
$\overline{AM}=\overline{CM}$이므로 △ABM=△MBC
∴ △ABM=$\frac{1}{2}$△ABC=$\frac{1}{2}\times42=21(cm^2)$
$\overline{BP}:\overline{PM}=2:1$이므로 △ABP : △APM=2 : 1
∴ △ABP=$\frac{2}{3}$△ABM=$\frac{2}{3}\times21=14(cm^2)$

48 답 $12\,cm^2$
$\overline{BD}:\overline{DC}=4:5$이므로 △ABD : △ADC=4 : 5
∴ △ADC=$\frac{5}{9}$△ABC=$\frac{5}{9}\times36=20(cm^2)$
$\overline{AE}:\overline{EC}=3:2$이므로 △ADE : △EDC=3 : 2
∴ △ADE=$\frac{3}{5}$△ADC=$\frac{3}{5}\times20=12(cm^2)$

유형 **05** 평행사변형에서 높이가 같은 두 삼각형의 넓이　77쪽

평행사변형 ABCD에서
△ABD=△ABC=△EBC
　　　=△DBC=△ACD
　　　=$\frac{1}{2}$□ABCD

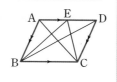

---

49 답 $7\,cm^2$
오른쪽 그림과 같이 $\overline{AC}$를 그으면
△ACD=$\frac{1}{2}$□ABCD
　　　=$\frac{1}{2}\times42=21(cm^2)$

따라서 △ACE : △AED=$\overline{CE}:\overline{ED}=2:1$이므로
△AED=$\frac{1}{3}$△ACD=$\frac{1}{3}\times21=7(cm^2)$

50 답 ③
$\overline{AD}/\!/\overline{BC}$이므로 △ABE=△DBE
$\overline{BD}/\!/\overline{EF}$이므로 △DBE=△DBF
$\overline{AB}/\!/\overline{CD}$이므로 △DBF=△AFD
∴ △ABE=△DBE=△DBF=△AFD
따라서 넓이가 나머지 넷과 다른 하나는 ③이다.

51 답 $9\,cm^2$
□ABCD=$\frac{1}{2}\times9\times12=54(cm^2)$이므로
△ABC=$\frac{1}{2}$□ABCD=$\frac{1}{2}\times54=27(cm^2)$
따라서 △ABP : △APC=$\overline{BP}:\overline{PC}=2:1$이므로
△APC=$\frac{1}{3}$△ABC=$\frac{1}{3}\times27=9(cm^2)$

참고 마름모 ABCD에서
$\overline{AC}\perp\overline{BD}$이므로
□ABCD=$\frac{1}{2}\times\overline{AC}\times\overline{BD}$

52 답 $15\,cm^2$
$\overline{AB}/\!/\overline{DC}$이므로
△ABE=△ABD=$\frac{1}{2}$□ABCD=$\frac{1}{2}\times50=25(cm^2)$
∴ △DFE+△BCE=□ABCD-(△ABE+△AFD)
　　　　　　　　=50-(25+10)=$15(cm^2)$

53 답 $18\,cm^2$
오른쪽 그림과 같이 $\overline{AC}$를 그으면
△ABC=△ACD=$\frac{1}{2}$□ABCD
　　　=$\frac{1}{2}\times48=24(cm^2)$
△AMC=$\frac{1}{2}$△ABC=$\frac{1}{2}\times24=12(cm^2)$
△ACN=$\frac{1}{2}$△ACD=$\frac{1}{2}\times24=12(cm^2)$
또, $\overline{BD}$, $\overline{DM}$을 그으면
△NMC=$\frac{1}{2}$△DMC=$\frac{1}{2}\times\frac{1}{2}$△DBC
　　　=$\frac{1}{2}\times\frac{1}{2}\times\frac{1}{2}$□ABCD=$\frac{1}{2}\times\frac{1}{2}\times\frac{1}{2}\times48=6(cm^2)$
∴ △AMN=△AMC+△ACN-△NMC
　　　　=12+12-6=$18(cm^2)$

유형 🔟 사다리꼴에서 높이가 같은 두 삼각형의 넓이 77쪽

$\overline{AD}/\!/\overline{BC}$인 사다리꼴 ABCD에서

(1) $\triangle ABO = \triangle DOC$

(2) $\triangle ABO : \triangle OBC$

$= \triangle AOD : \triangle DOC = \overline{AO} : \overline{OC}$

54 탑 ③

$\overline{AD}/\!/\overline{BC}$이므로 $\triangle ABC = \triangle DBC$

$\therefore \triangle DOC = \triangle DBC - \triangle OBC = \triangle ABC - \triangle OBC$

$\qquad = 21 - 15 = 6(\text{cm}^2)$

55 탑 $30\,\text{cm}^2$

$\triangle ABD = \triangle ACD$이므로

$\triangle DOC = \triangle ACD - \triangle AOD = \triangle ABD - \triangle AOD$

$\qquad = \triangle ABO = 10(\text{cm}^2)$

또, $\triangle OBC : \triangle DOC = \overline{BO} : \overline{OD} = 2 : 1$이므로

$\triangle OBC : 10 = 2 : 1 \quad \therefore \triangle OBC = 20(\text{cm}^2)$

$\therefore \triangle DBC = \triangle OBC + \triangle DOC = 20 + 10 = 30(\text{cm}^2)$

56 탑 $36\,\text{cm}^2$

$\triangle AOD : \triangle DOC = \overline{AO} : \overline{OC} = 1 : 2$이므로

$4 : \triangle DOC = 1 : 2 \quad \therefore \triangle DOC = 8(\text{cm}^2)$

이때 $\triangle ABD = \triangle ACD$이므로

$\triangle ABO = \triangle ABD - \triangle AOD = \triangle ACD - \triangle AOD$

$\qquad = \triangle DOC = 8(\text{cm}^2)$

$\triangle ABO : \triangle OBC = \overline{AO} : \overline{OC} = 1 : 2$이므로

$8 : \triangle OBC = 1 : 2 \quad \therefore \triangle OBC = 16(\text{cm}^2)$

$\therefore \square ABCD = \triangle ABO + \triangle OBC + \triangle DOC + \triangle AOD$

$\qquad = 8 + 16 + 8 + 4 = 36(\text{cm}^2)$

🔠 서술형
□ 78쪽~79쪽

01 탑 $63°$

채점 기준 1 ∠EBC의 크기 구하기 … 3점

$\triangle EBC$는 $\overline{BE} = \overline{BC}$인 이등변삼각형이므로

$\angle BEC = \angle BCE = \underline{90°} - 18° = \underline{72°}$

$\therefore \angle EBC = 180° - 2 \times \underline{72°} = \underline{36°}$

채점 기준 2 ∠x의 크기 구하기 … 3점

$\angle ABE = 90° - \underline{36°} = \underline{54°}$

$\triangle ABE$는 $\overline{AB} = \overline{BE}$인 이등변삼각형이므로

$\angle x = \dfrac{1}{2} \times (180° - \underline{54°}) = \underline{63°}$

01-1 탑 $59°$

채점 기준 1 ∠EBC의 크기 구하기 … 3점

$\triangle EBC$는 $\overline{BE} = \overline{BC}$인 이등변삼각형이므로

$\angle BEC = \angle BCE = 90° - 14° = 76°$

$\therefore \angle EBC = 180° - 2 \times 76° = 28°$

채점 기준 2 ∠x의 크기 구하기 … 3점

$\angle ABE = 90° - 28° = 62°$

$\triangle ABE$는 $\overline{AB} = \overline{BE}$인 이등변삼각형이므로

$\angle x = \dfrac{1}{2} \times (180° - 62°) = 59°$

01-2 탑 $15°$

채점 기준 1 ∠PCD의 크기 구하기 … 3점

$\overline{BC} = \overline{CD}$이므로 $\overline{PB} = \overline{BC} = \overline{CP}$

즉, $\triangle PBC$는 정삼각형이므로 $\angle PCB = 60°$

$\therefore \angle PCD = 90° - 60° = 30°$

채점 기준 2 ∠ADP의 크기 구하기 … 3점

$\triangle CDP$는 $\overline{CD} = \overline{CP}$인 이등변삼각형이므로

$\angle PDC = \dfrac{1}{2} \times (180° - 30°) = 75°$

$\therefore \angle ADP = 90° - 75° = 15°$

02 탑 $14\,\text{cm}^2$

채점 기준 1 △ABE의 넓이 구하기 … 3점

$\overline{AC}/\!/\overline{DE}$이므로 $\triangle ACD = \triangle ACE$

$\therefore \triangle ABE = \triangle ABC + \triangle ACE = \triangle ABC + \underline{\triangle ACD}$

$\qquad = \square \underline{ABCD} = \underline{35}(\text{cm}^2)$

채점 기준 2 △ACD의 넓이 구하기 … 3점

$\overline{BC} : \overline{CE} = 3 : 2$이므로

$\triangle ACD = \underline{\triangle ACE} = \dfrac{2}{5} \underline{\triangle ABE}$

$\qquad = \dfrac{2}{5} \times \underline{35} = \underline{14}(\text{cm}^2)$

02-1 탑 $18\,\text{cm}^2$

채점 기준 1 △ABE의 넓이 구하기 … 3점

$\overline{AC}/\!/\overline{DE}$이므로 $\triangle ACD = \triangle ACE$

$\therefore \triangle ABE = \triangle ABC + \triangle ACE = \triangle ABC + \triangle ACD$

$\qquad = \square ABCD = 42(\text{cm}^2)$

채점 기준 2 △ACD의 넓이 구하기 … 3점

$\overline{BC} : \overline{CE} = 4 : 3$이므로

$\triangle ACD = \triangle ACE = \dfrac{3}{7} \triangle ABE = \dfrac{3}{7} \times 42 = 18(\text{cm}^2)$

03 탑 $36\,\text{cm}^2$

$\overline{AD}/\!/\overline{BC}$이므로 $\angle DAE = \angle BEA$ (엇각)

즉, $\angle BAE = \angle BEA$에서 $\triangle ABE$는 $\overline{BA} = \overline{BE}$인 이등변삼각형이다. …… ❶

이때 $\overline{BE} = \overline{BA} = \overline{CD} = 6\,\text{cm}$이므로

$\overline{AD} = \overline{BC} = \overline{BE} + \overline{EC} = 6 + 3 = 9(\text{cm})$ …… ❷

따라서 $\square AECD$의 넓이는

$\dfrac{1}{2} \times (9 + 3) \times 6 = 36(\text{cm}^2)$ …… ❸

채점 기준	배점
❶ △ABE가 이등변삼각형임을 알기	2점
❷ $\overline{AD}$의 길이 구하기	2점
❸ □AECD의 넓이 구하기	2점

04 탑 55

$\angle COB = 90°$이므로 $\angle BCO = 180° - (90° + 30°) = 60°$

이때 $\overline{AB}=\overline{BC}$이므로 $\angle BAC=\angle BCA=60°$

∴ $x=60$ ...... ❶

$\triangle ABC$에서 $\angle ABC=180°-2\times60°=60°$

즉, $\triangle ABC$는 정삼각형이므로

$\overline{AC}=\overline{AB}=10$ cm

$\overline{OC}=\dfrac{1}{2}\overline{AC}=\dfrac{1}{2}\times10=5$(cm) ∴ $y=5$ ...... ❷

∴ $x-y=60-5=55$ ...... ❸

채점 기준	배점
❶ x의 값 구하기	2점
❷ y의 값 구하기	3점
❸ $x-y$의 값 구하기	1점

05 달 $67°$

$\triangle AED$는 $\overline{AE}=\overline{AD}$인 이등변삼각형이므로

$\angle AED=\angle ADE=22°$

∴ $\angle EAD=180°-2\times22°=136°$ ...... ❶

이때 $\angle DAB=90°$이므로

$\angle EAB=136°-90°=46°$ ...... ❷

따라서 $\triangle AEB$는 $\overline{AE}=\overline{AB}$인 이등변삼각형이므로

$\angle ABE=\dfrac{1}{2}\times(180°-46°)=67°$ ...... ❸

채점 기준	배점
❶ $\angle EAD$의 크기 구하기	3점
❷ $\angle EAB$의 크기 구하기	2점
❸ $\angle ABE$의 크기 구하기	1점

06 달 $42°$

$\triangle ABC$와 $\triangle DCB$에서

$\overline{AB}=\overline{DC}$, $\angle ABC=\angle DCB$, $\overline{BC}$는 공통

이므로 $\triangle ABC\equiv\triangle DCB$ (SAS 합동) ...... ❶

∴ $\angle DBC=\angle ACB=42°$ ...... ❷

이때 $\overline{AE}/\!/\overline{DB}$이므로

$\angle AEB=\angle DBC=42°$ (동위각) ...... ❸

채점 기준	배점
❶ $\triangle ABC\equiv\triangle DCB$임을 알기	4점
❷ $\angle DBC$의 크기 구하기	1점
❸ $\angle AEB$의 크기 구하기	1점

07 달 정사각형, 50 cm²

오른쪽 그림과 같이 $\overline{MN}$을 그으면

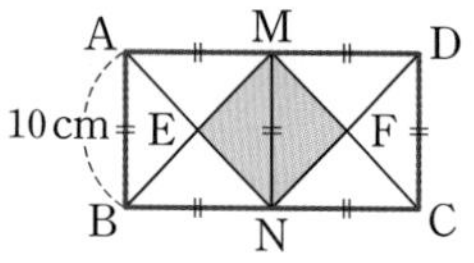

$\overline{AD}=2\overline{AB}$이므로 $\square ABNM$과

$\square MNCD$는 모두 정사각형이다.

$\square ABNM$에서

$\overline{EM}=\overline{EN}$, $\angle MEN=90°$

$\square MNCD$에서 $\overline{FM}=\overline{FN}$, $\angle MFN=90°$

$\angle EMF=\angle EMN+\angle FMN=45°+45°=90°$

$\angle ENF=\angle ENM+\angle FNM=45°+45°=90°$

따라서 $\square MENF$는 이웃하는 두 변의 길이가 같고 네 내각의 크기가 같으므로 정사각형이다. ...... ❶

∴ $\square MENF=2\triangle ENM=2\times\dfrac{1}{4}\square ABNM$

$=\dfrac{1}{2}\square ABNM$

$=\dfrac{1}{2}\times10\times10=50$(cm²) ...... ❷

채점 기준	배점
❶ $\square MENF$가 정사각형임을 알기	4점
❷ $\square MENF$의 넓이 구하기	3점

08 달 5 cm²

$\triangle ACE:\triangle AED=\overline{CE}:\overline{ED}=2:3$이므로

$\triangle ACE=\dfrac{2}{5}\triangle ACD=\dfrac{2}{5}\times\dfrac{1}{2}\square ABCD$ ...... ❶

$=\dfrac{1}{5}\times50=10$(cm²) ...... ❷

따라서 $\overline{AP}=\overline{PC}$이므로

$\triangle APE=\dfrac{1}{2}\triangle ACE=\dfrac{1}{2}\times10=5$(cm²) ...... ❸

채점 기준	배점
❶ $\triangle ACE$의 넓이를 $\square ABCD$의 넓이로 나타내기	3점
❷ $\triangle ACE$의 넓이 구하기	2점
❸ $\triangle APE$의 넓이 구하기	2점

실전! 중단원 학교 시험 1회
80쪽~83쪽

01 ①, ⑤	02 ③	03 ④	04 ②	05 ①
06 ①	07 ⑤	08 ④	09 ④, ⑤	10 ⑤
11 ②	12 ④	13 ①	14 ⑤	15 ③
16 ①	17 ②	18 ④	19 3	20 116°
21 150°	22 8 cm	23 50 cm²		

01 달 ①, ⑤ 〔유형 01〕

①, ⑤ 마름모와 정사각형의 성질이다.

02 달 ③ 〔유형 01〕

직사각형의 두 대각선의 길이는 같으므로

$\overline{AC}=\overline{OB}=\dfrac{1}{2}\times20=10$(cm)

03 달 ④ 〔유형 03〕

$\overline{AB}/\!/\overline{DC}$이므로 $\angle x=\angle ABD=52°$ (엇각)

$\angle COD=90°$이므로 $\triangle COD$에서

$\angle y=180°-(90°+52°)=38°$

∴ $\angle x-\angle y=52°-38°=14°$

04 달 ② 〔유형 04〕

ㄱ. $\overline{AD}=7$ cm이면 $\overline{AB}=\overline{AD}$이므로 평행사변형 ABCD는 마름모가 된다.

ㄹ. $\angle AOD=90°$이면 $\overline{AC}\perp\overline{BD}$이므로 평행사변형 ABCD는 마름모가 된다.

따라서 필요한 조건은 ㄱ, ㄹ이다.

05 답 ①　　　　　　　　　　　　　　　　　　　유형 **05**

$\overline{OB}=\overline{OC}=\dfrac{1}{2}\overline{AC}=\dfrac{1}{2}\times 8=4(cm)$

이때 $\angle BOC=90°$이므로

$\triangle OBC=\dfrac{1}{2}\times 4\times 4=8(cm^2)$

06 답 ①　　　　　　　　　　　　　　　　　　　유형 **05**

$\triangle ABF$와 $\triangle BCG$에서

$\angle AFB=\angle BGC=90°$, $\overline{AB}=\overline{BC}$,

$\angle ABF=90°-\angle CBG=\angle BCG$

이므로 $\triangle ABF\equiv\triangle BCG$ (RHA 합동)

$\therefore$ $\overline{BF}=\overline{CG}=6\,cm$, $\overline{BG}=\overline{AF}=10\,cm$

따라서 $\overline{FG}=\overline{BG}-\overline{BF}=10-6=4(cm)$이므로

$\triangle AFG=\dfrac{1}{2}\times 10\times 4=20(cm^2)$

07 답 ⑤　　　　　　　　　　　　　　　　　　　유형 **05**

$\triangle ABE$와 $\triangle CDF$에서

$\overline{AB}=\overline{CD}$, $\angle BAE=\angle DCF=90°$, $\overline{AE}=\overline{CF}$

이므로 $\triangle ABE\equiv\triangle CDF$ (SAS 합동)

$\therefore$ $\angle CDF=\angle ABE=24°$

이때 $\angle DCA=45°$이므로 $\triangle DHC$에서

$\angle AHD=\angle DCH+\angle CDH=45°+24°=69°$

08 답 ④　　　　　　　　　　　　　　　　　　　유형 **06**

①, ② 평행사변형 ABCD는 마름모가 된다.

③ 평행사변형 ABCD는 직사각형이 된다.

④ $\overline{AB}=\overline{AD}$이므로 평행사변형 ABCD는 마름모가 된다.
이때 $\overline{AO}=\overline{DO}$이면 $\overline{AC}=\overline{BD}$이므로 마름모 ABCD는 정사각형이 된다.

⑤ 평행사변형의 성질이다.

따라서 정사각형이 되는 조건은 ④이다.

09 답 ④, ⑤　　　　　　　　　　　　　　　　　유형 **07**

③ $\triangle ABD$와 $\triangle DCA$에서

$\overline{AB}=\overline{DC}$, $\overline{BD}=\overline{CA}$, $\overline{AD}$는 공통

이므로 $\triangle ABD\equiv\triangle DCA$ (SSS 합동)

$\therefore$ $\angle ABD=\angle DCA$

따라서 옳지 않은 것은 ④, ⑤이다.

10 답 ⑤　　　　　　　　　　　　　　　　　　　유형 **07**

$\overline{AD}\,/\!/\,\overline{BC}$이므로 $\angle DAC=\angle BCA=42°$ (엇각)

$\triangle DAC$는 $\overline{DA}=\overline{DC}$인 이등변삼각형이므로

$\angle DCA=\angle DAC=42°$

$\therefore$ $\angle B=\angle DCB=2\times 42°=84°$

따라서 $\triangle ABC$에서 $\angle BAC=180°-(84°+42°)=54°$

11 답 ②　　　　　　　　　　　　　　　　　　　유형 **08**

오른쪽 그림과 같이 $\overline{AB}\,/\!/\,\overline{DE}$가 되도록 $\overline{DE}$를 그으면 □ABED는 평행사변형이므로

$\overline{AB}=\overline{DE}$, $\overline{AD}=\overline{BE}$

$\overline{AD}=\dfrac{1}{2}\overline{BC}$이므로 $\overline{BE}=\overline{EC}$

즉, $\overline{DE}=\overline{EC}=\overline{DC}$이므로 $\triangle DEC$는 정삼각형이다.

따라서 $\angle C=60°$이므로 $\angle B=\angle C=60°$

12 답 ④　　　　　　　　　　　　　　　유형 **04**+유형 **09**

$\triangle ABE$와 $\triangle ADF$에서

$\angle AEB=\angle AFD$, $\overline{AE}=\overline{AF}$, $\angle ABE=\angle ADF$

이므로 $\triangle ABE\equiv\triangle ADF$ (ASA 합동)

즉, $\overline{AB}=\overline{AD}$이므로 평행사변형 ABCD는 마름모이다.

이때 $\overline{DF}=\overline{BE}=5\,cm$이므로

$\overline{CE}=\overline{CF}=13-5=8(cm)$

따라서 □AECF의 둘레의 길이는

$12+8+8+12=40(cm)$

13 답 ①　　　　　　　　　　　　　　　　　　　유형 **09**

$\angle AFB=\angle EBF$ (엇각)이므로

$\angle ABF=\angle AFB$　$\therefore$ $\overline{AB}=\overline{AF}$

또, $\angle BEA=\angle FAE$ (엇각)이므로

$\angle BAE=\angle BEA$　$\therefore$ $\overline{AB}=\overline{BE}$

즉, $\overline{AF}=\overline{BE}$이고 $\overline{AF}\,/\!/\,\overline{BE}$이므로 □ABEF는 평행사변형이다.

이때 $\overline{AB}=\overline{AF}$이므로 평행사변형 ABEF는 마름모이다.

따라서 □ABEF에 대한 설명으로 옳지 않은 것은 ①이다.

14 답 ⑤　　　　　　　　　　　　　　　　　　　유형 **10**

⑤ 두 쌍의 대각의 크기가 각각 같은 사각형이 평행사변형이다.

15 답 ③　　　　　　　　　　　　　　　　　　　유형 **12**

직사각형의 각 변의 중점을 연결하여 만든 사각형은 마름모이므로 □PQRS는 마름모이다.

$\therefore$ □PQRS$=\dfrac{1}{2}\times 10\times 8=40(cm^2)$

16 답 ①　　　　　　　　　　　　　　　　　　　유형 **13**

$\overline{AC}\,/\!/\,\overline{DE}$이므로 $\triangle ACD=\triangle ACE$

$\triangle ACD=\triangle ACE=\triangle ABE-\triangle ABC$

$=80-56=24(cm^2)$

17 답 ②　　　　　　　　　　　　　　　유형 **05**+유형 **13**

오른쪽 그림과 같이 $\overline{BD}$를 그으면 $\overline{AF}\,/\!/\,\overline{BC}$이므로

$\triangle FBC=\triangle DBC$

또, $\overline{DE}=\overline{DC}-\overline{EC}$

$=8-5=3(cm)$

$\therefore$ $\triangle FEC=\triangle FBC-\triangle EBC$

$=\triangle DBC-\triangle EBC$

$=\triangle DBE=\dfrac{1}{2}\times 3\times 8=12(cm^2)$

18 답 ④　　　　　　　　　　　　　　　　　　　유형 **16**

$\triangle AOD:\triangle DOC=\overline{AO}:\overline{OC}=3:4$이므로

$18:\triangle DOC=3:4$, $3\triangle DOC=72$　$\therefore$ $\triangle DOC=24(cm^2)$

이때 $\triangle ABD=\triangle ACD$이므로

$\triangle AOB=\triangle ABD-\triangle AOD=\triangle ACD-\triangle AOD$

$=\triangle DOC=24(cm^2)$

또, $\triangle AOB:\triangle OBC=\overline{AO}:\overline{OC}=3:4$이므로

$24:\triangle OBC=3:4$, $3\triangle OBC=96$　$\therefore$ $\triangle OBC=32(cm^2)$

$\therefore \Box ABCD = \triangle AOB + \triangle OBC + \triangle DOC + \triangle AOD$
$= 24 + 32 + 24 + 18$
$= 98(cm^2)$

19 답 3 유형 ①

$\overline{AC} = \overline{BD}$이므로

$x + 2 = 3x - 8, \ 2x = 10 \qquad \therefore x = 5$ ······ ❶

즉, $\overline{AB} = 3x - 12 = 3 \times 5 - 12 = 3$

$\therefore \overline{DC} = \overline{AB} = 3$ ······ ❷

채점 기준	배점
❶ x의 값 구하기	2점
❷ $\overline{DC}$의 길이 구하기	2점

20 답 $116°$ 유형 ③

$\overline{AB} = \overline{AD}$이므로 $\triangle ABD$에서

$\angle ABD = \angle ADB = 32°$

$\angle AOB = 90°$이므로 $\triangle ABO$에서

$\angle y = 180° - (90° + 32°) = 58°$ ······ ❶

$\angle BDC = \angle ADB = 32°$이므로 $\triangle DFE$에서

$\angle DFE = 180° - (90° + 32°) = 58°$

$\therefore \angle x = \angle DFE = 58°$ (맞꼭지각) ······ ❷

$\therefore \angle x + \angle y = 58° + 58° = 116°$ ······ ❸

채점 기준	배점
❶ $\angle y$의 크기 구하기	3점
❷ $\angle x$의 크기 구하기	3점
❸ $\angle x + \angle y$의 크기 구하기	1점

21 답 $150°$ 유형 ⑤

$\triangle PBC$가 정삼각형이므로 $\angle PBC = 60°$

$\therefore \angle ABP = 90° - 60° = 30°$

$\triangle ABP$는 $\overline{BA} = \overline{BP}$인 이등변삼각형이므로

$\angle APB = \frac{1}{2} \times (180° - 30°) = 75°$ ······ ❶

같은 방법으로 하면 $\triangle PCD$에서

$\angle DPC = 75°$ ······ ❷

$\therefore \angle APD = 360° - (75° + 60° + 75°) = 150°$ ······ ❸

채점 기준	배점
❶ $\angle APB$의 크기 구하기	3점
❷ $\angle DPC$의 크기 구하기	2점
❸ $\angle APD$의 크기 구하기	2점

22 답 $8\,cm$ 유형 ⑨

$\triangle AOE$와 $\triangle COF$에서

$\overline{AO} = \overline{CO}$, $\angle AOE = \angle COF$ (맞꼭지각),

$\angle EAO = \angle FCO$ (엇각)

이므로 $\triangle AOE \equiv \triangle COF$ (ASA 합동)

$\therefore \overline{AE} = \overline{CF}$ ······ ❶

따라서 $\overline{AE} = \overline{FC}$이고 $\overline{AE} /\!/ \overline{FC}$이므로 $\Box AFCE$는 평행사변형이고 두 대각선이 서로 다른 것을 수직이등분하므로 평행사변형 AFCE는 마름모이다. ······ ❷

이때 $\overline{AE} = \overline{AD} - \overline{ED} = 12 - 4 = 8(cm)$이므로

$\overline{AF} = \overline{AE} = 8\,cm$ ······ ❸

채점 기준	배점
❶ $\overline{AE} = \overline{CF}$임을 알기	2점
❷ $\Box AFCE$가 마름모임을 알기	2점
❸ $\overline{AF}$의 길이 구하기	2점

23 답 $50\,cm^2$ 유형 ⑮

$\Box ABCD = \frac{1}{2} \times 16 \times 20 = 160(cm^2)$ ······ ❶

$\triangle ABP : \triangle APC = \overline{BP} : \overline{PC} = 3 : 5$이므로

$\triangle APC = \frac{5}{8}\triangle ABC = \frac{5}{8} \times \frac{1}{2}\Box ABCD$

$= \frac{5}{16} \times 160 = 50(cm^2)$ ······ ❷

채점 기준	배점
❶ $\Box ABCD$의 넓이 구하기	2점
❷ $\triangle APC$의 넓이 구하기	4점

학교 시험 2회

84쪽~87쪽

01 ②	02 ⑤	03 ④	04 ②	05 ④
06 ②	07 ③	08 ⑤	09 ③	10 ②
11 ②	12 ③	13 ②, ③	14 ①	15 ②
16 ①	17 ③	18 ①	19 16 cm	20 58°
21 36°	22 70°	23 21 cm²		

01 답 ② 유형 ①

$\overline{DO} = \overline{AO} = \frac{1}{2}\overline{AC} = \frac{1}{2} \times 10 = 5(cm) \qquad \therefore x = 5$

또, $\triangle AOD$에서 $\angle ODA = 90° - 60° = 30°$이므로

$\angle OAD = \angle ODA = 30° \qquad \therefore y = 30$

$\therefore x + y = 5 + 30 = 35$

02 답 ⑤ 유형 ②

③ $\angle BCD + \angle ADC = 180°$에서 $\angle BCD = \angle ADC$이면
   $\angle BCD = \angle ADC = 90°$이므로 평행사변형 ABCD는 직사각형이 된다.

④ $\overline{OC} = \overline{OD}$이면 $\overline{AC} = \overline{BD}$이므로 평행사변형 ABCD는 직사각형이 된다.

따라서 직사각형이 되는 조건이 아닌 것은 ⑤이다.

03 답 ④ 유형 ③

$\overline{AB} = \overline{DC}$에서 $5x - 2 = 3x + 4, \ 2x = 6 \qquad \therefore x = 3$

또, $\overline{AB} = \overline{AD}$이므로 $5x - 2 = 4x + y \qquad \therefore y = 1$

$\therefore 2x - y = 2 \times 3 - 1 = 5$

04 답 ② 유형 ④

$\triangle POB$와 $\triangle POD$에서

$\overline{BO} = \overline{DO}, \ \overline{PB} = \overline{PD}, \ \overline{PO}$는 공통

이므로 $\triangle POB \equiv \triangle POD$ (SSS 합동)

∴ ∠POB＝∠POD＝90°

즉, $\overline{AC}\perp\overline{BD}$이므로 평행사변형 ABCD는 마름모이다.

∴ □ABCD＝4△ABO＝$4\times\left(\frac{1}{2}\times10\times7\right)$＝140(cm²)

05 답 ④ 　　　　　　　　　　　　유형 **05**

△EBC는 정삼각형이므로 ∠BCE＝60°

∴ ∠ECD＝90°－60°＝30°

△CDE는 $\overline{CE}=\overline{CD}$인 이등변삼각형이므로

∠CED＝$\frac{1}{2}\times(180°-30°)$＝75°

∴ ∠BED＝∠BEC＋∠CED＝60°＋75°＝135°

06 답 ② 　　　　　　　　　　　　유형 **05**

오른쪽 그림과 같이 직각삼각형 ABE의 빗변 AB의 중점을 O라 하면 점 O는 △ABE의 외심이다.

∴ $\overline{AO}=\overline{BO}=\overline{EO}$

△OBE에서

∠OEB＝∠OBE＝60°이므로

∠BOE＝180°－(60°＋60°)＝60°

즉, △OBE는 정삼각형이므로

$\overline{BO}=\overline{BE}$＝3 cm

따라서 $\overline{AB}=2\overline{BO}$＝2×3＝6(cm)이므로

□ABCD＝6×6＝36(cm²)

07 답 ③ 　　　　　　　　　　　　유형 **07**

∠C＝∠B＝55°

$\overline{DC}=\overline{DE}$이므로 ∠DEC＝∠C＝55°

△DEC에서 ∠EDC＝180°－(55°＋55°)＝70°

08 답 ⑤ 　　　　　　　　　　　　유형 **08**

오른쪽 그림과 같이 $\overline{AE}$∥$\overline{DC}$가 되도록 $\overline{AE}$를 그으면 □AECD는 평행사변형이므로

$\overline{EC}=\overline{AD}$＝8 cm

이때 ∠C＝∠B＝60°이고 ∠AEB＝∠C＝60° (동위각)이므로

∠BAE＝180°－(60°＋60°)＝60°

즉, △ABE는 정삼각형이므로

$\overline{BE}=\overline{AB}$＝10 cm

∴ $\overline{BC}=\overline{BE}+\overline{EC}$＝10＋8＝18(cm)

따라서 □ABCD의 둘레의 길이는

10＋18＋10＋8＝46(cm)

09 답 ③ 　　　　　　　　　　　　유형 **08**

오른쪽 그림과 같이 꼭짓점 D에서 $\overline{BC}$에 내린 수선의 발을 F라 하면

$\overline{EF}=\overline{AD}$＝8 cm

△ABE와 △DCF에서

∠AEB＝∠DFC＝90°,

$\overline{AB}=\overline{DC}$, ∠B＝∠C

이므로 △ABE≡△DCF (RHA 합동)

따라서 $\overline{FC}=\overline{EB}$＝4 cm이므로

$\overline{BC}=\overline{BE}+\overline{EF}+\overline{FC}$＝4＋8＋4＝16(cm)

10 답 ② 　　　　　　　　　　　　유형 **09**

∠BAD＋∠ABC＝180°이므로 ∠EAB＋∠EBA＝90°

△ABE에서 ∠AEB＝180°－90°＝90°

∴ ∠HEF＝∠AEB＝90° (맞꼭지각)

같은 방법으로 하면 ∠HGF＝90°

또, ∠ABC＋∠DCB＝180°이므로 ∠HBC＋∠HCB＝90°

△HBC에서 ∠BHC＝180°－90°＝90°

같은 방법으로 하면 ∠AFD＝90°

따라서 ∠HEF＝∠EFG＝∠FGH＝∠GHE＝90°이므로 □EFGH는 직사각형이다.

② 이웃하는 두 변의 길이가 같은지는 알 수 없다.

11 답 ② 　　　　　　　　　　　　유형 **10**

② 정사각형은 네 내각의 크기가 모두 같으므로 직사각형이다.

따라서 옳은 것은 ②이다.

12 답 ③ 　　　　　　　　　　　　유형 **11**

두 대각선의 길이가 같은 사각형은 직사각형, 정사각형, 등변사다리꼴이므로 ㄴ, ㄹ, ㅂ이다.

13 답 ②, ③ 　　　　　　　　　　유형 **12**

마름모의 각 변의 중점을 연결하여 만든 사각형은 직사각형이다.

따라서 직사각형에 대한 설명으로 옳은 것은 ②, ③이다.

14 답 ① 　　　　　　　　　　　　유형 **12**

등변사다리꼴의 각 변의 중점을 연결하여 만든 사각형은 마름모이므로 □EFGH는 마름모이다.

따라서 △AEH와 △EBF의 둘레의 길이의 합은

$\overline{AH}+\overline{AE}+\overline{EH}+\overline{BE}+\overline{BF}+\overline{EF}$

＝$\frac{1}{2}(\overline{AD}+\overline{AB})+\overline{EH}+\frac{1}{2}(\overline{AB}+\overline{BC})+\overline{EF}$

＝$\frac{1}{2}\times$(□ABCD의 둘레의 길이)＋$2\overline{EF}$

＝$\frac{1}{2}\times32+2\times4$＝24(cm)

15 답 ② 　　　　　　　　　　　　유형 **13**

오른쪽 그림과 같이 $\overline{AE}$를 그으면 $\overline{AC}$∥$\overline{DE}$이므로 △ACD＝△ACE

∴ □ABCD＝△ABC＋△ACD

　　　　　＝△ABC＋△ACE

　　　　　＝△ABE

　　　　　＝$\frac{1}{2}\times(9+5)\times6$＝42(cm²)

16 답 ① 　　　　　　　　　　　　유형 **14**

$\overline{AD}$∥$\overline{BC}$이므로 △ABC＝△DBC

또, △ABM : △AMC＝$\overline{BM}$: $\overline{MC}$＝3 : 2이므로

△AMC＝$\frac{2}{5}$△ABC＝$\frac{2}{5}$△DBC＝$\frac{2}{5}\times45$＝18(cm²)

17 답 ③ 　　　　　　　　　　　　유형 **14**

$\overline{AD}=\overline{BC}$＝9 cm이고 $\overline{AE}$: $\overline{ED}$＝1 : 2이므로

$\overline{AE}=\frac{1}{3}\overline{AD}=\frac{1}{3}\times9$＝3(cm)

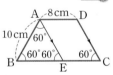

오른쪽 그림과 같이 $\overline{EG}$, $\overline{GC}$를 그으면 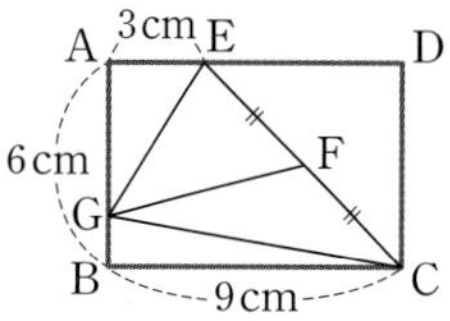
$\triangle EGF = \triangle GCF$
이때 $\square AGFE = \square GBCF$이므로
$\triangle AGE + \triangle EGF$
$= \triangle GCF + \triangle GBC$에서
$\triangle AGE = \triangle GBC$
$\overline{GB} = x$ cm라 하면 $\overline{AG} = (6-x)$ cm이므로
$$\frac{1}{2} \times 3 \times (6-x) = \frac{1}{2} \times 9 \times x$$
$18 - 3x = 9x$, $12x = 18$ $\therefore x = \frac{3}{2}$

따라서 $\overline{GB}$의 길이는 $\frac{3}{2}$ cm이다.

18 답 ①   유형 ⑮

$\overline{AB} /\!/ \overline{DC}$이므로 $\triangle BCQ = \triangle ACQ$
$\overline{AC} /\!/ \overline{PQ}$이므로 $\triangle ACQ = \triangle ACP$
$\therefore \triangle BCQ = \triangle ACP$
또, $\triangle ACD = \frac{1}{2}\square ABCD = \frac{1}{2} \times 98 = 49(\text{cm}^2)$이고
$\triangle ACP : \triangle PCD = \overline{AP} : \overline{PD} = 3 : 4$이므로
$\triangle ACP = \frac{3}{7}\triangle ACD = \frac{3}{7} \times 49 = 21(\text{cm}^2)$
$\therefore \triangle BCQ = \triangle ACP = 21 \text{ cm}^2$

19 답 16 cm   유형 ①

$\overline{DC} = \overline{AB} = 6$ cm   ……❶

$\overline{OD} = \overline{OC} = \frac{1}{2}\overline{AC} = \frac{1}{2} \times 10 = 5(\text{cm})$ ……❷

따라서 $\triangle OCD$의 둘레의 길이는
$\overline{OC} + \overline{CD} + \overline{DO} = 5 + 6 + 5 = 16(\text{cm})$ ……❸

채점 기준	배점
❶ $\overline{DC}$의 길이 구하기	1점
❷ $\overline{OC}$, $\overline{OD}$의 길이를 각각 구하기	2점
❸ $\triangle OCD$의 둘레의 길이 구하기	1점

20 답 58°   유형 ③

$\triangle ABE$와 $\triangle ADF$에서
$\angle AEB = \angle AFD = 90°$, $\overline{AB} = \overline{AD}$, $\angle B = \angle D$
이므로 $\triangle ABE \equiv \triangle ADF$ (RHA 합동)   ……❶
$\therefore \angle DAF = \angle BAE = 180° - (90° + 64°) = 26°$
$\angle B + \angle BAD = 180°$이므로 $\angle BAD = 180° - 64° = 116°$
즉, $2\angle BAE + \angle EAF = 116°$이므로
$2 \times 26° + \angle EAF = 116°$
$\therefore \angle EAF = 64°$ ……❷
이때 $\triangle AEF$는 $\overline{AE} = \overline{AF}$인 이등변삼각형이므로
$\angle AFE = \frac{1}{2} \times (180° - 64°) = 58°$ ……❸

채점 기준	배점
❶ $\triangle ABE \equiv \triangle ADF$임을 알기	2점
❷ $\angle EAF$의 크기 구하기	2점
❸ $\angle AFE$의 크기 구하기	2점

21 답 36°   유형 ⑤

$\triangle BCE$와 $\triangle DCE$에서
$\overline{BC} = \overline{DC}$, $\angle BCE = \angle DCE = 45°$, $\overline{EC}$는 공통
이므로 $\triangle BCE \equiv \triangle DCE$ (SAS 합동)   ……❶
$\therefore \angle CDE = \angle CBE = 54°$ ……❷
따라서 $\triangle DFC$에서
$\angle x = 180° - (54° + 90°) = 36°$ ……❸

채점 기준	배점
❶ $\triangle BCE \equiv \triangle DCE$임을 알기	3점
❷ $\angle CDE$의 크기 구하기	1점
❸ $\angle x$의 크기 구하기	2점

22 답 70°   유형 ⑤

오른쪽 그림과 같이 $\overline{CD}$의 연장선 위에
$\overline{BE} = \overline{DG}$가 되도록 점 G를 잡으면 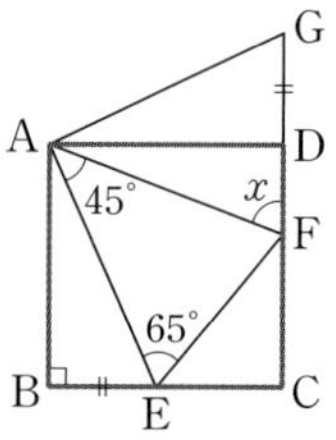
$\triangle ABE$와 $\triangle ADG$에서
$\overline{AB} = \overline{AD}$, $\angle ABE = \angle ADG = 90°$,
$\overline{BE} = \overline{DG}$
이므로
$\triangle ABE \equiv \triangle ADG$ (SAS 합동)   ……❶
$\therefore \overline{AE} = \overline{AG}$, $\angle BAE = \angle DAG$
또, $\triangle AFG$와 $\triangle AFE$에서
$\overline{AG} = \overline{AE}$,
$\angle GAF = \angle DAG + \angle DAF = \angle BAE + \angle DAF$
$\qquad = 90° - 45° = 45°$
에서 $\angle GAF = \angle EAF$,
$\overline{AF}$는 공통
이므로 $\triangle AFG \equiv \triangle AFE$ (SAS 합동)   ……❷
$\therefore \angle x = \angle AFE$
$\qquad = 180° - (45° + 65°) = 70°$ ……❸

채점 기준	배점
❶ $\triangle ABE \equiv \triangle ADG$임을 알기	2점
❷ $\triangle AFG \equiv \triangle AFE$임을 알기	3점
❸ $\angle x$의 크기 구하기	2점

23 답 21 cm²   유형 ⑯

$\overline{AD} /\!/ \overline{BC}$이므로
$\triangle ABC = \triangle DBC$ ……❶
$\therefore \triangle ABO = \triangle ABC - \triangle OBC$
$\qquad\qquad = \triangle DBC - \triangle OBC$
$\qquad\qquad = \triangle DOC = 9(\text{cm}^2)$ ……❷
$\triangle AOB : \triangle OBC = \overline{AO} : \overline{OC} = 3 : 7$이므로
$9 : \triangle OBC = 3 : 7$, $3\triangle OBC = 63$
$\therefore \triangle OBC = 21(\text{cm}^2)$ ……❸

채점 기준	배점
❶ $\triangle ABC = \triangle DBC$임을 알기	1점
❷ $\triangle ABO$의 넓이 구하기	3점
❸ $\triangle OBC$의 넓이 구하기	3점

교과서 속 특이 문제

○88쪽

01 답 마름모, 24 cm

오른쪽 그림과 같이 원 O의 중심인 점 O와
□ABCD의 각 변의 중점 E, F, G, H를
각각 연결하여 생기는 □OHAE,
□OEBF, □OFCG, □OGDH는 모두 직
사각형이다.

이때 □EFGH의 네 변 $\overline{EF}$, $\overline{FG}$, $\overline{GH}$, $\overline{HE}$는 각각 □OEBF,
□OFCG, □OGDH, □OHAE의 대각선이므로
$\overline{EF} = \overline{OB} = 6$ cm, $\overline{FG} = \overline{OC} = 6$ cm,
$\overline{GH} = \overline{OD} = 6$ cm, $\overline{HE} = \overline{OA} = 6$ cm
따라서 □EFGH는 마름모이고 그 둘레의 길이는
$6 \times 4 = 24$(cm)

02 답 58°

마름모 ABCD의 두 대각선 AC와 BD는 서로 다른 것을 수직
이등분하므로 $\overline{BD} /\!/ m$
∴ ∠BDC = ∠CFE = 32° (엇각)
따라서 △DAC에서
∠ADC = 2∠BDC = 2 × 32° = 64°
이때 $\overline{DA} = \overline{DC}$이므로
∠CAD = $\frac{1}{2} \times (180° - 64°) = 58°$

03 답 $\frac{1}{4}$배

△OHC와 △OID에서
$\overline{OC} = \overline{OD}$, ∠OCH = ∠ODI = 45°,
∠HOC = 90° − ∠COI = ∠IOD
이므로 △OHC ≡ △OID (ASA 합동)
∴ □OHCI = △OHC + △OCI
= △OID + △OCI
= △OCD
= $\frac{1}{4}$□ABCD

따라서 겹쳐진 부분의 넓이는 정사각형 ABCD의 넓이의 $\frac{1}{4}$배
이다.

04 답 풀이 참조

오른쪽 그림과 같이 점 B를 지나면
서 $\overline{AC}$와 평행한 직선 BD를 그으
면
$\overline{AC} /\!/ \overline{BD}$이므로
△ABC = △ADC
따라서 새로운 경계선을 $\overline{AD}$로 하면
두 땅의 넓이는 변함이 없다.

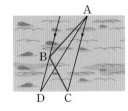

---

1 도형의 닮음

VI. 도형의 닮음과 피타고라스 정리

90쪽~91쪽

개념 check

1 답 (1) 점 E (2) $\overline{DF}$ (3) ∠C

2 답 (1) 2 : 3 (2) 6 (3) 125°
(1) $\overline{BC}$의 대응변은 $\overline{FG}$이므로 닮음비는
$\overline{BC} : \overline{FG} = 6 : 9 = 2 : 3$
(2) $\overline{DC} : \overline{HG} = 2 : 3$, 즉 4 : $\overline{HG} = 2 : 3$이므로
$2\overline{HG} = 12$ ∴ $\overline{HG} = 6$
(3) ∠E의 대응각은 ∠A이므로
∠E = ∠A = 360° − (70° + 85° + 80°) = 125°

3 답 (1) 3 : 2 (2) 8 (3) 4
(1) $\overline{FG}$의 대응변은 $\overline{NO}$이므로 닮음비는
$\overline{FG} : \overline{NO} = 9 : 6 = 3 : 2$
(2) $\overline{AE} : \overline{IM} = 3 : 2$, 즉 12 : $\overline{IM} = 3 : 2$이므로
$3\overline{IM} = 24$ ∴ $\overline{IM} = 8$
(3) $\overline{GH} : \overline{OP} = 3 : 2$, 즉 6 : $\overline{OP} = 3 : 2$이므로
$3\overline{OP} = 12$ ∴ $\overline{OP} = 4$

4 답 (1) 3 : 4 (2) 3 : 4 (3) 9 : 16
(1) $\overline{AC}$의 대응변은 $\overline{DF}$이므로 닮음비는
$\overline{AC} : \overline{DF} = 15 : 20 = 3 : 4$
(2) 두 삼각형의 닮음비가 3 : 4이므로 둘레의 길이의 비는 3 : 4
이다.
(3) 두 삼각형의 닮음비가 3 : 4이므로 넓이의 비는
$3^2 : 4^2 = 9 : 16$

5 답 △ABC∽△KJL, AA 닮음
△DEF∽△NOM, SSS 닮음
△GHI∽△QPR, SAS 닮음
△ABC와 △KJL에서
∠A = ∠K, ∠C = 180° − (90° + 30°) = 60° = ∠L
이므로 △ABC∽△KJL (AA 닮음)
△DEF와 △NOM에서
$\overline{DE} : \overline{NO} = 4 : 6 = 2 : 3$, $\overline{EF} : \overline{OM} = 6 : 9 = 2 : 3$,
$\overline{FD} : \overline{MN} = 8 : 12 = 2 : 3$
이므로 △DEF∽△NOM (SSS 닮음)
△GHI와 △QPR에서
$\overline{GH} : \overline{QP} = 12 : 8 = 3 : 2$, $\overline{GI} : \overline{QR} = 9 : 6 = 3 : 2$, ∠G = ∠Q
이므로 △GHI∽△QPR (SAS 닮음)

6 답 (1) 4 (2) 9 (3) 6
(1) $\overline{AB}^2 = \overline{BD} \times \overline{BC}$이므로
$x^2 = 2 \times (2 + 6) = 16$ ∴ $x = 4$ (∵ $x > 0$)
(2) $\overline{AC}^2 = \overline{CD} \times \overline{CB}$이므로
$6^2 = 4 \times x$, $4x = 36$ ∴ $x = 9$
(3) $\overline{AD}^2 = \overline{DB} \times \overline{DC}$이므로
$x^2 = 4 \times 9 = 36$ ∴ $x = 6$ (∵ $x > 0$)

7 답 (1) $\frac{1}{25000}$ (2) 2.5 km
(1) 1 km = 1000 m = 100000 cm이므로

$(축척)=\dfrac{4}{100000}=\dfrac{1}{25000}$

(2) $(실제\ 거리)=10\div\dfrac{1}{25000}=10\times25000$

$=250000(cm)=2.5(km)$

기출 유형

● 92쪽~97쪽

유형 01 닮은 도형 　　92쪽

(1) △ABC와 △DEF가 서로 닮은 도형일 때
　① 세 점 A, B, C의 대응점은 각각 점 D, 점 E, 점 F이다.
　② $\overline{AB}$, $\overline{BC}$, $\overline{CA}$의 대응변은 각각 $\overline{DE}$, $\overline{EF}$, $\overline{FD}$이다.
　③ ∠A, ∠B, ∠C의 대응각은 각각 ∠D, ∠E, ∠F이다.
(2) 항상 서로 닮음인 도형
　① 평면도형 : 두 원, 변의 개수가 같은 두 정다각형, 두 직각
　　이등변삼각형, 중심각의 크기가 같은 두 부채꼴 등
　② 입체도형 : 두 구, 면의 개수가 같은 두 정다면체 등

01 답 ②

다음 그림의 두 도형은 서로 닮은 도형이 아니다.

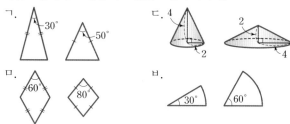

따라서 항상 서로 닮은 도형은 ㄴ, ㄹ이다.

02 답 ②, ⑤

② 오른쪽 그림에서 두 직사각형의 넓이는 같지만 서로 닮은 도형은 아니다.

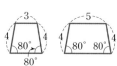

⑤ 오른쪽 그림에서 두 등변사다리꼴의 두 밑각의 크기는 각각 같지만 서로 닮은 도형은 아니다.

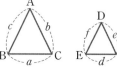

따라서 항상 서로 닮은 도형이라 할 수 없는 것은 ②, ⑤이다.

유형 02 평면도형에서의 닮음의 성질 　　92쪽

(1) △ABC∽△DEF일 때
　① 대응변의 길이의 비는 일정하다.
　　➡ $a:d=b:e=c:f$
　② 대응각의 크기는 각각 같다.
　　➡ ∠A=∠D, ∠B=∠E, ∠C=∠F
(2) 닮음비가 $m:n$인 두 평면도형에서 길이가 각각 a, b인 두 변이 대응변이면 $a:b=m:n$

03 답 65

△ABC와 △DEF의 닮음비는 $\overline{AC}:\overline{DF}=10:4=5:2$
$\overline{AB}:\overline{DE}=5:2$, 즉 $\overline{AB}:2=5:2$이므로
$2\overline{AB}=10$　∴ $\overline{AB}=5(cm)$　∴ $x=5$
∠D=∠A=$180°-(90°+30°)=60°$　∴ $y=60$
∴ $x+y=5+60=65$

04 답 ⑤

□ABCD와 □EFGH의 닮음비는
$\overline{DC}:\overline{HG}=9:6=3:2$ (⑤)
$\overline{AD}:\overline{EH}=3:2$, 즉 $\overline{AD}:4=3:2$이므로
$2\overline{AD}=12$　∴ $\overline{AD}=6(cm)$(①)
또, $\overline{BC}:\overline{FG}=3:2$, 즉 $12:\overline{FG}=3:2$이므로
$3\overline{FG}=24$　∴ $\overline{GF}=8(cm)$(②)
∠F=∠B=$70°$ (③), ∠A=∠E=$120°$,
∠D=$360°-(120°+70°+80°)=90°$ (④)
따라서 옳지 않은 것은 ⑤이다.

05 답 40 cm

△ABC와 △DEF의 닮음비가 5 : 3이므로
$\overline{AB}:\overline{DE}=5:3$, 즉 $\overline{AB}:6=5:3$
$3\overline{AB}=30$　∴ $\overline{AB}=10(cm)$
또, $\overline{AC}:\overline{DF}=5:3$, 즉 $\overline{AC}:9=5:3$이므로
$3\overline{AC}=45$　∴ $\overline{AC}=15(cm)$
따라서 △ABC의 둘레의 길이는
$\overline{AB}+\overline{BC}+\overline{CA}=10+15+15=40(cm)$

06 답 4 : 1

A0 용지의 짧은 변의 길이를 a라 하면
A2 용지의 짧은 변의 길이는 $\dfrac{1}{2}a$이고
A4 용지의 짧은 변의 길이는 $\dfrac{1}{4}a$이므로
A0 용지와 A4 용지의 닮음비는 $a:\dfrac{1}{4}a=4:1$

유형 03 입체도형에서의 닮음의 성질 　　93쪽

두 삼각뿔 A-BCD와
E-FGH가 서로 닮은 도형일 때
① 대응하는 모서리의 길이의 비는 일정하다.
　➡ $\overline{AB}:\overline{EF}=\overline{AC}:\overline{EG}$
　　$=\overline{AD}:\overline{EH}=\overline{BC}:\overline{FG}$
　　$=\overline{BD}:\overline{FH}=\overline{CD}:\overline{GH}$
② 대응하는 면은 서로 닮은 도형이다.
　➡ △ABC∽△EFG, △ABD∽△EFH,
　　△ACD∽△EGH, △BCD∽△FGH

07 답 ⑤

⑤ □BEDA∽□HKJG, □ADFC∽□GJLI
따라서 옳지 않은 것은 ⑤이다.

08 답 18

두 사면체의 닮음비는 $\overline{OA}:\overline{O'A'}=6:4=3:2$

$\overline{AB}:\overline{A'B'}=3:2$, 즉 $\overline{AB}:3=3:2$이므로

$2\overline{AB}=9$ ∴ $\overline{AB}=\dfrac{9}{2}$(cm) ∴ $x=\dfrac{9}{2}$

$\overline{BC}:\overline{B'C'}=3:2$, 즉 $\overline{BC}:5=3:2$이므로

$2\overline{BC}=15$ ∴ $\overline{BC}=\dfrac{15}{2}$(cm) ∴ $y=\dfrac{15}{2}$

$\overline{OC}:\overline{O'C'}=3:2$, 즉 $9:\overline{O'C'}=3:2$이므로

$3\overline{O'C'}=18$ ∴ $\overline{O'C'}=6$(cm) ∴ $z=6$

∴ $x+y+z=\dfrac{9}{2}+\dfrac{15}{2}+6=18$

09 답 10π cm

두 원기둥 A, B의 닮음비는 $16:10=8:5$

원기둥 B의 밑면의 반지름의 길이를 x cm라 하면

$8:x=8:5$ ∴ $x=5$

따라서 원기둥 B의 밑면의 둘레의 길이는

$2\pi\times5=10\pi$(cm)

[다른 풀이]

원기둥 A의 밑면의 둘레의 길이는 $2\pi\times8=16\pi$(cm)이고,

두 원기둥 A, B의 닮음비는 $16:10=8:5$이므로

$16\pi:$(원기둥 B의 밑면의 둘레의 길이)$=8:5$

∴ (원기둥 B의 밑면의 둘레의 길이)$=10\pi$(cm)

10 답 4 cm

물이 채워진 부분의 높이는 $15\times\dfrac{2}{3}=10$(cm)

원뿔 모양의 그릇과 물이 채워진 원뿔 모양의 부분의 닮음비는

$15:10=3:2$

수면의 반지름의 길이를 r cm라 하면

$6:r=3:2$, $3r=12$ ∴ $r=4$

따라서 수면의 반지름의 길이는 4 cm이다.

유형 **04** 닮은 두 평면도형에서의 비 93쪽

닮음비가 $m:n$인 두 평면도형에서

(1) 둘레의 길이의 비 → $m:n$

(2) 넓이의 비 → $m^2:n^2$

11 답 50 cm²

□ABCD와 □EFGH의 닮음비는 $\overline{AB}:\overline{EF}=12:10=6:5$

이므로 넓이의 비는 $6^2:5^2=36:25$

□EFGH의 넓이를 x cm²라 하면

$72:x=36:25$, $36x=1800$ ∴ $x=50$

따라서 □EFGH의 넓이는 50 cm²이다.

12 답 2:3

□ABCD와 □EFGH의 넓이의 비가 $4:9=2^2:3^2$이므로

닮음비는 $2:3$

따라서 □ABCD와 □EFGH의 둘레의 길이의 비는 $2:3$이다.

13 답 100π cm²

세 원의 닮음비는 $1:2:3$이므로 세 원의 넓이의 비는

$1^2:2^2:3^2=1:4:9$

이때 A 부분과 C 부분의 넓이의 비는

$1:(9-4)=1:5$이므로

C 부분의 넓이를 x cm²라 하면

$20\pi:x=1:5$ ∴ $x=100\pi$

따라서 C 부분의 넓이는 100π cm²이다.

14 답 13500원

지름의 길이가 각각 48 cm, 36 cm인 두 피자의 닮음비는

$48:36=4:3$이므로 넓이의 비는 $4^2:3^2=16:9$

지름의 길이가 36 cm인 피자의 가격을 x원이라 하면

$24000:x=16:9$, $16x=216000$ ∴ $x=13500$

따라서 지름의 길이가 36 cm인 피자의 가격은 13500원이다.

유형 **05** 닮은 두 입체도형에서의 비 94쪽

닮음비가 $m:n$인 두 입체도형에서

(1) 겉넓이의 비 → $m^2:n^2$

(2) 부피의 비 → $m^3:n^3$

15 답 18π cm²

두 원기둥의 닮음비는 $4:6=2:3$이므로

옆넓이의 비는 $2^2:3^2=4:9$

큰 원기둥의 옆넓이를 x cm²라 하면

$8\pi:x=4:9$, $4x=72\pi$ ∴ $x=18\pi$

따라서 큰 원기둥의 옆넓이는 18π cm²이다.

[참고] 닮음비가 $m:n$인 두 입체도형에서

(1) 옆넓이의 비 → $m^2:n^2$

(2) 밑넓이의 비 → $m^2:n^2$

(3) 겉넓이의 비 → $m^2:n^2$

16 답 27:98

두 원뿔 P_1과 (P_1+P_2)의 닮음비가 $3:(3+2)=3:5$이므로

부피의 비는 $3^3:5^3=27:125$

따라서 원뿔 P_1과 원뿔대 P_2의 부피의 비는

$27:(125-27)=27:98$

17 답 27개

작은 쇠구슬과 큰 쇠구슬의 닮음비가 $2:6=1:3$이므로

부피의 비는 $1^3:3^3=1:27$

따라서 지름의 길이가 6 cm인 쇠구슬 1개를 녹여서 지름의 길이가 2 cm인 쇠구슬을 27개 만들 수 있다.

18 답 234분

물이 채워진 원뿔 모양의 부분과 원뿔 모양의 그릇의 닮음비가

$12:30=2:5$이므로 부피의 비는 $2^3:5^3=8:125$

그릇에 물을 가득 채울 때까지 더 걸리는 시간을 x분이라 하면

$16:x=8:(125-8)$, $8x=1872$ ∴ $x=234$

따라서 그릇에 물을 가득 채우려면 234분이 더 걸린다.

유형 **06** 삼각형의 닮음 조건   94쪽

두 삼각형은 다음 조건 중 어느 하나를 만족시키면 서로 닮은 도형이다.

① 세 쌍의 대응변의 길이의 비가 같다. → SSS 닮음
② 두 쌍의 대응변의 길이의 비가 같고, 그 끼인각의 크기가 같다.
   → SAS 닮음
③ 두 쌍의 대응각의 크기가 각각 같다. → AA 닮음

참고 닮음인 삼각형을 찾을 때는 변의 길이의 비 또는 각의 크기를 먼저 살펴본다.

19 답 ②, ④

$\triangle ABC$와 $\triangle PQR$에서
$\overline{AB} : \overline{PQ} = 8 : 4 = 2 : 1$, $\overline{AC} : \overline{PR} = 10 : 5 = 2 : 1$,
$\angle A = \angle P$
이므로 $\triangle ABC \backsim \triangle PQR$ (SAS 닮음)
$\triangle DEF$와 $\triangle HIG$에서
$\angle D = \angle H$, $\angle E = \angle I$
이므로 $\triangle DEF \backsim \triangle HIG$ (AA 닮음)
$\triangle JKL$과 $\triangle NOM$에서
$\overline{JK} : \overline{NO} = 6 : 3 = 2 : 1$, $\overline{KL} : \overline{OM} = 10 : 5 = 2 : 1$,
$\overline{JL} : \overline{NM} = 8 : 4 = 2 : 1$
이므로 $\triangle JKL \backsim \triangle NOM$ (SSS 닮음)
따라서 기호로 바르게 나타낸 것은 ②, ④이다.

20 답 ①

① $\triangle DEF$에서 $\angle E = 30°$이면
   $\angle D = 180° - (30° + 70°) = 80°$
   따라서 $\triangle ABC$와 $\triangle DEF$에서
   $\angle A = \angle D = 80°$, $\angle B = \angle E = 30°$이므로
   $\triangle ABC \backsim \triangle DEF$ (AA 닮음)

유형 **07** 삼각형의 닮음 조건의 응용 - SAS 닮음   94쪽

❶ 공통인 각이나 맞꼭지각을 끼인각으로 하고 두 대응변의 길이의 비가 같은 두 삼각형을 찾는다.
❷ 두 대응변의 길이의 비를 이용하여 닮음비를 구한다.
❸ 닮음비를 이용하여 비례식을 세운 후 변의 길이를 구한다.

예 →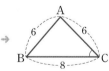

① $\triangle ABC \backsim \triangle EDC$ (SAS 닮음)
② (닮음비)$= \overline{BC} : \overline{DC} = 8 : 4 = 2 : 1$
③ $\overline{AB} : \overline{ED} = 2 : 1$, 즉 $6 : \overline{ED} = 2 : 1$이므로 $\overline{ED} = 3$

21 답 8 cm

$\triangle AEB$와 $\triangle CED$에서
$\overline{AE} : \overline{CE} = 2 : 4 = 1 : 2$, $\overline{BE} : \overline{DE} = 3 : 6 = 1 : 2$,
$\angle AEB = \angle CED$ (맞꼭지각)
이므로 $\triangle AEB \backsim \triangle CED$ (SAS 닮음)

따라서 $\overline{AB} : \overline{CD} = 1 : 2$, 즉 $4 : \overline{CD} = 1 : 2$이므로
$\overline{CD} = 8 (cm)$

22 답 25 cm

$\triangle ABC$와 $\triangle CBD$에서
$\overline{AB} : \overline{CB} = 16 : 20 = 4 : 5$,
$\overline{AC} : \overline{CD} = 12 : 15 = 4 : 5$,
$\angle CAB = \angle DCB$
이므로 $\triangle ABC \backsim \triangle CBD$ (SAS 닮음)
따라서 $\overline{BC} : \overline{BD} = 4 : 5$, 즉 $20 : \overline{BD} = 4 : 5$이므로
$4\overline{BD} = 100$ $\therefore \overline{BD} = 25 (cm)$

23 답 6 cm

$\triangle ABC$와 $\triangle AED$에서
$\overline{AB} : \overline{AE} = 8 : 4 = 2 : 1$,
$\overline{AC} : \overline{AD} = 10 : 5 = 2 : 1$,
$\angle A$는 공통
이므로 $\triangle ABC \backsim \triangle AED$ (SAS 닮음)
따라서 $\overline{BC} : \overline{ED} = 2 : 1$, 즉 $12 : \overline{ED} = 2 : 1$이므로
$2\overline{ED} = 12$ $\therefore \overline{DE} = 6 (cm)$

24 답 $\dfrac{32}{3}$ cm

$\triangle ABD$와 $\triangle CBA$에서
$\overline{AB} : \overline{CB} = 12 : (8+10) = 2 : 3$,
$\overline{BD} : \overline{BA} = 8 : 12 = 2 : 3$,
$\angle B$는 공통
이므로 $\triangle ABD \backsim \triangle CBA$ (SAS 닮음)
따라서 $\overline{AD} : \overline{CA} = 2 : 3$, 즉 $\overline{AD} : 16 = 2 : 3$이므로
$3\overline{AD} = 32$ $\therefore \overline{AD} = \dfrac{32}{3} (cm)$

유형 **08** 삼각형의 닮음 조건의 응용 - AA 닮음   95쪽

❶ 공통인 각이나 맞꼭지각이 있고 다른 한 내각의 크기가 같은 두 삼각형을 찾는다.
❷ 두 대응변의 길이의 비를 이용하여 비례식을 세운 후 변의 길이를 구한다.

예 →

① $\triangle ABC \backsim \triangle AED$ (AA 닮음)
② $\overline{AB} : \overline{AE} = \overline{BC} : \overline{ED}$, 즉 $8 : \overline{AE} = 10 : 5 = 2 : 1$이므로
   $\overline{AE} = 4$

25 답 ④

$\triangle ABC$와 $\triangle DBE$에서
$\angle B$는 공통, $\angle ACB = \angle DEB$
이므로 $\triangle ABC \backsim \triangle DBE$ (AA 닮음)

따라서 $\overline{AB}:\overline{DB}=\overline{BC}:\overline{BE}$, 즉 $\overline{AB}:6=(6+4):5$이므로

$5\overline{AB}=60$　∴ $\overline{AB}=12(\text{cm})$

∴ $\overline{AE}=\overline{AB}-\overline{EB}=12-5=7(\text{cm})$

26 답 ㄱ, ㄴ, ㄹ

ㄱ. △ABC와 △EBD에서

　∠B는 공통, ∠ACB=∠EDB

　이므로 △ABC∽△EBD (AA 닮음)

ㄴ. △ABC∽△EBD이므로 ∠CAB=∠DEB

ㄷ, ㄹ. $\overline{AB}:\overline{EB}=\overline{BC}:\overline{BD}$, 즉 $(2+6):4=\overline{BC}:6$이므로

　　$4\overline{BC}=48$　∴ $\overline{BC}=12(\text{cm})$

　　따라서 $\overline{BE}:\overline{BC}=4:12=1:3$이고

　　$\overline{EC}=\overline{BC}-\overline{BE}=12-4=8(\text{cm})$

따라서 옳은 것은 ㄱ, ㄴ, ㄹ이다.

27 답 8 cm

△ABC와 △EDA에서

$\overline{AB}/\!/\overline{DE}$이므로 ∠BAC=∠DEA (엇각),

$\overline{AD}/\!/\overline{BC}$이므로 ∠BCA=∠DAE (엇각)

∴ △ABC∽△EDA (AA 닮음)

따라서 $\overline{AC}:\overline{EA}=\overline{BC}:\overline{DA}$, 즉 $(10+5):10=12:\overline{DA}$

이므로 $15\overline{DA}=120$　∴ $\overline{AD}=8(\text{cm})$

28 답 $\dfrac{36}{5}$ cm

△ABC와 △ADF에서

∠A는 공통,

$\overline{DF}/\!/\overline{BE}$이므로 ∠B=∠ADF (동위각)

∴ △ABC∽△ADF (AA 닮음)

$\overline{DB}=\overline{DF}=x$ cm라 하면

$\overline{AB}:\overline{AD}=\overline{BC}:\overline{DF}$, 즉 $18:(18-x)=12:x$이므로

$12(18-x)=18x$, $30x=216$　∴ $x=\dfrac{36}{5}$

따라서 마름모 DBEF의 한 변의 길이는 $\dfrac{36}{5}$ cm이다.

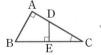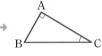

유형 **09** 직각삼각형의 닮음　96쪽

한 예각의 크기가 같은 두 직각삼각형은 AA 닮음이다.

→ △ABC∽△EDC (AA 닮음)

29 답 3 cm

△ABC와 △DBE에서

∠BAC=∠BDE=90°, ∠B는 공통

이므로 △ABC∽△DBE (AA 닮음)

따라서 $\overline{AB}:\overline{DB}=\overline{BC}:\overline{BE}$, 즉 $\overline{AB}:4=(4+6):5$이므로

$5\overline{AB}=40$　∴ $\overline{AB}=8(\text{cm})$

∴ $\overline{AE}=\overline{AB}-\overline{BE}=8-5=3(\text{cm})$

30 답 ①, ④

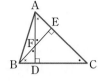

△ADC와 △BEC에서

∠ADC=∠BEC=90°, ∠C는 공통

이므로 △ADC∽△BEC (AA 닮음)　……㉠

△ADC와 △AEF에서

∠ADC=∠AEF=90°, ∠CAD는 공통

이므로 △ADC∽△AEF (AA 닮음)　……㉡

△BEC와 △BDF에서

∠BEC=∠BDF=90°, ∠EBC는 공통

이므로 △BEC∽△BDF (AA 닮음)　……㉢

㉠, ㉡, ㉢에서

△ADC∽△BEC∽△AEF∽△BDF

따라서 △ADC와 닮은 삼각형이 아닌 것은 ①, ④이다.

31 답 8 cm

△ADB와 △BEC에서

∠D=∠E=90°, ∠ABD=90°−∠CBE=∠BCE

이므로 △ADB∽△BEC (AA 닮음)

따라서 $\overline{AD}:\overline{BE}=\overline{DB}:\overline{EC}$, 즉 $6:9=\overline{DB}:12$이므로

$9\overline{DB}=72$　∴ $\overline{DB}=8(\text{cm})$

32 답 $\dfrac{25}{2}$ cm

△ADC와 △AOP에서

∠ADC=∠AOP=90°, ∠CAD는 공통

이므로 △ADC∽△AOP (AA 닮음)

따라서 $\overline{AC}:\overline{AP}=\overline{AD}:\overline{AO}$, 즉 $(10+10):\overline{AP}=16:10$

이므로

$16\overline{AP}=200$　∴ $\overline{AP}=\dfrac{25}{2}(\text{cm})$

유형 **10** 직각삼각형의 닮음의 응용　96쪽

∠A=90°인 직각삼각형 ABC에서 $\overline{AD}\perp\overline{BC}$일 때

→ ㉠²=㉡×㉢

33 답 ㄱ, ㄷ

ㄴ. $\overline{AC}^2=\overline{CD}\times\overline{CB}$

ㄹ. $\overline{AB}\times\overline{AC}=\overline{BC}\times\overline{AD}$

따라서 옳은 것은 ㄱ, ㄷ이다.

34 답 24

$\overline{AB}^2=\overline{BD}\times\overline{BC}$이므로

$20^2=16\times(16+x)$, $400=256+16x$, $16x=144$

∴ $x=9$

또, $\overline{AC}^2=\overline{CD}\times\overline{CB}$이므로

$y^2=9\times(9+16)=225$ ∴ $y=15$ ($\because y>0$)

∴ $x+y=9+15=24$

35 답 39 cm²

$\overline{AD}^2=\overline{DB}\times\overline{DC}$이므로

$6^2=\overline{DB}\times4$ ∴ $\overline{BD}=9$(cm)

∴ $\triangle ABC=\dfrac{1}{2}\times\overline{BC}\times\overline{AD}$

$=\dfrac{1}{2}\times(9+4)\times6=39$(cm²)

36 답 $\dfrac{144}{25}$ cm

$\triangle ABC$에서 $\overline{AB}^2=\overline{BD}\times\overline{BC}$이므로

$9^2=\overline{BD}\times15,\ 15\overline{BD}=81$ ∴ $\overline{BD}=\dfrac{27}{5}$(cm)

∴ $\overline{DC}=\overline{BC}-\overline{BD}=15-\dfrac{27}{5}=\dfrac{48}{5}$(cm)

$\triangle ABC$와 $\triangle EDC$에서

$\angle BAC=\angle DEC=90°$, $\angle C$는 공통

이므로 $\triangle ABC\backsim\triangle EDC$ (AA 닮음)

따라서 $\overline{AB}:\overline{ED}=\overline{BC}:\overline{DC}$, 즉 $9:\overline{DE}=15:\dfrac{48}{5}$이므로

$15\overline{DE}=\dfrac{432}{5}$ ∴ $\overline{DE}=\dfrac{144}{25}$(cm)

유형 종이접기   97쪽

도형에서 접은 면은 서로 합동임을 이용하여 닮은 삼각형을 찾는다.

(1) 정삼각형 접기   (2) 직사각형 접기

 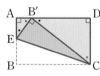

➡ $\triangle DBA'\backsim\triangle A'CE$ ➡ $\triangle AEB'\backsim\triangle DB'C$

37 답 12 cm

$\triangle AEB'$과 $\triangle DB'C$에서

$\angle A=\angle D=90°$,

$\angle AB'E=90°-\angle DB'C=\angle DCB'$

이므로 $\triangle AEB'\backsim\triangle DB'C$ (AA 닮음)

따라서 $\overline{AE}:\overline{DB'}=\overline{AB'}:\overline{DC}$, 즉 $4:\overline{DB'}=3:9$이므로

$3\overline{DB'}=36$ ∴ $\overline{B'D}=12$(cm)

38 답 $\dfrac{20}{3}$ cm

$\overline{EA'}=\overline{EA}=5$ cm

정사각형의 한 변의 길이는 $5+3=8$(cm)이므로

$\overline{A'C}=\overline{BC}-\overline{BA'}=8-4=4$(cm)

$\triangle EBA'$과 $\triangle A'CP$에서

$\angle EBA'=\angle A'CP=90°$, $\angle BA'E=90°-\angle PA'C=\angle CPA'$

이므로 $\triangle EBA'\backsim\triangle A'CP$ (AA 닮음)

따라서 $\overline{EB}:\overline{A'C}=\overline{EA'}:\overline{A'P}$, 즉 $3:4=5:\overline{A'P}$이므로

$3\overline{A'P}=20$ ∴ $\overline{PA'}=\dfrac{20}{3}$(cm)

39 답 $\dfrac{28}{5}$ cm

$\overline{AD}=\overline{ED}=7$ cm이므로 $\overline{AB}=\overline{AD}+\overline{DB}=7+5=12$(cm)

즉, 정삼각형 ABC의 한 변의 길이는 12 cm이므로

$\overline{EC}=\overline{BC}-\overline{BE}=12-8=4$(cm)

$\triangle DBE$와 $\triangle ECF$에서

$\angle DBE=\angle ECF=60°$,

$\angle BDE=180°-(\angle DBE+\angle DEB)$

$=180°-(60°+\angle DEB)$

$=180°-(\angle DEF+\angle DEB)=\angle CEF$

이므로 $\triangle DBE\backsim\triangle ECF$ (AA 닮음)

따라서 $\overline{DB}:\overline{EC}=\overline{DE}:\overline{EF}$, 즉 $5:4=7:\overline{EF}$이므로

$5\overline{EF}=28$ ∴ $\overline{EF}=\dfrac{28}{5}$(cm)

∴ $\overline{AF}=\overline{EF}=\dfrac{28}{5}$ cm

유형 12 닮음의 활용   97쪽

닮음을 이용하여 높이를 구하는 문제는 다음과 같은 순서대로 해결한다.

❶ 서로 닮은 두 도형을 찾는다.

❷ 닮음비를 구한다.

❸ 비례식을 이용하여 높이를 구한다.

40 답 8.3 m

166 cm$=1.66$ m이므로

석탑의 높이를 x m라 하면

$6:1.2=x:1.66,\ 1.2x=9.96$ ∴ $x=8.3$

따라서 석탑의 높이는 8.3 m이다.

41 답 7 m

$\triangle ABC$와 $\triangle DBE$에서

$\angle B$는 공통, $\angle BCA=\angle BED=90°$

이므로 $\triangle ABC\backsim\triangle DBE$ (AA 닮음)

따라서 $\overline{AC}:\overline{DE}=\overline{BC}:\overline{BE}$, 즉 $\overline{AC}:2=(4+10):4$이므로

$4\overline{AC}=28$ ∴ $\overline{AC}=7$(m)

즉, 건물의 높이는 7 m이다.

유형 13 축도와 축척   97쪽

(1) (축척)$=\dfrac{(\text{축도에서의 길이})}{(\text{실제 길이})}$

(2) (실제 길이)$=\dfrac{(\text{축도에서의 길이})}{(\text{축척})}$

(3) (축도에서의 길이)$=$(실제 길이)$\times$(축척)

42 답 1시간

두 지점 사이의 실제 거리는

$20 \times 20000 = 400000(\text{cm}) = 4000(\text{m}) = 4(\text{km})$

따라서 걸리는 시간은 $\dfrac{4}{4} = 1$(시간)

43 답 5 km

$6\,\text{km} = 600000\,\text{cm}$이므로 (축척)$= \dfrac{12}{600000} = \dfrac{1}{50000}$

∴ (박물관과 시청 사이의 실제 거리)

$\quad = 10 \div \dfrac{1}{50000} = 10 \times 50000$

$\quad = 500000(\text{cm}) = 5000(\text{m}) = 5(\text{km})$

서술형
■98쪽~99쪽

01 답 18

채점 기준 1 닮음비 구하기 … 2점

(원기둥 A의 밑넓이) : (원기둥 B의 밑넓이)

$= 16 : 49 = 4^2 : \underline{7^2}$

이므로 두 원기둥 A와 B의 닮음비는 $\underline{4} : \underline{7}$ 이다.

채점 기준 2 x, y의 값을 각각 구하기 … 3점

$x : \underline{7} = 4 : 7$에서 $7x = \underline{28}$ ∴ $x = \underline{4}$

$\underline{8} : y = 4 : 7$에서 $4y = \underline{56}$ ∴ $y = \underline{14}$

채점 기준 3 $x+y$의 값 구하기 … 1점

$x + y = \underline{4} + \underline{14} = \underline{18}$

01-1 답 10

채점 기준 1 닮음비 구하기 … 2점

(원뿔 A의 옆넓이) : (원뿔 B의 옆넓이) $= 9 : 16 = 3^2 : 4^2$

이므로 두 원뿔 A와 B의 닮음비는 $3 : 4$이다.

채점 기준 2 x, y의 값을 각각 구하기 … 3점

$x : 8 = 3 : 4$에서 $4x = 24$ ∴ $x = 6$

$12 : y = 3 : 4$에서 $3y = 48$ ∴ $y = 16$

채점 기준 3 $y - x$의 값 구하기 … 1점

$y - x = 16 - 6 = 10$

01-2 답 54 cm³

채점 기준 1 닮음비 구하기 … 2점

두 직육면체 A, B의 겉넓이의 비가

$45 : 125 = 9 : 25 = 3^2 : 5^2$이므로 닮음비는 $3 : 5$이다.

채점 기준 2 부피의 비 구하기 … 1점

두 직육면체 A, B의 닮음비가 $3 : 5$이므로 부피의 비는

$3^3 : 5^3 = 27 : 125$

채점 기준 3 직육면체 A의 부피 구하기 … 3점

(직육면체 A의 부피) : $250 = 27 : 125$이므로

(직육면체 A의 부피) $= 54(\text{cm}^3)$

02 답 18 cm

채점 기준 1 닮음인 두 삼각형 찾기 … 3점

$\triangle ABC$와 $\triangle DAC$에서

$\angle C$ 는 공통, $\angle B = \angle \underline{DAC}$

이므로 $\triangle ABC \backsim \triangle DAC$ ($\underline{AA}$ 닮음)

채점 기준 2 $\overline{BC}$의 길이 구하기 … 3점

$\overline{BC} : \overline{AC} = \overline{AC} : \overline{DC}$, 즉 $\overline{BC} : 12 = \underline{12} : 8$이므로

$8\overline{BC} = \underline{144}$ ∴ $\overline{BC} = \underline{18}$ (cm)

02-1 답 4 cm

채점 기준 1 닮음인 두 삼각형 찾기 … 3점

$\triangle ABC$와 $\triangle CBD$에서

$\angle B$는 공통, $\angle A = \angle DCB$

이므로 $\triangle ABC \backsim \triangle CBD$ (AA 닮음)

채점 기준 2 $\overline{BD}$의 길이 구하기 … 3점

$\overline{AB} : \overline{CB} = \overline{BC} : \overline{BD}$, 즉 $9 : 6 = 6 : \overline{BD}$이므로

$9\overline{BD} = 36$ ∴ $\overline{BD} = 4(\text{cm})$

03 답 135π cm³

물이 채워진 원뿔 모양의 부분과 원뿔 모양의 그릇의 닮음비는

$3 : 4$이므로 ······ ❶

부피의 비는 $3^3 : 4^3 = 27 : 64$ ······ ❷

그릇에 채워진 물의 부피를 x cm³라 하면

$x : 320\pi = 27 : 64$, $64x = 8640\pi$ ∴ $x = 135\pi$

따라서 채워진 물의 부피는 135π cm³이다. ······ ❸

채점 기준	배점
❶ 물이 채워진 부분과 그릇의 닮음비 구하기	2점
❷ 물이 채워진 부분과 그릇의 부피의 비 구하기	2점
❸ 채워진 물의 부피 구하기	2점

04 답 63 cm²

$\triangle ABC$와 $\triangle EBD$에서

$\overline{AB} : \overline{EB} = 20 : 8 = 5 : 2$, $\overline{BC} : \overline{BD} = 15 : 6 = 5 : 2$,

$\angle B$는 공통

이므로 $\triangle ABC \backsim \triangle EBD$ (SAS 닮음) ······ ❶

이때 닮음비는 $5 : 2$이므로

$\triangle ABC : \triangle EBD = 5^2 : 2^2 = 25 : 4$

$\triangle ABC : 12 = 25 : 4$, $4\triangle ABC = 300$

∴ $\triangle ABC = 75(\text{cm}^2)$ ······ ❷

∴ $\square ADEC = \triangle ABC - \triangle DBE$

$\qquad\qquad = 75 - 12 = 63(\text{cm}^2)$ ······ ❸

채점 기준	배점
❶ 닮음인 두 삼각형 찾기	3점
❷ $\triangle ABC$의 넓이 구하기	3점
❸ $\square ADEC$의 넓이 구하기	1점

05 답 12 cm

$\square ABCD$는 평행사변형이므로 $\overline{DC} = \overline{AB} = 10$ cm

$\triangle FBC$와 $\triangle CDE$에서

$\angle BFC = \angle DCE$ (엇각), $\angle BCF = \angle DEC$ (엇각)

이므로 $\triangle FBC \backsim \triangle CDE$ (AA 닮음) ······ ❶

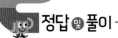
따라서 $\overline{FB} : \overline{CD} = \overline{BC} : \overline{DE}$, 즉

$(5+10) : 10 = 18 : \overline{DE}$이므로

$15\overline{DE} = 180$ $\therefore \overline{ED} = 12\,(\text{cm})$ ...... ❷

채점 기준	배점
❶ 닮음인 두 삼각형 찾기	3점
❷ $\overline{ED}$의 길이 구하기	3점

06 답 12 cm

□ABCD는 평행사변형이므로 $\overline{AD} = \overline{BC} = 16\,\text{cm}$, $\angle B = \angle D$

△ABE와 △ADF에서

$\angle AEB = \angle AFD = 90°$, $\angle B = \angle D$

이므로 △ABE∽△ADF (AA 닮음)   ...... ❶

따라서 $\overline{AB} : \overline{AD} = \overline{AE} : \overline{AF}$, 즉 $12 : 16 = 9 : \overline{AF}$이므로

$12\overline{AF} = 144$ $\therefore \overline{AF} = 12\,(\text{cm})$ ...... ❷

채점 기준	배점
❶ 닮음인 두 삼각형 찾기	3점
❷ $\overline{AF}$의 길이 구하기	3점

07 답 $\dfrac{32}{5}$ cm

점 M은 △ABC의 외심이므로

$\overline{AM} = \overline{BM} = \overline{CM} = \dfrac{1}{2}\overline{BC} = \dfrac{1}{2} \times (4+16) = 10\,(\text{cm})$ ...... ❶

△ABC에서 $\overline{AD}^2 = \overline{DB} \times \overline{DC}$이므로 $\overline{AD}^2 = 4 \times 16 = 64$

$\therefore \overline{AD} = 8\,(\text{cm})\ (\because \overline{AD} > 0)$ ...... ❷

따라서 △ADM에서 $\overline{AD}^2 = \overline{AE} \times \overline{AM}$이므로

$8^2 = \overline{AE} \times 10$, $10\overline{AE} = 64$ $\therefore \overline{AE} = \dfrac{32}{5}\,(\text{cm})$ ...... ❸

채점 기준	배점
❶ $\overline{AM}$의 길이 구하기	2점
❷ $\overline{AD}$의 길이 구하기	2점
❸ $\overline{AE}$의 길이 구하기	3점

참고 직각삼각형 ABC의 빗변의 중점은 △ABC의 외심이다. 또, 외심에서 각 꼭짓점에 이르는 거리는 같다.

08 답 $\dfrac{27}{4}$ cm

$\overline{BC} = \overline{AC} = \overline{AE} + \overline{EC} = 8+4 = 12\,(\text{cm})$이므로

$\overline{CF} = \overline{BC} - \overline{BF} = 12-3 = 9\,(\text{cm})$ ...... ❶

△DBF와 △FCE에서

$\angle DBF = \angle FCE = 60°$,

$\angle BDF = 180° - (\angle DBF + \angle DFB)$

$= 180° - (\angle DFE + \angle DFB) = \angle CFE$

이므로 △DBF∽△FCE (AA 닮음)   ...... ❷

따라서 $\overline{BD} : \overline{CF} = \overline{BF} : \overline{CE}$, 즉 $\overline{BD} : 9 = 3 : 4$이므로

$4\overline{BD} = 27$ $\therefore \overline{BD} = \dfrac{27}{4}\,(\text{cm})$ ...... ❸

채점 기준	배점
❶ $\overline{CF}$의 길이 구하기	2점
❷ 닮음인 두 삼각형 찾기	3점
❸ $\overline{BD}$의 길이 구하기	2점

실전! 중단원 학교 시험 1회

100쪽~103쪽

01 ②	02 ⑤	03 ③	04 ①	05 ③
06 ⑤	07 ②	08 ⑤	09 ③	10 ⑤
11 ④	12 ⑤	13 ①	14 ①	15 ④
16 ③	17 ①	18 ①	19 24 cm	20 84초
21 18 cm²	22 $\dfrac{15}{2}$ cm	23 15 cm		

01 답 ②   유형 01

$\overline{AB}$의 대응변은 $\overline{DE}$이고 $\angle F$의 대응각은 $\angle C$이다.

02 답 ⑤   유형 02

$\angle E = \angle A = 65°$, $\angle G = \angle C = 80°$이므로

$\angle H = 360° - (80° + 105° + 65°) = 110°$ $\therefore x = 110$

□ABCD와 □EFGH의 닮음비는

$\overline{BC} : \overline{FG} = 6 : 12 = 1 : 2$

$\overline{AB} : \overline{EF} = 1 : 2$, 즉 $5 : \overline{EF} = 1 : 2$이므로

$\overline{EF} = 10\,(\text{cm})$ $\therefore y = 10$

$\therefore x + y = 110 + 10 = 120$

03 답 ③   유형 02

△ABC의 가장 긴 변의 길이가 20 cm이므로

△ABC와 △DEF의 닮음비는

$20 : 25 = 4 : 5$

이때 △ABC의 둘레의 길이는

$11 + 20 + 13 = 44\,(\text{cm})$

△DEF의 둘레의 길이를 x cm라 하면

$44 : x = 4 : 5$, $4x = 220$ $\therefore x = 55$

따라서 △DEF의 둘레의 길이는 55 cm이다.

04 답 ①   유형 03

두 원뿔 A, B의 닮음비는 $2 : 6 = 1 : 3$

원뿔 B의 높이를 h cm라 하면

$3 : h = 1 : 3$ $\therefore h = 9$

따라서 원뿔 B의 높이는 9 cm이다.

05 답 ③   유형 04

두 원의 반지름의 길이의 비가 $2 : 3$이므로

두 원의 넓이의 비는 $2^2 : 3^2 = 4 : 9$

따라서 두 부분 A, B의 넓이의 비는 $4 : (9-4) = 4 : 5$

06 답 ⑤   유형 05

두 구의 중심을 지나는 단면의 넓이의 비가 $9 : 16 = 3^2 : 4^2$이므로 두 구 O, O′의 닮음비는 $3 : 4$이다.

따라서 두 구 O, O′의 부피의 비는 $3^3 : 4^3 = 27 : 64$

구 O′의 부피를 x cm³라 하면

$243\pi : x = 27 : 64$, $27x = 15552\pi$ $\therefore x = 576\pi$

즉, 구 O′의 부피는 576π cm³이다.

07 답 ②   유형 06

①, ⑤ SSS 닮음   ③ SAS 닮음   ④ AA 닮음

08 답 ⑤ 유형 **07**

△ABC와 △CBD에서

$\overline{AB}:\overline{CB}=8:12=2:3$, $\overline{BC}:\overline{BD}=12:18=2:3$,

∠ABC=∠CBD

이므로 △ABC∽△CBD (SAS 닮음)

따라서 $\overline{AC}:\overline{CD}=2:3$, 즉 $6:\overline{CD}=2:3$이므로

$2\overline{CD}=18$ ∴ $\overline{CD}=9$(cm)

09 답 ③ 유형 **07**

△ABC와 △DBA에서

$\overline{AB}:\overline{DB}=12:9=4:3$, $\overline{BC}:\overline{BA}=(9+7):12=4:3$,

∠B는 공통

이므로 △ABC∽△DBA (SAS 닮음)

따라서 $\overline{AC}:\overline{DA}=4:3$, 즉 $\overline{AC}:6=4:3$이므로

$3\overline{AC}=24$ ∴ $\overline{AC}=8$(cm)

10 답 ⑤ 유형 **08**

△ABC와 △DEA에서

∠ACB=∠DAE (엇각), ∠BAC=∠EDA (엇각)

이므로 △ABC∽△DEA (AA 닮음)

따라서 $\overline{AB}:\overline{DE}=\overline{BC}:\overline{EA}$, 즉 $9:6=18:\overline{EA}$이므로

$9\overline{EA}=108$ ∴ $\overline{AE}=12$(cm)

11 답 ④ 유형 **08**

△ABC와 △ADF에서

∠A는 공통,

$\overline{DF}/\!/\overline{BE}$이므로 ∠B=∠ADF (동위각)

∴ △ABC∽△ADF (AA 닮음)

$\overline{DB}=\overline{DF}=x$ cm라 하면

$\overline{AB}:\overline{AD}=\overline{BC}:\overline{DF}$, 즉 $15:(15-x)=12:x$이므로

$12(15-x)=15x$, $27x=180$ ∴ $x=\dfrac{20}{3}$

따라서 □DBEF의 한 변의 길이는 $\dfrac{20}{3}$ cm이므로 둘레의 길이

는 $4\times\dfrac{20}{3}=\dfrac{80}{3}$(cm)

12 답 ⑤ 유형 **08**

△ABD에서

∠FDE=∠ABD+∠BAD

   =∠ABD+∠CBE=∠ABC

△BCE에서

∠FED=∠BCE+∠CBE

   =∠BCE+∠ACF=∠ACB

△ABC와 △FDE에서

∠ABC=∠FDE, ∠ACB=∠FED

이므로 △ABC∽△FDE (AA 닮음)

$\overline{AB}:\overline{FD}=\overline{BC}:\overline{DE}$, 즉 $8:6=9:\overline{DE}$이므로

$8\overline{DE}=54$ ∴ $\overline{DE}=\dfrac{27}{4}$(cm)

또, $\overline{AB}:\overline{FD}=\overline{CA}:\overline{EF}$, 즉 $8:6=7:\overline{EF}$이므로

$8\overline{EF}=42$ ∴ $\overline{EF}=\dfrac{21}{4}$(cm)

따라서 △FDE의 둘레의 길이는

$6+\dfrac{27}{4}+\dfrac{21}{4}=18$(cm)

다른 풀이

△ABC의 둘레의 길이는 $8+9+7=24$(cm)

△ABC∽△FDE (AA 닮음)이고 닮음비가

$\overline{AB}:\overline{FD}=8:6=4:3$이므로 둘레의 길이의 비도 $4:3$이다.

△FDE의 둘레의 길이를 x cm라 하면

$24:x=4:3$, $4x=72$ ∴ $x=18$

따라서 △FDE의 둘레의 길이는 18 cm이다.

13 답 ① 유형 **09**

△ABE와 △ACD에서

∠AEB=∠ADC=90°, ∠A는 공통

이므로 △ABE∽△ACD (AA 닮음)

따라서 $\overline{AB}:\overline{AC}=\overline{AE}:\overline{AD}$, 즉 $(2+5):\overline{AC}=3:2$이므로

$3\overline{AC}=14$ ∴ $\overline{AC}=\dfrac{14}{3}$(cm)

∴ $\overline{EC}=\overline{AC}-\overline{AE}=\dfrac{14}{3}-3=\dfrac{5}{3}$(cm)

14 답 ① 유형 **09**

△ADB와 △BEC에서

∠D=∠E=90°, ∠ABD=90°−∠CBE=∠BCE

이므로 △ADB∽△BEC (AA 닮음)

따라서 $\overline{AD}:\overline{BE}=\overline{DB}:\overline{EC}$, 즉 $3:6=\overline{DB}:9$이므로

$6\overline{DB}=27$ ∴ $\overline{DB}=\dfrac{9}{2}$(cm)

15 답 ④ 유형 **10**

$\overline{AB}^2=\overline{BD}\times\overline{BC}$이므로 $15^2=25x$ ∴ $x=9$

또, $\overline{DC}=\overline{BC}-\overline{BD}=25-9=16$(cm)이고

$\overline{AD}^2=\overline{DB}\times\overline{DC}$이므로

$y^2=9\times16=144$ ∴ $y=12$ ($\because y>0$)

∴ $y-x=12-9=3$

16 답 ③ 유형 **10**

△DAC에서 $\overline{DE}^2=\overline{EA}\times\overline{EC}$이므로

$12^2=9\times\overline{EC}$ ∴ $\overline{EC}=16$(cm)

$\overline{DA}^2=\overline{AE}\times\overline{AC}$이므로

$\overline{DA}^2=9\times(9+16)=225$ ∴ $\overline{DA}=15$(cm) ($\because \overline{DA}>0$)

또, $\overline{DC}^2=\overline{CE}\times\overline{CA}$이므로

$\overline{DC}^2=16\times(16+9)=400$ ∴ $\overline{DC}=20$(cm) ($\because \overline{DC}>0$)

따라서 □ABCD의 둘레의 길이는

$2(\overline{AD}+\overline{DC})=2\times(15+20)=70$(cm)

17 답 ① 유형 **12**

오른쪽 그림의

△ABC와 △DEC에서

∠ABC=∠DEC=90°,

∠ACB=∠DCE

이므로

△ABC∽△DEC (AA 닮음)

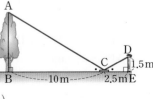

따라서 $\overline{AB}:\overline{DE}=\overline{BC}:\overline{EC}$, 즉 $\overline{AB}:1.5=10:2.5$이므로
$2.5\overline{AB}=15$ ∴ $\overline{AB}=6(m)$
따라서 나무의 높이는 6 m이다.

18 답 ① 　　　　　　　　　　　　　유형 04 + 유형 13

500 m=50000 cm이므로
$(\text{축척})=\dfrac{2}{50000}=\dfrac{1}{25000}$
땅의 실제 넓이를 $x\,cm^2$라 하면
$16:x=1^2:25000^2$ ∴ $x=10000000000$
따라서 지도에서의 넓이가 16 cm²인 땅의 실제 넓이는
$10000000000\,cm^2=1000000\,m^2=1\,km^2$

19 답 24 cm 　　　　　　　　　　　　유형 02

△ABC와 △DEF의 닮음비는
$\overline{AB}:\overline{DE}=8:12=2:3$
$\overline{BC}:\overline{EF}=2:3$, 즉 $\overline{BC}:9=2:3$이므로
$3\overline{BC}=18$ ∴ $\overline{BC}=6(cm)$
$\overline{AC}:\overline{DF}=2:3$, 즉 $\overline{AC}:15=2:3$이므로
$3\overline{AC}=30$ ∴ $\overline{AC}=10(cm)$ ⋯⋯❶
따라서 △ABC의 둘레의 길이는
$8+6+10=24(cm)$ ⋯⋯❷

채점 기준	배점
❶ $\overline{BC}$, $\overline{AC}$의 길이를 각각 구하기	3점
❷ △ABC의 둘레의 길이 구하기	1점

20 답 84초 　　　　　　　　　　　　유형 05

물이 채워진 원뿔 모양의 부분과 원뿔 모양의 그릇의 닮음비가
$1:2$이므로 부피의 비는 $1^3:2^3=1:8$ ⋯⋯❶
물을 가득 채우는 데 걸리는 시간이 96초이므로 그릇의 높이의
$\dfrac{1}{2}$까지 물을 채우는 데 걸리는 시간을 x초라 하면
$x:96=1:8,\ 8x=96$ ∴ $x=12$ ⋯⋯❷
따라서 남은 부분을 모두 채우는 데 걸리는 시간은
$96-12=84(초)$ ⋯⋯❸

채점 기준	배점
❶ 물이 채워진 부분과 그릇의 부피의 비 구하기	2점
❷ 그릇의 높이의 $\dfrac{1}{2}$까지 채우는 데 걸리는 시간 구하기	2점
❸ 남은 부분을 모두 채우는 데 걸리는 시간 구하기	2점

21 답 18 cm² 　　　　　　　　　　유형 04 + 유형 08

△ABC와 △ACD에서
∠A는 공통, ∠ABC=∠ACD
이므로 △ABC∽△ACD (AA 닮음) ⋯⋯❶
△ABC와 △ACD의 닮음비는
$\overline{AB}:\overline{AC}=10:8=5:4$이므로 넓이의 비는
$5^2:4^2=25:16$ ⋯⋯❷
△ABC : 32=25 : 16이므로
△ABC=50(cm²)
∴ △DBC=△ABC−△ADC
　　　$=50-32=18(cm^2)$ ⋯⋯❸

채점 기준	배점
❶ 닮음인 두 삼각형 찾기	2점
❷ 닮음인 두 삼각형의 넓이의 비 구하기	2점
❸ △DBC의 넓이 구하기	2점

22 답 $\dfrac{15}{2}$ cm 　　　　　　　　　　　유형 09

△ABC와 △FOC에서
∠ABC=∠FOC=90°, ∠ACB는 공통
이므로 △ABC∽△FOC (AA 닮음) ⋯⋯❶
$\overline{AB}:\overline{FO}=\overline{BC}:\overline{OC}$, 즉 $6:\overline{FO}=8:5$이므로
$8\overline{FO}=30$ ∴ $\overline{FO}=\dfrac{15}{4}(cm)$ ⋯⋯❷
△AOE와 △COF에서
∠AOE=∠COF=90°, $\overline{AO}=\overline{CO}$,
∠EAO=∠FCO (엇각)
이므로 △AOE≡△COF (ASA 합동) ⋯⋯❸
따라서 $\overline{OE}=\overline{OF}=\dfrac{15}{4}$ cm이므로
$\overline{EF}=2\times\dfrac{15}{4}=\dfrac{15}{2}(cm)$ ⋯⋯❹

채점 기준	배점
❶ 닮음인 두 삼각형 찾기	2점
❷ $\overline{FO}$의 길이 구하기	2점
❸ 합동인 두 삼각형 찾기	2점
❹ $\overline{EF}$의 길이 구하기	1점

23 답 15 cm 　　　　　　　　　　　　유형 11

∠EBD=∠DBC (접은 각), ∠EDB=∠DBC (엇각)
∴ ∠EBD=∠EDB
즉, △EBD는 $\overline{EB}=\overline{ED}$인 이등변삼각형이므로
$\overline{BF}=\overline{DF}=\dfrac{1}{2}\overline{BD}=\dfrac{1}{2}\times10=5(cm)$ ⋯⋯❶
△EBF와 △DBC에서
∠EFB=∠DCB=90°, ∠EBF=∠DBC (접은 각)
이므로 △EBF∽△DBC (AA 닮음)
$\overline{BF}:\overline{BC}=\overline{EF}:\overline{DC}$, 즉 $5:8=\overline{EF}:6$이므로
$8\overline{EF}=30$ ∴ $\overline{EF}=\dfrac{15}{4}(cm)$ ⋯⋯❷
$\overline{EB}:\overline{DB}=\overline{BF}:\overline{BC}$, 즉 $\overline{EB}:10=5:8$이므로
$8\overline{EB}=50$ ∴ $\overline{EB}=\dfrac{25}{4}(cm)$ ⋯⋯❸
따라서 △EBF의 둘레의 길이는
$\dfrac{25}{4}+5+\dfrac{15}{4}=15(cm)$ ⋯⋯❹

채점 기준	배점
❶ $\overline{BF}$의 길이 구하기	2점
❷ $\overline{EF}$의 길이 구하기	2점
❸ $\overline{EB}$의 길이 구하기	2점
❹ △EBF의 둘레의 길이 구하기	1점

01 ②	**02** ③, ⑤	**03** ②	**04** ③	**05** ③
06 ③	**07** ④	**08** ④	**09** ②	**10** ②
11 ③	**12** ③	**13** ⑤	**14** ⑤	**15** ①
16 ④	**17** ⑤	**18** ②	**19** 3200원	

20 (1) △ABC∽△ACD, SAS 닮음 (2) 6 cm   **21** 30 cm²

22 $\dfrac{32}{3}$ cm²   **23** $\dfrac{14}{3}$ cm

01 답 ②   유형 ①

다음 그림의 두 도형은 서로 닮은 도형이 아니다.

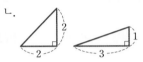

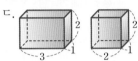

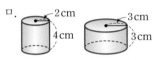

따라서 항상 서로 닮은 도형은 ㄱ, ㄹ, ㅂ의 3개이다.

02 답 ③, ⑤   유형 ②

① ∠F=∠C=50°

② $\overline{BC}$: $\overline{EF}$=3 : 4, 즉 9 : $\overline{EF}$=3 : 4이므로

  3$\overline{EF}$=36   ∴ $\overline{EF}$=12(cm)

③ ∠A=∠D이고 ∠A, ∠D의 크기는 알 수 없다.

⑤ ∠B=∠E

따라서 옳지 않은 것은 ③, ⑤이다.

03 답 ②   유형 ②

□ABCD와 □BCFE의 닮음비는

$\overline{AD}$: $\overline{BE}$=16 : 12=4 : 3

즉, $\overline{CD}$: $\overline{FE}$=4 : 3이므로

$\overline{CD}$: 16=4 : 3, 3$\overline{CD}$=64   ∴ $\overline{CD}$=$\dfrac{64}{3}$(cm)

∴ $\overline{DF}$=$\overline{CD}$-$\overline{CF}$=$\dfrac{64}{3}$-12=$\dfrac{28}{3}$(cm)

04 답 ③   유형 ③

② (닮음비)=$\overline{BC}$: $\overline{HI}$=6 : 10=3 : 5

③ $\overline{CF}$: $\overline{IL}$=3 : 5이므로 $\overline{CF}$: 9=3 : 5

  5$\overline{CF}$=27   ∴ $\overline{CF}$=$\dfrac{27}{5}$(cm)

④ $\overline{AB}$: $\overline{GH}$=3 : 5이므로 4 : $\overline{GH}$=3 : 5

  3$\overline{GH}$=20   ∴ $\overline{GH}$=$\dfrac{20}{3}$(cm)

⑤ ∠DEF=∠ABC=∠GHI=180°-(90°+60°)=30°

따라서 옳지 않은 것은 ③이다.

05 답 ③   유형 ④

두 직사각형 모양의 벽면의 가로의 길이의 비는 2 : 5, 세로의 길이의 비는 1 : 2.5=2 : 5

두 직사각형은 서로 닮은 도형이고 닮음비가 2 : 5이므로

넓이의 비는 2^2 : 5^2=4 : 25

구하는 페인트의 양을 x mL라 하면

400 : x=4 : 25, 4x=10000   ∴ x=2500

따라서 2500 mL의 페인트가 필요하다.

06 답 ③   유형 ④

A3 용지의 짧은 변의 길이를 a라 하면

A5 용지의 짧은 변의 길이는 $\dfrac{1}{2}a$이고

A7 용지의 짧은 변의 길이는 $\dfrac{1}{4}a$이므로

A3 용지와 A7 용지의 닮음비는 a : $\dfrac{1}{4}a$=4 : 1

따라서 넓이의 비는 4^2 : 1^2=16 : 1이므로 A3 용지의 넓이는 A7 용지의 넓이의 16배이다.

07 답 ④   유형 ⑤

세 원뿔 A, (A+B), (A+B+C)의 닮음비가 1 : 2 : 3이므로

부피의 비는 1^3 : 2^3 : 3^3=1 : 8 : 27

따라서 세 입체도형 A, B, C의 부피의 비는

1 : (8-1) : (27-8)=1 : 7 : 19

08 답 ④   유형 ⑥

보기의 삼각형에서 나머지 한 각의 크기는

180°-(90°+30°)=60°

④ 두 쌍의 대응각의 크기가 각각 같으므로 AA 닮음이다.

따라서 서로 닮은 도형인 것은 ④이다.

09 답 ②   유형 ⑦

△ABC와 △EDC에서

$\overline{AC}$: $\overline{EC}$=9 : 15=3 : 5, $\overline{BC}$: $\overline{DC}$=12 : 20=3 : 5,

∠ACB=∠ECD (맞꼭지각)

이므로 △ABC∽△EDC (SAS 닮음)

따라서 $\overline{AB}$: $\overline{ED}$=3 : 5, 즉 $\overline{AB}$: 25=3 : 5이므로

5$\overline{AB}$=75   ∴ $\overline{AB}$=15(cm)

10 답 ②   유형 ⑦

△ABC와 △EBD에서

$\overline{AB}$: $\overline{EB}$=(6+6) : 8=3 : 2,

$\overline{BC}$: $\overline{BD}$=(8+1) : 6=3 : 2,

∠B는 공통

이므로 △ABC∽△EBD (SAS 닮음)

따라서 $\overline{AC}$: $\overline{ED}$=3 : 2, 즉 $\overline{AC}$: 6=3 : 2이므로

2$\overline{AC}$=18   ∴ $\overline{AC}$=9(cm)

11 답 ③   유형 ⑧

△ABC와 △AED에서

∠A는 공통, ∠C=∠ADE

이므로 △ABC∽△AED (AA 닮음)

따라서 $\overline{BC}$: $\overline{ED}$=$\overline{AC}$: $\overline{AD}$, 즉 $\overline{BC}$: 8=12 : 6이므로

6$\overline{BC}$=96   ∴ $\overline{BC}$=16(cm)

12 답 ③   유형 08

∠AEB=∠DAE (엇각)이므로 ∠BAE=∠BEA에서
△ABE는 $\overline{BA}=\overline{BE}$인 이등변삼각형이다.
∴ $\overline{BE}=\overline{BA}=7$ cm
같은 방법으로 하면 △CDF도 $\overline{CD}=\overline{CF}$인 이등변삼각형이므로
$\overline{CF}=\overline{CD}=7$ cm
∴ $\overline{FE}=\overline{BE}+\overline{CF}-\overline{BC}=7+7-10=4$(cm)
△AOD와 △EOF에서
∠DAO=∠FEO (엇각), ∠ADO=∠EFO (엇각)
이므로 △AOD∽△EOF (AA 닮음)
∴ $\overline{AO}:\overline{EO}=\overline{AD}:\overline{EF}=10:4=5:2$

13 답 ⑤   유형 08

$\overline{AB}:\overline{BC}=3:2$이므로 $\overline{AB}:(4+6)=3:2$
$2\overline{AB}=30$ ∴ $\overline{AB}=15$(cm)
△ABP와 △PCQ에서
∠B=∠C, ∠BAP+∠B=∠APQ+∠CPQ이고
∠B=∠APQ이므로 ∠BAP=∠CPQ
∴ △ABP∽△PCQ (AA 닮음)
따라서 $\overline{AB}:\overline{PC}=\overline{BP}:\overline{CQ}$, 즉 15:6=4:$\overline{CQ}$이므로
$15\overline{CQ}=24$ ∴ $\overline{QC}=\dfrac{8}{5}$(cm)

14 답 ⑤   유형 09

△ABC와 △DEC에서
∠ABC=∠DEC=90°, ∠C는 공통
이므로 △ABC∽△DEC (AA 닮음)
따라서 $\overline{AB}:\overline{DE}=\overline{AC}:\overline{DC}$, 즉 $\overline{AB}:12=(9+9):15$이므로
$15\overline{AB}=216$ ∴ $\overline{AB}=\dfrac{72}{5}$(cm)

15 답 ①   유형 09

△ADC와 △AOP에서
∠ADC=∠AOP=90°, ∠CAD는 공통
이므로 △ADC∽△AOP (AA 닮음)
따라서 $\overline{AC}:\overline{AP}=\overline{AD}:\overline{AO}$, 즉 5:$\overline{AP}$=4:$\dfrac{5}{2}$이므로
$4\overline{AP}=\dfrac{25}{2}$ ∴ $\overline{AP}=\dfrac{25}{8}$(cm)
∴ $\overline{PD}=\overline{AD}-\overline{AP}=4-\dfrac{25}{8}=\dfrac{7}{8}$(cm)

16 답 ④   유형 10

④ $\overline{AB}^2=\overline{BD}\times\overline{BC}$
따라서 옳지 않은 것은 ④이다.

17 답 ⑤   유형 10

$\overline{AD}^2=\overline{DB}\times\overline{DC}$이므로 $6^2=9\times\overline{DC}$ ∴ $\overline{DC}=4$(cm)
∴ △ADC=$\dfrac{1}{2}\times4\times6=12$(cm²)

18 답 ②   유형 12

160 cm=1.6 m
△ABC와 △ADE에서
∠A는 공통, ∠ABC=∠ADE=90°
이므로 △ABC∽△ADE (AA 닮음)

따라서 $\overline{AB}:\overline{AD}=\overline{BC}:\overline{DE}$, 즉 2:(2+6)=1.6:$\overline{DE}$이므로
$2\overline{DE}=12.8$ ∴ $\overline{DE}=6.4$(m)
즉, 나무의 높이는 6.4 m이다.

19 답 3200원   유형 05

두 컵 A, B의 닮음비가 3:4이므로
부피의 비는 $3^3:4^3=27:64$ ……❶
가격은 부피에 정비례하므로 컵 B에 가득 담은 주스의 가격을 x원이라 하면
$1350:x=27:64, 27x=86400$ ∴ $x=3200$
따라서 컵 B에 가득 담은 주스의 가격은 3200원이다. ……❷

채점 기준	배점
❶ 두 컵 A, B의 부피의 비 구하기	3점
❷ 컵 B에 가득 담은 주스의 가격 구하기	3점

20 답 (1) △ABC∽△ACD, SAS 닮음 (2) 6 cm   유형 07

(1) △ABC와 △ACD에서
$\overline{AB}:\overline{AC}=(9+16):15=5:3$,
$\overline{AC}:\overline{AD}=15:9=5:3$, ∠A는 공통
이므로 △ABC∽△ACD (SAS 닮음) ……❶
(2) 닮음비는 5:3이므로
$\overline{BC}:\overline{CD}=5:3$에서 10:$\overline{CD}$=5:3
$5\overline{CD}=30$ ∴ $\overline{DC}=6$(cm) ……❷

채점 기준	배점
❶ 닮음인 두 삼각형을 찾고 닮음 조건 말하기	2점
❷ $\overline{DC}$의 길이 구하기	2점

21 답 30 cm²   유형 04 + 유형 08

△AOD와 △COB에서
∠DAO=∠BCO (엇각), ∠AOD=∠COB (맞꼭지각)
이므로 △AOD∽△COB (AA 닮음) ……❶
닮음비가 $\overline{AD}:\overline{CB}=6:9=2:3$이므로
넓이의 비는 $2^2:3^2=4:9$
즉, △AOD:△COB=4:9에서
△AOD:27=4:9, 9△AOD=108
∴ △AOD=12(cm²) ……❷
이때 $\overline{AO}:\overline{CO}=2:3$이므로
△AOD:△DOC=2:3에서
12:△DOC=2:3, 2△DOC=36
∴ △DOC=18(cm²) ……❸
∴ △ACD=△AOD+△DOC
=12+18=30(cm²) ……❹

채점 기준	배점
❶ 닮음인 두 삼각형 찾기	2점
❷ △AOD의 넓이 구하기	2점
❸ △DOC의 넓이 구하기	2점
❹ △ACD의 넓이 구하기	1점

22 답 $\dfrac{32}{3}$ cm²   유형 09

□ABCD는 정사각형이므로

$\overline{BC}=\overline{AB}=16\,\text{cm}$, $\overline{DF}=\overline{DC}-\overline{FC}=16-12=4(\text{cm})$

$\triangle FBC$와 $\triangle FED$에서

$\angle C=\angle FDE=90°$, $\angle FBC=\angle FED$ (엇각)

이므로 $\triangle FBC\backsim\triangle FED$ (AA 닮음) ...... ❶

따라서 $\overline{BC}:\overline{ED}=\overline{FC}:\overline{FD}$, 즉 $16:\overline{ED}=12:4$이므로

$12\overline{ED}=64$ ∴ $\overline{ED}=\dfrac{16}{3}(\text{cm})$ ...... ❷

∴ $\triangle DEF=\dfrac{1}{2}\times\dfrac{16}{3}\times4=\dfrac{32}{3}(\text{cm}^2)$ ...... ❸

채점 기준	배점
❶ 닮음인 두 삼각형 찾기	3점
❷ $\overline{ED}$의 길이 구하기	2점
❸ $\triangle DEF$의 넓이 구하기	2점

다른 풀이

$\overline{DF}:\overline{FC}=4:12=1:3$이므로

$\triangle DEF:\triangle CBF=1^2:3^2=1:9$

즉, $\triangle DEF:\left(\dfrac{1}{2}\times16\times12\right)=1:9$이므로

$\triangle DEF:96=1:9$ ∴ $\triangle DEF=\dfrac{32}{3}(\text{cm}^2)$

23 답 $\dfrac{14}{3}$ cm 유형 ⑪

$\triangle DBE$와 $\triangle ECF$에서

$\angle B=\angle C=60°$,

$\angle BDE=180°-(\angle DBE+\angle DEB)$
$\quad\quad\quad=180°-(\angle DEF+\angle DEB)$
$\quad\quad\quad=\angle CEF$

이므로 $\triangle DBE\backsim\triangle ECF$ (AA 닮음) ...... ❶

$\overline{EF}=\overline{AF}=7\,\text{cm}$, $\overline{FC}=\overline{AC}-\overline{AF}=10-7=3(\text{cm})$이므로

$\overline{BE}:\overline{CF}=\overline{DE}:\overline{EF}$에서

$2:3=\overline{DE}:7$, $3\overline{DE}=14$ ∴ $\overline{DE}=\dfrac{14}{3}(\text{cm})$

∴ $\overline{AD}=\overline{DE}=\dfrac{14}{3}$ cm ...... ❷

채점 기준	배점
❶ 닮음인 두 삼각형 찾기	3점
❷ $\overline{AD}$의 길이 구하기	3점

교과서 속 특이 문제
○108쪽

01 답 풀이 참조

폭이 $3\,\text{cm}$로 일정하므로

$\overline{EF}=20-2\times3=14(\text{cm})$, $\overline{FG}=25-2\times3=19(\text{cm})$

□ABCD와 □EFGH에서

$\overline{AB}:\overline{EF}=20:14=10:7$,

$\overline{BC}:\overline{FG}=25:19$

따라서 $\overline{AB}:\overline{EF}\neq\overline{BC}:\overline{FG}$이므로 □ABCD와 □EFGH는
서로 닮은 도형이 아니다.

02 답 $81:1$

처음 정사각형의 한 변의 길이를 x라 하면

[1단계]에서 지워지는 정사각형의 한 변의 길이는 $\dfrac{1}{3}x$

[2단계]에서 지워지는 한 정사각형의 한 변의 길이는

$\dfrac{1}{3}\times\dfrac{1}{3}x=\left(\dfrac{1}{3}\right)^2x$

[3단계]에서 지워지는 한 정사각형의 한 변의 길이는

$\dfrac{1}{3}\times\left(\dfrac{1}{3}\right)^2x=\left(\dfrac{1}{3}\right)^3x$

[4단계]에서 지워지는 한 정사각형의 한 변의 길이는

$\dfrac{1}{3}\times\left(\dfrac{1}{3}\right)^3x=\left(\dfrac{1}{3}\right)^4x$

따라서 처음 정사각형의 한 변의 길이와 [4단계]에서 지워지는
한 정사각형의 한 변의 길이의 비는 $x:\left(\dfrac{1}{3}\right)^4x=81:1$이므로
두 정사각형의 닮음비는 $81:1$이다.

03 답 $60\,\text{cm}$

지면에 생긴 고리 모양의 그림자의 넓이가 원기둥의 밑넓이의 3
배이므로 작은 원뿔과 큰 원뿔의 밑넓이의 비는 $1:4$임을 알 수
있다.

이때 작은 원뿔과 큰 원뿔은 서로 닮음이므로 닮음비는 $1:2$이다.

작은 원뿔의 높이 $\overline{AO}$를 $h\,\text{cm}$라 하면

큰 원뿔의 높이는 $(h+60)\,\text{cm}$이므로

$h:(h+60)=1:2$, $h+60=2h$ ∴ $h=60$

따라서 작은 원뿔의 높이 $\overline{AO}$는 $60\,\text{cm}$이다.

다른 풀이

오른쪽 그림과 같이 $\overline{OB}=r\,\text{cm}$,
$\overline{O'C}=R\,\text{cm}$라 하면
지면에 생긴 고리 모양의 그림자
의 넓이가 원기둥의 밑넓이의 3
배이므로

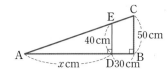

$\pi R^2-\pi r^2=3\pi r^2$에서

$\pi R^2=4\pi r^2$, $R^2=(2r)^2$

∴ $R=2r$ ($\because R>0$, $r>0$)

즉, $\overline{OB}:\overline{O'C}=1:2$이므로 $\triangle AOB$와 $\triangle AO'C$의 닮음비는
$1:2$이다.

따라서 $\overline{AO}:\overline{AO'}=\overline{AO}:(\overline{AO}+60)=1:2$이므로
$2\overline{AO}=\overline{AO}+60$에서 $\overline{AO}=60(\text{cm})$

04 답 $150\,\text{cm}$

오른쪽 그림과 같이 건물의
외벽이 없을 때 추가로 늘
어난 꽃의 그림자의 길이를
$x\,\text{cm}$라 하면

$\triangle ABC$와 $\triangle ADE$에서

$\angle ABC=\angle ADE=90°$, $\angle A$는 공통

이므로 $\triangle ABC\backsim\triangle ADE$ (AA 닮음)

$\overline{AB}:\overline{AD}=\overline{BC}:\overline{DE}$, 즉 $(x+30):x=50:40$이므로

$50x=40x+1200$, $10x=1200$ ∴ $x=120$

따라서 꽃의 그림자의 전체 길이는 $120+30=150(\text{cm})$

정답 및 풀이

01 답 $38°$

$\angle ADB=\angle x$, $\angle AEC=\angle y$라 하면
$\triangle ABD$와 $\triangle ACE$는 이등변삼각형이므로
$\angle BAD=\angle ADB=\angle x$, $\angle CAE=\angle AEC=\angle y$
$\triangle ADE$에서 $\angle DAE=180°-(\angle x+\angle y)$
한편, $\angle BAC=104°$이므로
$\angle BAC=\angle BAD+\angle CAE-\angle DAE$
$\quad\quad\quad=\angle x+\angle y-\{180°-(\angle x+\angle y)\}$
$\quad\quad\quad=2(\angle x+\angle y)-180°=104°$
$2(\angle x+\angle y)=284°$ $\quad\therefore\ \angle x+\angle y=142°$
$\therefore\ \angle DAE=180°-142°=38°$

02 답 $80°$

$\triangle ABC$에서 $\overline{AB}=\overline{AC}$이므로
$\angle B=\dfrac{1}{2}\times(180°-100°)=40°$
$\angle BAE=\dfrac{2}{5}\times100°=40°$이므로
$\triangle ABE$에서
$\angle AEF=\angle BAE+\angle B=40°+40°=80°$

03 답 $63°$

$\triangle ABC$는 $\overline{AB}=\overline{AC}$인 이등변삼각형이므로
$\angle B=\angle C=\dfrac{1}{2}\times(180°-72°)=54°$
$\triangle BDE$와 $\triangle CEF$에서
$\overline{BD}=\overline{CE}$, $\overline{BE}=\overline{CF}$, $\angle B=\angle C$
이므로 $\triangle BDE\equiv\triangle CEF$ (SAS 합동)
$\therefore\ \overline{DE}=\overline{EF}$, $\angle BDE=\angle CEF$
따라서 $\triangle DEF$에서 $\angle EDF=\angle EFD$이고
$\angle DEF=180°-(\angle BED+\angle CEF)$
$\quad\quad\quad=180°-(\angle BED+\angle BDE)$
$\quad\quad\quad=\angle B=54°$
이므로 $\angle EDF=\dfrac{1}{2}\times(180°-54°)=63°$

04 답 $116°$

$\triangle ABC$에서 $\overline{AB}=\overline{AC}$이므로
$\angle A=7\angle x$, $\angle ABC=4\angle x$라 하면
$\angle ACB=\angle ABC=4\angle x$
즉, $7\angle x+4\angle x+4\angle x=180°$이므로
$15\angle x=180°$ $\quad\therefore\ \angle x=12°$
$\therefore\ \angle ABC=\angle ACB=4\angle x=4\times12°=48°$
따라서 $\triangle DBC$에서 $\angle DBC=\angle DCB=\dfrac{2}{3}\times48°=32°$이므로
$\angle BDC=180°-2\times32°=116°$

05 답 $28°$

$\angle CDE=\angle CED=\angle a$라 하면
$\angle C=\angle B=180°-2\angle a$,
$\angle BDE=180°-\angle a$

$\triangle BDF$에서
$(180°-2\angle a)+(180°-\angle a)=132°$, $3\angle a=228°$
$\therefore\ \angle a=76°$
$\therefore\ \angle C=180°-2\times76°=28°$

06 답 $72°$

$\angle A=\angle x$라 하면 $\angle D=\dfrac{3}{4}\angle x$
$\triangle CBD$에서 $\overline{CB}=\overline{CD}$이므로 $\angle DBC=\angle D=\dfrac{3}{4}\angle x$
$\therefore\ \angle DCA=\angle DCE=\dfrac{3}{4}\angle x+\dfrac{3}{4}\angle x=\dfrac{3}{2}\angle x$
$\therefore\ \angle ACB=180°-2\times\dfrac{3}{2}\angle x=180°-3\angle x$
$\triangle ABC$에서 $\overline{AB}=\overline{AC}$이므로
$\angle x+2\times(180°-3\angle x)=180°$, $5\angle x=180°$
$\therefore\ \angle x=36°$
$\therefore\ \angle ACB=180°-3\times36°=72°$

07 답 $2:1$

$\triangle ABD$와 $\triangle DCE$에서
$\overline{AB}:\overline{BD}=\overline{DC}:\overline{BD}=3:1$이므로
$\overline{AB}=\overline{DC}$,
$\overline{AB}=\overline{AC}$이므로 $\angle B=\angle C$,
$\angle BAD=\angle ADC-\angle B$
$\quad\quad\quad=\angle ADC-\angle ADE=\angle CDE$
$\therefore\ \triangle ABD\equiv\triangle DCE$ (ASA 합동)
따라서 $\overline{BD}=\overline{CE}$이므로 $\overline{AC}:\overline{CE}=\overline{AB}:\overline{BD}=3:1$
이때 $\overline{CE}=k$라 하면 $\overline{AC}=3k$이므로 $\overline{AE}=3k-k=2k$
$\therefore\ \overline{AE}:\overline{CE}=2k:k=2:1$

08 답 $2\,\text{cm}$

$\angle B=\angle B'$이고, $\angle BAD=\angle B'$ (엇각)이므로
$\angle B=\angle BAD$
따라서 $\triangle ABD$는 $\overline{DA}=\overline{DB}$인 이등변삼각형이다.
또, $\angle B=\angle B'ED$ (엇각)이므로
$\angle B'=\angle B'ED$
따라서 $\triangle DB'E$는 $\overline{DB'}=\overline{DE}$인 이등변삼각형이므로
$\overline{BE}=\overline{BD}+\overline{DE}=\overline{AD}+\overline{DB'}=\overline{AB'}=\overline{AB}=10\,(\text{cm})$
$\therefore\ \overline{CE}=\overline{BC}-\overline{BE}=12-10=2\,(\text{cm})$

09 답 $19°$

$\triangle BCE$와 $\triangle DCF$에서
$\angle B=\angle FDC=90°$, $\overline{EC}=\overline{FC}$, $\overline{BC}=\overline{DC}$
이므로 $\triangle BCE\equiv\triangle DCF$ (RHS 합동)
$\therefore\ \angle DCF=\angle BCE=26°$
즉, $\angle ECF=90°$이므로 $\triangle CEF$는 $\overline{CE}=\overline{CF}$인 직각이등변삼각형이다.
$\therefore\ \angle CFE=\dfrac{1}{2}\times(180°-90°)=45°$
따라서 $\triangle DCF$에서 $\angle CFD=90°-26°=64°$이므로
$\angle AFE=64°-45°=19°$

10 답 24 cm

오른쪽 그림과 같이 $\overline{BE}$, $\overline{CE}$를 그으면 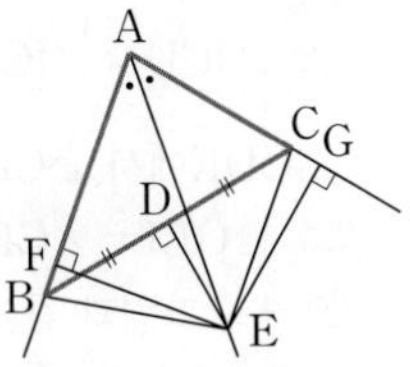
$\triangle BDE$와 $\triangle CDE$에서
$\overline{BD}=\overline{CD}$, $\overline{DE}$는 공통,
$\angle BDE=\angle CDE=90°$
이므로 $\triangle BDE\equiv\triangle CDE$ (SAS 합동)
$\therefore$ $\overline{BE}=\overline{CE}$
$\angle A$의 이등분선 위의 한 점 E에서 그 각을 이루는 두 변까지의
거리는 같으므로 $\overline{EF}=\overline{EG}$
$\triangle BEF$와 $\triangle CEG$에서
$\angle BFE=\angle CGE=90°$, $\overline{BE}=\overline{CE}$, $\overline{EF}=\overline{EG}$
이므로 $\triangle BEF\equiv\triangle CEG$ (RHS 합동)
$\therefore$ $\overline{BF}=\overline{CG}$
$\therefore$ $\overline{AB}+\overline{AC}=\overline{AF}+\overline{BF}+\overline{AC}$
$=\overline{AF}+\overline{CG}+\overline{AC}$
$=\overline{AF}+\overline{AG}=24$(cm)

11 답 80 cm²

오른쪽 그림과 같이 $\overline{PA}$, $\overline{PC}$를 그으면 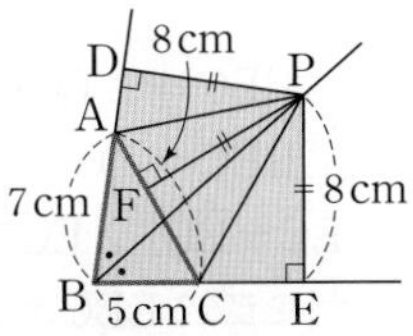
$\triangle PAD$와 $\triangle PAF$에서
$\angle PDA=\angle PFA=90°$,
$\overline{PA}$는 공통, $\overline{PD}=\overline{PF}$
이므로 $\triangle PAD\equiv\triangle PAF$ (RHS 합동)
$\therefore$ $\overline{AD}=\overline{AF}$
같은 방법으로 하면 $\triangle PCF\equiv\triangle PCE$ (RHS 합동)이므로
$\overline{CF}=\overline{CE}$
$\therefore$ $\square DBEP=\triangle BDP+\triangle BEP$
$=\dfrac{1}{2}\times\overline{BD}\times8+\dfrac{1}{2}\times\overline{BE}\times8$
$=4\times(\overline{BD}+\overline{BE})$
$=4\times(\overline{AB}+\overline{AD}+\overline{BC}+\overline{CE})$
$=4\times(\overline{AB}+\overline{AF}+\overline{BC}+\overline{CF})$
$=4\times(\overline{AB}+\overline{BC}+\overline{AC})$
$=4\times(7+5+8)=80$(cm²)

12 답 20 cm²

오른쪽 그림과 같이 $\overline{OA}$, $\overline{OB}$, $\overline{OC}$를
그으면 점 O가 $\triangle ABC$의 외심이므로 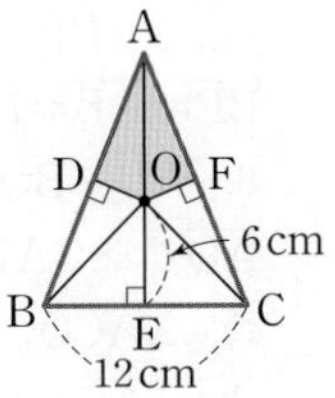
$\overline{OA}=\overline{OB}=\overline{OC}$
$\triangle OAD$와 $\triangle OBD$에서
$\angle ODA=\angle ODB=90°$, $\overline{OA}=\overline{OB}$,
$\overline{OD}$는 공통
이므로 $\triangle OAD\equiv\triangle OBD$ (RHS 합동)
같은 방법으로 하면 $\triangle OAF\equiv\triangle OCF$ (RHS 합동)
$\therefore$ $\square ADOF=\dfrac{1}{2}(\triangle ABC-\triangle OBC)$
$=\dfrac{1}{2}\times\left\{76-\left(\dfrac{1}{2}\times12\times6\right)\right\}$
$=\dfrac{1}{2}\times(76-36)=20$(cm²)

13 답 38°

$\triangle DEF$에서 점 G는 $\triangle DEF$의 외심이므로 $\overline{DG}=\overline{EG}=\overline{FG}$

$\angle DFG=\angle a$라 하면 $\angle FDG=\angle a$이므로
$\angle DGE=\angle a+\angle a=2\angle a$, $\angle EDG=90°-\angle a$
$\triangle BDG$에서 $\overline{BD}=\overline{BG}$이므로 $\angle BDG=\angle BGD$
즉, $(90°-\angle a)+24°=2\angle a$이므로
$3\angle a=114°$ $\therefore$ $\angle a=38°$
$\therefore$ $\angle DFG=38°$

14 답 59°

오른쪽 그림과 같이 $\overline{OA}$, $\overline{OC}$를 그으면 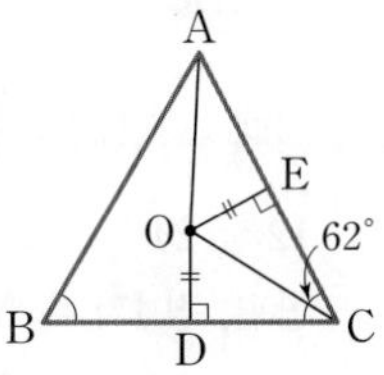
$\overline{OA}=\overline{OC}$
$\triangle ODC$와 $\triangle OEC$에서
$\angle ODC=\angle OEC=90°$, $\overline{OC}$는 공통,
$\overline{OD}=\overline{OE}$
이므로 $\triangle ODC\equiv\triangle OEC$ (RHS 합동)
$\therefore$ $\angle OCD=\angle OCE=\dfrac{1}{2}\times62°=31°$
이때 $\triangle OCA$는 $\overline{OC}=\overline{OA}$인 이등변삼각형이므로
$\angle AOC=180°-2\times31°=118°$
$\therefore$ $\angle B=\dfrac{1}{2}\angle AOC=\dfrac{1}{2}\times118°=59°$

15 답 37°

점 O'은 $\triangle ABO$의 외심이므로 $\overline{O'B}=\overline{O'O}$
$\triangle O'BO$에서 $\angle BO'O=180°-2\times37°=106°$
$\therefore$ $\angle BAO=\dfrac{1}{2}\angle BO'O=\dfrac{1}{2}\times106°=53°$
이때 $\triangle ABC$의 외심이 $\overline{BC}$ 위에 있으므로
$\triangle ABC$는 $\angle BAC=90°$인 직각삼각형이고 $\overline{OA}=\overline{OB}=\overline{OC}$이다.
따라서 $\angle OAC=\angle BAC-\angle BAO=90°-53°=37°$이므로
$\triangle AOC$에서 $\angle C=\angle OAC=37°$

16 답 42°

$\triangle ABC$에서 $\angle BAC=180°-(48°+72°)=60°$
$\triangle AHC$에서 $\angle HAC=90°-72°=18°$
점 I는 $\triangle ABC$의 내심이므로
$\angle IAB=\angle IAC=\dfrac{1}{2}\angle BAC=\dfrac{1}{2}\times60°=30°$
$\therefore$ $\angle x=\angle IAC-\angle HAC=30°-18°=12°$
또, $\angle IBA=\angle IBC=\dfrac{1}{2}\angle ABC=\dfrac{1}{2}\times48°=24°$
$\triangle ABI$에서
$\angle y=\angle IAB+\angle IBA=30°+24°=54°$
$\therefore$ $\angle y-\angle x=54°-12°=42°$

17 답 43°

점 I는 $\triangle ABC$의 내심이므로
$\angle AIB=90°+\dfrac{1}{2}\angle C=90°+\dfrac{1}{2}\times74°=127°$
또, $\angle IBA=\angle IBC=20°$
이때 점 I'은 $\triangle ABD$의 내심이므로
$\angle I'BI=\angle I'BA=\dfrac{1}{2}\angle IBA=\dfrac{1}{2}\times20°=10°$
따라서 $\triangle I'BI$에서 $\angle II'B=180°-(127°+10°)=43°$

18 답 $\dfrac{3}{2}\pi$ cm²

오른쪽 그림과 같이 점 I에서 $\overline{AB}$,
$\overline{BC}$, $\overline{CA}$에 내린 수선의 발을 각각
D, E, F라 하고, 내접원의 반지름
의 길이를 r cm라 하면
$\overline{ID}=\overline{IE}=\overline{IF}=r$ cm

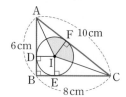

$\triangle ABC=\dfrac{1}{2}\times r\times(6+8+10)=12r\,(\text{cm}^2)$

이때 $\triangle ABC=\dfrac{1}{2}\times6\times8=24\,(\text{cm}^2)$이므로

$12r=24$ $\therefore r=2$

한편, 점 I가 $\triangle ABC$의 내심이므로

$\angle AIC=90°+\dfrac{1}{2}\angle B=90°+\dfrac{1}{2}\times90°=135°$

따라서 색칠한 부분의 넓이는

$\pi\times2^2\times\dfrac{135}{360}=\dfrac{3}{2}\pi\,(\text{cm}^2)$

19 답 $\dfrac{42}{11}$ cm

오른쪽 그림과 같이 $\overline{BC}$, $\overline{CA}$에 접하
는 원의 중심을 O라 하고 원의 반지
름의 길이를 r cm라 하면
$\triangle ABC$
$=\triangle OAB+\triangle OBC+\triangle OCA$
이므로

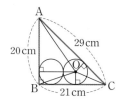

$\dfrac{1}{2}\times21\times20=\dfrac{1}{2}\times20\times3r+\dfrac{1}{2}\times21\times r+\dfrac{1}{2}\times29\times r$

$210=30r+\dfrac{21}{2}r+\dfrac{29}{2}r$, $55r=210$ $\therefore r=\dfrac{42}{11}$

따라서 원의 반지름의 길이는 $\dfrac{42}{11}$ cm이다.

20 답 80 cm

$\triangle ABC$의 외접원의 반지름의 길이를 R cm라 하면
$\pi R^2=289\pi$ $\therefore R=17\,(\because R>0)$
즉, 외접원의 반지름의 길이가 17 cm이므로 빗변의 길이는
$\overline{AB}=2\times17=34\,(\text{cm})$
$\triangle ABC$의 내접원의 반지름의 길이를 r cm라 하면
$\pi r^2=36\pi$ $\therefore r=6\,(\because r>0)$
오른쪽 그림과 같이 $\triangle ABC$의
세 변 AB, BC, CA와 내접원
의 접점을 각각 D, E, F라 하
고 내심을 I라 하자.
$\overline{AD}=\overline{AF}=x$ cm라 하면
$\overline{BE}=\overline{BD}=34-x\,(\text{cm})$

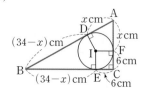

또, $\square IECF$는 한 변의 길이가 6 cm인 정사각형이므로
$\overline{CE}=\overline{CF}=6$ cm
따라서 $\triangle ABC$의 둘레의 길이는
$2\times\{(34-x)+x+6\}=80\,(\text{cm})$

21 답 $76°$

점 I가 $\triangle ABC$의 내심이므로 $\angle CAH=\angle BAH=38°$이고

$\overline{AH}\perp\overline{BC}$이므로 $\angle ACH=90°-38°=52°$

$\therefore \angle ICD=\angle ICH=\dfrac{1}{2}\angle ACH=\dfrac{1}{2}\times52°=26°$

$\triangle CDE$에서 $\angle CED=180°-(90°+26°)=64°$

$\therefore \angle OEI=\angle CED=64°$ (맞꼭지각)

오른쪽 그림과 같이 $\overline{OB}$를 그으면
$\triangle OBC$에서 $\overline{OB}=\overline{OC}$이고
$\angle BOC=2\angle BAC$
$\qquad=2\times(2\times38°)=152°$

$\therefore \angle OCH=\dfrac{1}{2}\times(180°-152°)$
$\qquad=14°$

따라서 $\angle OCE=\angle ICH-\angle OCH=26°-14°=12°$이므로
$\angle OEI+\angle OCE=64°+12°=76°$

22 답 $52°$

오른쪽 그림과 같이 $\overline{AD}$, $\overline{BE}$
의 연장선이 만나는 점을 G라
하면
$\triangle EBC$와 $\triangle EGD$에서
$\angle BEC=\angle GED$ (맞꼭지각),
$\overline{EC}=\overline{ED}$, $\angle ECB=\angle EDG$ (엇각)
이므로 $\triangle EBC\equiv\triangle EGD$ (ASA 합동)
$\therefore \overline{AD}=\overline{BC}=\overline{DG}$
즉, $\triangle AFG$에서 점 D는 $\triangle AFG$의 외심이므로
$\overline{DA}=\overline{DF}=\overline{DG}$
이때 $\angle ABE:\angle EBC=2:1$이므로

$\angle EGD=\angle EBC=78°\times\dfrac{1}{3}=26°$

따라서 $\triangle DFG$는 $\overline{DF}=\overline{DG}$인 이등변삼각형이므로
$\angle DFG=\angle DGF=26°$
$\therefore \angle ADF=26°+26°=52°$

23 답 12 cm

$\overline{AD}\parallel\overline{BC}$이므로 $\angle DAP=\angle APB$ (엇각)
$\overline{AP}$가 $\angle BAD$의 이등분선이므로 $\angle BAP=\angle APB$
즉, $\triangle ABP$는 $\overline{AB}=\overline{BP}$인 이등변삼각형이므로
$\overline{BP}=\overline{AB}=7$ cm
또, $\overline{AD}\parallel\overline{BQ}$이므로 $\angle DAQ=\angle AQC$
$\overline{AQ}$가 $\angle CAD$의 이등분선이므로 $\angle CAQ=\angle AQC$
즉, $\triangle ACQ$는 $\overline{AC}=\overline{CQ}$인 이등변삼각형이므로
$\overline{CQ}=\overline{AC}=10$ cm
$\therefore \overline{PQ}=\overline{BQ}-\overline{BP}=(\overline{BC}+\overline{CQ})-\overline{BP}$
$\qquad=(9+10)-7=12\,(\text{cm})$

24 답 풀이 참조

점 E가 $\triangle ABC$의 내심이므로

$\angle CAE=\dfrac{1}{2}\angle CAB$, $\angle ACE=\dfrac{1}{2}\angle ACB$

점 F가 $\triangle ACD$의 내심이므로

$\angle ACF=\dfrac{1}{2}\angle ACD$, $\angle CAF=\dfrac{1}{2}\angle CAD$

이때 $\overline{AB}\parallel\overline{DC}$, $\overline{AD}\parallel\overline{BC}$이므로

∠BAC=∠ACD (엇각), ∠ACB=∠CAD (엇각)
∴ ∠CAE=∠ACF, ∠ACE=∠CAF
즉, 엇각의 크기가 같으므로 $\overline{AE} /\!/ \overline{FC}$, $\overline{AF} /\!/ \overline{EC}$
따라서 □AECF의 두 쌍의 대변이 각각 평행하므로 □AECF
는 평행사변형이다.

25 답 167°

△ABC와 △DBE에서
$\overline{AB}=\overline{DB}$, ∠ABC=60°−∠EBA=∠DBE, $\overline{BC}=\overline{BE}$
이므로 △ABC≡△DBE (SAS 합동)
∴ $\overline{DE}=\overline{AC}=\overline{AF}$ ⋯⋯ ㉠
또, △ABC와 △FEC에서
$\overline{AC}=\overline{FC}$, ∠ACB=60°+∠ACE=∠FCE, $\overline{BC}=\overline{EC}$
이므로 △ABC≡△FEC (SAS 합동)
∴ $\overline{FE}=\overline{AB}=\overline{AD}$ ⋯⋯ ㉡
㉠, ㉡에서 □AFED는 두 쌍의 대변의 길이가 각각 같으므로 평
행사변형이다.
∴ ∠DEF=∠DAF=360°−(∠DAB+∠BAC+∠CAF)
=360°−(60°+73°+60°)=167°

26 답 24 cm²

오른쪽 그림과 같이 $\overline{MN}$을 긋고
□ABCD의 넓이를 S cm²라 하면
두 점 M, N은 각각 $\overline{AB}$, $\overline{DC}$의 중점
이므로 □AMND와 □MBCN의
넓이는 모두 $\dfrac{1}{2}S$ cm²이다.

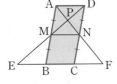

∴ △PMN=$\dfrac{1}{4}$□AMND=$\dfrac{1}{4} \times \dfrac{1}{2}S$=$\dfrac{1}{8}S$(cm²)
△MDA와 △MEB에서
∠DMA=∠EMB (맞꼭지각), $\overline{MA}=\overline{MB}$,
∠MAD=∠MBE (엇각)
이므로 △MDA≡△MEB (ASA 합동)
∴ △MEB=$\dfrac{1}{2}$□AMND=$\dfrac{1}{2} \times \dfrac{1}{2}S$=$\dfrac{1}{4}S$(cm²)
같은 방법으로 하면 △NCF≡△NDA (ASA 합동)이므로
△NCF=$\dfrac{1}{4}S$(cm²)
∴ △PEF=△PMN+△MEB+□MBCN+△NCF
=$\dfrac{1}{8}S+\dfrac{1}{4}S+\dfrac{1}{2}S+\dfrac{1}{4}S$=$\dfrac{9}{8}S$(cm²)
즉, $\dfrac{9}{8}S$=27이므로 S=24
따라서 □ABCD의 넓이는 24 cm²이다.

27 답 56 cm²

오른쪽 그림과 같이 $\overline{DP}$, $\overline{DQ}$를 그으면
△ADQ=$\dfrac{1}{2}$□ABCD에서
△ADP+△DPQ=$\dfrac{1}{2}$□ABCD
⋯⋯ ㉠
또, △ADP+△PBC=$\dfrac{1}{2}$□ABCD ⋯⋯ ㉡

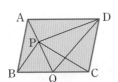

㉠, ㉡에서 △DPQ=△PBC=16 cm²
이때 $\overline{AP}:\overline{PQ}$=3 : 4이므로
△ADP=$\dfrac{3}{4}$△DPQ=$\dfrac{3}{4} \times 16$=12(cm²)
따라서 □ABCD의 넓이는
2(△APD+△DPQ)=2×(12+16)=56(cm²)

28 답 3초

$\overline{AP} /\!/ \overline{CQ}$이므로 $\overline{AQ} /\!/ \overline{PC}$이려면 □APCQ가 평행사변형이어
야 한다.
즉, $\overline{AP}=\overline{CQ}$이어야 한다.
점 Q가 점 C를 출발하여 $\overline{AP}=\overline{CQ}$가 될 때까지 걸린 시간을 x
초라 하면 두 점 P, Q가 움직인 거리는 각각
$\overline{AP}=2(x+3)$ cm, $\overline{CQ}=4x$ cm이므로
$2(x+3)=4x$, $2x=6$ ∴ $x=3$
따라서 처음으로 $\overline{AQ} /\!/ \overline{PC}$가 되는 것은 점 Q가 출발한 지 3초
후이다.

29 답 80 cm²

오른쪽 그림과 같이 점 A에
서 $\overline{DS}$에 내린 수선의 발을
M, 점 B에서 $\overline{CR}$에 내린 수
선의 발을 N이라 하자.

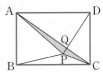

△DAM과 △CBN에서
∠DMA=∠CNB=90°,
$\overline{AD}=\overline{BC}$, ∠DAM=∠CBN
이므로 △DAM≡△CBN (RHA 합동)
∴ $\overline{DM}=\overline{CN}$, $\overline{AM}=\overline{BN}$
$\overline{DS}=\overline{DM}+\overline{MS}$=5+10=15(cm),
$\overline{PS}=\overline{AM}=\overline{BN}=\overline{QR}$=10 cm,
$\overline{QS}=\overline{PS}-\overline{PQ}$=10−6=4(cm),
$\overline{SR}=\overline{QR}-\overline{QS}$=10−4=6(cm)이므로
□APSD=$\dfrac{1}{2} \times (10+15) \times 10$=125(cm²)
□DSRC=$\dfrac{1}{2} \times (15+10) \times 6$=75(cm²)
□APQB=$\dfrac{1}{2} \times (10+5) \times 6$=45(cm²)
□BQRC=$\dfrac{1}{2} \times (5+10) \times 10$=75(cm²)
∴ □ABCD=□APSD+□DSRC−□APQB−□BQRC
=125+75−45−75=80(cm²)

30 답 7 cm²

오른쪽 그림과 같이 $\overline{DP}$와 대각선 AC
가 만나는 점을 Q라 하면
△ACD=$\dfrac{1}{2}$□ABCD에서
△ADQ+△CDQ=$\dfrac{1}{2}$□ABCD ⋯⋯ ㉠
또, △ADP+△PBC=$\dfrac{1}{2}$□ABCD에서
△ADQ+△APQ+△PBC=$\dfrac{1}{2}$□ABCD ⋯⋯ ㉡

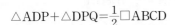

㉠, ㉡에서 $\triangle CDQ = \triangle APQ + \triangle PBC$

$\therefore \triangle CDQ + \triangle CPQ = \triangle APQ + \triangle PBC + \triangle CPQ$

따라서 $\triangle PCD = \triangle PAC + \triangle PBC$이므로

$\triangle PAC = \triangle PCD - \triangle PBC$
$= 15 - 8 = 7 \,(\text{cm}^2)$

31 탑 $\dfrac{144}{5}$ cm

오른쪽 그림과 같이 점 P와 네 꼭짓점
A, B, C, D를 각각 이으면

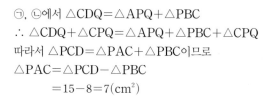

$\triangle PAB = \dfrac{1}{2} \times \overline{AB} \times \overline{PE} = \dfrac{15}{2}\overline{PE}$

$\triangle PBC = \dfrac{1}{2} \times \overline{BC} \times \overline{PF} = \dfrac{15}{2}\overline{PF}$

$\triangle PCD = \dfrac{1}{2} \times \overline{CD} \times \overline{PG} = \dfrac{15}{2}\overline{PG}$

$\triangle PDA = \dfrac{1}{2} \times \overline{DA} \times \overline{PH} = \dfrac{15}{2}\overline{PH}$

즉, $\square ABCD = \dfrac{15}{2}(\overline{PE} + \overline{PF} + \overline{PG} + \overline{PH})$이므로

$\dfrac{1}{2} \times 18 \times 24 = \dfrac{15}{2}(\overline{PE} + \overline{PF} + \overline{PG} + \overline{PH})$

$\therefore \overline{PE} + \overline{PF} + \overline{PG} + \overline{PH} = \dfrac{144}{5}\,(\text{cm})$

32 탑 $23°$

오른쪽 그림과 같이 $\overline{CD}$의 연장선 위에
$\overline{BE} = \overline{DG}$가 되도록 하는 점 G를 잡으면
$\triangle ABE$와 $\triangle ADG$에서

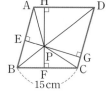

$\overline{AB} = \overline{AD}$, $\angle ABE = \angle ADG$, $\overline{BE} = \overline{DG}$
이므로 $\triangle ABE \equiv \triangle ADG$ (SAS 합동)

$\therefore \angle EAB = \angle GAD$, $\overline{AE} = \overline{AG}$

또, $\angle GAF = \angle GAD + \angle DAF$
$= \angle EAB + \angle DAF$
$= 90° - 45° = 45°$

$\triangle AEF$와 $\triangle AGF$에서
$\overline{AE} = \overline{AG}$, $\angle EAF = \angle GAF$, $\overline{AF}$는 공통
이므로 $\triangle AEF \equiv \triangle AGF$ (SAS 합동)

따라서 $\angle AGF = \angle AEF = 67°$이므로

$\angle BAE = \angle DAG = 90° - 67° = 23°$

33 탑 $54\,\text{cm}^2$

오른쪽 그림과 같이 $\overline{BE}$를 그으면
$\triangle BCE$와 $\triangle DCF$에서
$\overline{BC} = \overline{DC}$, $\overline{CE} = \overline{CF}$,
$\angle BCE = 90° - \angle ECD = \angle DCF$
이므로 $\triangle BCE \equiv \triangle DCF$ (SAS 합동)

$\triangle DCF = \triangle BCE = \dfrac{1}{2}\square ABCD$
$= \dfrac{1}{2} \times (6 \times 6) = 18\,(\text{cm}^2)$

이므로 $\square ECFG = 3\triangle DCF = 3 \times 18 = 54\,(\text{cm}^2)$

34 탑 9

마름모 $A_1B_1C_1D_1$의 네 변의 중점을 연결하여 $\square A_2B_2C_2D_2$를
만들었으므로 $\square A_2B_2C_2D_2$는 직사각형이고 그 넓이는 마름모
$A_1B_1C_1D_1$의 절반이다. 즉, $\square A_1B_1C_1D_1$과 $\square A_2B_2C_2D_2$의 넓
이의 차는 $\square A_2B_2C_2D_2$의 넓이와 같다.

$\therefore \square A_2B_2C_2D_2 = 72$

또, $\square A_2B_2C_2D_2$의 네 변의 중점을 연결하여 만들었으므로

$\square A_3B_3C_3D_3$은 마름모이고 $\square A_3B_3C_3D_3 = \dfrac{1}{2} \times 72 = 36$

같은 방법으로 하면 $\square A_4B_4C_4D_4 = \dfrac{1}{2} \times 36 = 18$

$\therefore \square A_5B_5C_5D_5 = \dfrac{1}{2} \times 18 = 9$

35 탑 11

정사각형의 개수를 x라 하면 정사각형이 아닌 직사각형은
$(28 - x)$개, 정사각형이 아닌 마름모는 $(24 - x)$개이다.

이때 평행사변형이 50개이므로

$x + (28 - x) + (24 - x) + 9 = 50$ $\therefore x = 11$

따라서 정사각형의 개수는 11이다.

【다른 풀이】

직사각형이지만 마름모가 아닌 사각형을 a개, 마름모이지만 직
사각형이 아닌 사각형을 b개, 직사각형도 마름모도 아닌 사각형
을 c개, 정사각형을 d개라 하면

$a + b + c + d = 50$ ......㉠

직사각형이 28개이므로

$a + d = 28$ ......㉡

마름모가 24개이므로

$b + d = 24$ ......㉢

직사각형도 마름모도 아닌 사각형이 9개이므로

$c = 9$

$c = 9$를 ㉠에 대입하면 $a + b + d = 41$ ......㉣

㉡, ㉣에서 $b + 28 = 41$ $\therefore b = 13$

$b = 13$을 ㉢에 대입하면 $d = 11$

따라서 정사각형의 개수는 11이다.

36 탑 ㄴ, ㄷ, ㅁ

ㄱ. 사각형의 각 변의 중점을 연결하여 만든 사각형은 평행사변
형이므로 $\square EFGH$는 평행사변형이다.

ㄴ. $\square EFGH$가 평행사변형이므로 $\square IJKL$도 평행사변형이고,
$\square MNOP$도 평행사변형이다.

ㄷ. $\square MNOP$가 평행사변형이므로 $\square MNOP$의 각 변의 중점
을 차례대로 연결하여 만든 사각형도 평행사변형이다.

ㄹ. $\square IJKL = \dfrac{1}{2}\square EFGH$,

$\square MNOP = \dfrac{1}{2}\square IJKL = \dfrac{1}{4}\square EFGH$

$\therefore \square IJKL + \square MNOP = \dfrac{3}{4}\square EFGH$

ㅁ. $\square EFGH = \dfrac{1}{2}\square ABCD$이므로

$\square MNOP = \dfrac{1}{4}\square EFGH = \dfrac{1}{8}\square ABCD$

따라서 옳은 것은 ㄴ, ㄷ, ㅁ이다.

37 답 6 cm

오른쪽 그림과 같이 $\overline{DF}$를 그
으면 점 D는 직각삼각형 EBF
에서 빗변 BE의 중점이므로
△EBF의 외심이다.

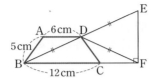

$\therefore \overline{DB}=\overline{DE}=\overline{DF}$

△ABD와 △CDF에서

$\overline{BD}=\overline{DF}$ ······ ㉠

$\overline{AD} \parallel \overline{BF}$이므로 ∠ADB=∠CBD (엇각)

$\overline{BD}=\overline{DF}$이므로 ∠CBD=∠CFD

$\therefore$ ∠ADB=∠CFD ······ ㉡

∠A=∠DCF이므로

∠ABD=∠CDF ······ ㉢

㉠, ㉡, ㉢에서 △ABD≡△CDF (ASA 합동)

$\therefore \overline{CF}=\overline{AD}=6$ cm

38 답 6 cm

오른쪽 그림과 같이 $\overline{OC}$, $\overline{OD}$를
그으면 $\overline{AB} \parallel \overline{CD}$이므로

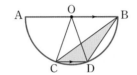

△BCD=△OCD

$\therefore$ (색칠한 부분의 넓이)
  =(부채꼴 OCD의 넓이)

이때 $\overparen{CD}=\frac{2}{9}\overparen{AB}$에서 ∠COD=$180° \times \frac{2}{9}=40°$이므로

반원 O의 반지름의 길이를 r cm라 하면

$\pi \times r^2 \times \frac{40}{360}=\frac{1}{9}\pi r^2=4\pi$, $r^2=36$　$\therefore r=6$ ($\because r>0$)

따라서 반원 O의 반지름의 길이는 6 cm이다.

39 답 $\frac{2}{5}$배

$\overline{AD}=x$, $\overline{CF}=\overline{C'F}=y$ $(x>0, y>0)$라 하면

$\overline{AE}=\frac{1}{2}x$, $\overline{BC'}=x-2y$

△ABC′ : □AC′FE=1 : 2이므로

평행사변형의 높이를 h라 하면

$\frac{1}{2} \times (x-2y) \times h : \frac{1}{2} \times \left(\frac{1}{2}x+y\right) \times h=1:2$

$2(x-2y)=\frac{1}{2}x+y$　$\therefore y=\frac{3}{10}x$

즉, $\overline{BC'}=x-2y=x-\frac{3}{5}x=\frac{2}{5}x$이므로 $\overline{BC'}=\frac{2}{5}\overline{BC}$

따라서 $\overline{BC'}$의 길이는 $\overline{BC}$의 길이의 $\frac{2}{5}$배이다.

40 답 12 cm²

오른쪽 그림과 같이 $\overline{AC}$를 그으면
$\overline{AD} \parallel \overline{BF}$이고 밑변이 $\overline{CF}$로 같으므
로 △ACF=△DCF

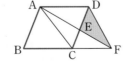

$\therefore$ △ACE=△ACF-△ECF
  =△DCF-△ECF
  =△DEF

$\overline{CE}:\overline{DE}=4:5$이므로

△ACE : △AED=4 : 5

$\therefore$ △ACE=$\frac{4}{9}$△ACD=$\frac{4}{9} \times \frac{1}{2}$□ABCD

　　　=$\frac{2}{9}$□ABCD=$\frac{2}{9} \times 54=12$(cm²)

$\therefore$ △DEF=△ACE=12 cm²

41 답 15 cm²

△OAD의 넓이를 S cm²라 하면

$\overline{BO}:\overline{OD}=3:1$이므로 △OAB : △OAD=3 : 1

$\therefore$ △OAB=3△OAD=$3S$(cm²)

$\overline{AD} \parallel \overline{BC}$에서 △ABD=△ACD이므로

△OCD=△ACD-△AOD
  =△ABD-△AOD
  =△OAB=$3S$(cm²)

또, $\overline{BO}:\overline{OD}=3:1$이므로 △OBC : △OCD=3 : 1

$\therefore$ △OBC=3△OCD=$9S$(cm²)

이때 △OAD+△OBC=$S+9S$=50　$\therefore S=5$

$\therefore$ △OAB=$3S$=3×5=15(cm²)

42 답 186π cm³

물이 채워진 원뿔 모양의 부분의 높이가 원뿔 모양의 그릇의 높

이의 $\frac{4}{7}$이므로 물의 높이는 $14 \times \frac{4}{7}=8$(cm)

물이 채워진 원뿔 모양의 부분과 원뿔 모양의 그릇의 닮음비는

$8:14=4:7$

수면의 반지름의 길이를 r cm라 하면

$2r:14=4:7$, $14r=56$　$\therefore r=4$

따라서 더 넣어야 하는 물의 양은

$\frac{1}{3} \times \pi \times 7^2 \times 14 - \frac{1}{3} \times \pi \times 4^2 \times 8$

$=\frac{686}{3}\pi - \frac{128}{3}\pi=186\pi$(cm³)

43 답 13 : 3

△EBD에서 ∠B=60°이므로

∠BED+∠BDE=120° ······ ㉠

∠ADE=60°, ∠BDC=180°이므로

∠BDE+∠CDA=120° ······ ㉡

㉠, ㉡에서 ∠BED=∠CDA

△EBD와 △DCA에서

∠BED=∠CDA, ∠B=∠C=60°

이므로 △EBD∽△DCA (AA 닮음)

$\overline{CD}=x$라 하면 $\overline{BD}=3x$이므로

$\overline{AC}=\overline{BC}=\overline{BD}+\overline{CD}=3x+x=4x$

따라서 $\overline{BD}:\overline{CA}=\overline{BE}:\overline{CD}$, 즉 $3x:4x=\overline{BE}:x$이므로

$4\overline{BE}=3x$　$\therefore \overline{BE}=\frac{3}{4}x$

$\therefore \overline{AE}=\overline{AB}-\overline{BE}=4x-\frac{3}{4}x=\frac{13}{4}x$

$\therefore \overline{AE}:\overline{BE}=\frac{13}{4}x : \frac{3}{4}x=13:3$

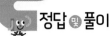

44 답 15 cm

□ADEF에서 $\overline{AF} \parallel \overline{DE}$이므로

∠DAF=∠BDE (동위각)

△ABC와 △DBE에서

∠A=∠BDE, ∠B는 공통

이므로 △ABC∽△DBE (AA 닮음)

마름모 ADEF의 한 변의 길이를 x cm라 하면

$\overline{AB} : \overline{DB} = \overline{AC} : \overline{DE}$, 즉 $10 : (10-x) = 6 : x$이므로

$10x = 60 - 6x$, $16x = 60$

$\therefore x = \dfrac{15}{4}$

따라서 □ADEF의 둘레의 길이는

$4 \times \dfrac{15}{4} = 15$(cm)

45 답 $\dfrac{91}{10}$ cm

□ABCD가 직사각형이므로

$\overline{OA} = \overline{OB} = \overline{OC} = \overline{OD} = \dfrac{1}{2}\overline{AC} = 13$(cm)

△FDA와 △FBE에서

∠FDA=∠FBE (엇각), ∠FAD=∠FEB (엇각)

이므로 △FDA∽△FBE (AA 닮음)

$\overline{BE} : \overline{EC} = 1 : 2$에서 $\overline{BE} = \dfrac{1}{3} \times 24 = 8$(cm)

즉, $\overline{DA} : \overline{BE} = 24 : 8 = 3 : 1$이므로

△FDA와 △FBE의 닮음비는 3 : 1이다.

$\overline{BD} = 26$ cm이므로 $\overline{DF} = \dfrac{3}{4} \times 26 = \dfrac{39}{2}$(cm)

$\therefore \overline{OF} = \overline{DF} - \overline{OD} = \dfrac{39}{2} - 13 = \dfrac{13}{2}$(cm)

△GDA와 △GEC에서

∠GDA=∠GEC (엇각), ∠GAD=∠GCE (엇각)

이므로 △GDA∽△GEC (AA 닮음)

$\overline{DA} : \overline{EC} = 24 : 16 = 3 : 2$이므로 △GDA와 △GEC의 닮음비는 3 : 2이다.

$\overline{AC} = 26$ cm이므로 $\overline{AG} = \dfrac{3}{5} \times 26 = \dfrac{78}{5}$(cm)

$\therefore \overline{OG} = \overline{AG} - \overline{OA} = \dfrac{78}{5} - 13 = \dfrac{13}{5}$(cm)

$\therefore \overline{OF} + \overline{OG} = \dfrac{13}{2} + \dfrac{13}{5} = \dfrac{91}{10}$(cm)

46 답 325

오른쪽 그림의 △ABC와 △DCE에서

∠BAC=∠CDE=90°,

∠ABC=90°−∠ACB=∠DCE

이므로 △ABC∽△DCE (AA 닮음)

$\overline{AB} = x$라 하면

$\overline{AB} : \overline{DC} = \overline{AC} : \overline{DE}$이므로

$x : 4 = 9 : x$, $x^2 = 36$ $\therefore x = 6 (\because x > 0)$

따라서 처음 정사각형의 한 변의 길이는

$x + 9 + 4 + x = 2x + 13 = 12 + 13 = 25$

이므로 색칠한 정사각형의 넓이는

$25 \times 25 - 4 \times \left\{ \dfrac{1}{2} \times (6+9) \times (6+4) \right\} = 325$

47 답 9 : 15 : 25

다음 그림과 같이 세 점 P, Q, R의 y좌표를 각각 a, b, c라 하면 x좌표는 각각 $\dfrac{3}{2}(a-1)$, $\dfrac{3}{2}(b-1)$, $\dfrac{3}{2}(c-1)$이다.

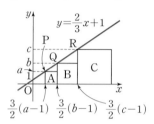

정사각형 A의 한 변의 길이가 a이므로

$\dfrac{3}{2}(b-1) - \dfrac{3}{2}(a-1) = a$, $\dfrac{3}{2}b = \dfrac{5}{2}a$

$\therefore a = \dfrac{3}{5}b$

또, 정사각형 B의 한 변의 길이가 b이므로

$\dfrac{3}{2}(c-1) - \dfrac{3}{2}(b-1) = b$, $\dfrac{3}{2}c = \dfrac{5}{2}b$

$\therefore c = \dfrac{5}{3}b$

따라서 세 정사각형 A, B, C의 닮음비는

$a : b : c = \dfrac{3}{5}b : b : \dfrac{5}{3}b = 9 : 15 : 25$

48 답 $\dfrac{56}{5}$ cm

△ABC에서 $\overline{AD}^2 = \overline{DB} \times \overline{DC}$이므로

$\overline{AD}^2 = 4 \times (20-4) = 64$ $\therefore \overline{AD} = 8$(cm) $(\because \overline{AD} > 0)$

점 M은 직각삼각형 ABC의 외심이므로

$\overline{AM} = \overline{BM} = \overline{CM} = \dfrac{1}{2}\overline{BC} = 10$(cm)

$\therefore \overline{DM} = \overline{BM} - \overline{BD} = 10 - 4 = 6$(cm)

△ADM에서 $\overline{DA}^2 = \overline{AE} \times \overline{AM}$이므로

$8^2 = \overline{AE} \times 10$, $10\overline{AE} = 64$ $\therefore \overline{AE} = \dfrac{32}{5}$(cm)

또, △ADM에서 $\overline{AD} \times \overline{DM} = \overline{AM} \times \overline{DE}$이므로

$8 \times 6 = 10 \times \overline{DE}$ $\therefore \overline{DE} = \dfrac{24}{5}$(cm)

$\therefore \overline{AE} + \overline{DE} = \dfrac{32}{5} + \dfrac{24}{5} = \dfrac{56}{5}$(cm)

49 답 16 : 9

△ABC에서

$\overline{AC}^2 = \overline{AD} \times \overline{AB}$이고 $\overline{BC}^2 = \overline{BD} \times \overline{BA}$이므로

$\overline{AC}^2 : \overline{BC}^2 = (\overline{AD} \times \overline{AB}) : (\overline{BD} \times \overline{BA})$

$= \overline{AD} : \overline{BD}$

또, □EFDA=$\overline{AD} \times \overline{FD}$, □FGBD=$\overline{BD} \times \overline{FD}$이므로

□EFDA : □FGBD=$\overline{AD} : \overline{BD} = \overline{AC}^2 : \overline{BC}^2$

$= 4^2 : 3^2 = 16 : 9$

50 답 6 m

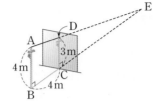

오른쪽 그림과 같이 $\overline{BC}$의 연장선과 $\overline{AD}$의 연장선이 만나는 점을 E라 하면 전봇대의 그림자가 벽면에 생기지 않을 때의 전봇대의 그림자의 길이는 $\overline{BE}$의 길이와 같다.

$\triangle ABE$와 $\triangle DCE$에서

$\angle ABE=\angle DCE=90°$, $\angle E$는 공통

이므로 $\triangle ABE \backsim \triangle DCE$ (AA 닮음)

$\overline{BE}=x$ m라 하면

$\overline{AB}:\overline{DC}=\overline{BE}:\overline{CE}$, 즉

$4:3=x:(x-4)$이므로

$4x-16=3x$ ∴ $x=16$

따라서 높이가 4 m인 전봇대의 그림자의 길이는 16 m이므로

길이가 1.5 m인 막대의 그림자의 길이를 y m라 하면

$4:16=1.5:y$, $4y=24$ ∴ $y=6$

따라서 막대의 그림자의 길이는 6 m이다.

중간고사 대비 실전 모의고사 ①회 120쪽~123쪽

01 ③	**02** ⑤	**03** ③	**04** ③	**05** ②
06 ④	**07** ②	**08** ②	**09** ④	**10** ②
11 ④	**12** ③	**13** ③	**14** ⑤	**15** ②
16 ④	**17** ③	**18** ①	**19** 8 cm	**20** 210°
21 4	**22** 90°	**23** 60 cm²		

01 답 ③

$\angle ACB=180°-108°=72°$

$\triangle ABC$에서 $\overline{AB}=\overline{AC}$이므로

$\angle x=180°-2\times72°=36°$

02 답 ⑤

$\triangle ABC$에서 $\overline{AB}=\overline{AC}$이므로

$\angle BAC=180°-2\times50°=80°$

$\triangle ABD$에서 $\overline{DA}=\overline{DB}$이므로

$\angle DAB=\angle B=50°$

∴ $\angle DAC=\angle BAC-\angle DAB=80°-50°=30°$

03 답 ③

$\triangle ABC$에서 $\overline{AB}=\overline{AC}$이므로

$\angle B=\angle C=\dfrac{1}{2}\times(180°-26°)=77°$

$\triangle BED$와 $\triangle CFE$에서

$\overline{BD}=\overline{CE}$, $\angle B=\angle C$, $\overline{BE}=\overline{CF}$

이므로 $\triangle BED \equiv \triangle CFE$ (SAS 합동)

따라서 $\angle BDE=\angle CEF$이므로

$\angle DEF=180°-(\angle BED+\angle CEF)$

$\qquad\qquad =180°-(\angle BED+\angle BDE)$

$\qquad\qquad =\angle B=77°$

04 답 ③

$\triangle ABC$에서 $\angle ABC=\angle ACB=\dfrac{1}{2}\times(180°-90°)=45°$

$\triangle DBE$에서 $\angle BDE=180°-(90°+45°)=45°$

즉, $\triangle DBE$는 $\overline{EB}=\overline{ED}$인 직각이등변삼각형이다.

이때 $\angle ACD=\angle ECD$이므로 $\overline{ED}=\overline{AD}=6$ cm

따라서 $\overline{EB}=\overline{ED}=6$ cm이므로

$\triangle DBE=\dfrac{1}{2}\times6\times6=18(cm^2)$

05 답 ②

오른쪽 그림과 같이 $\overline{OA}$를 그으면

$25°+30°+\angle CAO=90°$

∴ $\angle CAO=35°$

점 O는 $\triangle ABC$의 외심이므로

$\overline{OA}=\overline{OB}=\overline{OC}$에서

$\angle BAO=\angle ABO=25°$

∴ $\angle x=\angle BAO+\angle CAO=25°+35°=60°$

다른 풀이

$\triangle OBC$에서 $\overline{OB}=\overline{OC}$이므로

$\angle BOC=180°-2\times30°=120°$

∴ $\angle x=\dfrac{1}{2}\angle BOC=\dfrac{1}{2}\times120°=60°$

06 답 ④

점 I는 $\triangle ABC$의 내심이므로

$\angle ACB=2\angle ICB=2\times33°=66°$

∴ $\angle AIB=90°+\dfrac{1}{2}\times66°=123°$

07 답 ②

점 O는 $\triangle ABC$의 외심이므로

$\angle BOC=2\angle A=2\times40°=80°$

$\triangle OBC$에서 $\overline{OB}=\overline{OC}$이므로

$\angle OBC=\dfrac{1}{2}\times(180°-80°)=50°$

$\triangle ABC$에서 $\overline{AB}=\overline{AC}$이므로

$\angle ABC=\dfrac{1}{2}\times(180°-40°)=70°$

점 I는 $\triangle ABC$의 내심이므로

$\angle IBC=\dfrac{1}{2}\times70°=35°$

∴ $\angle OBI=\angle OBC-\angle IBC=50°-35°=15°$

08 답 ②

$\overline{AB}/\!/\overline{DC}$이므로

$\angle ODC=\angle OBA=30°$ (엇각) ∴ $x=30$

$\overline{OC}=\overline{OA}=5$ cm ∴ $y=5$

∴ $x-y=30-5=25$

09 답 ④

$\square ABCD$에서 $\angle B=\angle D=56°$

따라서 $\triangle ABE$에서 $\overline{AB}=\overline{AE}$이므로

$\angle BAE=180°-2\times56°=68°$

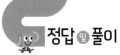

10 답 ②

$\triangle PAB + \triangle PCD = \triangle PDA + \triangle PBC$이므로

$\triangle PAB + \triangle PCD = \dfrac{1}{2}\square ABCD = \dfrac{1}{2} \times 38 = 19(cm^2)$

$7 + \triangle PCD = 19$ $\therefore \triangle PCD = 12(cm^2)$

11 답 ④

$\triangle ABE$와 $\triangle CBE$에서

$\overline{AB} = \overline{CB}$, $\angle EBA = \angle EBC = 45°$, $\overline{BE}$는 공통

이므로 $\triangle ABE \equiv \triangle CBE$ (SAS 합동)

$\therefore \angle BEA = \angle BEC = 80°$

$\triangle AED$에서 $\angle EAD + \angle ADE = \angle BEA$이므로

$\angle EAD + 45° = 80°$ $\therefore \angle EAD = 35°$

12 답 ③

$\angle BAD + \angle ABC = 180°$이므로 $\angle EAB + \angle EBA = 90°$

$\triangle ABE$에서 $\angle AEB = 180° - 90° = 90°$

$\therefore \angle HEF = \angle AEB = 90°$ (맞꼭지각)

같은 방법으로 하면 $\angle HGF = 90°$

또, $\angle ABC + \angle BCD = 180°$이므로 $\angle HBC + \angle HCB = 90°$

$\triangle HBC$에서 $\angle BHC = 180° - 90° = 90°$

같은 방법으로 하면 $\angle AFD = 90°$

따라서 $\angle HEF = \angle EFG = \angle FGH = \angle GHE = 90°$이므로

$\square EFGH$는 직사각형이다.

따라서 직사각형에 대한 설명으로 옳은 것은 ㄱ, ㄷ, ㅁ이다.

13 답 ③

두 대각선이 서로 다른 것을 이등분하는 사각형은 평행사변형,

직사각형, 마름모, 정사각형이므로 ㄴ, ㄷ, ㄹ, ㅁ이다.

14 답 ⑤

오른쪽 그림과 같이 $\overline{BD}$를 그으면

$\triangle ABE : \triangle EBD = \overline{AE} : \overline{ED} = 3 : 2$

이므로 $12 : \triangle EBD = 3 : 2$

$3\triangle EBD = 24$

$\therefore \triangle EBD = 8(cm^2)$

따라서 $\triangle ABD = 12 + 8 = 20(cm^2)$이므로

$\square ABCD = 2\triangle ABD = 2 \times 20 = 40(cm^2)$

15 답 ②

두 직육면체의 닮음비는 $\overline{BF} : \overline{B'F'} = 8 : 16 = 1 : 2$

즉, $\overline{CD} : \overline{C'D'} = 1 : 2$이므로

$x : 8 = 1 : 2$, $2x = 8$ $\therefore x = 4$

또, $\overline{BC} : \overline{B'C'} = 1 : 2$이므로

$5 : y = 1 : 2$ $\therefore y = 10$

$\therefore x + y = 4 + 10 = 14$

16 답 ④

$\triangle ABC$와 $\triangle BDC$에서

$\overline{BC} : \overline{DC} = 12 : 8 = 3 : 2$, $\overline{AC} : \overline{BC} = (10+8) : 12 = 3 : 2$,

$\angle C$는 공통

이므로 $\triangle ABC \backsim \triangle BDC$ (SAS 닮음)

따라서 $\overline{AB} : \overline{BD} = 3 : 2$, 즉 $15 : \overline{BD} = 3 : 2$이므로

$3\overline{BD} = 30$ $\therefore \overline{BD} = 10(cm)$

17 답 ③

$\triangle AFD$와 $\triangle CFE$에서

$\overline{AD} /\!/ \overline{EC}$이므로

$\angle DAF = \angle ECF$ (엇각), $\angle ADF = \angle CEF$ (엇각)

$\therefore \triangle AFD \backsim \triangle CFE$ (AA 닮음)

따라서 $\overline{AF} : \overline{CF} = \overline{AD} : \overline{CE}$, 즉 $12 : 4 = 15 : \overline{CE}$이므로

$12\overline{CE} = 60$ $\therefore \overline{CE} = 5(cm)$

$\therefore \overline{BE} = \overline{BC} - \overline{CE} = 15 - 5 = 10(cm)$

18 답 ①

두 지점 A, B 사이의 실제 거리는

$5 \div \dfrac{1}{200000} = 5 \times 200000 = 1000000(cm) = 10(km)$

A 지점에서 B 지점까지 가는 데 25분, 즉 $\dfrac{25}{60} = \dfrac{5}{12}$ (시간)이 걸

렸으므로 자전거의 속력은 시속 $10 \div \dfrac{5}{12} = 10 \times \dfrac{12}{5} = 24(km)$

19 답 8 cm

$\triangle ABC$에서 $\overline{AB} = \overline{AC}$이므로

$\angle ABC = \angle C = \dfrac{1}{2} \times (180° - 36°) = 72°$

$\therefore \angle ABD = \angle DBC = \dfrac{1}{2}\angle ABC = \dfrac{1}{2} \times 72° = 36°$ ......❶

$\triangle DAB$에서 $\angle A = \angle ABD = 36°$이므로 $\triangle DAB$는

$\overline{DA} = \overline{DB}$인 이등변삼각형이다.

또, $\triangle DAB$에서 $\angle BDC = \angle A + \angle DBA = 36° + 36° = 72°$

즉, $\triangle BCD$에서 $\angle BDC = \angle C = 72°$이므로

$\triangle BCD$는 $\overline{BC} = \overline{BD}$인 이등변삼각형이다. ......❷

$\therefore \overline{AD} = \overline{BD} = \overline{BC} = 8$ cm ......❸

채점 기준	배점
❶ $\angle ABD$, $\angle DBC$의 크기를 각각 구하기	2점
❷ $\triangle DAB$와 $\triangle BCD$가 이등변삼각형임을 알기	3점
❸ $\overline{AD}$의 길이 구하기	1점

20 답 210°

점 I는 $\triangle ABC$의 내심이므로

$\angle ABI = \angle CBI = \angle a$,

$\angle ACI = \angle BCI = \angle b$라 하면

$\triangle ABC$에서

$2\angle a + 2\angle b + 80° = 180°$

$\therefore \angle a + \angle b = 50°$ ......❶

$\triangle AEC$에서 $\angle x = \angle A + \angle ACE = 80° + \angle b$

$\triangle ABD$에서 $\angle y = \angle A + \angle ABD = 80° + \angle a$

$\therefore \angle x + \angle y = (80° + \angle b) + (80° + \angle a)$

$= 160° + (\angle a + \angle b)$

$= 160° + 50° = 210°$ ......❷

채점 기준	배점
❶ $\angle a + \angle b$의 크기 구하기	3점
❷ $\angle x + \angle y$의 크기 구하기	4점

21 답 4

$\overline{AB}=\overline{DC}$, $\overline{AD}=\overline{BC}$이므로

$x+1=6-2y$에서 $x+2y=5$ ······ ㉠

$y+2=2x-3$에서 $2x-y=5$ ······ ㉡ ······ ❶

㉠, ㉡을 연립하여 풀면 $x=3$, $y=1$ ······ ❷

∴ $x+y=3+1=4$ ······ ❸

채점 기준	배점
❶ x, y에 대한 두 방정식 세우기	2점
❷ x, y의 값을 각각 구하기	1점
❸ $x+y$의 값 구하기	1점

22 답 $90°$

$\triangle ABG$와 $\triangle ECG$에서

$\angle BAG=\angle CEG$ (엇각), $\overline{AB}=\overline{EC}$,

$\angle ABG=\angle ECG$ (엇각)

이므로 $\triangle ABG \equiv \triangle ECG$ (ASA 합동)

같은 방법으로 하면 $\triangle ABH \equiv \triangle DFH$ (ASA 합동) ······ ❶

∴ $\overline{BG}=\overline{CG}$, $\overline{AH}=\overline{DH}$

이때 $\overline{AB}:\overline{BC}=1:2$이므로 $\overline{AB}=\overline{BG}=\overline{AH}$ ······ ❷

따라서 □ABGH는 $\overline{AH} /\!/ \overline{BG}$, $\overline{AH}=\overline{BG}$이므로 평행사변형

이고, $\overline{AB}=\overline{AH}$이므로 □ABGH는 마름모이다.

∴ $\angle AIB=90°$ ······ ❸

채점 기준	배점
❶ $\triangle ABG \equiv \triangle ECG$, $\triangle ABH \equiv \triangle DFH$임을 알기	3점
❷ $\overline{AB}=\overline{BG}=\overline{AH}$임을 알기	2점
❸ $\angle AIB$의 크기 구하기	2점

23 답 60 cm^2

세 원은 닮은 도형이고 닮음비는 $1:2:3$이므로 넓이의 비는

$1^2:2^2:3^2=1:4:9$ ······ ❶

즉, A, B, C 세 부분의 넓이의 비는

$(9-4):(4-1):1=5:3:1$ ······ ❷

A 부분의 넓이를 $x \text{ cm}^2$라 하면

$x:36=5:3$, $3x=180$ ∴ $x=60$

따라서 A 부분의 넓이는 60 cm^2이다. ······ ❸

채점 기준	배점
❶ 세 원의 넓이의 비 구하기	2점
❷ A, B, C 세 부분의 넓이의 비 구하기	2점
❸ A 부분의 넓이 구하기	2점

중간고사 대비 실전 모의고사 2회 124쪽~127쪽

01 ③	02 ⑤	03 ④	04 ⑤	05 ①
06 ③	07 ①	08 ④	09 ⑤	10 ①
11 ②	12 ③	13 ③	14 ⑤	15 ⑤
16 ④	17 ②	18 ④	19 $20°$	20 $100°$
21 (1) △DBE, △DBF, △AFD (2) 10 cm^2			22 9 cm	
23 128 cm^3				

01 답 ③

$\triangle ABC$에서 $\overline{AC}=\overline{BC}$이므로

$\angle CAB=\angle B=\dfrac{1}{2} \times (180°-48°)=66°$

∴ $\angle EAC=180°-\angle CAB=180°-66°=114°$

02 답 ⑤

$\triangle ABC$에서 $\overline{AB}=\overline{AC}$이므로

$\angle ABC=\angle ACB=\dfrac{1}{2} \times (180°-24°)=78°$

∴ $\angle DBC=\dfrac{1}{2}\angle ABC=\dfrac{1}{2} \times 78°=39°$

또, $\angle DCE=\dfrac{1}{2}\angle ACE=\dfrac{1}{2} \times (180°-78°)=51°$

따라서 $\triangle BCD$에서

$\angle DBC+\angle D=\angle DCE$이므로

$\angle D=\angle DCE-\angle DBC=51°-39°=12°$

03 답 ④

$\triangle ADB$와 $\triangle CEA$에서

$\angle ADB=\angle CEA=90°$, $\overline{AB}=\overline{CA}$,

$\angle ABD=90°-\angle BAD=\angle CAE$

이므로 $\triangle ADB \equiv \triangle CEA$ (RHA 합동)

따라서 $\overline{AD}=\overline{CE}=11 \text{ cm}$, $\overline{AE}=\overline{BD}=5 \text{ cm}$이므로

□DBCE$=\dfrac{1}{2} \times (5+11) \times (11+5)=128(\text{cm}^2)$

04 답 ⑤

$\overline{PA}=\overline{PB}$이므로

$\angle POB=\angle POA=30°$

따라서 $\triangle POB$에서 $\angle OPB=180°-(90°+30°)=60°$

05 답 ①

점 O는 $\triangle ABC$의 외심이므로 $\overline{OA}=\overline{OB}=\overline{OC}$

∴ $\triangle ABO=\dfrac{1}{2}\triangle ABC=\dfrac{1}{2} \times \left(\dfrac{1}{2} \times 9 \times 12 \right)=27(\text{cm}^2)$

06 답 ③

오른쪽 그림과 같이 $\overline{IB}$, $\overline{IC}$를 그으면

점 I는 $\triangle ABC$의 내심이므로

$\angle DBI=\angle IBC$, $\angle ECI=\angle ICB$

$\overline{DE} /\!/ \overline{BC}$이므로

$\angle DIB=\angle IBC$ (엇각),

$\angle EIC=\angle ICB$ (엇각)

즉, $\angle DBI=\angle DIB$, $\angle ECI=\angle EIC$이므로 $\triangle DBI$, $\triangle EIC$

는 각각 $\overline{DB}=\overline{DI}$, $\overline{EI}=\overline{EC}$인 이등변삼각형이다.

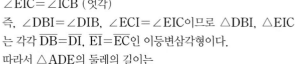

따라서 $\triangle ADE$의 둘레의 길이는

$\overline{AD}+\overline{DE}+\overline{AE}=\overline{AD}+(\overline{DI}+\overline{EI})+\overline{AE}$

$=(\overline{AD}+\overline{DB})+(\overline{EC}+\overline{AE})$

$=\overline{AB}+\overline{AC}=10+8=18(\text{cm})$

07 답 ①

직각삼각형 ABC의 외접원의 중심은 빗변의 중점이므로

$\triangle ABC$의 외접원의 반지름의 길이는

$\dfrac{1}{2}\overline{AB}=\dfrac{1}{2} \times 10=5(\text{cm})$

즉, △ABC의 외접원의 넓이는 $\pi \times 5^2 = 25\pi(cm^2)$
△ABC의 내접원의 반지름의 길이를 r cm라 하면
$△ABC = \frac{1}{2} \times r \times (10+8+6) = 12r(cm^2)$

이때 $△ABC = \frac{1}{2} \times 8 \times 6 = 24(cm^2)$이므로

$24 = 12r$ ∴ $r = 2$
즉, △ABC의 내접원의 넓이는 $\pi \times 2^2 = 4\pi(cm^2)$
따라서 △ABC의 외접원과 내접원의 넓이의 차는
$25\pi - 4\pi = 21\pi(cm^2)$

08 답 ④
$\overline{AD} /\!/ \overline{BC}$이므로 ∠DAE = ∠AEB = 62° (엇각)
∴ ∠BAD = 2∠DAE = 2 × 62° = 124°
∴ ∠x = ∠ABC = 180° - 124° = 56°
따라서 ∠PBE = $\frac{1}{2}$∠ABE = $\frac{1}{2} \times 56°$ = 28°이므로
△PBE에서 ∠y = 28° + 62° = 90°
∴ ∠x + ∠y = 56° + 90° = 146°

09 답 ⑤
⑤ ∠A + ∠B = 180°에서 $\overline{AD} /\!/ \overline{BC}$
∠A + ∠D = 180°에서 $\overline{AB} /\!/ \overline{DC}$
따라서 두 쌍의 대변이 각각 평행하므로 □ABCD는 평행사변형이다.

[다른 풀이]
⑤ ∠A + ∠B = 180°, ∠A + ∠D = 180°에서 ∠B = ∠D
∴ ∠C = 360° - (∠A + ∠B + ∠D)
   = 360° - (180° + ∠D)
   = 180° - ∠D = ∠A
따라서 두 쌍의 대각의 크기가 각각 같으므로 □ABCD는 평행사변형이다.

10 답 ①
□AFCH에서 $\overline{AH} /\!/ \overline{FC}$, $\overline{AH} = \overline{FC}$이므로 □AFCH는 평행사변형이다.   ∴ $\overline{AF} /\!/ \overline{HC}$ ······ ㉠
또, □AECG에서 $\overline{AE} /\!/ \overline{GC}$, $\overline{AE} = \overline{GC}$이므로 □AECG는 평행사변형이다.   ∴ $\overline{AG} /\!/ \overline{EC}$ ······ ㉡
㉠, ㉡에서 $\overline{AP} /\!/ \overline{QC}$, $\overline{AQ} /\!/ \overline{PC}$이므로 □APCQ는 평행사변형이다.
따라서 이용되는 조건으로 가장 알맞은 것은 ①이다.

11 답 ②
$\overline{AB} /\!/ \overline{DC}$, $\overline{AB} = \overline{DC}$이므로 □ABCD는 평행사변형이고, $\overline{AB} = \overline{BC}$에서 이웃하는 변의 길이가 같으므로 평행사변형 ABCD는 마름모이다.
∴ $△ABO = \frac{1}{4}$□ABCD = $\frac{1}{4} \times (\frac{1}{2} \times 12 \times 9)$ = $\frac{27}{2}(cm^2)$

12 답 ③
□ABCD는 정사각형이므로 $\overline{ED} /\!/ \overline{BF}$이고 $\overline{EB} /\!/ \overline{DF}$이다.
즉, □EBFD는 평행사변형이고 넓이가 40 cm²이므로
$\overline{BF} \times \overline{AB} = \overline{BF} \times 8 = 40$ ∴ $\overline{BF} = 5(cm)$

∴ $\overline{FC} = \overline{BC} - \overline{BF} = 8 - 5 = 3(cm)$

13 답 ③
직사각형의 각 변의 중점을 연결하여 만든 사각형은 마름모이다.
따라서 □EFGH는 마름모이므로 마름모에 대한 설명으로 옳지 않은 것은 ③이다.

14 답 ⑤
$\overline{AD} /\!/ \overline{BC}$이므로 △ABC = △DBC = 60 cm²
∴ △OBC = △ABC - △ABO = 60 - 20 = 40(cm²)
이때 $\overline{AO} : \overline{OC}$ = △ABO : △OBC = 20 : 40 = 1 : 2이고
△DOC = △DBC - △OBC = △ABC - △OBC
   = △ABO = 20(cm²)
즉, △AOD : △DOC = $\overline{AO} : \overline{OC}$ = 1 : 2이므로
△AOD : 20 = 1 : 2, 2△AOD = 20
∴ △AOD = 10(cm²)

15 답 ⑤
⑤ △ABC와 △DEF의 닮음비는 $\overline{AC} : \overline{DF}$ = 12 : 9 = 4 : 3
따라서 옳지 않은 것은 ⑤이다.

16 답 ④
□ABCD와 □EFGH의 닮음비가 2 : 3이므로
$\overline{AB} : \overline{EF}$ = 2 : 3에서 12 : $\overline{EF}$ = 2 : 3
2$\overline{EF}$ = 36   ∴ $\overline{EF}$ = 18(cm)
따라서 □EFGH의 둘레의 길이는
2 × (18 + 9) = 54(cm)

17 답 ②
△ABC에서 $\overline{AC}^2 = \overline{CD} \times \overline{CB}$이므로
$\overline{AC}^2 = 4 \times (12 + 4) = 64$
∴ $\overline{AC} = 8(cm)$ (∵ $\overline{AC} > 0$)

18 답 ④
∠C′BD = ∠CBD (접은 각), ∠PDB = ∠CBD (엇각)
∴ ∠PBD = ∠PDB
즉, △PBD는 $\overline{PB} = \overline{PD}$인 이등변삼각형이므로
$\overline{BQ} = \frac{1}{2}\overline{BD} = \frac{1}{2} \times 10 = 5(cm)$
△PBQ와 △DBC에서
∠PQB = ∠DCB = 90°, ∠PBQ = ∠DBC
이므로 △PBQ ∽ △DBC (AA 닮음)
따라서 $\overline{BQ} : \overline{BC} = \overline{PQ} : \overline{DC}$, 즉 5 : 8 = $\overline{PQ}$: 6이므로
$8\overline{PQ} = 30$ ∴ $\overline{PQ} = \frac{15}{4}(cm)$

19 답 20°
∠B = ∠x라 하면
△ABC에서 $\overline{AB} = \overline{AC}$이므로
∠ACB = ∠B = ∠x
∴ ∠CAD = ∠B + ∠ACB = ∠x + ∠x = 2∠x ······❶
△ACD에서 $\overline{CA} = \overline{CD}$이므로
∠CDA = ∠CAD = 2∠x ······❷
따라서 △DBC에서 ∠B + ∠BDC = 60°이므로
∠x + 2∠x = 60°, 3∠x = 60°   ∴ ∠x = 20°
∴ ∠B = 20°   ······❸

채점 기준	배점
❶ ∠CAD를 ∠x를 사용하여 나타내기	1점
❷ ∠CDA를 ∠x를 사용하여 나타내기	1점
❸ ∠B의 크기 구하기	2점

20 답 100°

점 O는 △ABC의 외심이므로

∠AOC=2∠B=2×80°=160° ······ ❶

오른쪽 그림과 같이 $\overline{OA}$, $\overline{OC}$, $\overline{OD}$를 그

으면 점 O는 △ACD의 외심이므로

$\overline{OA}=\overline{OD}=\overline{OC}$

∠OAD=∠ODA=∠x,

∠ODC=∠OCD=∠y라 하면

사각형 AOCD에서

∠x+160°+∠y+(∠x+∠y)=360°

2(∠x+∠y)=200° ∴ ∠x+∠y=100°

∴ ∠D=∠x+∠y=100° ······ ❷

채점 기준	배점
❶ ∠AOC의 크기 구하기	2점
❷ ∠D의 크기 구하기	4점

21 답 (1) △DBE, △DBF, △AFD (2) 10 cm²

(1) $\overline{AD}$∥$\overline{BC}$이고 밑변이 $\overline{BE}$로 공통이므로 △ABE=△DBE

$\overline{BD}$∥$\overline{EF}$이고 밑변이 $\overline{BD}$로 공통이므로 △DBE=△DBF

$\overline{AB}$∥$\overline{DC}$이고 밑변이 $\overline{DF}$로 공통이므로 △DBF=△AFD

∴ △ABE=△DBE=△DBF=△AFD

따라서 △ABE와 넓이가 같은 삼각형은 △DBE, △DBF, △AFD이다. ······ ❶

(2) $\overline{AC}$를 그으면 $\overline{BE}:\overline{EC}$=3 : 2이므로

△ABE : △AEC=3 : 2, 3 : △AEC=3 : 2

3△AEC=6 ∴ △AEC=2(cm²)

따라서 △ABC=△ABE+△AEC

=3+2=5(cm²)이므로

□ABCD=2△ABC=2×5=10(cm²) ······ ❷

채점 기준	배점
❶ △ABE와 넓이가 같은 삼각형 모두 찾기	3점
❷ □ABCD의 넓이 구하기	4점

22 답 9 cm

△ADF의 넓이가 12 cm²이므로

$\frac{1}{2}$×$\overline{AF}$×6=12 ∴ $\overline{AF}$=4(cm)

△AFC의 넓이가 20 cm²이므로

$\frac{1}{2}$×4×$\overline{EC}$=20 ∴ $\overline{EC}$=10(cm) ······ ❶

오른쪽 그림과 같이 점 D에서 $\overline{BC}$에 내린

수선의 발을 H라 하면

$\overline{HC}=\overline{EC}-\overline{EH}$=10-6=4(cm)

□ABCD는 등변사다리꼴이므로

$\overline{BE}=\overline{HC}$=4 cm

∴ $\overline{BC}=\overline{BE}+\overline{EC}$=4+10=14(cm) ······ ❷

이때 □ABCD의 넓이가 90 cm²이므로

$\frac{1}{2}$×(6+14)×$\overline{AE}$=90 ∴ $\overline{AE}$=9(cm) ······ ❸

채점 기준	배점
❶ $\overline{AF}$, $\overline{EC}$의 길이 각각 구하기	3점
❷ $\overline{BC}$의 길이 구하기	2점
❸ $\overline{AE}$의 길이 구하기	2점

23 답 128 cm³

두 삼각뿔의 겉넓이의 비가 16 : 9=4² : 3²이므로 닮음비는 4 : 3

이다. ······ ❶

즉, 두 삼각뿔의 부피의 비는

4³ : 3³=64 : 27 ······ ❷

큰 삼각뿔의 부피를 x cm³라 하면

x : 54=64 : 27, 27x=3456 ∴ x=128

따라서 큰 삼각뿔의 부피는 128 cm³이다. ······ ❸

채점 기준	배점
❶ 두 삼각뿔의 닮음비 구하기	2점
❷ 두 삼각뿔의 부피의 비 구하기	2점
❸ 큰 삼각뿔의 부피 구하기	2점

중간고사 대비 실전 모의고사 3회 128쪽~131쪽

01 ③	02 ③	03 ⑤	04 ④	05 ②
06 ②	07 ④	08 ①	09 ③	10 ②
11 ⑤	12 ③	13 ②	14 ④	15 ③
16 ④	17 ②	18 ⑤	19 49 cm²	20 80°
21 18 cm²	22 36 cm²	23 C(-12, 8)		

01 답 ③

∠ACB=180°-110°=70°이므로

∠A=180°-(40°+70°)=70°

즉, ∠A=∠ACB=70°이므로 △ABC는 $\overline{BA}=\overline{BC}$인 이등변

삼각형이다.

∴ $\overline{AB}=\overline{BC}$=5 cm

02 답 ③

△ABC에서 $\overline{AB}=\overline{AC}$이므로

∠ABC=∠ACB=$\frac{1}{2}$×(180°-44°)=68°

∴ ∠DBC=$\frac{1}{2}$∠ABC=$\frac{1}{2}$×68°=34°

이때 ∠ACD=$\frac{1}{4}$∠ACE이므로

∠ACD=$\frac{1}{4}$×(180°-68°)=$\frac{1}{4}$×112°=28°

따라서 △BCD에서

∠D=180°-(34°+68°+28°)=50°

03 답 ⑤

① RHS 합동 ② SAS 합동 ③ RHA 합동 ④ ASA 합동

따라서 합동이 되기 위한 조건이 아닌 것은 ⑤이다.

04 답 ④

오른쪽 그림과 같이 $\overline{OB}$를 그으면

$\overline{OA}=\overline{OB}=\overline{OC}$이므로

$\angle OBA=\angle OAB=23°$,

$\angle OBC=\angle OCB=31°$

$\therefore \angle B=23°+31°=54°$

05 답 ②

오른쪽 그림과 같이 $\overline{OA}$, $\overline{OC}$를 그으면

$\overline{OA}=\overline{OB}=\overline{OC}$이므로

$\angle OAB=\angle OBA=40°$,

$\angle OCB=\angle OBC=20°$

$40°+20°+\angle OAC=90°$이므로

$\angle OAC=\angle OCA=30°$

따라서 $\angle A=40°+30°=70°$, $\angle C=30°+20°=50°$이므로

$\angle A-\angle C=70°-50°=20°$

다른 풀이

$\angle OAC=\angle OCA=\angle a$라 하면

$\angle A=40°+\angle a$, $\angle C=20°+\angle a$

$\therefore \angle A-\angle C=(40°+\angle a)-(20°+\angle a)=20°$

06 답 ②

$\overline{BE}=x$ cm라 하면

$\overline{BD}=\overline{BE}=x$ cm, $\overline{CF}=\overline{CE}=7$ cm이므로

$\overline{AD}=\overline{AF}=11-7=4(cm)$

이때 $\triangle ABC$의 둘레의 길이가 28 cm이므로

$\overline{AB}+\overline{BC}+\overline{CA}=(4+x)+(x+7)+11=28(cm)$

$2x=6$ $\therefore x=3$

따라서 $\overline{BE}$의 길이는 3 cm이다.

07 답 ④

직각삼각형 ABC의 외접원의 중심은 빗변의 중점이므로

$\triangle ABC$의 외접원의 반지름의 길이는

$\dfrac{1}{2}\overline{AC}=\dfrac{1}{2}\times 13=\dfrac{13}{2}(cm)$

$\triangle ABC$의 내접원의 반지름의 길이를 r cm라 하면

$\triangle ABC=\dfrac{1}{2}\times r\times (5+12+13)=15r(cm^2)$

이때 $\triangle ABC=\dfrac{1}{2}\times 5\times 12=30(cm^2)$이므로

$15r=30$ $\therefore r=2$

따라서 $\triangle ABC$의 외접원과 내접원의 반지름의 길이의 차는

$\dfrac{13}{2}-2=\dfrac{9}{2}(cm)$

08 답 ①

$\overline{AD}=\overline{BC}$이므로 $3x-1=8$, $3x=9$ $\therefore x=3$

또, $\overline{OB}=\overline{OD}$에서 $\overline{BD}=2\overline{OB}$이므로

$2y+4=2\times 6$, $2y=8$ $\therefore y=4$

$\therefore y-x=4-3=1$

09 답 ③

$\overline{AE}\,/\!/\,\overline{BC}$이므로 $\angle AEB=\angle EBC$ (엇각)

$\therefore \angle DBE=\angle DEB$

즉, $\triangle DBE$는 $\overline{DB}=\overline{DE}$인 이등변삼각형이다.

$\therefore \overline{DE}=\overline{DB}=2\overline{OB}=2\times 5=10(cm)$

10 답 ②

① 두 쌍의 대변의 길이가 각각 같으므로 $\square ABCD$는 평행사변형이다.

② 두 대각선이 서로 다른 것을 이등분하지 않으므로 $\square ABCD$는 평행사변형이 아니다.

③ $\angle CAD=\angle ACB=60°$ (엇각)이므로 $\overline{AD}\,/\!/\,\overline{BC}$
   즉, 한 쌍의 대변이 평행하고 그 길이가 같으므로 $\square ABCD$는 평행사변형이다.

④ $\angle A+\angle B=180°$이므로 $\overline{AD}\,/\!/\,\overline{BC}$
   $\angle B+\angle C=180°$이므로 $\overline{AB}\,/\!/\,\overline{DC}$
   즉, 두 쌍의 대변이 각각 평행하므로 $\square ABCD$는 평행사변형이다.

⑤ $\angle D=360°-(120°+60°+120°)=60°$
   즉, 두 쌍의 대각의 크기가 각각 같으므로 $\square ABCD$는 평행사변형이다.

따라서 $\square ABCD$가 평행사변형이 아닌 것은 ②이다.

11 답 ⑤

② $\overline{AO}=\overline{DO}$이면 $\overline{AC}=\overline{BD}$이므로 평행사변형 ABCD는 직사각형이다.

④ $\angle ADC=\angle BCD$이면 $\angle ADC+\angle BCD=180°$에서
   $\angle ADC=\angle BCD=90°$이므로 평행사변형 ABCD는 직사각형이다.

⑤ 평행사변형의 성질이다.

따라서 직사각형이 되는 조건이 아닌 것은 ⑤이다.

12 답 ③

$\angle DBC=\angle BDC=45°$, $\angle PBC=\angle PCB=60°$이므로

$\angle x=\angle PBC-\angle DBC=60°-45°=15°$

또, $\angle DCP=90°-60°=30°$이고 $\triangle CDP$는 $\overline{CD}=\overline{CP}$인 이등변삼각형이므로 $\angle CDP=\dfrac{1}{2}\times (180°-30°)=75°$

$\therefore \angle y=\angle CDP-\angle BDC=75°-45°=30°$

$\therefore \angle x+\angle y=15°+30°=45°$

다른 풀이

$\angle DCP=90°-60°=30°$이고 $\triangle CDP$는 $\overline{CD}=\overline{CP}$인 이등변삼각형이므로 $\angle CPD=\dfrac{1}{2}\times (180°-30°)=75°$

따라서 $\angle BPD=\angle BPC+\angle CPD=60°+75°=135°$이므로

$\triangle PBD$에서 $\angle x+\angle y=180°-135°=45°$

13 답 ②

오른쪽 그림과 같이 점 D에서 $\overline{BC}$에 내린 수선의 발을 F라 하면

$\overline{EF}=\overline{AD}=5$ cm

$\triangle ABE$와 $\triangle DCF$에서

$\angle AEB=\angle DFC=90°$, $\overline{AB}=\overline{DC}$,

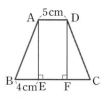

∠B=∠C

이므로 △ABE≡△DCF (RHA 합동)

즉, $\overline{CF}=\overline{BE}=4$ cm이므로

$\overline{BC}=\overline{BE}+\overline{EF}+\overline{FC}=4+5+4=13$(cm)

이때 □ABCD의 넓이가 90 cm²이므로

$\frac{1}{2}\times(5+13)\times\overline{AE}=90$, $9\overline{AE}=90$

∴ $\overline{AE}=10$(cm)

14 답 ④

① 평행사변형은 C, D, E, F의 4개이다.

② 두 대각선의 길이가 같은 사각형은 B, E, F의 3개이다.

③ 두 쌍의 대각의 크기가 각각 같은 사각형은 C, D, E, F의 4개이다.

④ 두 대각선이 서로 다른 것을 이등분하는 사각형은 C, D, E, F의 4개이다.

⑤ 두 대각선이 서로 다른 것을 수직이등분하는 사각형은 D, F의 2개이다.

따라서 옳지 않은 것은 ④이다.

15 답 ③

△ABC와 △DEF의 닮음비가 4 : 3이므로

$\overline{AC}:\overline{DF}=4:3$에서 $\overline{AC}:9=4:3$

$3\overline{AC}=36$ ∴ $\overline{AC}=12$(cm)

또, $\overline{BC}:\overline{EF}=4:3$에서 $\overline{BC}:12=4:3$

$3\overline{BC}=48$ ∴ $\overline{BC}=16$(cm)

따라서 △ABC의 둘레의 길이는

$\overline{AB}+\overline{BC}+\overline{AC}=18+16+12=46$(cm)

16 답 ④

물이 채워진 원뿔 모양의 부분과 원뿔 모양의 그릇은 서로 닮은 도형이고 그릇의 높이의 $\frac{3}{4}$만큼 물을 채웠으므로 닮음비는 3 : 4이다. 수면의 반지름의 길이를 r cm라 하면

$r:12=3:4$, $4r=36$ ∴ $r=9$

따라서 수면의 반지름의 길이는 9 cm이므로 넓이는

$\pi\times9^2=81\pi$(cm²)

17 답 ②

△ABC와 △EDC에서

∠A=∠DEC, ∠C는 공통

이므로 △ABC∽△EDC (AA 닮음)

따라서 $\overline{AC}:\overline{EC}=\overline{BC}:\overline{DC}$, 즉 $(7+8):6=\overline{BC}:8$이므로

$6\overline{BC}=120$ ∴ $\overline{BC}=20$(cm)

∴ $\overline{BE}=\overline{BC}-\overline{EC}=20-6=14$(cm)

18 답 ⑤

△ABC에서 점 M은 $\overline{BC}$의 중점이므로 점 M은 △ABC의 외심이다.

즉, $\overline{AM}=\overline{BM}=\overline{CM}=\frac{1}{2}\overline{BC}=\frac{1}{2}\times10=5$(cm)이므로

$\overline{DM}=\overline{DC}-\overline{CM}=8-5=3$(cm)

따라서 △ADM에서 $\overline{DM}^2=\overline{ME}\times\overline{MA}$이므로

$3^2=\overline{ME}\times5$ ∴ $\overline{EM}=\frac{9}{5}$(cm)

19 답 49 cm²

△MBD와 △MCE에서

∠MDB=∠MEC=90°, $\overline{MB}=\overline{MC}$,

∠BMD=∠CME (맞꼭지각)

이므로 △MBD≡△MCE (RHA 합동) ······ ❶

따라서 $\overline{MD}=\overline{ME}=4$ cm, $\overline{BD}=\overline{CE}=7$ cm이므로 ······ ❷

$\triangle ABD=\frac{1}{2}\times\overline{AD}\times\overline{BD}$

$=\frac{1}{2}\times(10+4)\times7=49$(cm²) ······ ❸

채점 기준	배점
❶ △MBD≡△MCE임을 알기	3점
❷ $\overline{MD}$, $\overline{BD}$의 길이를 각각 구하기	1점
❸ △ABD의 넓이 구하기	2점

20 답 80°

∠BAC : ∠ABC : ∠ACB=3 : 2 : 4이므로

$\angle ABC=180°\times\frac{2}{9}=40°$ ······ ❶

따라서 점 O는 △ABC의 외심이므로

∠AOC=2∠ABC=2×40°=80° ······ ❷

채점 기준	배점
❶ ∠ABC의 크기 구하기	2점
❷ ∠AOC의 크기 구하기	2점

21 답 18 cm²

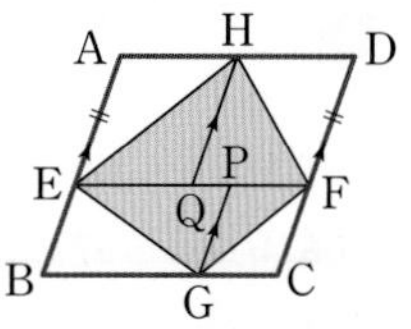

오른쪽 그림과 같이 $\overline{EF}$를 그으면

$\overline{AE}=\overline{DF}$, $\overline{AE}/\!/\overline{DF}$이므로

□AEFD는 평행사변형이다.

∴ $\overline{AD}/\!/\overline{EF}/\!/\overline{BC}$

또, 두 점 G, H에서 $\overline{AB}$와 평행한 직선을 그어 $\overline{EF}$와 만나는 점을 각각 P, Q라 하면

□AEQH, □EBGP, □HQFD, □PGCF는 모두 평행사변형이므로 ······ ❶

$\square EGFH$

$=\triangle EHQ+\triangle EGP+\triangle HQF+\triangle PGF$

$=\frac{1}{2}(\square AEQH+\square EBGP+\square HQFD+\square PGCF)$

$=\frac{1}{2}\square ABCD$

$=\frac{1}{2}\times36=18$(cm²) ······ ❷

채점 기준	배점
❶ □AEQH, □EBGP, □HQFD, □PGCF가 모두 평행사변형임을 알기	4점
❷ □EGFH의 넓이 구하기	3점

 정답 ❀풀이

22 답 36 cm²

$\overline{CQ}:\overline{AQ}=1:2$이므로

$\triangle CPQ:\triangle APQ=1:2$, $\triangle CPQ:16=1:2$

$2\triangle CPQ=16$ ∴ $\triangle CPQ=8(cm^2)$ ······ ❶

∴ $\triangle APC=\triangle APQ+\triangle CPQ=16+8=24(cm^2)$ ······ ❷

또, $\overline{BP}:\overline{CP}=1:2$이므로

$\triangle ABP:\triangle APC=1:2$, $\triangle ABP:24=1:2$

$2\triangle ABP=24$ ∴ $\triangle ABP=12(cm^2)$ ······ ❸

∴ $\triangle ABC=\triangle ABP+\triangle APC=12+24=36(cm^2)$ ······ ❹

채점 기준	배점
❶ △CPQ의 넓이 구하기	2점
❷ △APC의 넓이 구하기	1점
❸ △ABP의 넓이 구하기	2점
❹ △ABC의 넓이 구하기	1점

23 답 $C(-12, 8)$

$\triangle OAB$와 $\triangle OCD$의 닮음비가 $7:4$이므로

$\overline{OB}:\overline{CD}=\overline{AB}:\overline{OD}=7:4$

$\overline{OB}:\overline{CD}=7:4$에서 $14:\overline{CD}=7:4$

$7\overline{CD}=56$ ∴ $\overline{CD}=8$ ······ ❶

또, $\overline{AB}:\overline{OD}=7:4$에서 $21:\overline{OD}=7:4$

$7\overline{OD}=84$ ∴ $\overline{OD}=12$ ······ ❷

따라서 점 C의 좌표는 $C(-12, 8)$이다. ······ ❸

채점 기준	배점
❶ $\overline{CD}$의 길이 구하기	3점
❷ $\overline{OD}$의 길이 구하기	3점
❸ 점 C의 좌표 구하기	1점

중간과사 대비 **실전 모의고사 ④**회 132쪽~135쪽

01 ①	02 ②	03 ③	04 ④	05 ③
06 ④	07 ⑤	08 ⑤	09 ③	10 ②
11 ②	12 ⑤	13 ③	14 ④	15 ④
16 ⑤	17 ③	18 ②	19 18 cm²	
20 $(54-9\pi)$ cm²		21 6배	22 40 cm	23 8 m

01 답 ①

$\overline{AD}\,/\!/\,\overline{BC}$이므로 $\angle DAC=\angle ACB=40°$ (엇각)

따라서 $\triangle ACD$에서 $\overline{DA}=\overline{DC}$이므로

$\angle D=180°-2\times40°=100°$

02 답 ②

$\triangle ABC$에서 $\overline{AB}=\overline{AC}$이므로

$\angle ACB=\dfrac{1}{2}\times(180°-50°)=65°$

$\triangle DCE$에서 $\overline{DC}=\overline{DE}$이므로

$\angle DCE=\dfrac{1}{2}\times(180°-46°)=67°$

∴ $\angle ACD=180°-(65°+67°)=48°$

03 답 ③

④, ⑤ $\triangle ABC$에서 $\overline{AB}=\overline{AC}$이므로

$\angle ABC=\angle C=\dfrac{1}{2}\times(180°-36°)=72°$

$\angle ABD=\angle DBC=\dfrac{1}{2}\angle ABC=\dfrac{1}{2}\times72°=36°$이므로

$\angle ADB=180°-2\times36°=108°$

① $\triangle ABD$에서 $\angle BDC=36°+36°=72°$이므로

$\triangle DBC$는 $\overline{BC}=\overline{BD}$인 이등변삼각형이다.

② $\triangle ABD$에서 $\angle ABD=\angle A=36°$이므로 $\triangle ABD$는

$\overline{DA}=\overline{DB}$인 이등변삼각형이다.

따라서 옳지 않은 것은 ③이다.

04 답 ④

오른쪽 그림과 같이 $\overline{OA}$, $\overline{OC}$를 그으면

$\overline{OA}=\overline{OB}=\overline{OC}$

$\triangle OBC$에서

$\angle OCB=\angle OBC=25°$이므로

$\angle BOC=180°-2\times25°=130°$

또, $\triangle OAC$에서

$\angle OAC=\angle OCA=25°+30°=55°$이므로

$\angle AOC=180°-2\times55°=70°$

이때 $\angle AOB=\angle BOC-\angle AOC=130°-70°=60°$이므로

$\angle OBA=\dfrac{1}{2}\times(180°-60°)=60°$

∴ $\angle ABC=\angle OBA-\angle OBC=60°-25°=35°$

05 답 ③

오른쪽 그림과 같이 $\overline{OA}$를 그으면

$\overline{OA}=\overline{OB}=\overline{OC}$이므로

$\angle OAB=\angle OBA=32°$,

$\angle OAC=\angle OCA=18°$

∴ $\angle BAC=32°+18°=50°$

점 O는 $\triangle ABC$의 외심이므로

$\angle BOC=2\angle BAC=2\times50°=100°$

∴ $\overparen{BC}=2\pi\times12\times\dfrac{100}{360}=\dfrac{20}{3}\pi(cm)$

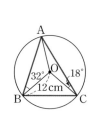

06 답 ④

④ $\angle EBI=\angle DBI$, $\angle ECI=\angle FCI$

⑤ $\triangle BID$와 $\triangle BIE$에서 $\angle BDI=\angle BEI=90°$,

$\overline{BI}$는 공통, $\angle DBI=\angle EBI$

이므로 $\triangle BID\equiv\triangle BIE$ (RHA 합동)

따라서 옳지 않은 것은 ④이다.

07 답 ⑤

점 I가 $\triangle ABC$의 내심이므로

$\angle BAC=2\times18°=36°$

∴ $\angle BIC=90°+\dfrac{1}{2}\times36°=108°$

또, 점 I'은 $\triangle IBC$의 내심이므로

$\angle BI'C=90°+\dfrac{1}{2}\times108°=144°$

08 답 ⑤

$\overline{AD}//\overline{BC}$이므로 $\angle ACB=\angle CAD=42°$ (엇각)

$\overline{AB}//\overline{DC}$이므로 $\angle ABD=\angle BDC=48°$ (엇각)

따라서 $\triangle ABC$에서

$\angle y+(48°+\angle x)+42°=180°$

$\therefore \angle x+\angle y=90°$

09 답 ③

$\overline{AD}//\overline{BC}$이므로 $\angle AEB=\angle EBC$ (엇각)

$\therefore \angle ABE=\angle AEB$

따라서 $\triangle ABE$는 $\overline{AB}=\overline{AE}$인 이등변삼각형이므로

$\overline{AE}=\overline{AB}=4\,cm$

$\therefore \overline{ED}=\overline{AD}-\overline{AE}=7-4=3(cm)$

10 답 ②

$\angle BAE=\angle MAE$ (접은 각)

$\overline{AB}//\overline{DF}$이므로 $\angle F=\angle BAE$ (엇각)

$\therefore \angle MAE=\angle F$

따라서 $\triangle MAF$는 $\overline{MA}=\overline{MF}$인 이등변삼각형이므로

$\overline{MF}=\overline{MA}=\overline{AB}=9\,cm$

이때 $\overline{CM}:\overline{MD}=2:1$이므로

$\overline{CM}=\dfrac{2}{3}\overline{CD}=\dfrac{2}{3}\overline{AB}=\dfrac{2}{3}\times9=6(cm)$

$\therefore \overline{CF}=\overline{MF}-\overline{CM}=9-6=3(cm)$

11 답 ②

$\triangle PAB+\triangle PCD=\dfrac{1}{2}\square ABCD=\dfrac{1}{2}\times100=50(cm^2)$

따라서 $\triangle PAB:\triangle PCD=3:2$이므로

$\triangle PAB=50\times\dfrac{3}{5}=30(cm^2)$

12 답 ⑤

$\triangle ABE$와 $\triangle ADF$에서

$\angle AEB=\angle AFD=90°$, $\overline{AB}=\overline{AD}$, $\angle B=\angle D$

이므로 $\triangle ABE\equiv\triangle ADF$ (RHA 합동)

$\therefore \angle BAE=\angle DAF=180°-(90°+68°)=22°$, $\overline{AE}=\overline{AF}$

한편, $\square ABCD$에서 $\angle BAD=180°-68°=112°$이므로

$\angle EAF=112°-2\times22°=68°$

따라서 $\triangle AEF$에서 $\overline{AE}=\overline{AF}$이므로

$\angle AFE=\dfrac{1}{2}\times(180°-68°)=56°$

13 답 ③

$\square ABCD$는 정사각형이므로

$\overline{AC}=\overline{BD}=10\,cm$, $\overline{AC}\perp\overline{BD}$

$\therefore \triangle AOD=\dfrac{1}{4}\square ABCD=\dfrac{1}{4}\times\left(\dfrac{1}{2}\times10\times10\right)$

$=\dfrac{25}{2}(cm^2)$

14 답 ④

④ 두 대각선의 길이가 같은 사다리꼴은 등변사다리꼴이다.

따라서 옳지 않은 것은 ④이다.

15 답 ④

① $\triangle ABC$와 $\triangle GHI$에서 두 삼각기둥의 닮음비는

$\overline{AB}:\overline{GH}=6:9=2:3$

② 네 점 A, D, F, C가 각각 네 점 G, J, L, I에 대응하므로

$\square ADFC\backsim\square GJLI$

③ $\overline{BC}:\overline{HI}=2:3$이므로 $8:\overline{HI}=2:3$

$2\overline{HI}=24$ $\therefore \overline{HI}=12(cm)$

즉, $\square LIHK$는 정사각형이다.

④ $\overline{BE}:\overline{HK}=2:3$이므로 $\overline{BE}:12=2:3$

$3\overline{BE}=24$ $\therefore \overline{BE}=8(cm)$

$\therefore \square ADEB=6\times8=48(cm^2)$

⑤ 두 삼각기둥의 닮음비가 $2:3$이므로 겉넓이의 비는

$2^2:3^2=4:9$

따라서 옳지 않은 것은 ④이다.

16 답 ⑤

⑤ $\angle A=50°$이면 $\triangle ABC$에서 $\angle C=180°-(50°+70°)=60°$

$\angle E=70°$이면 $\angle B=\angle E$, $\angle C=\angle F$

따라서 두 쌍의 대응각의 크기가 각각 같으므로 닮음이다.

17 답 ③

$\triangle EBF$와 $\triangle ECD$에서

$\angle FBE=\angle DCE$ (엇각), $\angle F=\angle CDE$ (엇각)

이므로 $\triangle EBF\backsim\triangle ECD$ (AA 닮음)

이때 $\overline{BF}=\overline{AF}-\overline{AB}=20-12=8(cm)$이므로

$\overline{BF}:\overline{CD}=8:12=2:3$에서

$\overline{BE}:\overline{CE}=\overline{BF}:\overline{CD}=2:3$

또, $\triangle ABE$와 $\triangle GCE$에서

$\angle ABE=\angle GCE$ (엇각), $\angle BAE=\angle G$ (엇각)

이므로 $\triangle ABE\backsim\triangle GCE$ (AA 닮음)

따라서 $\overline{AB}:\overline{GC}=\overline{BE}:\overline{CE}$, 즉 $12:\overline{GC}=2:3$이므로

$2\overline{GC}=36$ $\therefore \overline{GC}=18(cm)$

18 답 ②

큰 초콜릿 1개와 작은 초콜릿 1개의 닮음비는 $1:\dfrac{1}{2}=2:1$이므

로 부피의 비는 $2^3:1^3=8:1$

즉, 큰 초콜릿 1개를 녹여서 작은 초콜릿 8개를 만들 수 있다.

또, 큰 초콜릿 1개와 작은 초콜릿 1개의 겉넓이의 비는

$2^2:1^2=4:1$이므로 큰 초콜릿 1개의 겉넓이와 작은 초콜릿

8개의 겉넓이의 합의 비는

$(4\times1):(1\times8)=4:8=1:2$

따라서 작은 초콜릿 전체를 포장하는 데 필요한 포장지의 넓이는

큰 초콜릿 1개를 포장하는 데 필요한 포장지의 넓이의 2배이다.

19 답 $18\,cm^2$

$\triangle EBC$와 $\triangle EDC$에서

$\angle B=\angle EDC=90°$, $\overline{EC}$는 공통, $\overline{BC}=\overline{DC}$

이므로 $\triangle EBC\equiv\triangle EDC$ (RHS 합동)

$\therefore \overline{DE}=\overline{BE}=6\,cm$ ······❶

이때 $\triangle ABC$에서 $\angle A=\angle ACB=\dfrac{1}{2}\times(180°-90°)=45°$

또, $\triangle AED$에서 $\angle AED=180°-(90°+45°)=45°$

즉, △AED는 $\overline{AD}=\overline{ED}$인 직각이등변삼각형이므로

$\overline{AD}=\overline{DE}=6\,cm$ ...... ❷

$\therefore \triangle AED=\dfrac{1}{2}\times 6\times 6=18(cm^2)$ ...... ❸

채점 기준	배점
❶ $\overline{DE}$의 길이 구하기	3점
❷ $\overline{AD}$의 길이 구하기	3점
❸ △AED의 넓이 구하기	1점

20 답 $(54-9\pi)\,cm^2$

원 I의 반지름의 길이를 $r\,cm$라 하면

$2\pi r=6\pi$ $\therefore r=3$

따라서 원 I의 반지름의 길이가 $3\,cm$이므로 ...... ❶

$\triangle ABC=\dfrac{1}{2}\times r\times(\triangle ABC$의 둘레의 길이$)$

$=\dfrac{1}{2}\times 3\times 36=54(cm^2)$ ...... ❷

따라서 원 I의 넓이는 $\pi\times 3^2=9\pi(cm^2)$이므로

(색칠한 부분의 넓이)$=54-9\pi(cm^2)$ ...... ❸

채점 기준	배점
❶ 원 I의 반지름의 길이 구하기	2점
❷ △ABC의 넓이 구하기	2점
❸ 색칠한 부분의 넓이 구하기	2점

21 답 6배

오른쪽 그림과 같이 $\overline{BD}$를 그으면

$\overline{AF}\,/\!/\,\overline{BC}$이므로 $\triangle DCF=\triangle DBF$

$\therefore \triangle ECF=\triangle DCF-\triangle DEF$

$=\triangle DBF-\triangle DEF$

$=\triangle DBE$ ...... ❶

△DBC에서 $\overline{DE}:\overline{EC}=1:2$이므로

$\triangle DBE=\dfrac{1}{3}\triangle DBC=\dfrac{1}{3}\times\dfrac{1}{2}\square ABCD$

$=\dfrac{1}{6}\square ABCD$ ...... ❷

따라서 $\triangle ECF=\triangle DBE=\dfrac{1}{6}\square ABCD$이므로 $\square ABCD$의 넓이는 △ECF의 넓이의 6배이다. ...... ❸

채점 기준	배점
❶ $\triangle ECF=\triangle DBE$임을 알기	3점
❷ $\triangle DBE=\dfrac{1}{6}\square ABCD$임을 알기	3점
❸ $\square ABCD$의 넓이는 △ECF의 넓이의 몇 배인지 구하기	1점

22 답 40 cm

$\square DBEF$는 마름모이므로 $\overline{DF}\,/\!/\,\overline{BE}$

△ABC와 △ADF에서

∠ABC=∠ADF (동위각), ∠A는 공통

이므로 △ABC∽△ADF (AA 닮음) ...... ❶

$\overline{BD}=\overline{DF}=x\,cm$라 하면

$\overline{AB}:\overline{AD}=\overline{BC}:\overline{DF}$, 즉 $35:(35-x)=14:x$이므로

$35x=490-14x$, $49x=490$

$\therefore x=10$ ...... ❷

따라서 마름모의 한 변의 길이는 $10\,cm$이므로 둘레의 길이는

$4\times 10=40(cm)$ ...... ❸

채점 기준	배점
❶ △ABC∽△ADF임을 알기	3점
❷ 마름모의 한 변의 길이 구하기	2점
❸ 마름모의 둘레의 길이 구하기	1점

23 답 8 m

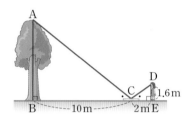

위의 그림의 △ABC와 △DEC에서

∠ABC=∠DEC=90°, ∠ACB=∠DCE

이므로 △ABC∽△DEC (AA 닮음) ...... ❶

따라서 $\overline{AB}:\overline{DE}=\overline{BC}:\overline{EC}$, 즉 $\overline{AB}:1.6=10:2$이므로

$2\overline{AB}=16$ $\therefore \overline{AB}=8(m)$

따라서 나무의 높이는 8 m이다. ...... ❷

채점 기준	배점
❶ 닮은 두 삼각형 찾기	2점
❷ 나무의 높이 구하기	2점

중간고사 대비 실전 모의고사 5회 136쪽~139쪽

01 ⑤	02 ⑤	03 ②	04 ③	05 ④
06 ④	07 ②	08 ④	09 ②	10 ③
11 ①	12 ③	13 ⑤	14 ②	15 ②
16 ③	17 ④	18 ①	19 20 cm	20 9°
21 54 cm²	22 90 cm²	23 10000π cm³		

01 답 ⑤

△DBC에서 $\overline{DB}=\overline{DC}$이므로

∠DCB=∠B=40°

$\therefore ∠CDA=∠B+∠DCB=40°+40°=80°$

△CAD에서 $\overline{CA}=\overline{CD}$이므로

∠A=∠CDA=80°

따라서 △ABC에서

∠ACE=∠A+∠B=80°+40°=120°

02 답 ⑤

∠BAC=∠SAC=50° (접은 각)

$\overline{PS}\,/\!/\,\overline{QR}$이므로 ∠ACB=∠SAC=50° (엇각)

따라서 △ABC에서

∠ABC=180°-(50°+50°)=80°

03 답 ②

△ABD와 △AED에서

∠B=∠AED=90°, $\overline{AD}$는 공통, ∠BAD=∠EAD

이므로 △ABD≡△AED (RHA 합동)

∴ $\overline{AE}=\overline{AB}=8\,cm$, $\overline{BD}=\overline{ED}$

따라서 △EDC의 둘레의 길이는

$\overline{ED}+\overline{DC}+\overline{CE}=(\overline{BD}+\overline{DC})+(\overline{AC}-\overline{AE})$

$=15+(17-8)=24\,(cm)$

04 답 ③

∠AOB : ∠AOC=3 : 7이므로

$∠AOB=180°\times\dfrac{3}{10}=54°$

이때 점 O는 △ABC의 외심이므로

$\overline{OA}=\overline{OB}=\overline{OC}$

따라서 △ABO에서 $∠B=\dfrac{1}{2}\times(180°-54°)=63°$

05 답 ④

오른쪽 그림과 같이 $\overline{OA}$, $\overline{OB}$, $\overline{OC}$를
그으면 $\overline{OA}=\overline{OB}=\overline{OC}$

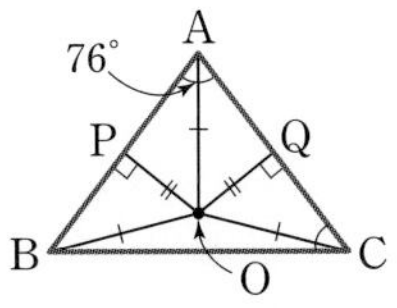

△APO와 △AQO에서

∠APO=∠AQO=90°, $\overline{AO}$는 공통,
$\overline{OP}=\overline{OQ}$

이므로 △APO≡△AQO (RHS 합동)

∴ $∠PAO=\dfrac{1}{2}\times76°=38°$

△ABO에서 $\overline{OA}=\overline{OB}$이므로

∠AOB=180°-2×38°=104°

∴ $∠ACB=\dfrac{1}{2}∠AOB=\dfrac{1}{2}\times104°=52°$

06 답 ④

$\dfrac{1}{2}∠x+30°+25°=90°$이므로

$\dfrac{1}{2}∠x=35°$ ∴ ∠x=70°

∴ $∠y=90°+\dfrac{1}{2}∠x=90°+\dfrac{1}{2}\times70°=125°$

∴ ∠x+∠y=70°+125°=195°

다른 풀이

∠IAC=∠IAB=30°이므로

△AIC에서

∠y=180°-(30°+25°)=125°

$125°=90°+\dfrac{1}{2}∠x$에서 $\dfrac{1}{2}∠x=35°$ ∴ ∠x=70°

∴ ∠x+∠y=70°+125°=195°

07 답 ②

△ABC의 내접원의 반지름의 길이가 3 cm이므로

$△ABC=\dfrac{1}{2}\times3\times(\overline{AB}+\overline{BC}+\overline{CA})$에서

$48=\dfrac{1}{2}\times3\times(\overline{AB}+\overline{BC}+\overline{CA})$

∴ $\overline{AB}+\overline{BC}+\overline{CA}=32\,(cm)$

따라서 △ABC의 둘레의 길이는 32 cm이다.

08 답 ④

$\overline{AB}=\overline{DC}$이어야 하므로

3x+y=3y-2x에서 5x=2y   ‥‥‥ ㉠

$\overline{AD}=\overline{BC}$이어야 하므로

3x+2y=16   ‥‥‥ ㉡

㉠을 ㉡에 대입하면 3x+5x=16, 8x=16   ∴ x=2

x=2를 ㉠에 대입하면 2y=10   ∴ y=5

∴ x+y=2+5=7

09 답 ②

∠AFB=180°-150°=30°이므로

∠FBE=∠AFB=30° (엇각)

∴ ∠ABE=2∠FBE=2×30°=60°

이때 ∠ABE+∠BAF=180°이므로

∠BAF=180°-∠ABE=180°-60°=120°

∴ $∠BAE=\dfrac{1}{2}∠BAF=\dfrac{1}{2}\times120°=60°$

따라서 △ABE에서

∠AEC=∠ABE+∠BAE=60°+60°=120°

10 답 ③

□ABCD가 평행사변형이므로 $\overline{OA}=\overline{OC}$, $\overline{OB}=\overline{OD}$

$\overline{OE}=\dfrac{1}{2}\overline{OB}=\dfrac{1}{2}\overline{OD}=\overline{OF}$

즉, $\overline{OA}=\overline{OC}$, $\overline{OE}=\overline{OF}$이므로 □AECF는 평행사변형이다.

따라서 옳지 않은 것은 ③이다.

11 답 ①

$\overline{AB}:\overline{BC}=2:3$이므로 $\overline{AB}=2k$, $\overline{BC}=3k$ (k>0)라 하면

$\overline{BQ}:\overline{QC}=2:1$이므로 $\overline{AP}=\overline{BP}=\overline{CQ}=k$, $\overline{BQ}=2k$

오른쪽 그림과 같이 $\overline{QD}$를 그으면

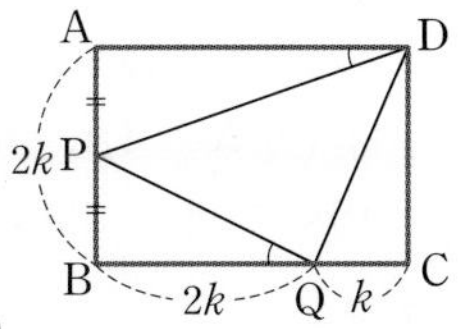

△PBQ와 △QCD에서

$\overline{PB}=\overline{QC}$, ∠PBQ=∠QCD,
$\overline{BQ}=\overline{CD}$

이므로 △PBQ≡△QCD (SAS 합동)

∴ $\overline{PQ}=\overline{QD}$, ∠BQP=∠CDQ

즉, ∠CQD+∠BQP=∠CQD+∠CDQ=90°이므로

△PQD는 ∠PQD=180°-90°=90°이고 $\overline{QP}=\overline{QD}$인 직각이
등변삼각형이다.

따라서 $∠PDQ=\dfrac{1}{2}\times(180°-90°)=45°$이므로

∠ADP+∠BQP=∠ADP+∠CDQ

$=∠ADC-∠PDQ$

$=90°-45°=45°$

12 답 ③

$\overline{AD}//\overline{BC}$이므로 ∠ADB=∠DBC=40° (엇각)

△ABD에서 $\overline{AB}=\overline{AD}$이므로

∠ABD=∠ADB=40°

$\triangle ABC$와 $\triangle DCB$에서

$\overline{AB}=\overline{DC}$, $\angle ABC=\angle DCB$, $\overline{BC}$는 공통

이므로 $\triangle ABC\equiv\triangle DCB$ (SAS 합동)

$\therefore \angle ACB=\angle DBC=40°$

따라서 $\triangle ABC$에서

$\angle x=180°-(40°+40°+40°)=60°$

13 답 ⑤

평행사변형이 직사각형이 되려면 두 대각선의 길이가 같거나 한 내각의 크기가 직각이어야 한다.

따라서 A에 알맞은 조건은 ⑤이다.

14 답 ②

$\overline{BF}=\overline{DF}$이므로 $\triangle EFD=\dfrac{1}{2}\triangle EBD=\dfrac{1}{2}\times 10=5(cm^2)$

오른쪽 그림과 같이 $\overline{EC}$를 그으면

$\overline{AC}/\!/\overline{ED}$이므로 $\triangle AED=\triangle CED$

이때 $\overline{BD}:\overline{DC}=1:2$,

$\overline{BF}:\overline{DF}=1:1$이므로

$\overline{DF}:\overline{DC}=1:4$

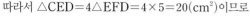

따라서 $\triangle CED=4\triangle EFD=4\times 5=20(cm^2)$이므로

$\square EFDA=\triangle EFD+\triangle AED$

$=\triangle EFD+\triangle CED$

$=5+20=25(cm^2)$

15 답 ②

$\overline{AC}:\overline{DF}=\overline{BC}:\overline{EF}$이므로

$9:12=x:16$, $12x=144$ $\therefore x=12$

또, $\angle F$에 대응하는 각은 $\angle C$이므로 $y=34$

$\therefore x+y=12+34=46$

16 답 ③

$\triangle ABC$와 $\triangle DBE$에서

$\overline{AB}:\overline{DB}=40:25=8:5$,

$\overline{BC}:\overline{BE}=(25+7):20=8:5$, $\angle B$는 공통

이므로 $\triangle ABC\varpropto\triangle DBE$ (SAS 닮음)

따라서 $\overline{AC}:\overline{DE}=8:5$, 즉 $\overline{AC}:20=8:5$이므로

$5\overline{AC}=160$ $\therefore \overline{AC}=32(cm)$

17 답 ④

$\triangle ABE$와 $\triangle CDE$에서

$\angle ABE=\angle CDE$ (엇각), $\angle AEB=\angle CED$ (맞꼭지각)

이므로 $\triangle ABE\varpropto\triangle CDE$ (AA 닮음)

따라서 $\overline{AE}:\overline{CE}=\overline{BE}:\overline{DE}$, 즉 $4:(10-4)=5:\overline{DE}$이므로

$4\overline{DE}=30$ $\therefore \overline{DE}=\dfrac{15}{2}(cm)$

18 답 ①

오른쪽 그림과 같이 위쪽 원뿔에서 모래가 이루고 있는 원뿔을 A, 아래쪽 원뿔에서 모래가 이루고 있는 원뿔대를 B라 하자.

위쪽 원뿔 전체와 원뿔 A의 닮음비는

$15:(15-5)=15:10=3:2$이므로

부피의 비는 $3^3:2^3=27:8$

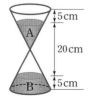

즉, 원뿔 A와 원뿔대 B의 부피의 비는

$8:(27-8)=8:19$

위쪽 남은 모래가 아래로 모두 떨어질 때까지 걸리는 시간을 x 분이라 하면

$x:57=8:19$이므로 $19x=456$ $\therefore x=24$

따라서 위쪽 남은 모래가 아래로 모두 떨어질 때까지 걸리는 시간은 24분이다.

19 답 20 cm

$\overline{AB}=\overline{AC}=x$ cm, $\overline{BC}=y$ cm라 하면

$\triangle ABC$의 둘레의 길이가 80 cm이므로

$2x+y=80$ ······ ㉠

$\triangle ABC$에서 $\overline{AD}\perp\overline{BC}$이므로 $\overline{BD}=\overline{CD}$

즉, $\triangle ABC=2\triangle ABD$이므로

$300=2\times\left(\dfrac{1}{2}\times x\times 12\right)$, $12x=300$ $\therefore x=25$ ······ ❶

$x=25$를 ㉠에 대입하면

$50+y=80$ $\therefore y=30$ ······ ❷

따라서 $\triangle ABC$의 넓이가 $300\,cm^2$이므로

$\dfrac{1}{2}\times 30\times\overline{AD}=300$ $\therefore \overline{AD}=20(cm)$ ······ ❸

채점 기준	배점
❶ $\overline{AB}$의 길이 구하기	3점
❷ $\overline{BC}$의 길이 구하기	1점
❸ $\overline{AD}$의 길이 구하기	2점

20 답 9°

점 O는 $\triangle ABC$의 외심이므로

$\angle BOC=2\angle A=2\times 48°=96°$

$\triangle OBC$에서 $\overline{OB}=\overline{OC}$이므로

$\angle OCB=\dfrac{1}{2}\times(180°-96°)=42°$ ······ ❶

또, $\triangle ABC$에서 $\overline{AB}=\overline{AC}$이므로

$\angle ACB=\dfrac{1}{2}\times(180°-48°)=66°$

점 I가 $\triangle ABC$의 내심이므로

$\angle ICB=\dfrac{1}{2}\angle ACB=\dfrac{1}{2}\times 66°=33°$ ······ ❷

$\therefore \angle x=\angle OCB-\angle ICB$

$=42°-33°=9°$ ······ ❸

채점 기준	배점
❶ $\angle OCB$의 크기 구하기	3점
❷ $\angle ICB$의 크기 구하기	2점
❸ $\angle x$의 크기 구하기	1점

21 답 $54\,cm^2$

$\square ABCD=\overline{BC}\times\overline{DH}=12\times 9=108(cm^2)$ ······ ❶

따라서 색칠한 부분의 넓이는

$\triangle PDA+\triangle PBC=\dfrac{1}{2}\square ABCD$

$=\dfrac{1}{2}\times 108=54(cm^2)$ ······ ❷

채점 기준	배점
❶ □ABCD의 넓이 구하기	2점
❷ 색칠한 부분의 넓이 구하기	2점

22 답 90 cm^2

△DBC와 △HBF에서

∠DCB=∠F=90°, ∠B는 공통

이므로 △DBC∽△HBF (AA 닮음)

따라서 $\overline{BC}:\overline{BF}=\overline{DC}:\overline{HF}$, 즉 $6:(6+15)=4:\overline{HF}$이므로

$6\overline{HF}=84$ ∴ $\overline{HF}=14(\text{cm})$ ······ ❶

$\overline{ED}=\overline{EC}-\overline{DC}=15-4=11(\text{cm})$,

$\overline{GH}=\overline{GF}-\overline{HF}=15-14=1(\text{cm})$이므로 ······ ❷

$\square EDHG=\dfrac{1}{2}\times(11+1)\times15=90(\text{cm}^2)$ ······ ❸

채점 기준	배점
❶ $\overline{HF}$의 길이 구하기	3점
❷ $\overline{ED}$, $\overline{GH}$의 길이를 각각 구하기	2점
❸ $\square EDHG$의 넓이 구하기	2점

23 답 $10000\pi \text{ cm}^3$

고깔의 밑면의 반지름의 길이는 $40\times\dfrac{1}{2}=20(\text{cm})$

고깔의 높이를 h cm라 하면

$h:10=(20+130):20$이므로 ······ ❶

$20h=1500$ ∴ $h=75$ ······ ❷

따라서 고깔의 부피는

$\dfrac{1}{3}\times\pi\times20^2\times75=10000\pi(\text{cm}^3)$ ······ ❸

채점 기준	배점
❶ 닮음비를 이용하여 비례식 세우기	3점
❷ 고깔의 높이 구하기	2점
❸ 고깔의 부피 구하기	2점

Memo